收获机械构造与维修

主　编　张凤娇　杨宏图
副主编　张红党　韩永江
参　编　梁双翔　巴金良
闫　建　曹炳森

北京理工大学出版社
BEIJING INSTITUTE OF TECHNOLOGY PRESS

内 容 提 要

本书从先进的职业教育理念出发，满足了高等职业院校农机类专业应用型人才的需要，从收获机械维修企业岗位要求入手，从满足农机专业课程教学需求的角度出发，以必需、够用、实用为原则，打破传统联合收获机类教材的格局，将联合收获机的基本构造、工作原理、故障检测、故障诊断与排除紧密结合成一个整体，使知识更加系统化，有利于解决工作中的实际问题。

本书可作为现代农业装备应用技术专业核心课程及农业类相关专业教材，同时可作为职业技能培训与鉴定考核用书，还可供相关人员参加就业培训、岗位培训使用。

图书在版编目（CIP）数据

收获机械构造与维修 / 张凤娇，杨宏图主编. --北京：北京理工大学出版社，2022.10

ISBN 978-7-5763-1449-6

Ⅰ. ①收… Ⅱ. ①张… ②杨… Ⅲ. ①收获机具—构造 ②收获机具—维修 Ⅳ. ①S225.07

中国版本图书馆CIP数据核字（2022）第114802号

出版发行 / 北京理工大学出版社有限责任公司
社　　址 / 北京市海淀区中关村南大街 5 号
邮　　编 / 100081
电　　话 / （010）68914775（总编室）
（010）82562903（教材售后服务热线）
（010）68944723（其他图书服务热线）
网　　址 / http://www.bitpress.com.cn
经　　销 / 全国各地新华书店
印　　刷 / 河北鑫彩博图印刷有限公司
开　　本 / 787 毫米 ×1092 毫米　1/16
印　　张 / 18
字　　数 / 483 千字
版　　次 / 2022 年 10 月第 1 版　2022 年 10 月第 1 次印刷
定　　价 / 82.00 元

责任编辑 / 阎少华
文案编辑 / 阎少华
责任校对 / 周瑞红
责任印制 / 王美丽

FOREWORD 前言

随着农业机械化的迅速发展，联合收获机械的新技术、新结构不断涌现，对联合收获机械的维护、保养、检测和故障诊断与排除的要求也越来越高，这就需要大量适应现代化农业机械应用技术方面的职业技术人才。为了满足新形势下农机维修销售行业对职业技术人才培养的需求，结合高等教育应用型人才的培养目标，编者编写了本书。

本书从收获机械维修企业岗位要求入手，从满足农机专业课程教学需求的角度出发，以“必需、够用、实用”为原则，打破传统联合收获机械类教材的格局，将联合收获机的基本构造、工作原理、故障检测、故障诊断与排除紧密结合成一个整体，使知识更加系统化，有利于解决工作中的实际问题。

本书的特点如下。

1. 结合农机专业的人才培养模式，以农机制造维修企业工作过程为主线，以专业技能培训为重点，突出高等教育特色。以项目导向新模式构建课程体系，将知识与任务紧密结合，以解决实际问题为根本宗旨。

2. 以当前我国南北方联合收获机主流机型为主线，以自走式半喂入、全喂入式联合收获机为重点，突出教材内容的先进性、实用性和适用性。在教材策划时，重点介绍了国内常见联合收获机的新技术、新结构及其维护、保养、检测和故障诊断与排除，同时兼顾国外先进联合收获机的新结构、新技术。在强化技能训练的同时，注重知识的拓展。突出行业重点，立足收获机械维修能力的培养。

3. 以工作过程为主线，以职业能力培训为重点，设计教学情境。按照各个项目的工作过程顺序，将工作任务划分为教学项目，依据对工作任务必需职业能力分析，以每个职业能力为重点，设计成完整的教学情境。

4. 本书各项目设置了“学习目标”“预备知识”“任务实施”“拓展知识”“任务小结”“思考与练习”几个版块，具有很强的实用性。

5. 本书图文并茂、言简意赅。重要的能力训练项目用图解说明，用示意图代替文字叙述，增加教材的趣味性。

本书是江苏省高等学校重点教材，由常州机电职业技术学院张凤娇、杨宏图担任主编，负责全书的策划构思、大纲编写，并负责统稿；由常州机电职业技术学院张红党、久保田（苏州）农业机械有限公司韩永江担任副主编。同时参与本书编写的还有来自久保田农业机械（苏州）有限公司的梁双翔、常州常发农业装备工程技术研究有限公司的巴金良、重庆三峡职业学院的闫建、常州东风农机集团有限公司的曹炳森。

本书编写过程中，参考了国内外大量的文献资料，得到许多老师的大力支持，在此向所有参考文献资料的作者和关心、支持本书编写的朋友表示衷心的感谢。

由于编者水平有限，书中内容难免存在错误或不当之处，恳请使用本书的师生和广大读者批评指正。

编　者

CONTENTS 目录

项目 1　收获机械概述……1
任务 1.1　收获机械基础认知……1
任务 1.2　收获机械的基本构造与工作过程……6

项目 2　稻麦收获机械的构造与维修……14
任务 2.1　割台的认知与拆装……14
任务 2.2　拨禾轮的构造与维修……18
任务 2.3　切割器的构造与维修……29
任务 2.4　分禾扶禾装置的构造与维修……47
任务 2.5　喂入输送装置的构造与维修……52
任务 2.6　脱粒装置的构造与维修……63
任务 2.7　清选装置的构造与维修……82
任务 2.8　稻麦收获机械的常见故障诊断与排除……106

项目 3　玉米收获机械的构造与维修……136
任务 3.1　玉米收获概述……136
任务 3.2　玉米收获机械的基本构造与工作过程……140
任务 3.3　摘穗剥皮装置的基本构造与工作过程……147
任务 3.4　玉米收获机械的使用调整与维护保养……157

项目 4　收获机械行走系统的构造与维修……166
任务 4.1　轮式联合收获机行走系统的构造与维修……166
任务 4.2　履带式联合收获机行走系统的构造与维修……173

CONTENTS

项目 5　收获机械液压和电气系统的构造与维修 …… 190

任务 5.1　收获机械液压系统的构造与维修 …… 190

任务 5.2　收获机械电气系统的构造与维修 …… 205

项目 6　联合收获机械的操作与保养 …… 219

任务 6.1　联合收获机的操作与驾驶 …… 219

任务 6.2　联合收获机的技术保养 …… 237

项目 7　棉花收获机械的构造与维修 …… 250

任务 7.1　棉花收获机械技术认知 …… 250

任务 7.2　棉花收获机械的基本构造与工作过程 …… 256

项目 8　智能收获机械构造简介 …… 270

任务 8.1　智能收获机械的应用与原理 …… 270

任务 8.2　智能收获机械的构造与工作过程 …… 277

参考文献 …… 282

项目1 收获机械概述

任务1.1 收获机械基础认知

学习目标

1. 掌握常见谷物收获机械的分类。
2. 熟悉收获机械的特点、分类和功用。
3. 了解谷物收获的常见方法。
4. 掌握谷物收获的技术要求。

预备知识

知识点1 收获机械的特点

收获机械是将收割机和脱粒机用中间输送装置连接成为一体的机构，它能在田间一次完成切割、脱粒、分离和清选等项作业，以直接获得清洁的谷粒。其具体特点如下。

1. 生产率高

以我国成批生产的东风-5自走式谷物联合收获机为例，若配以运粮车，2～4人工作，一天可收割亩①产400～600斤②的小麦200多亩，相当于400～500个劳动力的手工作业量。而东风-120、E516、JD1075等机的生产率更高。

2. 谷物损失小

一般联合收获机械正常工作时的总损失，收小麦时小于2%，收水稻时小于3%。而分段收割因每项作业都有损失，故其损失相对高得多。

3. 机械化程度高

收获机械能大大减轻农民的劳动强度，改善劳动条件，并能做到大面积及时收割，为抢种下茬作物创造条件。

知识点2 收获机械的分类

1. 按动力供给方式分类

(1)牵引式。牵引式联合收获机的优点是造价较低，且拖拉机可以全年充分利用。但它工作

---

① 1亩≈667 m^2。

② 1斤=0.5 kg。

时由拖拉机牵引，机组较长，机动性较差，不能自行开道。因此，其应用逐渐减少。目前，牵引式联合收获机已很少应用。

(2)自走式。自走式联合收获机集收割、脱粒、集粮、动力、行走等多功能为一体，具有结构紧凑、机动性能好的特点，收割时能自行开道和进行选择收割，生产率很高，因而得到广泛的推广和普及。目前，世界自走式联合收获机发展很快，以约翰迪尔公司为例，20 世纪七八十年代的主打产品为 1000 系列联合收获机。但自走式联合收获机的造价高，动力和底盘不能全年利用。

约翰迪尔 John Deere 收获机

(3)悬挂式。悬挂式联合收获机将联合收获机悬挂在拖拉机上，割台位于拖拉机的前方，脱粒机位于拖拉机的后方，中间输送装置在一侧。它具有自走式的优点，且造价较低；但其总体配置受到拖拉机的限制，如驾驶员视野差，中间输送装置长，变速挡位不能充分满足收割要求等，而且联合收获机是分部件悬挂在拖拉机上，装卸较费工，整体性较差。这种形式的联合收获机多为中小型，机动性相对较好，适合小地块作业，故有很大的应用市场，尤其在广大的南方地区。

(4)通用底盘式。通用底盘式收获机将联合收获机悬挂在通用底盘上，收割季节过后，拆下联合收获机再装上其他农具，可以充分发挥动力机和底盘的作用。这种形式虽然有一定优点，但由于各种农具要求不同，相互牵制较多，故而设计和拆装要求也比较多。

2. 按谷物喂入方式分类

(1)全喂入式。谷物茎秆和穗头全部喂入脱粒装置进行脱粒。按谷物通过滚筒的方向不同，又可分为切流滚筒型和轴流滚筒型两种。联合收获机的传统形式是切流滚筒型，即谷物沿旋转滚筒的前部切线方向喂入，经几分之一秒时间脱粒后，沿滚筒后部切线方向排出。现在大部分联合收获机均采用这种形式。近年来，国内外轴流滚筒式联合收获机也有了较大的发展，即谷物从滚筒轴的一端喂入，沿滚筒的轴向做螺旋状运动，一边脱粒，一边分离。它通过滚筒的时间较长，最后从滚筒轴的另一端排出。这种形式可以省去联合收获机中庞大的逐稿器，缩小了联合收获机的体积并减轻机重，且对大豆、玉米、小麦、水稻等多种作物均有较好的适应性。此外，切、轴流结合型及多滚筒联合收获机在国内外也已成为普遍使用的产品。

(2)半喂入式。半喂入式联合收获机用夹持输送装置夹住谷物茎秆，只将穗部喂入滚筒，并沿滚筒轴线方向运动进行脱粒。由于茎秆不进入脱粒器，因而简化了结构，降低了功率消耗，并保持了茎秆的完整性；但对进入脱粒装置前的茎秆整齐度要求较高。这种形式的联合收获机生产率较低，主要用于小型水稻收获。但进入 20 世纪 90 年代来，半喂入联合收获机发展很快，尤其是日本久保田等公司的半喂入联合收获机在收割水稻方面呈现出很大的优点，克服了速度慢、效率低、故障多的缺点，而且自动化程度有了很大的提高，近年来在我国南方地区已有了一定的市场。

3. 按被割谷物茎秆的输送方式分类

(1)立式割台收获机。割台为直立式，被割谷物茎秆是在直立状态下进行输送到收获机一侧的，机构纵向尺寸短，如图 1.1 所示。

(2)卧式割台收获机。割台为水平放置，被割谷物茎秆是在水平输送带上运至收获机一侧的，如图 1.2 所示。输送平稳。宽幅收割机多采用这种结构。卧式割台收获机按输送带数目的多少，可分为单输送带、双输送带和多输送带三种。

4. 其他分类方法

(1)按作物名称分类，可分为小麦联合收获机、水稻联合收

图 1.1　立式割台收获机

获机、玉米联合收获机、棉花联合收获机等。

(2)按谷物在机器中流动的方向和割台相对于脱粒装置的位置分类，可分为T型、Γ型、]型和直流型联合收获机等。

(3)按生产功率大小分类，可分为大型(喂入量5 kg/s以上)、中型(3～5 kg/s)、小型(3 kg/s以下)。

(4)按行走部件分类，可分为轮式、半履带式和履带式。

图1.2 卧式割台收获机

世界各国的谷物联合收获机主要用于收获小麦和水稻。我国南方、日本及东南亚各国是世界水稻的集中产地，由于水稻田块较小，而且潮湿带水，针对这些特点设计的水稻联合收获机大多数是小型的，其行走装置有较好的防陷能力，脱粒装置要适应水稻脱粒的特点等。我国北方和欧美种植小麦较多，地块较大，收割时地面条件较好，所以小麦联合收获机绝大多数是大中型的。

知识点3 谷物收获方法

根据不同的自然条件、栽培制度、经济和技术水平，我国目前采用的机械化谷物收获方法有以下几种。

1. 分段收获法

采用多种机械分别完成割、捆、运、堆垛、脱粒和清选等作业的方法，称为分段收获法。这种方法使用的机器结构简单，造价较低；保养、维护方便，易于推广。但整个收获过程还需大量人力配合，劳动生产率较低，而且收获损失较高。

2. 联合收获法

采用谷物联合收获机在田间一次完成切割、脱粒、分离和清选等全部作业的收获方法。这种方法的特点：提高了生产效率，减轻了劳动强度，也有利于抢农时，并降低了收获损失。但联合收获机的结构复杂，造价较高，每年使用时间短，收获成本较高；还要求有较大的田块和较高的管理与使用水平。

3. 两段收获法

两段收获法先用割晒机将谷物割倒并成条地铺放在高度为15～20 cm的割茬上，经过3～5天晾晒使谷物完成后熟并风干，然后用装有拾禾器的联合收获机进行捡拾、脱粒、分离和清选作业。

这种方法的优点：

(1)由于作业时间较联合收获法提前7～8天，可延长收获时间。

(2)由于谷物后熟作用，使绝大部分籽粒饱满、坚实、色泽一致，提高了粮食等级，增加了收获量。

(3)由于收回的籽粒含水量小，且清洁率较高，显著地减轻了晒场的负担。

这种方法存在下列缺点：由于两次作业，机器行走部分对土壤破坏和压实程度增加，油料消耗较联合收获法增加7%～10%；当收获期逢连雨时，谷物在条铺上易发霉、生芽。因此，采用两段收获法时，应注意以下几个方面的问题：

(1)割茬高度应适宜：一般取割茬为15～20 cm，植株高大时(1 m以上)，应略高，为18～25 cm；植株矮小时(80～90 cm)，应略低，为15～18 cm。

(2)条铺形状应适当：为便于谷物捡拾，禾秆的穗部应互相搭接，搭接的方向与机器行走方向平行或成45°以内的倾角，勿使穗部着地。

(3)割晒时间应适当：一般在谷物腊熟期进行，这时植株大部分变黄，上梢仍有少许微绿色，籽粒为淡黄色呈蜡状。此时收割既可保证籽粒的后熟作用，又可减少收获中的落粒损失。

知识点4　谷物收获的技术要求

谷物收获的农业技术要求是谷物联合收获机使用和设计的依据。由于我国谷物种植面积很广，种类也很繁多，而且各地区自然条件有差异，栽培制度也各不相同，所以对于谷物收获的农业技术要求也不一样，概括起来主要有以下几点。

1. 适时收获，尽量减少收获损失

适时收获对于减少收获损失具有很大意义。为了防止自然落粒和收割时的振落损失，谷物一到黄熟中期便需及时收获，到黄熟末期收完，一般为5～15天。因此，为满足适时收获减少损失的要求，收获机械要有较高的生产率和工作可靠性。

2. 保证收获质量

在收获过程中除减少谷粒损失外，还要尽量减少破碎及减轻机械损伤，以免降低发芽率及影响贮存，所收获的谷粒应具有较高的清洁率。割茬高度应尽量低些，一般要求为5～10 cm，只有两段收获法才保持茬高15～25 cm。

3. 禾条铺放整齐、秸秆集堆或粉碎

割下的谷物为了便于集束打捆，必须横向放铺，按茎基部排列整齐，穗头朝向一边；两段收获用割晒机割晒，其谷穗和茎基部须互相搭接成为连续的禾条，铺放在禾茬上，以便于通风晾晒及后熟，并防止积水及霉变；捡拾和直收时，秸秆应进行粉碎直接还田。

4. 要有较大的适应性

我国各地的自然条件和栽培制度有很大差异，有平原、山地、梯田；有旱田、水田；有平作、垄作、间套作，此外，还有倒伏收获、雨季收获等。因此，收获机械应力求结构简单、质量轻，工作部件、行走装置等适应性强。

任务实施

[任务要求]

某农场新进了一批稻麦联合收获机，要为此次麦收作业服务，作业前急需对驾驶员做一个系统全面的培训，从而使他们尽快熟悉机器的操作和作业要领。如要完成此项任务，必须对联合收获机做一个全面的整体认知，熟悉联合收获机的特点和总体构造，熟悉各装置的安装位置，学会正确操纵联合收获机和田间作业。

[实施步骤]

(1)操作机器前要仔细阅读收获机的使用说明书和机器上粘贴的警示标签，熟记正确的驾驶、作业方法，如图1.3所示。

(2)身体状况欠佳时，请勿进行驾驶操作。

(3)驾驶员、助手均应穿着适合作业的服装，如图1.4所示。作业时的着装需注意以下几点：

①请勿穿着宽松肥大的服装。

②请务必收紧袖口。

③请勿佩戴头巾、围巾以及在腰部缠绕毛巾。

④请勿穿着凉鞋、拖鞋作业。

⑤请根据需要戴好安全帽、护目镜和手套，穿好安全鞋等。

(4)进出驾驶座时，请勿跳上、跳下。请在平坦的场所紧握收割机扶手，踩稳踏板以进出驾驶座，以免打滑，如图 1.5 所示。

图 1.3　一般注意事项　　图 1.4　着装要求　　图 1.5　进出驾驶座

(5)非驾驶人员请勿乘坐收获机。收获机正在运行时，请勿跳上、跳下，如图 1.6 所示。

(6)在室内驾驶收获机时，请注意废气排放，适当进行换气。请将排气管延长至室外，或者打开门窗，使空气充分进入室内。

(7)向收获机补充燃油时应严禁烟火，不得让燃烧的香烟或明火靠近，如图 1.7 所示。

(8)移动收获机时，请注意周围的安全，如图 1.8 所示。

启动发动机时，应坐在驾驶座上，踩下停车制动踏板，并鸣喇叭进行提示。

发动机器或将脱粒、收割各离合器手柄置于“合”的位置时，请通过鸣喇叭等方式进行提示。

图 1.6　非驾驶人员请勿乘坐收获机　　图 1.7　燃油补充安全　　图 1.8　注意周围安全

(9)初次驾驶收获机时，在熟悉操作前应保持低速行走。

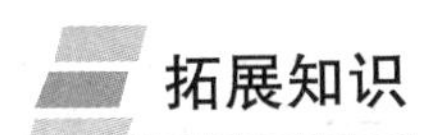

拓展知识

割晒机和割捆机

1. 割晒机

割晒机用于两段联合收获作业，它将作物割断后，在田间放成首尾相搭接的“顺向条铺”，这种条铺不便于人工分把或捆束，它是专为装有捡禾装置的联合收割机配套使用的，作物在条铺中经过晾晒及后熟后，再进行捡拾—脱粒—清选联合作业，如图 1.9 所示。

2. 割捆机

割捆机也是分段收获时使用的一种机器，它能同时完成收割与打捆两项作业，可减轻收割的劳动强度，但捆束机构比较复杂，捆绳比较贵，故目前应用较少，如图 1.10 所示。

图 1.9　4GL-180 型乘坐式水稻割晒机

图 1.10　小型割捆机

任务小结

1. 收获机械是将收割机和脱粒机用中间输送装置连接成为一体的机构，它能在田间一次完成切割、脱粒、分离和清选等项作业，以直接获得清洁的谷粒。

2. 自走式联合收获机具有生产率高、谷物损失小、机械化程度高等优点。

3. 联合收获机按谷物喂入方式可以分为全喂入式联合收获机和半喂入式联合收获机。

思考与练习

1. 简述谷物收获机的常用分类。
2. 简述联合收获机的特点与分类。
3. 简述谷物收获的农业技术要求。

任务 1.2　收获机械的基本构造与工作过程

学习目标

1. 掌握常见收获机械的基本构造。
2. 熟悉常见收获机械的工作过程。
3. 掌握收获机械的总成及关键装置的名称。
4. 熟悉收获机械的术语和型号参数。

预备知识

知识点1　收获机械的基本术语

1. 收获机械的牌号含义

例：4LBZ-150

4——收获机械代号；

L——联合收获机；

B——半喂入式；

Z——自走式履带式；

150——最大割幅 1 500 mm，65 马力①。

例：4LZ-2.5Z

4——收获机械代号；

L——联合收获机；

Z——自走式履带式；

2.5——最大喂入量 2.5 kg/s；

Z——纵轴流全喂入。

2. 收获机械的性能指标

(1)作业性能。在不低于标定喂入量、切割线以上无杂草、作物直立、小麦草谷比为 0.6～1.2、籽粒含水率为 12%～20%、水稻草谷比为 1.0～2.4、籽粒含水率为 15%～28%的条件下，其作业性能应符合表 1.1 的规定。

表 1.1　作业性能指标

项目	小麦		水稻	
机型	自走式	背负式	自走式	背负式
生产率/($hm^2 \cdot h^{-1}$)	按使用说明书最高值 80%的规定			
总损失率/%	≤1.2	≤1.5	≤3.0	≤3.5
含杂率/%	≤2.0	≤2.0	≤2.0	≤2.0
破碎率/%	≤1.0	≤1.0	≤1.5	≤1.5

(2)可靠性。按照作业机械标准规定的试验方法，平均故障间隔时间应不小于 50 h，有效率应不小于 93%。

(3)割幅。收获机割台收割作物的幅度，如 4LBZ-150 中 150 指的就是最大割幅 1.5 m。

(4)喂入量。喂入量是指单位时间内联合收获机连续加工的作物量，是表征联合收获机作业能力的一个非常重要的设计参数，单位通常是 kg/s。

(5)通过能力。自走式机型最小离地间隙：轮式联合收获机不小于 250 mm；履带式联合收获机不小于 180 mm。履带式机型对土壤单位面积的接地压力不大于 24 kPa。

知识点2　收获机械的作业质量

1. 损失率

损失率是指联合收获机各部分损失籽粒质量占籽粒总质量的百分率。

---

① 1 马力≈735 W。

2. 破碎率

破碎率是指因机械损伤而造成破裂、破损(皮)的籽粒质量占所收获籽粒总质量的百分率。

3. 含杂率

含杂率是指谷物联合收获，收获物所含杂质质量占其总质量的百分率。

4. 割茬高度

割茬高度是指作物收获后，留在地面上的禾茬高度。

5. 作物的倒伏程度

作物的倒伏程度是指用不倒伏、中等倒伏和严重倒伏表示。穗头根部和茎秆基部连线与地面垂直线间的夹角为倒伏角。0°～30°为不倒伏，30°～60°为中等倒伏，60°以上为严重倒伏。

6. 作物的自然高度

作物的自然高度是指作物在自然状态下，最高点至地面的距离。

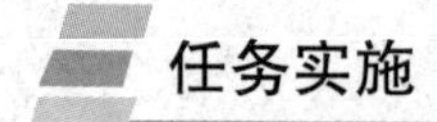

任务实施

[任务要求]

某农机维修公司承接一客户的收获机维修任务。客户自述，收获机作业时最高作业速度明显降低，出现喂入不畅等现象。如要对联合收获机进行全面的检测和故障维修，就必须熟悉联合收获机的工作原理，掌握联合收获机的基本构造与工作过程。

[实施步骤]

一、收获机械总体构造认知

自走式谷物收获机一般由割台、中间输送装置、脱粒清选装置、粮箱、杂余处理装置、发动机、底盘传动系统、液压系统、电气系统、转向和制动系统、操纵系统等部分组成，其中割台、脱粒装置和清选装置是完成收割、脱粒、分离和清选工作的主要部件，如图 1.11 所示。

图 1.11　自走式谷物收获机示意

1—脱粒清选装置；2—发动机；3—粮仓；4—传动系统；5—操纵控制装置；6—中间输送装置；7—割台；8—行走装置

1. 割台

割台主要由拨禾轮、螺旋推运器、分禾器、切割器和传动机构等组成。切割器将作物割下后，被拨禾轮拨倒在割台上，由螺旋推运器向中部或一侧输送，再由伸缩拨指送至输送装置入口。

2. 中间输送装置

中间输送装置主要由输送链、链耙、主动轴、从动轴、输送槽体等组成。其主要功能是将伸缩拨指送给的被脱物料利用链耙的抓取功能把物料源源不断地送入脱粒室进行脱粒。

3. 脱粒装置

脱粒装置主要由脱粒滚筒、凹板、滚筒盖、凹板筛间隙调节机构等组成。如今的脱粒装置种类繁多，根据目前常用的种类大致分为纹杆式脱粒装置、钉齿式脱粒装置、双滚筒式脱粒装置、轴流式脱粒装置、弓齿式脱粒装置。其主要功能是利用随滚筒高速旋转的脱粒元件打击和与凹板筛的搓揉作用将籽粒从作物茎秆上分离下来，籽粒、短茎秆、颖糠等从凹板筛落下，长茎秆被脱粒滚筒的排草装置从排草口排出，或由逐稿器排出机外。

4. 清选装置

清选装置主要由风扇、筛子等组成。主要功能是根据物料的不同漂浮系数，利用气流作用将经脱粒装置脱下和分离装置分离出来的谷物混合物中的颖壳、短茎秆和断穗等分离开来，将颖糠等杂物吹出机外，以便得到清洁的籽粒。杂余处理装置主要由杂余推运器、复脱装置等组成。最终把未脱净的穗头通过杂余推运器送入复脱装置进行复脱，然后送回到筛面进行清选处理。籽粒升运器主要由链轮、链条、刮板、壳体等组成，主要任务是把通过清选分离后的干净籽粒送入粮箱，便于收集装袋或集中卸入运输车。

5. 粮仓

粮仓是由钢板制成的盛粮容器，储存干净的粮食。

6. 操纵控制装置

操纵控制装置主要由方向盘、行走控制装置、离合器控制手柄、割台升降手柄、各类仪表、监控装置、GPS、空调等组成。

7. 发动机

发动机是收获机械的心脏，是整个收获机械工作部件和行走装置的动力源。

8. 行走装置

行走装置由前桥、后桥、变速箱、轮胎或履带式行走装置等组成。

9. 传动系统

通过V带或链传动等装置把从发动机输出的动力源源不断地提供给工作部件和行走装置。

全喂入式联合收获机的构造如图1.12所示，半喂入式联合收获机的构造如图1.13所示，典型收获机械装置简图如图1.14与图1.15所示。

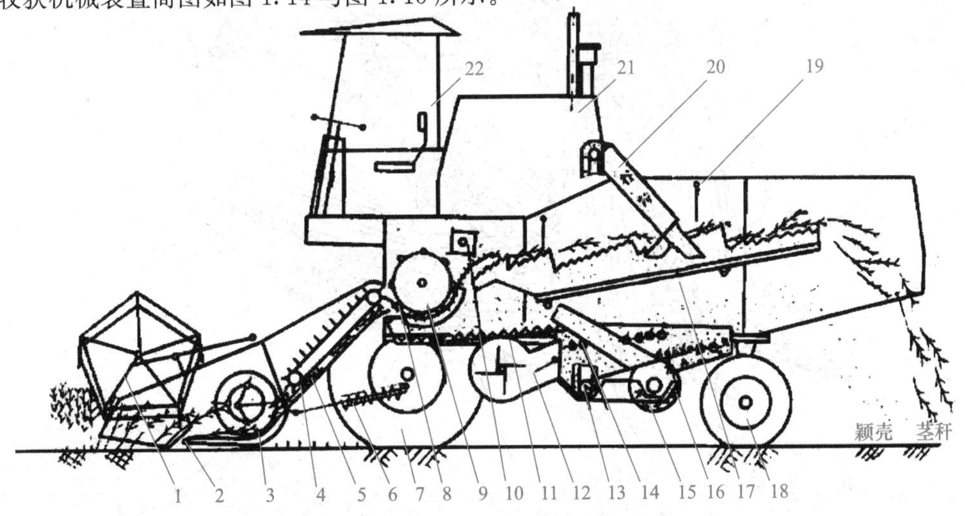

图1.12 全喂入式联合收获机的构造

1—拨禾轮；2—切割器；3—割台螺旋推运器和伸缩拨指；4—输送链耙；5—倾斜输送器(过桥)；6—割台升降油缸；7—驱动轮；8—凹板；9—滚筒；10—逐稿轮；11—阶状输送器(抖动板)；12—风机；13—谷粒螺旋和谷粒升运器；14—上筛；15—杂余螺旋和复脱器；16—下筛；17—逐稿器；18—转向轮；19—挡帘；20—卸粮管；21—发动机；22—驾驶座

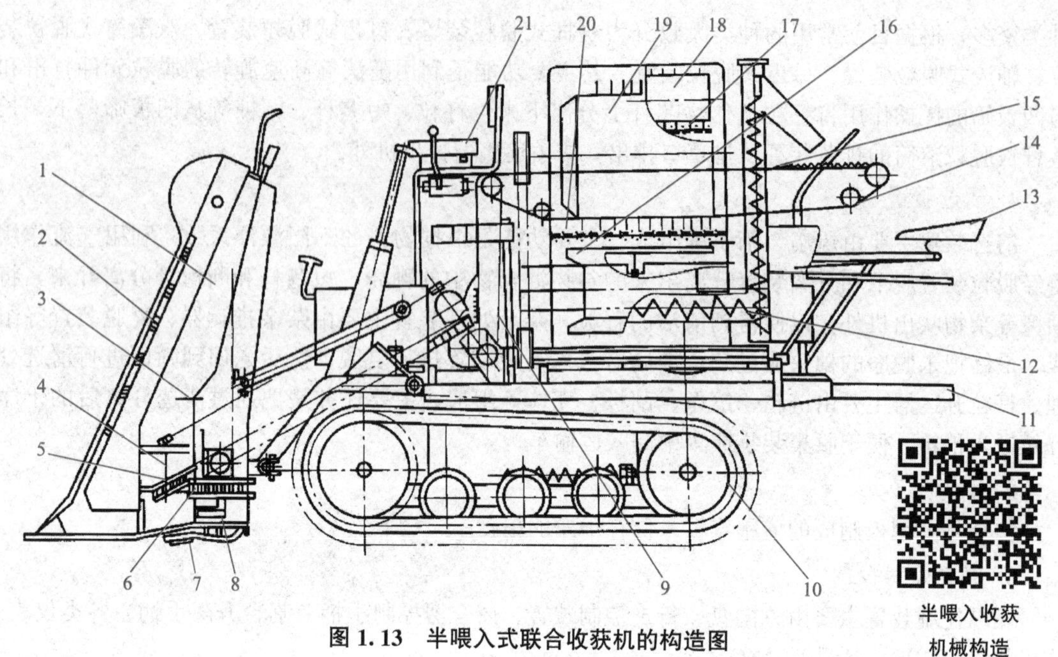

半喂入收获
机械构造

图 1.13　半喂入式联合收获机的构造图

1—立式割台；2—扶禾器；3—上横送链；4—拨禾星轮；5—中间输送上链；6—中间输送下链；7—切割器；8—下输送链；9—二级夹持链；10—履带；11—卸粮台；12—水平螺旋；13—卸粮座位；14—脱粒夹持链；15—竖直螺旋；16—风扇；17—副滚筒筛板；18—副滚筒；19—主滚筒；20—凹板；21—驾驶台

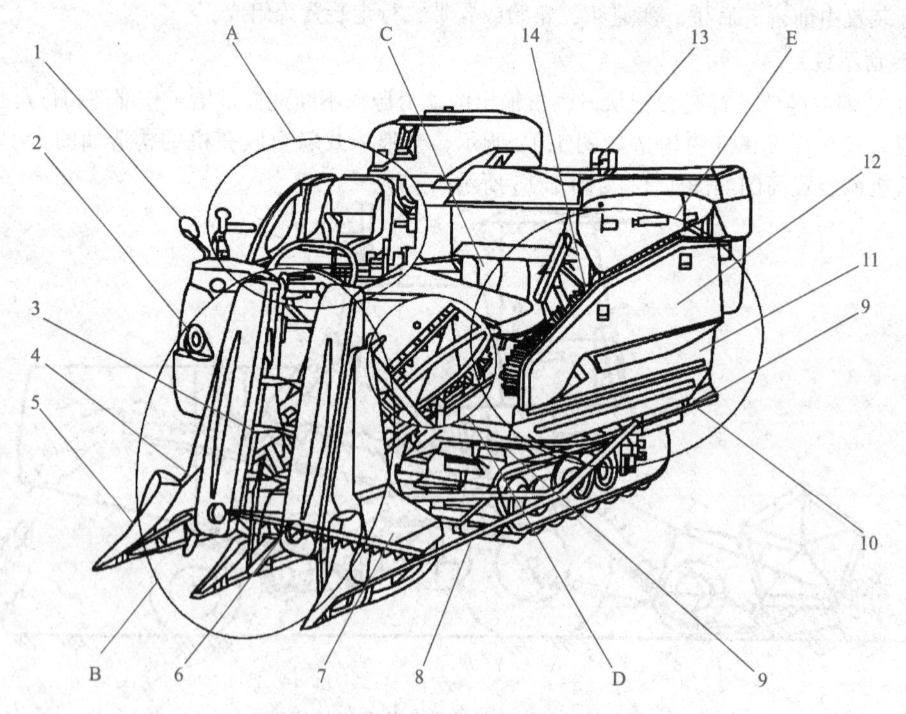

图 1.14　收获机械装置简图(一)

1—后望镜；2—前照灯；3—扶禾拨指；4—扶禾拨指右侧盖；5—分禾器；6—割刀；7—扶禾拨指左侧盖；8—左前侧分草杆；9—绳索挂钩；10—左后侧分草杆；11—脱粒装置左侧下盖；12—脱粒装置左侧上盖；13—方向指示器；14—输送链条；A—驾驶操作部；B—割台；C—脱粒装置入口；D—供给传送部；E—脱粒装置

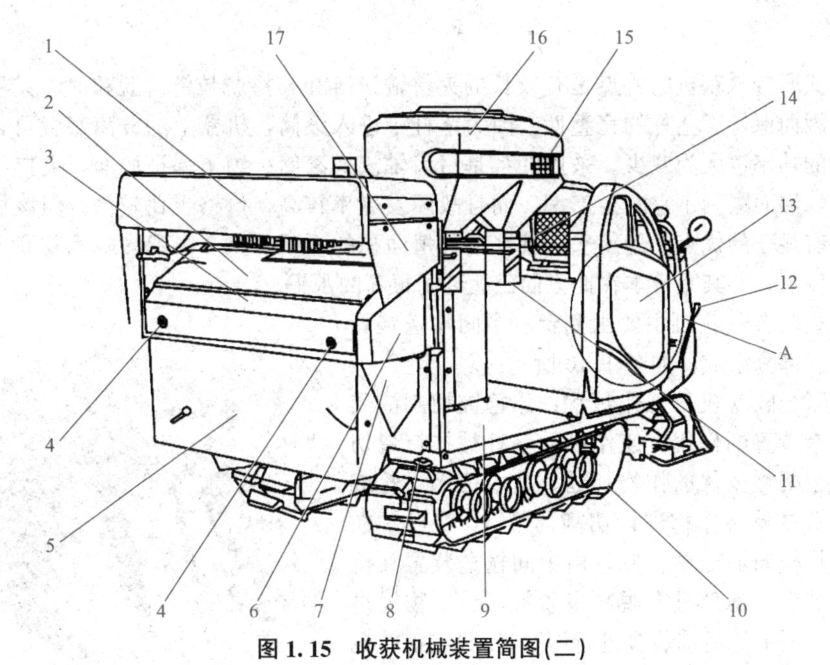

图 1.15　收获机械装置简图(二)

1—切刀上盖；2—切刀切换盖；3—切刀；4—反射器；5—后泄草器；6—切刀右侧盖；7—侧泄草器；8—绳索挂钩；9—装谷袋平台；10—履带；11—集谷箱排出口；12—停车制动手柄；13—发动机仓盖；14—出谷口挡板；15—方向指示器；16—集谷箱；17—穗端盖；A—驾驶操作台

S700 全喂入收获机收获过程

二、联合收获机的工作过程

1. 全喂入式联合收获机的工作过程

用于收割小麦为主的联合收获机大多是全喂入式的，其总体结构差别不大，主要由割台、中间输送装置、脱粒装置、发动机、底盘、传动系统、液压系统、电气系统、驾驶室、粮箱和草箱等部分组成，如图 1.12 所示。其工作过程如下：

全喂入式收获机械作业过程

拨禾轮将作物拨向切割器，切割器将作物割下后，由拨禾轮拨倒在割台上。割台螺旋推运器将割下的作物推集到割台中部，并由螺旋推运器上的伸缩扒指将作物转向送入倾斜输送器，然后由倾斜输送器的输送链耙把作物喂入滚筒进行脱粒。脱粒后的大部分谷粒连同颖壳、杂穗和碎秆经凹板的栅格筛孔落到阶状输送器上，而长茎秆和少量夹带的谷粒等被逐稿轮的叶片抛送到逐稿器上。在逐稿器的抖动抛送作用下使谷粒得以分离。谷粒和杂穗、短茎秆经逐稿器键面孔落到键底，然后滑到阶状输送器上，连同从凹板落下的谷粒、杂穗、颖壳等一起，在向后抖动输送的过程中，谷粒与颖壳杂物逐渐分离，由于密度不同，谷粒处于颖壳、碎秆的下面。当经过阶状输送器尾部的筛条时，谷粒和颖壳等先从筛条缝中落下，进入上筛，而短碎茎秆则被筛条托着，进一步被分离。由阶状输送器落到上筛和下筛的过程中，受到风扇的气流吹散作用，轻的颖壳和碎秆被吹出机外，干净的谷粒落入谷粒螺旋，并由谷粒升运器送入卸粮管(大型机器则进入粮箱)。未脱净的杂余、断穗通过下筛后部的筛孔落入杂余螺旋，并经复脱器二次脱粒后再抛送回到阶状输送器上再次清选(有些机器上没有复脱器，则由杂余升运器将杂余送回脱粒器二次脱粒)，长茎秆则由逐稿器抛送到草箱(或直接抛撒在地面上)。当草箱内的茎秆集聚到一定重量后，草箱自动打开，茎秆即成堆放在地上。

2. 半喂入式联合收获机的工作过程

半喂入式联合收获机的特点是有较长的夹持输送链和夹持脱粒链。脱粒时，只将作物穗部送入滚筒，因而保持了茎秆的完整性。因为茎秆不进入滚筒，机器上的分离装置可大大简化或省去，耗用的功率也大为减少。采用的都是弓齿轴流式滚筒。为了保证脱净，夹持脱粒的茎秆层不能太厚，因而限制了它的生产率。而且故障发生率较高，价格也比较高。但该机型在收获水稻方面具有显著的优点。近年来随着水稻种植面积的不断扩大，半喂入式水稻联合收割机得到了很大的发展，尤其是日本在此方面已达到了很高的水平。

半喂入式联合收获机主要由割台、中间输送装置和脱粒装置三部分组成，如图 1.16 所示。

图 1.16　半喂入式联合收获机

半喂入联合收获机的工作过程：作物被切割前受到扶禾、拨禾装置的作用，使作物的茎秆被扶持着切割。扶禾器主要将倒伏的作物扶起，交给拨禾星轮或其他拨禾装置扶持着作物进行切割。然后，将已割在割台上的作物横向输送至一侧，由中间输送装置夹持输送至脱粒装置，穗部进入脱粒室脱粒，脱出物经过凹板分离和凹板下的清选装置进行清选(专脱水稻的机型也有的无清选装置)，洁净的籽粒被输送至卸粮装置。脱粒后的茎秆被夹持链排出，成条或成堆铺放在茬地上，也可用茎秆切碎装置切碎直接还田。

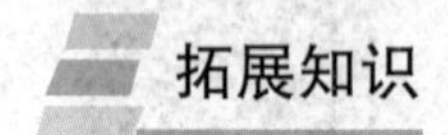

拓展知识

分离装置

分离装置位于脱粒装置的后方，其功用是将脱粒后茎秆中夹带的谷粒分离出来，把茎秆排出机外。由于作物的茎秆量较大，分离装置的负荷较大，往往成为限制脱粒装置和联合收获机生产能力的薄弱环节。

对分离装置的要求：谷粒夹带损失小，一般小于1%；分离出来的谷粒中含杂质少，以减轻清选的负荷；生产率高，结构简单。

任务小结

1. 自走式联合收获机一般由割台、中间输送装置、脱粒装置、分离装置、清选装置、粮箱、杂余处理装置、发动机、底盘传动系统、液压系统、电气系统、转向和制动系统、操纵系统等部分组成，其中割台、脱粒装置和清选装置是完成收割、脱粒、分离和清选工作的主要部件。

2. 全喂入式联合收获机割台螺旋推运器将割下的作物堆集到割台中部，并由螺旋推运器上的伸缩拨指将作物转向送入倾斜输送器，然后由倾斜输送器的输送链耙把作物喂入滚筒进行脱粒。

3. 半喂入联合收获机收割时作物被切割前受到扶禾、拨禾装置的作用，使作物的茎秆被扶持着切割。

4. 联合收获机的性能指标主要包括作业性能、通过能力、喂入量、可靠性等。

思考与练习

1. 简述联合收获机的总体构造及收割装置的作用。
2. 联合收获机的作业质量有哪些?
3. 简述全喂入式联合收获机的工作过程。
4. 简述半喂入式联合收获机的工作过程。

收获机械总装拆卸视频

收获机械总装装配视频

项目 2　稻麦收获机械的构造与维修

任务 2.1　割台的认知与拆装

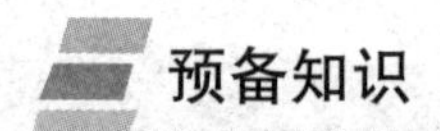

1. 熟悉稻麦收获机械割台的类型和功用。
2. 掌握全喂入式联合收获机割台的构造，熟悉其工作原理。
3. 掌握半喂入式联合收获机割台的构造，熟悉其工作原理。
4. 掌握联合收获机割台的关键装置的拆装、检测和维修。

预备知识

知识点 1　割台的功用

割台的功用是切割作物，并将作物运向脱粒装置。它由拨禾轮、切割器、分禾器和输送器等组成。

割台通过铰接轴与脱粒装置连接，驾驶员可以在座位上通过液压系统调节割台的升降。联合收获机由于配有不同用途和不同割幅的割台，要求能拆装简便、迅速，所以割台上都备有快速挂接装置。

全喂入联合收获机的割台根据其输送装置的不同可分为平台式(帆布带式)割台、螺旋推运器式割台等。平台式割台能整齐均匀地输送作物，对作物高矮的适应性较好；但帆布带价格较高，受潮后易变形，使用中需经常调整，输送辊轴易缠草，使用完毕后需拆下来保管。螺旋推运器式割台结构紧凑，使用可靠、耐用；其缺点是输送性能不如平台式，但是在全喂入联合收获机上，并不要求对作物茎秆整齐输送，因此应用十分广泛。

割台的类型根据收割作物的对象，可分为麦类割台、玉米割台、水稻割台等；根据对地形的适应性，可分为刚性割台、挠性割台等。

知识点 2　全喂入联合收获机割台

全喂入谷物联合收获机一般采用图 2.1 所示割台。它由拨禾轮、割台螺旋推运器、分禾器、切割器和传动机构等组成。切割器将作物割下后，被拨禾轮拨倒在割台上，由割台螺旋推运器向中部或一侧输送，再由伸缩拨指送给中间输送装置。

割台与中间输送装置的连接多数为刚性连接，少数为球铰接，部分“T”型配置的联合收获机也采用搭接式。刚性连接结构简单，连接处密封性好，挂接简便，但割台只能纵向浮动仿形。球铰接连接，割台可纵向和横向浮动仿形，但结构复杂，挂接时耗时多、费力。

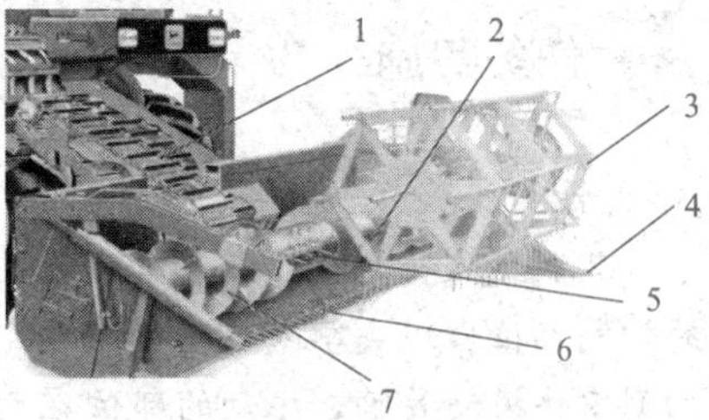

1. 分禾器

分禾器有左分禾器和右分禾器，分别固定在割台机架左、右两侧。工作时，分禾器最先与作物接触，前锥部与分禾板把割区分为即割区与待割区，即割区内的待割作物沿分禾板导向切割器，经切割器切割。左、右分禾器固定在割台机架上，随割台升降而升降，所以在作业时要注意，避免使分禾器尖插入泥土或田埂上，损坏机件。

图 2.1　联合收获机卧式割台

1—输送装置；2—割台；3—拨禾轮；4—分禾器；5—伸缩拨指；6—切割器；7—割台螺旋推送器

2. 拨禾轮

拨禾轮是卧式割台的主要部件，其功用是把待割的作物拨向切割器；将倒伏的待割作物引导并扶正，以便顺利切割；同时把割断的作物拨向割台螺旋推运器，由螺旋推运器不断地送往中间输送装置，避免作物堆积在割台上。因此，拨禾装置能提高割台的工作质量、减少损失、改善机器对倒伏作物的适应性。

对拨禾轮的性能要求：工作可靠、结构简单、击落穗粒少、收割倒伏作物性能好。

3. 切割器

切割器用来切断作物茎秆，按动刀的运动方式不同，切割器分为回转式和往复式两类。回转式切割器的动刀片在水平面内做回转运动，一般为无支撑切割。其优点是切割速度高，切割能力强，机具振动小，允许机器高速作业，刀片更换方便；但其传动机构复杂，功率消耗大，不适合大割幅和多行作物收割机使用，常用于割草机。往复式切割器动刀片做往复运动，在定刀片的配合下切割作物，适应性强，工作可靠。其适合宽割幅作业，但惯性力较大，现有的谷物联合收获机多用往复式切割器。

4. 割台螺旋推运器

割台螺旋推运器的功能是将倒向割台的被割下的作物送往中间输送装置，伸缩拨指机构要实现将作物从割台框内无残留地输送给中间输送装置，要求伸缩拨指在割台前部抓取作物时伸出搅龙筒体最长，基本是紧贴割台底板，保证最大限度地抓取物料，转到割台后部与中间输送装置交接时，应尽可能收缩，不要露出滚筒体外表面，以防止回带作物。

知识点 3　半喂入式联合收获机割台

半喂入式联合收获机割台，如图 2.2 所示，主要由扶禾装置(包括左右分禾杆、分禾器、扶禾器)、切割装置、输送装置(上输送链、下输送链)等组成。

工作原理：半喂入联合收获机开始作业时，割台由分禾杆将还不需要收割的作物分开，分禾器插入即将收割的作物，将作物分离成条，扶禾器梳正、扶直作物，拨禾装置将作物支撑住，同时切割装置进行切割。然后在输送装置各输送链条的相互配合下，将切割下来的作物经中间输送链均匀、整齐地输送给脱粒夹持链。通过喂入深浅调节装置可以调节作物进入脱粒滚筒的深浅。

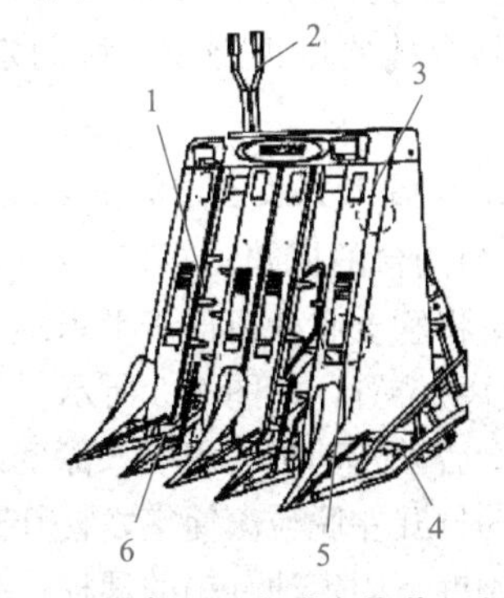

图 2.2　半喂入式联合收获机割台

1—扶禾器；2—操纵手柄；3—上输送链；4—切割装置；5—下输送链；6—分禾器

任务实施

[任务要求]

某联合收获机企业三包车间承接一台收获机的维修任务。车主自述，收获机作业时，割台的切割部位出现夹草或夹茎秆现象，割茬不齐，切割不均匀，随着切割速度的增加，还会出现切割零件振动异响，振动的部位在割台传动系统。车主要求对收获机割台进行检测并维修，如要对收获机割台进行检测并维修，就必须熟悉收获机割台的结构与工作情况，正确拆装联合收获机割台及割台部件。

[实施步骤]

割台拆卸

割台装配

割台的安装与拆卸

1. 全喂入式收获机割台的安装及拆卸

(1)割台的安装。

①将割台拖车放在平地上，放下支承轮，插上安全销，转动曲柄使顺梁与地面平行，放松割台与拖车的连接。

②主机开向割台，使倾斜输送器的前上端对准割台中心，将倾斜输送器上端固定轴置于固定板之间，这时操纵液压分配器手柄升起倾斜输送器，使固定轴进入导向板销孔内挂钩的终点处。

③操纵液压分配器手柄，慢慢升起倾斜输送器，使倾斜输送器的下部销孔与收割台的销孔对准，插上销子并锁定。然后将割台升到最高位置。向后倒车，割台即脱离了拖车。

④将割台传动链装在链轮上，调好并戴上安全护罩，然后把调整拨禾轮转速的钢索固定在支架上并调紧。

⑤将液压油管接到快速接头上，再把其他相关的连接处接合，即完成了割台的安装。

(2)割台的拆卸。割台拆卸装到拖车上时，与连接时的顺序相反，但还要注意以下几点：

①拨禾轮应调至一定高度并锁定。

②收割台往拖车上放时，应使收割台升到最高位置，同时要使推运器中间那根拨杆对准拖车上的指示器，再慢慢降落收割台，使拖车上的止板必须和拖车上的顶板相接触，最后固定好割台。

③当割台固定到拖车上时，在倒车之前，必须降下倾斜输送器，使倾斜输送器固定轴脱离割台挂钩后再倒车。待固定轴安全脱离挂钩后，升起倾斜输送器，防止它与拖车轮子相撞。

2. 半喂入式收割台的安装及拆卸

(1)割台的拆卸。

①将联合收获机停于平坦的地方，制动踏板固定在“制动”位置，脱粒、割台离合器手柄置于“分离”位置，如图 2.3 所示。

②启动发动机，用喂入深度开关将纵输送装置转到“最深”位置，将割台放到接触地面。

③打开左脱粒滚筒室，松开割台线索接插件，如图 2.4 所示。

④拆下固定油缸销的螺栓，拔出割台升降油缸与割台Ⅱ轴壳体连接的油缸销。拆除线索插头，如图 2.5 所示。

⑤拆下割台左、右支承座与支承盖连接的 4 个螺栓，并打开支承盖，如图 2.6 所示。

⑥用木块卡在割台Ⅲ轴壳体下，操纵主操纵手柄，将机器向右后方稍稍转动。注意不要让线扎、钢丝绳类挂住。拆除收割皮带，如图 2.7 所示。

⑦将割台驱动皮带从割台输入皮带轮上拆下，收割机缓慢往后移动，完全打开割台，如图 2.8所示。

图 2.3 升起割台，装上支撑板

图 2.4 降下割台，拆除销子

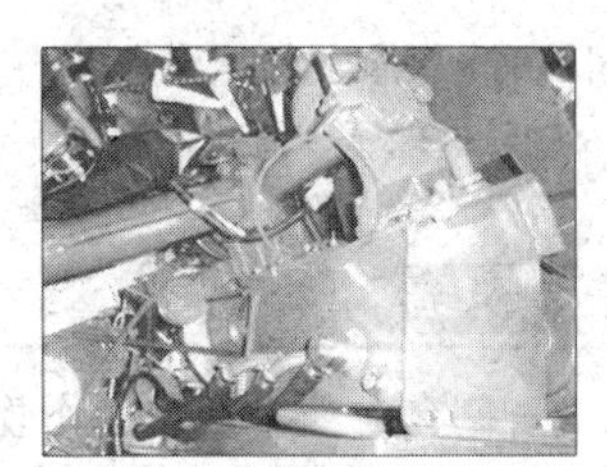

图 2.5 拆除线索插头

图 2.6 拆除割台支撑座螺栓

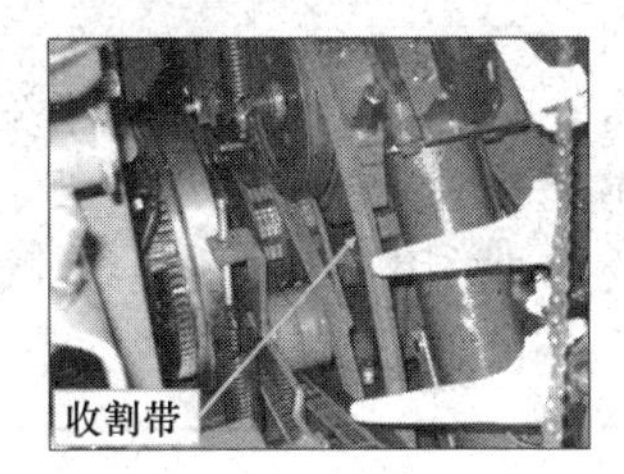

图 2.7 拆除收割带

图 2.8 收获机后退

(2)割台的安装。安装时按相反步骤进行(备注：安装时应先打开脱粒筒)。

割台安装按上述拆解的逆程序进行。当割台快要合拢时，需把割台驱动带装到割台输入带轮上，再完全合拢。割台合拢后，要认真检查油缸固定销的安装状况、割台支承座的固定螺栓拧紧状况和割台线索接插件的接插状况，确认连接可靠。

拓展知识

拉器的使用

拉器是收获机械拆装时经常用到的工具，拉器用来完成三种工作，即把物体从轴上拉出、把物体从孔中拉出、把轴从物体中拉出。拉器种类如图 2.9～图 2.11 所示。图 2.12 的例子表示把齿轮、轮子或轴承从轴上拉出。图 2.13 的例子表示把轴承外圈、保持器、油(密)封从孔里拉出。图 2.14 的例子表示抓住轴并压住外壳，把轴拉出来。显然，拉器还有许多其他的应用。

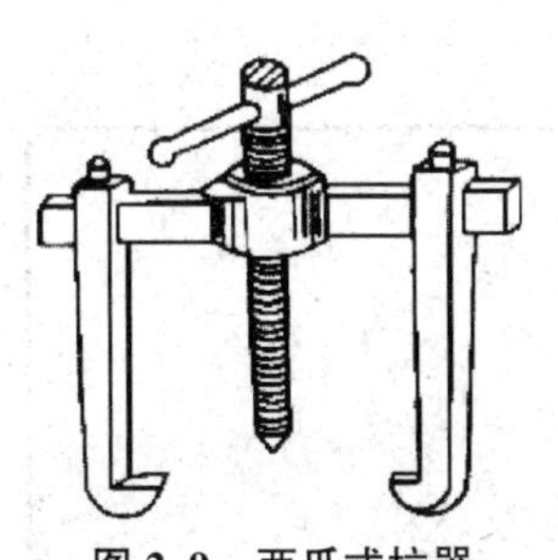

图 2.9 两爪式拉器

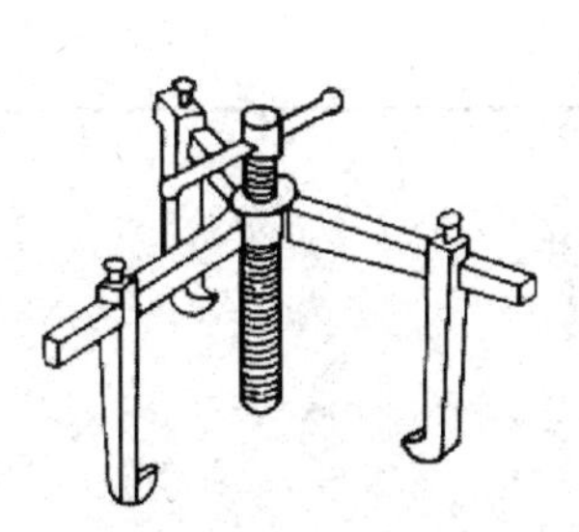

图 2.10 三爪式拉器

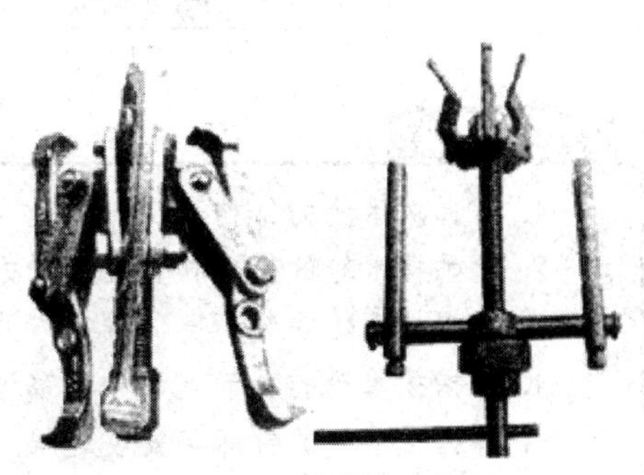

图 2.11 拉器的实物图

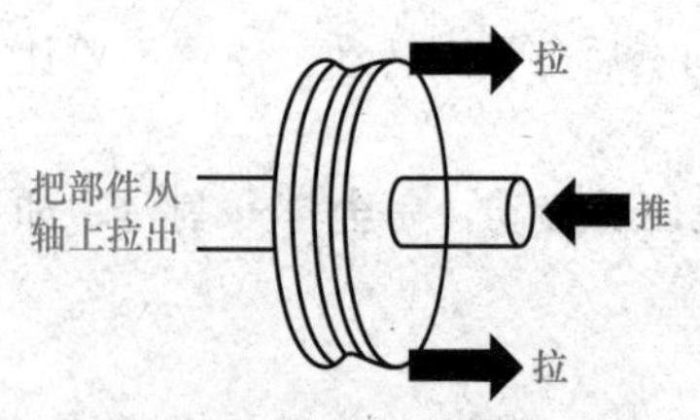

图 2.12　从轴上拉出齿轮、轴承、轮子、滑轮等

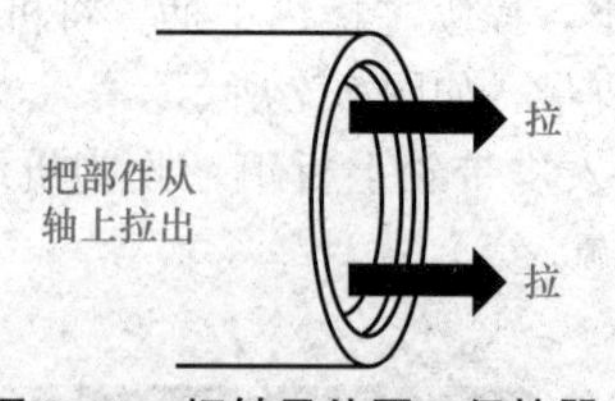

图 2.13　把轴承外圈、保持器、油(密)封从孔里拉出

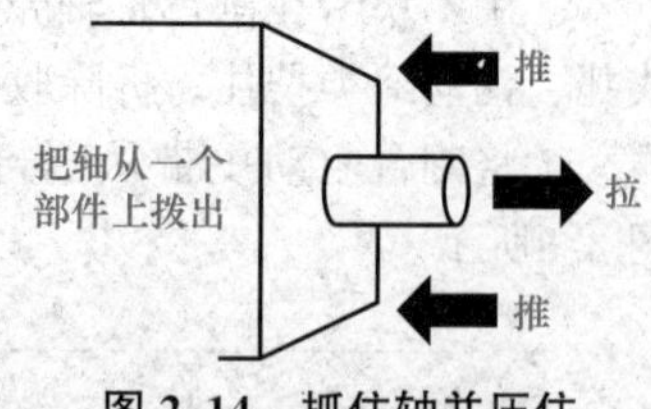

图 2.14　抓住轴并压住外壳，把轴拉出来

任务小结

1. 割台的功用是切割作物，并将作物运向脱粒装置，全喂入割台主要由拨禾轮、切割器、分禾器和输送器等组成。

2. 割台通过铰接轴与脱粒部分连接，驾驶员可以在座位上通过液压系统调节割台的升降。

3. 半喂入式联合收获机割台，主要由扶禾装置(包括分禾杆、分禾器、扶禾器)、切割装置、输送装置(上输送链、下输送链)等组成。

4. 割台安装好后，要认真检查油缸固定销的安装状况、割台支承座的固定螺栓拧紧状况和割台线索接插件的接插状况，确认连接可靠。

思考与练习

1. 简述全喂入式联合收获机收割台的基本组成及工作过程。
2. 简述半喂入式联合收获机割台的工作原理。
3. 试描述联合式收获机拆装的基本工量具有哪些？各适用哪些场合？
4. 简述半喂入式收割台的安装及拆卸步骤。
5. 查阅资料，描述全喂入式收割台的安装及拆卸注意要点。

任务 2.2　拨禾轮的构造与维修

学习目标

1. 掌握拨禾轮的结构和工作原理。
2. 熟悉拨禾轮的转速和直径选择方法。
3. 掌握拨禾轮安装高度的确定方法。
4. 掌握拨禾轮的调节方法和调整过程。
5. 掌握拨禾轮的拆卸与安装过程。

预备知识

知识点1　拨禾轮的种类、构造及其应用

拨禾轮是卧式割台的主要部件，其功用是把待割的作物拨向切割器；将倒伏的待割作物引导并扶正，以便顺利切割；同时把割断的作物拨向割台螺旋推运器，由螺旋推运器不断地送往中间输送装置，避免作物堆积在割台上。因此，拨禾装置能提高割台的工作质量、减少损失、改善机器对倒伏作物的适应性。

对拨禾轮的性能要求：工作可靠、结构简单、击落穗粒少、收割倒伏作物性能好。

根据拨禾轮的结构和工作原理来分类，拨禾轮有压板式和偏心式两种，其中后者收割倒伏作物的性能比较好。

1. 压板式拨禾轮

压板式拨禾轮主要由拨禾板、辐条、拉筋、拨禾轮轴等组成，如图2.15所示。拨禾板一般采用木质或冲压钢板制成。拨禾板的宽度一般为10～20 cm，为了便于收割矮株作物，拨禾板与径向线的夹角可在0°～15°范围内调节。

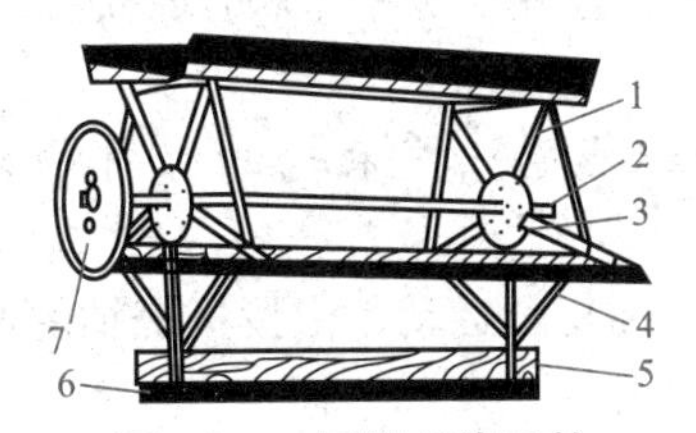

图2.15　压板式拨禾轮

1—辐条；2—拨禾轮轴；3—辐盘；4—拉筋；5—木质压板；6—橡胶皮；7—传动带轮

这种拨禾轮结构简单，质量相对较轻，制造成本低，常应用于割晒机及中小型联合收获机，但其对倒伏作物的适应能力较差，对作物的打击严重。

2. 偏心式拨禾轮

偏心式拨禾轮大多用于稻麦联合收获机上。它主要由拨禾轮轴、幅盘、辐条、曲柄、偏心环、弹齿等组成，如图2.16所示。

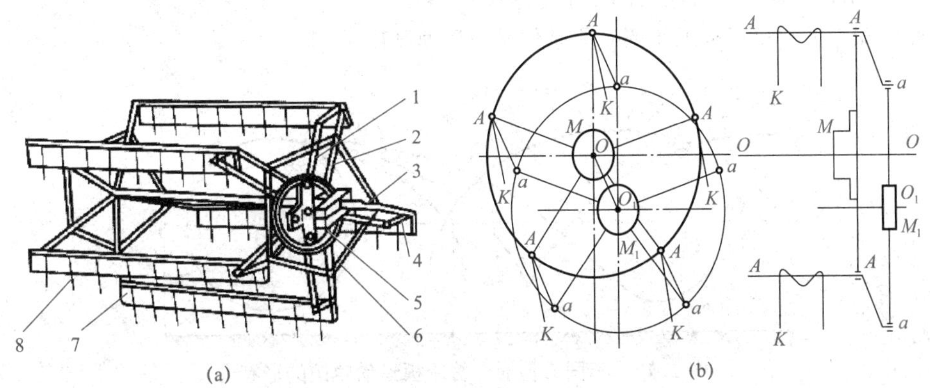

(a)　　(b)

图2.16　偏心式拨禾轮与其偏心机构

(a)偏心式拨禾轮；(b)偏心机构

1—偏心辐条；2—主辐条；3—拨禾轮轴；4—曲柄；5—偏心环；6—加强筋；7—压板；8—弹齿

偏心式拨禾轮的特点：在拨禾压板上装有拨齿，每块压板固定在一根管轴上，拨禾轮转动时，压板除公转外，自身还受偏心机构控制做平面平行运动，整个偏心拨禾机构实质上由数个平行四连杆机构组成，从而有利于插入倒伏的作物丛并将其扶起，减少对穗头的打击和拨齿上提时的挑草现象。

偏心拨禾轮的偏心机构如图 2.16(b)所示。M 是固定拨禾轮轴上的辐盘，M_1 是调节用的偏心圆环，AA 为管轴，其上固定弹齿 AK，M 的辐条与 AA 铰接，在管轴 AA 的一端伸出曲柄 Aa，M_1 的辐条与 Aa 铰接，M 和 M_1 的两组辐条长度相等($AO=aO_1$)，偏心距 OO_1(一般为 50～80 mm)和曲柄长度 Aa 相等，因此，整个偏心拨禾轮由 5 组平行四连杆机构组成。偏心圆环 M_1 可绕轴心 O 转动。当调整偏心圆环 M_1 的位置，即可改变 OO_1 与轴线 OA 的相对位置，曲柄 Aa(包括和它成一体的管轴及弹齿 AK)也随之改变其在空间的角度。调整好所需角度后，将 OO_1 的相对位置固定下来，于是在拨禾轮旋转时，不论转到哪个位置，Aa 始终平行于 OO_1，弹齿 AK 也始终保持调整好的倾角。

有的偏心拨禾轮，在弹齿面上还装有活动拨禾板。在收割直立作物，特别是低矮作物时，将拨禾板靠弹齿下方固定。收割垂穗作物，则将拨禾板固定在弹齿的中央和上部。在收割倒伏和乱缠作物时，将拨禾板拆掉，仅留弹齿。

偏心拨禾轮较普通拨禾轮质量大、成本高、结构复杂，但其扶禾能力强，弹齿倾角可以调整，对倒伏作物的适应能力强，广泛应用于大中型联合收获机。

知识点 2　拨禾轮的工作原理

拨禾轮工作时拨板的运动是一种复合运动，由拨板绕轴的回转运动和机器的前进运动复合而成，其运动轨迹可以由作图法求出。

拨禾轮运动轨迹的形状，取决于拨禾轮的圆周速度 v_y 与机器前进速度 v_m 的比值 λ，称为拨禾速度比。轨迹形状随 λ 值不同的变化规律如图 2.17 所示。λ 值从 0 变化到∞时，拨禾板的轨迹形状由直线($\lambda=0$)变化到短幅摆线($\lambda<1$)、普通摆线($\lambda=1$)、长幅摆线($\lambda>1$)直至圆($\lambda=\infty$)。要使拨禾轮完成对茎秆的引导、扶持和推送作用，就必须使拨禾板具有向后的水平分速度。轨迹曲线上各点切线的方向，就是拨禾板在各种位置时的绝对速度方向。从图 2.17 分析可知，当 $\lambda\leqslant1$ 时，在轨迹曲线上的任何一点，均不具有向后的水平分速度。只有当 $\lambda>1$ 时，即轨迹形状为长幅摆线(常称余摆线)时，运动轨迹形成扣环，在扣环下部，即扣环最长横弦 EE' 的下方，如图 2.18 所示，拨禾板具有向后的水平分速度。

由此可知，拨禾轮正常工作的必要条件是拨禾速度比 $\lambda>1$。

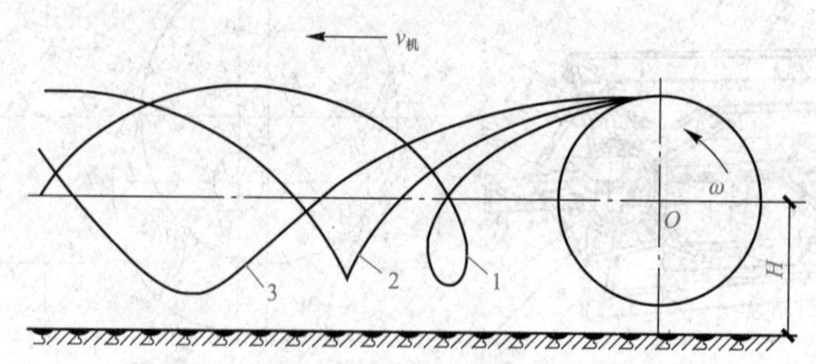

图 2.17　不同 λ 值时，拨禾板运动轨迹的形状

1—$\lambda>1$；2—$\lambda=1$；3—$\lambda<1$

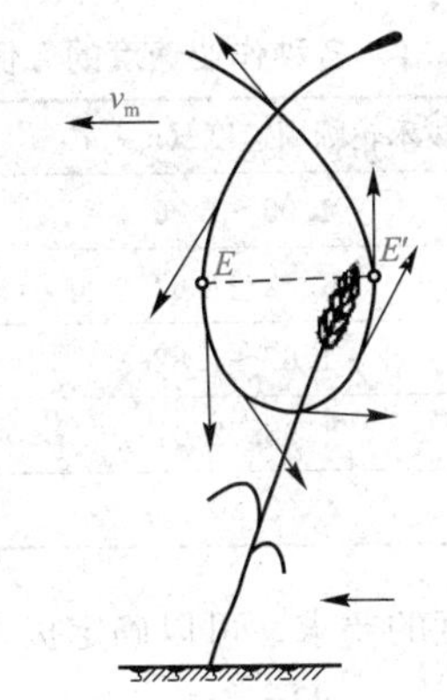

图 2.18　拨禾板的绝对速度

每块拨禾板从开始接触未割作物，直到将已割作物向后推送并与之脱离接触，这是它完整的工作过程。要使拨禾轮具有良好的工作质量，除必须满足 $\lambda>1$ 的条件外，还应该满足工作过程中不同阶段的要求：拨禾板在入禾时，其水平分速度应该为零，这样对穗部的冲击最小，可以减少落粒损失；切割时，拨禾板应扶持作物茎秆，以配合进行切割，避免切割器将茎秆向前推倒；茎秆切断后，拨禾板应继续稳定地向后推送，以清扫割刀，并防止作物向前翻倒或被向上挑起，造成损失。

任务实施

[任务要求]

某联合收获机三包车间承接一项维修任务。客户自述，收获机在收割过程中，拨禾轮出现将小麦穗头过早或过迟的击落，造成了一定的谷粒损失。客户初步判断是由于拨禾轮转速过快造成的，或者是弹齿倾角的角度调整不当所引起，客户要求对这台收获机进行检测并维修。若要对收获机进行检测并维修，就必须熟悉拨禾轮的基本构造，正确拆装拨禾轮，能根据作物长势对拨禾轮的转速和弹齿倾角进行调整。

[实施步骤]

一、拨禾轮转速和直径的选择

1. 拨禾轮转速的选择

选择拨禾轮的转速时，首先应确定拨禾速度比 λ。

由前面分析可知，拨禾轮正常工作的必要条件为 $\lambda>1$。加大拨禾速度比 λ，拨禾轮的作用范围和作用程度都会增加。但当机器速度 v_m 一定时，增加 λ 值，就要提高拨禾轮的圆周速度 v_y，这将因拨禾板对作物穗部的冲击加大而使落粒损失剧烈增加。实践证明，拨禾板的圆周速度 v_y 一般不宜超过 3 m/s。因此，拨禾轮的拨禾速度比 λ 的提高受到最大圆周速度的限制。

λ 值的选取，需根据拨禾轮拨板数、作业速度和收割时作物的成熟程度等条件来确定。六板式拨禾轮，λ 值可稍小($\lambda=1.5\sim1.6$)；四板式拨禾轮，λ 值应稍大($\lambda=1.6\sim1.85$)。作业速度高时，利用禾秆的惯性作用，防止由于拨禾板速度过大击落谷粒，可取 λ 值小些；作业速度低时，λ 值应取大些。经试验测得适应不同的作业速度的 λ 值，见表 2.1。

表 2.1　各种作业速度的 λ 值

作业速度/($m \cdot s^{-1}$)	拨禾轮圆周速度/($m \cdot s^{-1}$)	λ 值
0.34	1.05～1.20	1.57～1.88
0.97	1.52～1.67	1.53～1.72
1.30	1.67～1.82	1.28～1.40
1.68	1.96～2.01	1.17～1.20
1.90	2.20	1.16

根据已确定的 λ 值和机器前进速度的要求，可以确定拨禾轮的转速 n。

因为

$$v_b = \frac{nD\pi}{60} \quad \lambda = \frac{v_b}{v_m}$$

所以

$$n = \frac{60\ v_m \lambda}{\pi D}$$

式中　n——拨禾轮的转速(r/min)；

D——拨禾轮的直径(m)；

v_m——机器作业速度(m/s)；

v_b——拨禾轮的圆周速度(m/s)；

λ——拨禾速度比。

试验指出：拨禾轮圆周速度超过 2.7～3 m/s 时，拨禾板击落谷粒显著增加，故一般以圆周速度 3 m/s 作为确定拨禾轮转速的最高限。

2. 拨禾轮直径的确定

拨禾轮直径的确定与它所要完成的功能有关，其确定应遵循以下两个原则：

(1)拨禾板进入禾丛时其水平分速度为零；

(2)拨禾轮拨板扶持切割时应作用在禾秆割取部分的 1/3 处(即重心稍上方)。如图 2.19 所示，根据以上两个条件，可以确定：

$$R = O_2B = R\sin\varphi_1 + (L-h)\times 1/3$$

式中　R——拨禾轮半径；

L——作物自然高度；

h——割茬高度。

$$\sin\varphi_1 = \frac{1}{\lambda}$$

式中　φ_1——入禾角。

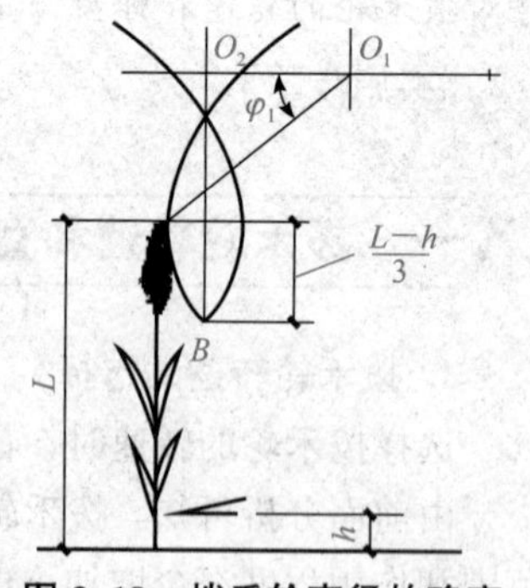

图 2.19　拨禾轮直径的确定

此时则有拨禾轮的半径：

$$R = \frac{\lambda(L-h)}{3(\lambda-1)}$$

即

$$D = \frac{2\lambda(L-h)}{3(\lambda-1)}$$

式中　D——拨禾轮直径；

λ——拨禾速度比。

在实际工作中，由于有些因素的不确定性，如各种作物的高度 L 不同，选用的拨禾速度比 λ 也随作物及机器前进速度的变化而变化，故拨禾轮直径的确定应综合考虑多方面因素。可选用主要收割作物的高度 L 及常用拨禾速度比 λ 来计算，此外，也应考虑机器质量，各部件(搅龙、割刀)之间的配置等。对于偏心拨禾轮，因偏心拨禾轮的弹齿较长(200～300 mm)，起到了加大拨禾轮直径的作用。因此在直径选择上，一般较计算值小。通常，小麦联合收获机上 $D=900\sim1\,200$ mm；水稻联合收割机上，一般 $D=900$ mm，而压板式拨禾轮稍大，可达 $D=1\,300$ mm。

二、拨板的入禾角和拨禾轮安装高度的确定

1. 拨板的入禾角

拨禾轮的工作过程简图如图 2.20 所示。图 2.20 中，假设拨禾轮轴安装在切割器的正上方，作物直立，作物高度为 L。

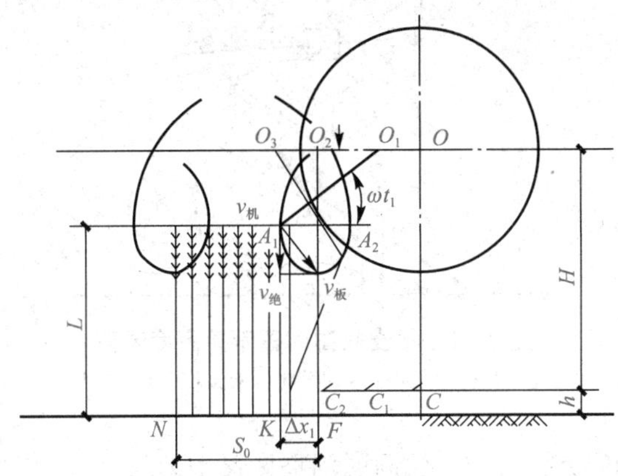

图 2.20　拨禾轮的工作过程简图

拨禾轮作业时为了减少拨板对谷物的碰击，拨板进入禾丛时，其水平分速度应为零，则有

$$v_x=\frac{dx}{dt}=v_m-R\omega\sin(\omega t_1)=0\qquad \sin(\omega t_1)=\frac{v_m}{R\omega}=\frac{1}{\lambda}$$

则拨禾板的入禾角 ωt_1 为

$$\omega t_1=\arcsin(1/\lambda)$$

2. 拨禾轮的安装高度

由图 2.20 可以建立下列关系式：

$$L+R\sin(\omega t_1)=h+H$$

而

$$\sin(\omega t_1)=1/\lambda$$

代入整理可得拨禾轮的安装高度 H：

$$H=L+R/\lambda-h$$

式中　H——拨禾轮的安装高度；

h——割刀离地高度；

R——拨禾轮的半径；

λ——拨禾速度比；

L——所收割作物的自然高度。

三、拨禾轮的调整

拨禾轮的调节分高低调整、前后调整和弹性拨禾齿倾斜角调整三个方面。

1. 高低调整

通常拨禾杆转到最低位置时，应作用在作物被切割处以上三分之二的部位，使割下的作物顺利地铺放在割台上，收割倒伏作物时，拨禾轮可适当调低一些。要保证调整后的拨禾轮左、右高度应保持一致。

(1)稻麦收割时拨禾轮高度调整。收割稻麦时，通常将拨禾轮高度调整到弹性拨禾齿刚好通过穗头稍下方的位置。另外，还应注意收割方向及作物的倒伏状态，对拨禾轮高度进行适当调整，如图 2.21 所示。

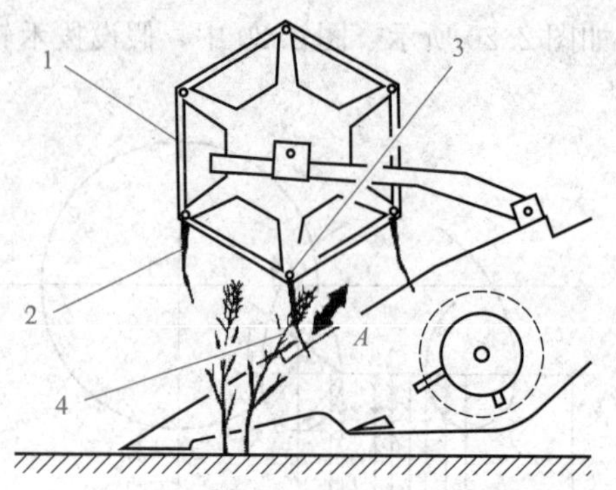

图 2.21　稻麦收割时拨禾轮高度调整

1—拨禾轮；2—弹性拨禾齿；3—弹性拨禾齿杆；4—穗头；A—调整

不同的作物状态及收割方向，拨禾轮高度调整见表 2.2。

表 2.2　不同的作物状态及收割方向时拨禾轮高度调整

作物状态及收割方向	拨禾轮的高度调整
直立作物	调整到弹性拨禾齿能通过穗头稍下方的位置
顺割	将拨禾轮降至最低位置
逆割	调整到拨禾轮弹性拨禾齿能扶起穗头的位置
横割	将拨禾轮降至最低位置
全倒伏作物	

(2)油菜收割时拨禾轮高度调整。收割油菜时将拨禾轮收割高度调整到不会漏割下垂菜荚的高度，进行收割作业。同时，操作拨禾轮升降手柄，调节拨禾轮的高度，以使弹性拨禾齿处于能够抄起油菜的高度，如图 2.22 所示。

2. 前后调整

若将拨禾轮的轴心前移，则可增加拨板的作用范围，但其推禾作用减弱。在卧式割台上，为了使谷物易于上台，要求拨板的推禾作用较强，因而拨禾轮轴心不宜前移，一般置于切割器正上方。但在螺旋割台上，由于螺旋直径较大，拨禾轮拨板不可能接近切割器，因而不得不把拨禾轮轴心向前移动；但其最大前移量不应使茎秆被割刀割断前脱离拨板的拨禾作用，而向前回弹。

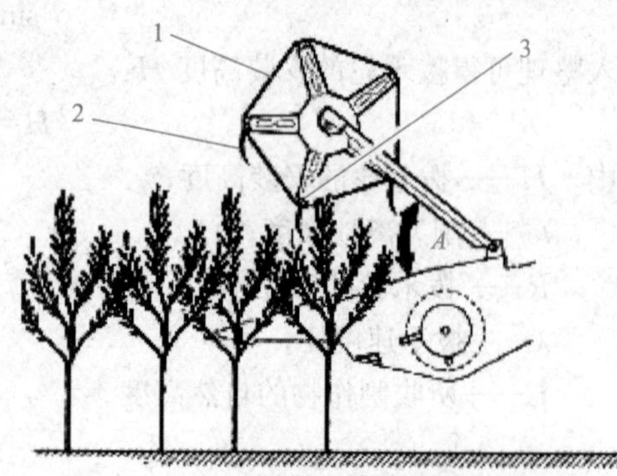

图 2.22　油菜收割时拨禾轮高度调整

1—拨禾轮；2—弹性拨禾齿；3—弹性拨禾齿杆；A—调整

此外，拨禾轮的水平位置还要考虑作物倒伏方向等其他因素适当加以调整。一般在收割顺向倒伏作物时，应将拨禾轮适当前移(并下降)以增加拨禾板对作物的扶起作用，如图 2.23(b)所示。在收割逆向倒伏作物时，应将拨禾轮少许后移，如图 2.23(c)所示，防止拨禾板将倒伏作物推压到割台下面。

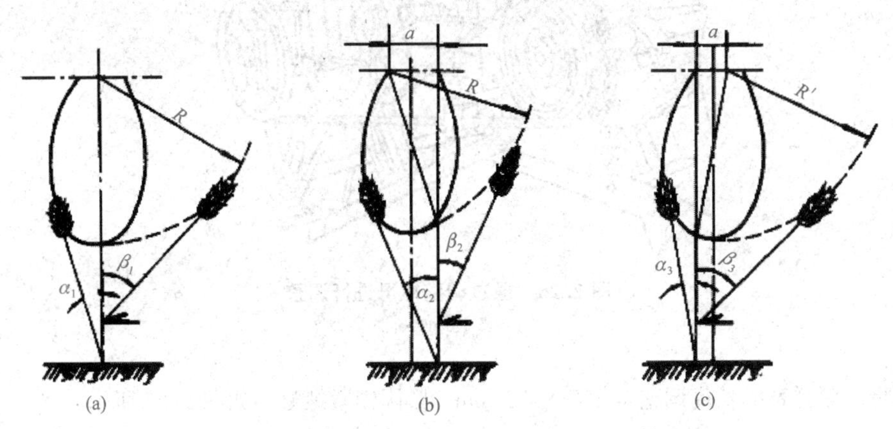

图 2.23　拨禾轮前后移动对扶起和推禾作用的影响

(a)轴心在切割器正上方(扶起角 α_1 一般，推禾角 β_1 一般)；(b)轴心前移(扶起角 α_2 变大，推禾角 β_2 变小)；(c)轴心后移(扶起角 α_3 变小，推禾角 β_3 变大)

3. 弹齿倾斜角调整

倾角调节范围一般为由竖直向下到向后或向前倾斜 30°。当顺着和横着倒伏作物的方向收割时，将弹齿调到向后倾斜 15°～30°，并将拨禾轮降低和前移。收割高而密、向后倒伏的作物时，将弹齿调到前倾 15°。收割直立作物时，弹齿调到与地面垂直。

四、拨禾轮关键装置的调整

1. 拨禾轮驱动带的检查与调整

(1)将收获机割台降至地面，并关停发动机。

(2)拆下螺栓，然后拆下拨禾轮侧盖和割台右侧盖，如图 2.24、图 2.25 所示。

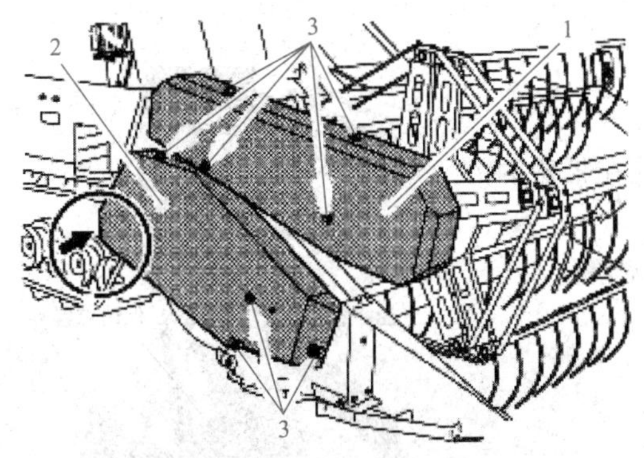

图 2.24　拆拨禾轮侧盖

1—拨禾轮侧盖；2—割台右侧盖；3—螺栓

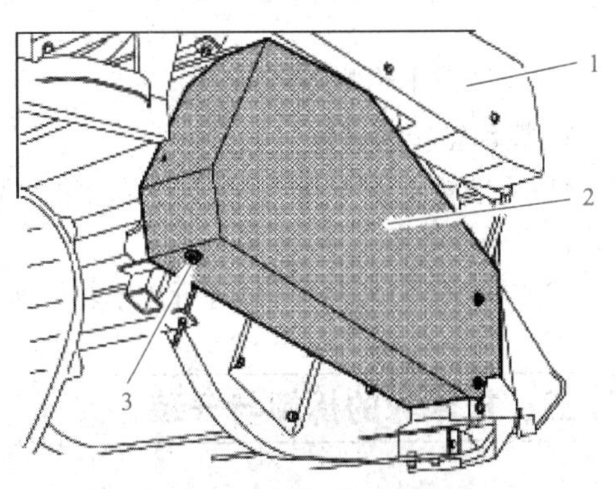

图 2.25　拆下割台右侧盖

1—拨禾轮侧盖；2—割台右侧盖；3—螺栓

(3)旋松锁紧螺母和调整螺母，通过调整螺母进行调整，如图 2.26 所示。

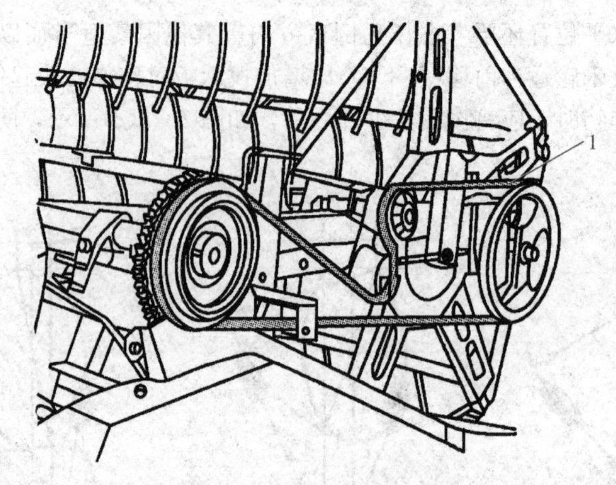

图 2.26　通过调整螺母进行调整

1—拨禾轮驱动带

(4)将张紧弹簧的长度调整至 177～179 mm，紧固锁紧螺母，如图 2.27 所示。

图 2.27　张紧弹簧的长度调整

1—拨禾轮驱动带；2—张紧弹簧；3—调整螺母；4—锁紧螺母

(5)安装拨禾轮侧盖。

2. 拨禾轮转速调整

(1)从带轮上取下拨禾轮驱动带，将它换挂在带轮的另一条轮槽上，如图 2.28 所示。

(2)根据作物情况，可以进行拨禾轮转速的调整。

图 2.28　拨禾轮转速调整

五、拨禾轮的拆卸与安装

1. 拨禾轮的拆卸

(1)拆下右侧盖。

(2)拆下拨禾轮驱动带，如图 2.29 所示。

图 2.29　拆下拨禾轮驱动带

1—拨禾轮驱动带

拨禾轮拆卸

(3)拆下左右侧的拨禾轮位置前后调整螺栓，如图 2.30 所示。

(4)将左右的插销拔出，拆下拨禾轮整体，如图 2.31 所示。

图 2.30　拆拨禾轮前后调整螺栓

图 2.31　拆下拨禾轮整体

2. 拨禾轮的安装

拨禾轮的安装按照相反的顺序进行，应注意在拨禾轮位置的前后调整部内侧涂抹黄油。

拨禾轮装配

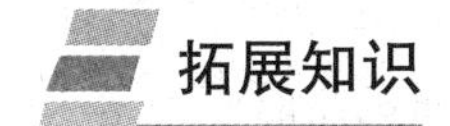

拓展知识

拨禾轮的运动轨迹分析

拨禾轮的运动轨迹可以由作图法求出，如图 2.32 所示。例如，求拨禾板上 AO 点的运动轨迹时，先将 AO 点回转的圆周做 m 等份，然后用下式求出在拨板每转一等份时间间隔内机器前进的距离：

$$S = v_m \frac{60}{mn}$$

式中　v_m——机器前进速度(m/s)；

　　　n——拨禾轮转速(r/min)。

由点 1 沿机器前进方向量取长度为 S 的线段，线段的端点 $1'$ 即为拨禾板上的点 AO 在转过一等份圆周时的绝对位置；同理，由点 2、3、…、m 沿前进方向依次量取长度分别为 $2S$、$3S$、…、mS 的线段，$2'$、$3'$、…、m' 即分别为点 A_0 转过 2、3、…、m 等分圆周时的绝对位置。连接点 $1'$、$2'$、…、m' 就得到了拨禾轮上拨板上 AO 点的运动轨迹。

设拨禾轮轴 O_0 在地面上的投影点 O 为坐标原点，如图 2.32(b)所示，x 轴沿地面指向前进方向，y 轴垂直向上，拨禾板外缘上一点由水平位置 A_0 开始逆时针方向旋转，则其轨迹方程为

$$\begin{cases} x = v_m t + R\cos(\omega t) \\ y = H - R\sin(\omega t) + h \end{cases}$$

式中　R——拨禾轮半径；

ω——拨禾轮角速度；

H——拨禾轮轴离割刀的垂直安装高度；

h——割刀离地高度。

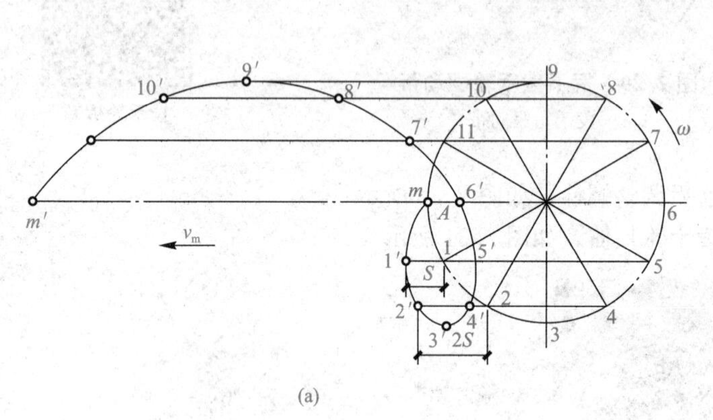

(a)　　　　(b)

图 2.32　拨禾轮的运动轨迹

(a)作图法；(b)解析法

任务小结

1. 压板式拨禾轮主要由拨禾板、辐条、拉筋、拨禾轮轴等组成，偏心式拨禾轮主要由拨禾轮轴、辐盘、辐条、曲柄、偏心环、弹齿等组成。

2. 偏心式拨禾轮整个偏心拨禾机构实质上由数个平行四连杆机构组成，有利于向倒伏的作物丛插入并将其扶起，减少对穗头的打击和拨齿上提时的挑草现象，广泛应用于大中型联合收获机。

3. 拨禾轮工作时拨板的运动是一种复合运动，由拨板绕轴的回转运动和机器的前进运动复合而成。

4. 拨禾轮正常工作的必要条件是拨禾速度比 $\lambda>1$。

5. 拨禾速度比 λ 值的选取，需根据拨禾轮拨板数、作业速度和收割时作物的成熟程度等条件来确定。

6. 拨禾轮的调节主要有高低调整、前后调整和弹性拨禾齿倾斜角调整三个方面。

思考与练习

1. 偏心式拨禾轮有什么特点？
2. 简要分析拨禾轮的运动过程。
3. 拨禾轮的转速是怎么确定的？
4. 不同的作物状态及收割方向，拨禾轮高度怎么调整？

任务 2.3　切割器的构造与维修

学习目标

1. 掌握切割器的类型及其应用。
2. 掌握往复式切割器的构造和工作过程。
3. 熟悉往复式切割器的传动机构。
4. 掌握往复式切割器的拆装和检查调整。

预备知识

知识点 1　切割器的农业技术要求

切割器是收割机上重要的通用部件之一。其性能的好坏对于收割作业的顺利进行，降低收获损失等都具有很大的作用。因此，它必须满足一些特定的要求。

1. 不漏割、不堵刀

不漏割与不堵刀是确保收割作业顺利进行的重要条件。这不仅要求切割器在结构和形状上能够很好地满足作业要求，而且在加工材料上要具有坚韧、耐磨并长期保持锋利的特点。同时，在使用中也应该经常校正、刃磨及调整并保持合理的切割间隙(往复式)。

2. 结构简单、适应性强

切割器是易损部件，在作业过程中由于经常接触到地表的一些坚硬物而遭到破坏，而需随时将损坏件进行更换。因此，要求结构简单、制造方便，并要求其通用性强，适应性广。目前使用的是往复式切割器，除特殊用途外，均采用国家标准型。

3. 功率消耗少，振动小

功率消耗少是收获机上一切工作部件的设计原则之一，这是减少整机功率消耗，减小配套动力的前提。振动小、运动平稳对于降低收获作业中的落粒损失意义重大，尤其是作物在完熟后期，振动大小对落粒多少影响更大。

4. 割茬低而整齐

对于低荚类作物，如大豆，以及整个植株都要收获的牧草等，要求进行低割，以减少损失，增加收获量。此外，任何作物的收获都应做到割茬整齐划一。

知识点 2　切割器的分类及其应用

切割器根据其结构及工作原理，可分为往复式、圆盘式和甩刀回转式三种。

1. 往复式切割器

往复式切割器的割刀做往复运动，结构较简单，适应性较广。目前，其在谷物收割机、牧草收割机、谷物联合收割机和玉米收割机上采用较多。它能适应一般或较高作业速度(6～10 km/h)的要求，工作质量较好，但其往复惯性力较大，振动较大。切割时，茎秆有倾斜和晃动，因而对茎秆坚硬、易于落粒的作物易产生落粒损失(如大豆收获)。对粗茎秆作物，由于切割时间长和茎秆有多次切割现象，故割茬不够整齐。

往复式切割器按结构尺寸与行程关系分有以下几种：

(1)普通Ⅰ型，如图2.33(a)所示。

其尺寸关系：

$$S=t=t_0=76.2\ \text{mm}(3\ \text{in})$$

式中　S——割刀行程；

t——动刀片间距；

t_0——护刃齿间距。

普通Ⅰ型切割器的特点：割刀的切割速度较高，切割性能较强，对粗、细茎秆的适应性较大，但切割时茎秆倾斜度较大、割茬较高。这种切割器在国际上应用较为广泛，多用于麦类作物和牧草收割机械。

(2)普通Ⅱ型，如图2.33(b)所示。

其尺寸关系：

$$S=2t=2t_0=152.4\ \text{mm}(6\ \text{in})$$

该切割器的动刀片间距t及护刃器间距t_0与普通Ⅰ型相同，但其割刀行程为普通Ⅰ型的2倍。其割刀往复运动的频率较低，因而往复惯性力较小。此点对抗振性较差的小型机器具有特殊意义，适合在小型收割机和联合收割机上采用。

(3)低割型，如图2.33(c)所示。

其尺寸关系：

$$S=t=2t_0=76.2\ \text{mm}或101.6\ \text{mm}(3\ \text{in}或4\ \text{in})$$

切割器的割刀行程S和动刀片间距t均较大，但护刃齿的间距t_0较小。切割时，茎秆倾斜量和摇动较小，因而割茬较低，对收割大豆和牧草较为有利，但对粗茎秆作物的适应性较差。

低割型切割器由于切割时割刀速度较低，在茎秆青湿和杂草较多时切割质量较差，割茬不整齐并有堵刀现象。目前在稻麦收割机上采用较少。

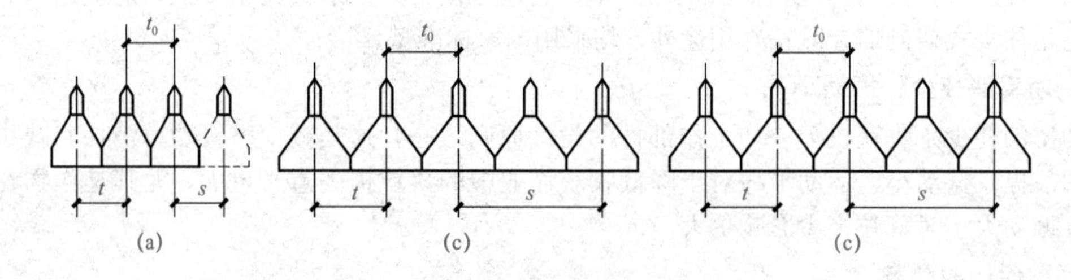

图2.33　各种尺寸类型切割器

(a)普通Ⅰ型；(b)普通Ⅱ型；(c)低割型

2. 圆盘式切割器

(1)无支承圆盘式切割器(图2.34)。无支承圆盘式切割器的割刀在水平面(或有少许倾斜)内做回转运动，因而运转较平稳，振动较小。该切割器按有无支承部件来分，有无支承切割式和有支承切割式两种。

该切割器的割刀圆周速度较大，为25～50 m/s，其切割能力较强。切割时靠茎秆本身的刚度和惯性支承。目前在牧草收割机和甘蔗收割机上采用较多，在小型水稻收割机上也采用。

在牧草收割机上多采用双盘或多组圆盘式切割器，如图2.34(c)、(e)所示。每个刀盘由刀盘架、刀片、锥形送草盘和拨草鼓等组成。刀片和刀盘体的连接有铰链式和固定式两种。在牧草收割机上，为适应高速作业和提高对地面的适应性，多采用铰链式刀片。其刀片的形状如图 2.34(d)所示。其刃部少许向下弯曲，切割时对茎秆有向上抬起的作用。工作中每对圆盘刀相对向内侧回转。当刀片将牧草割断并沿送草盘滑向拨草鼓时，拨草鼓以较高的速度将茎秆抛向后方，使其形成条铺。在多组双盘式切割器上，为了简化机构常在送草盘的锥面上安装小叶片，以代替拨草鼓的作用。刀盘的传动有上传动式和下传动式两种。上传动式用皮带传动，其结构简单，但不紧凑；下传动式用齿轮传动，其下方设有封闭盒，结构较紧凑，是今后的发展方向。

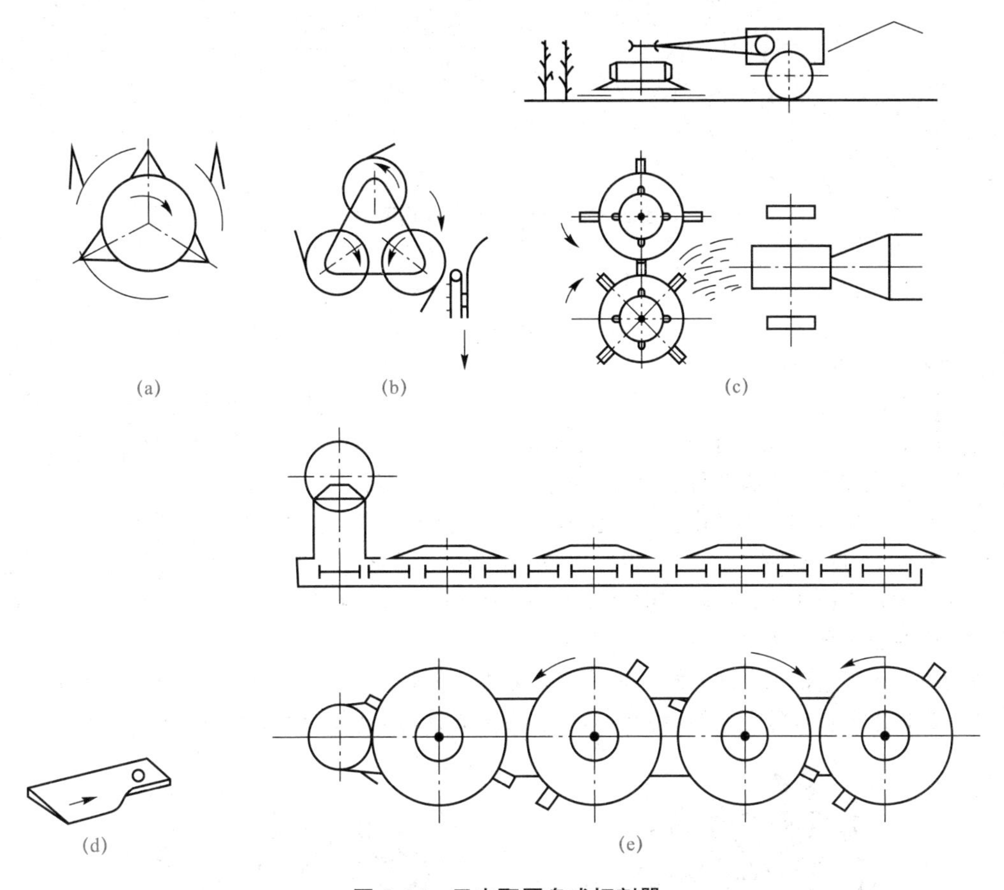

图 2.34　无支取圆盘式切割器

(a)单盘式；(b)三盘集束式；(c)双盘式；(d)铰链式刀片；(e)多组圆盘式

圆盘式切割器可适应 10～25 km/h 的高速作业。最低割茬可达 3～5 cm，工作可靠性较强，但其功率消耗较大。近年来，国外回转式割草机的机型发展较多，并有扩大生产的趋势。

在甘蔗收割机上多采用具有梯形或矩形固定刀片的单盘和双盘式切割器。一般刀盘前端向下倾斜 7°～9°，以利于减少茎秆重切和破头率。

在小型水稻收获机上，有采用单盘和多盘集束式回转式切割器者。多盘集束式切割器能将割后的茎秆成小束地输出，以利于打捆和成束脱粒。它由顺时针回转的三个圆盘刀及挡禾装置组成，如图 2.34(b)所示。圆盘刀除随刀架回转外自身还做逆时针回转，在其外侧的刀架上有拦禾装置。圆盘刀(刃部为锯齿状)将禾秆切断后推向拦禾装置。该装置间断地把集成小束的禾秆传递给侧面的输送机构。这种切割器因结构较复杂应用较少。

(2)有支承圆盘式切割器。该切割器如图 2.35 所示，除具有回转刀盘外，还设有支承刀片。收割时该刀片支承茎秆由回转刀进行切割。其回转速度较低，一般为 6～10 m/s。刀盘由 5～6

个刀片和刀盘体铆合而成。其刀片刃线较径向线向后倾斜 α 角(切割角)，该角不大于 30°。支承刀多置于圆盘刀的上方，两者保有约 0.5 mm 的垂直间隙(可调)。

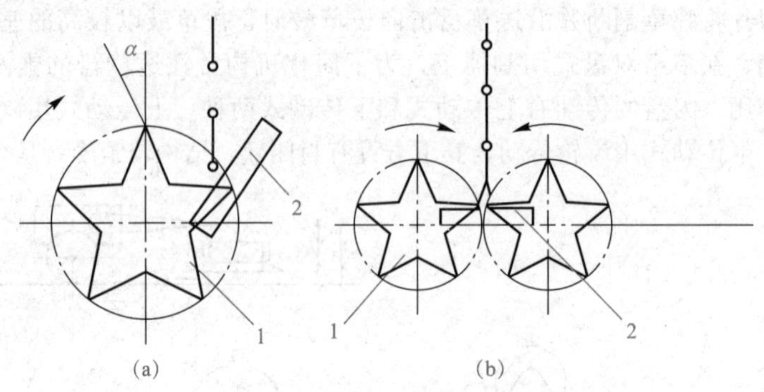

图 2.35　有支承圆盘式切割器

(a)单盘式；(b)双盘式

1—回转刀盘；2—支承刀片

3. 甩刀回转式切割器

该切割器的刀片铰链在水平横轴的刀盘上，在垂直平面(与前进方向平行)内回转。其圆周速度为 50～75 m/s，为无支承切割式，切割能力较强，适合高速作业，割茬也较低。目前，多用于牧草收割机和高秆作物茎秆切碎机上(如国产 4YW-2 茎秆切碎器)。

甩刀回转式切割器由水平横轴、刀盘体、刀片和护罩等组成，如图 2.36 所示。刀片铰链在刀盘体上分 3～4 行交错排列。刀片宽为 50～150 mm，配置上有少许重叠。刀片有正置式和侧置式两种。正置式多用在牧草收割机上，切割时对茎秆有向上提起的作用，刀片前端有一倾角。侧置式多用在粗茎秆切碎机上。

收割时，割刀逆滚动方向回转，将茎秆切断并拾起抛向后方。在牧草收割机上为了便于茎秆铺放，其护罩较长较低；在粗茎秆切碎机上为便于向地面抛撒茎秆，其护罩较短。

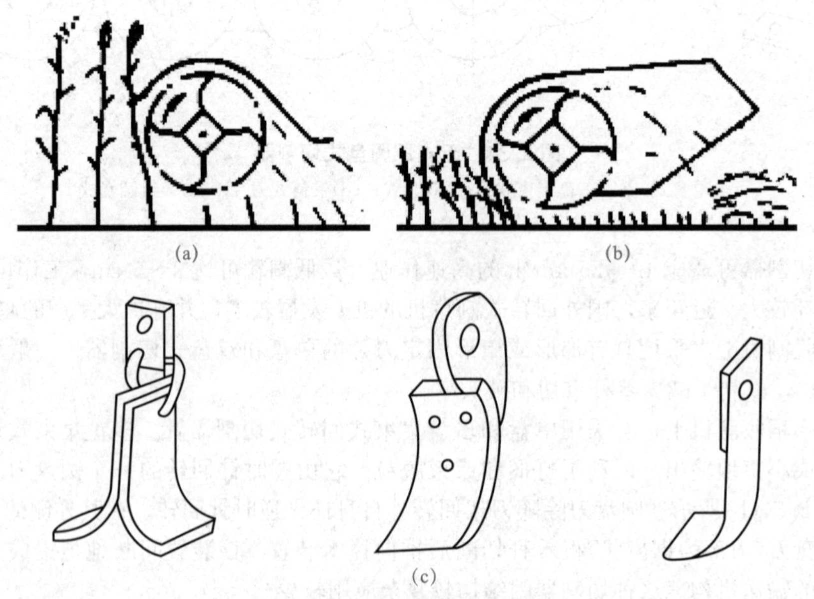

图 2.36　甩刀回转式切割器

(a)玉米茎秆切碎器；(b)牧草切割器；(c)刀片

甩刀回转式切割器由于转速较高，一般割幅较小，为0.8～2 m。在割幅较大的机器上可采用多组并联的结构。

用甩刀回转式切割器收割直立的牧草，因草屑损失较多，总收获量较往复式切割器减少5%～10%。但在收获倒伏严重的牧草时，总收割量较往复式为多。

知识点3 往复式切割器的构造

切割器是切割作物茎秆的工作部件。往复式切割器主要由往复运动的割刀和固定不动的支承部分组成，包括刀杆、动刀片、定刀片、压刃器、护刃器、护刃器梁等部件，如图2.37所示。割刀由刀杆、动刀片和刀杆头等铆合而成。刀杆头与传动机构相连接，用以传递割刀的动力。固定部分包括护刃器梁、护刃器、铆合在护刃器上的定刀片、压刃器和摩擦片等。工作时割刀做往复运动，其护刃器前尖将谷物分成小束并引向割刀，割刀在运动中将禾秆推向定刀片进行剪切。

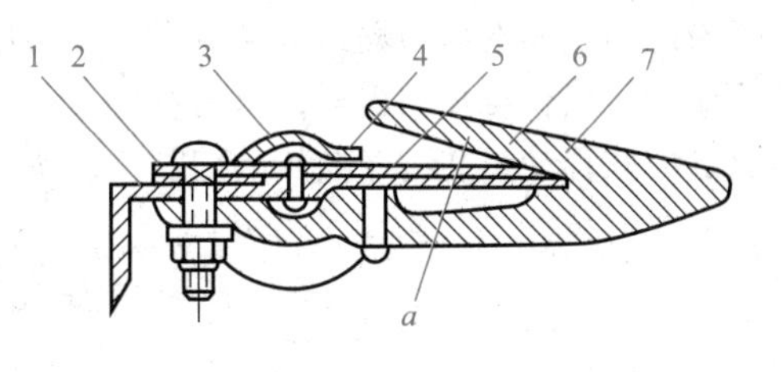

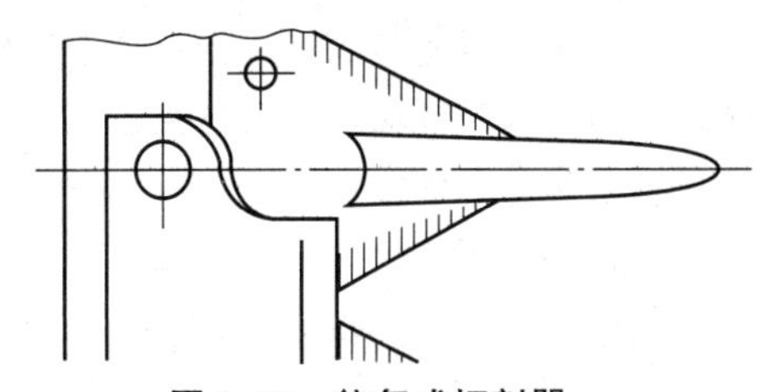

图2.37 往复式切割器

1—护刃器梁；2—摩擦片；3—压刃器；4—刀杆；5—动刀片；6—定刀片；7—护刃器；a—护刃器上舌

1. 动刀片

动刀片是主要切割件，呈对称六边形，两侧为刀刃，如图2.38所示。刀刃的形状有光刃和齿纹刃两种。光刃切割较省力，割茬较整齐，但使用寿命较短，工作中需经常磨刀。齿纹刃刀片则不需磨刀，虽切割阻力较大，但使用较方便。在谷物收获机和联合收获机上多采用齿纹刃刀片。而牧草收获机由于牧草密、湿，切割阻力较大，多采用光刃刀片。刀刃的刃角i对切割阻力和使用寿命影响较大，当刃角i由14°增至20°时，切割阻力增加15%。刃角太小时，刀刃磨损快，而且容易崩裂，工作不可靠。一般取刃角为19°。齿纹刃刀片的刃角$i=23°～25°$。光刃刀片为使其磨刀后刃部高度不变，刀片前端顶宽b，一般$b=14～16$ mm，齿纹刃刀片其b值较小些。刀片一般用工具钢(T8、T9)制成，刃部经热处理，热处理宽度为10～15 mm，淬火带硬度为HRC50～60，非淬火区不得超过HRC35。刀片厚度为2～3 mm。每厘米刀刃长度上有6～7个齿，刀刃厚度不超过0.15 mm。

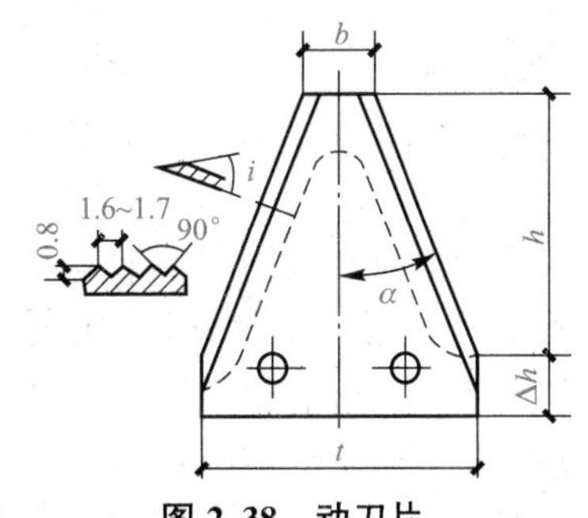

图2.38 动刀片

切割器的构造

2. 定刀片

定刀片为支承件，一般为光刃，但当动刀片采用光刃时，为防止茎秆向前滑出定刀片也可采用齿刃。国外有的机器护刃器上没有定刀片，由锻钢护刃器支持面起支承切割的作用。

3. 护刃器

护刃器的作用是保持定刀片的正确位置、保护割刀、对禾秆进行分束和利用护刃器上舌与定刀片构成两点支承的切割条件等。其前端呈流线形并少许向上或向下弯曲，后部有刀杆滑动的导槽。护刃器一般为可煅铸铁或煅钢、铸钢等制成，可铸成单齿一体，或双齿一体或三齿一体。单齿一体损坏后易于更换，但安装和调节较麻烦，现多采用双齿护刃器。

4. 压刃器

为了防止割刀在运动中向上抬起和保持动刀片与定刀片正确的剪切间隙(前端不超过0.5 mm，后端不大于1.5 mm)，在护刃器梁上每隔30～50 cm装有压刃器(在割草机上每间隔20～30 cm)。它为一冲压钢板或韧铁件，能弯曲变形以调节它与割刀的间隙。

5. 摩擦片

有的切割器在压刃器下方装有摩擦片，用以支承割刀的后部使之具有垂直和水平方向的两个支承面，以代替护刃器导槽对刀杆的支承作用。当摩擦片磨损时，可增加垫片使摩擦片抬高或将其向前移动。装有摩擦片的切割器，其割刀间隙调节较方便。

知识点4　往复式切割器的传动机构

往复式切割器的传动机构特点是把回转运动变为往复运动。由于各种机器的总体配置和传动路线不同，因此传动机构的种类较多。按结构原理的不同可分为曲柄连杆机构、摆环机构和行星齿轮机构等三种。

1. 曲柄连杆机构

曲柄连杆(或滑块)机构由曲柄、连杆(或滑块与滑道)及导向器等组成。为适应不同配置的割台形式和传动路线，该机构又有如图2.39所示的几种传动形式。

(1)一线式曲柄连杆机构。一线式曲柄连杆机构的曲柄、连杆及割刀在一个垂直平面内运动，如图2.39(a)所示。其机构虽较简单，但横向占据空间较大，只适用侧置式收获机，如GT-4.9联合收割机。

若将该机构旋转90°，使曲柄连杆在水平面内运动，如图2.39(b)所示，则该机构可用在前置式收获机上，如珠江-2.5联合收获机。

(2)转向式曲柄连杆机构。在前置式收割机上，常将曲柄连杆机构置于割台的后方，并在侧方增设摆叉(或摇杆)及导杆，如图2.39(c)、(d)所示，通过导杆驱动割刀运动。该机构在自走式联合收获机上采用较多。

上述各机构的连杆长度均可调节，以便进行割刀“对中”(连杆处于止点时，动刀片与护刃器中心线重合，允许偏差不大于±5 mm)的调整。

(3)曲柄滑块机构。曲柄滑块机构由曲柄、滑块(或轴承)、滑道和导向器等组成，如图2.39(e)所示。曲柄回转时，套在曲柄上的滑块(或轴承)带动割刀做往复运动。其机构较简单，占据空间较小。但滑道磨损较快。可用在中小割幅的前置式收获机

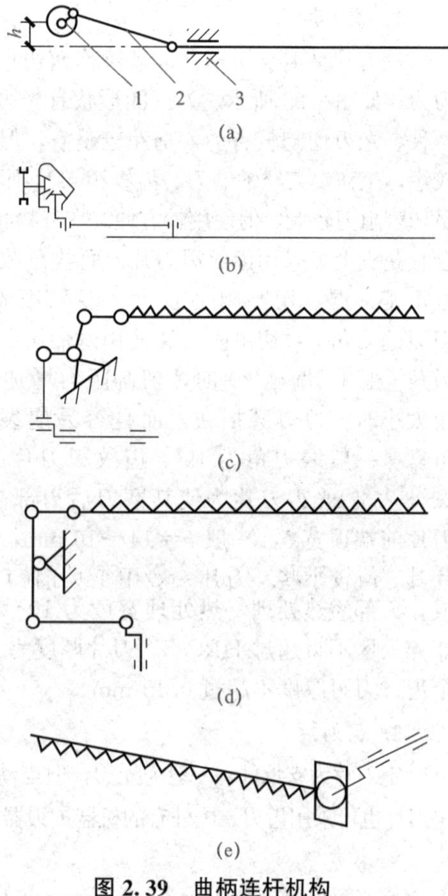

图2.39　曲柄连杆机构

(a)一线式；(b)立式一线式；(c)(d)转向式；(e)曲柄滑块式

1—曲柄；2—连杆；3—滑块

上，如 KS-3.8 收获机。

2. 摆环机构

摆环机构是由一个斜装在主轴上的摆环构成并通过摆动轴把回转运动转变为往复运动的一种机构。摆环机构由主轴、摆环、摆叉、摆轴、摆杆和导杆等组成，如图 2.40 所示。摆环的销轴与摆叉上的销孔相连接，摆环摆动时通过摆叉、摆轴及摆杆带动导杆并驱动割刀运动。

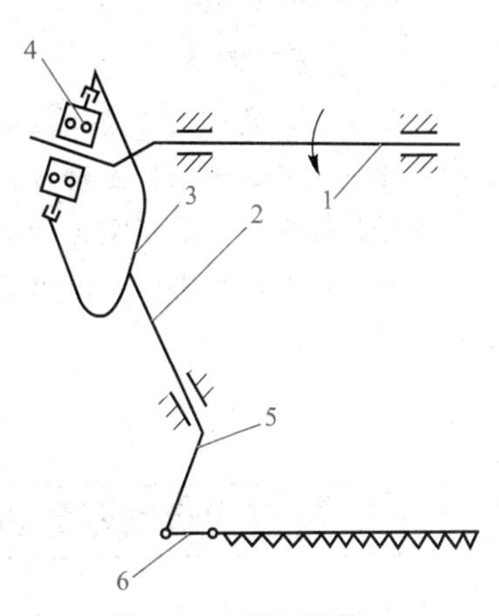

图 2.40　摆环机构

1—主轴；2—摆轴；3—摆叉；4—摆环；5—摆杆；6—导杆

3. 行星齿轮式传动机构

行星齿轮式传动机构由直立式曲柄轴、套在曲柄上的行星齿轮、固定在行星齿轮节圆上的销轴(驱动割刀用)和固定齿圈等组成，如图 2.41 所示。

当曲柄绕轴心回转时，行星齿轮在齿圈上滚动。由于行星齿轮的节圆直径是齿圈节圆直径的一半，且销轴置于割刀的运动方向线上，故曲柄回转时销轴在割刀运动方向线上做往复运动。其行程等于齿圈节圆直径，其割刀运动规律与曲柄连杆机构相同。

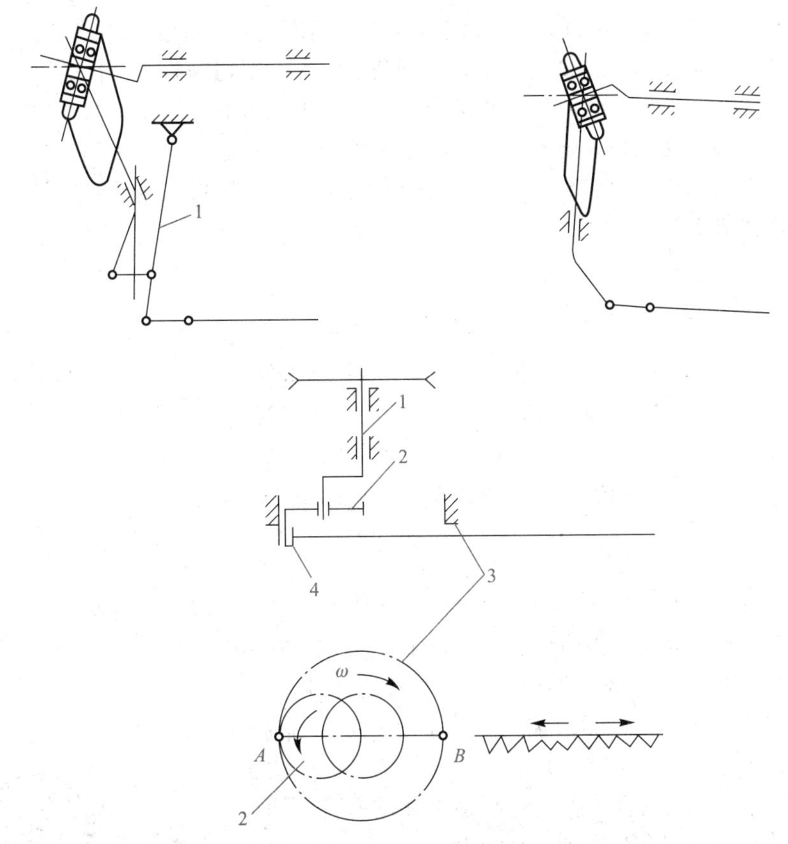

图 2.41　行星齿轮式传动机构

1—曲柄轴；2—行星齿轮；3—销轴；4—固定齿圈

该机构的主要特点是结构紧凑，刀杆头不受垂直方向的分力，适合在各种配置的割台上采用。

任务实施

［任务要求］

某联合收获机代理店正在承接一项维修任务。维修人员描述，用户在收割小麦时，收获机在工作时有漏割现象，且动刀杆处有碰撞声。经判断是由于割刀总成出现故障，或是动刀片中心线与护刃器中心线不重合所引起，用户要求对这台收获机进行检查并维修，如要完成这项修理任务，就必须熟悉切割器的基本构造，能进行割刀组件的分解和组装，并能调整切割器的相关间隙。

［实施步骤］

一、往复式切割器的切割性能参数分析

往复式切割器是将作物茎秆夹持在动、定刀片之间进行剪切的。动刀片的几何形状对切割器的工作可靠性和功率消耗有较大的影响。

动刀片的参数有切割角、刃线的倾角 α、刃部的高度 h、刀片宽度 a 和刀片顶宽 b 等，如图 2.42 所示。

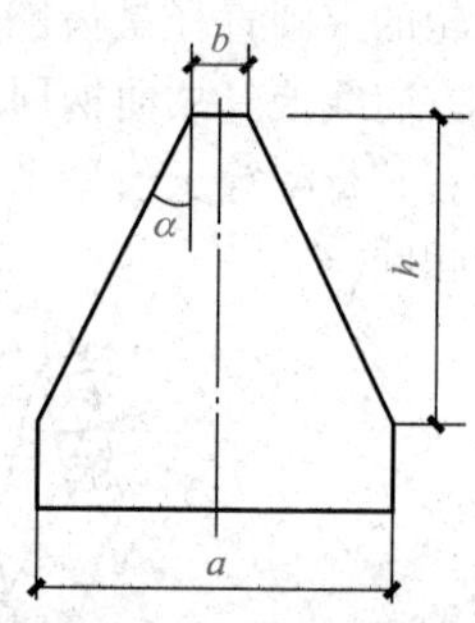

图 2.42　动刀片尺寸

当刀片宽度 a 一定时，切割角 α 是决定刀片刃部高度的主要参数，也是影响切割阻力的重要因素。试验表明，切割角 α 增大，则切割阻力减小。当 α 由 15°增至 45°时，切割阻力将减小一半。减小阻力的原因主要有两方面：一是由于切割角 α 增加时，刀片对茎秆的滑动速度 v_1 也增大($v_1=v\sin\alpha$)；二是因为 α 增加时，刀刃沿运动方向切入茎秆的切入角 i_r 变小($i_r<i$)，如图 2.43 所示。

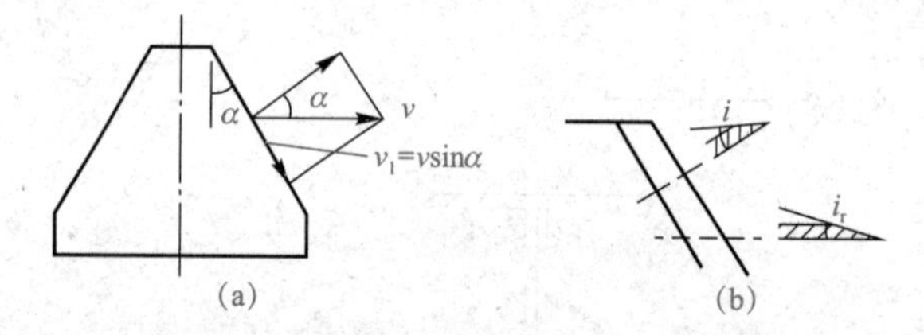

图 2.43　α 角增大，切割阻力减少的原因

(a)v_1 增大；(b)i_r 减少

但 α 角过大时，将引起茎秆在动、定刀片的夹持中的不稳定(从剪口向前滑出)，切割不可靠。为此，以茎秆被刀片夹住为前提对角 α 的确定进行如下分析：

茎秆在动刀片及定刀片的夹持中，在两刀刃的接触点 A、B 处对茎秆有正压力 N_1、N_2 和摩擦力 F_1、F_2($F_1=N_1\tan\varphi_1$，$F_2=N_2\tan\varphi_2$)，如图 2.44 所示。如用 R_1 表示 N_1 与 F_1 的合力，用 R_2 表示 N_2 与 F_2 的合力，则茎秆被夹住的条件：两刃口作用于茎秆的合力 R_1 与 R_2 在同一直线上。

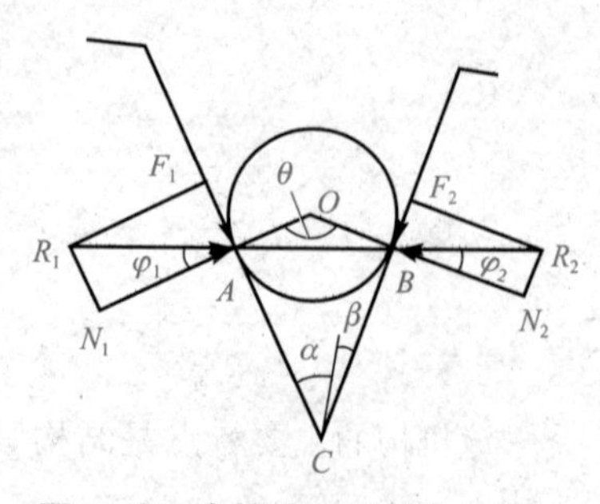

图 2.44　夹持茎秆的受力分析

从图 2.44 中的△OAB 可看出：

$$\theta+\varphi_1+\varphi_2=\pi$$

式中　φ_1——动刀片对茎秆的摩擦角；

φ_2——定刀片对茎秆的摩擦角。

从四边形 $OACB$ 中看出：

$$\angle OAC=\angle OBC=\pi/2$$

$$\theta+\alpha+\beta=\pi$$

将以上两式联立，可得出茎秆被夹住的起码条件：

$$\alpha+\beta\leqslant\varphi_1+\varphi_2$$

式中　α——动刀片的切割角；

　　　β——定刀片的切割角。

二、切割器的分解与组装

1. 割刀的拆装

(1)拆下割台的右侧盖，如图 2.45 所示。

(2)拆下割刀侧边护罩，如图 2.46 所示。

图 2.45　拆下割台右侧盖

1、2—侧盖

图 2.46　拆割刀侧边护罩

1—割刀侧边护罩

(3)拆下连杆端部的两对安装螺栓及螺母。

(4)拆下割刀驱动臂的安装螺栓，然后拆下割刀驱动臂，如图 2.47 所示。

图 2.47　拆下安装螺栓

1—连杆端部；2—螺栓、螺母；3—割刀驱动臂；4—螺栓

专家提示

①组装连杆端部时，应使压纹加工(凸起)朝向外侧，应将油封的凹部朝向外侧组装，如图 2.48 所示。

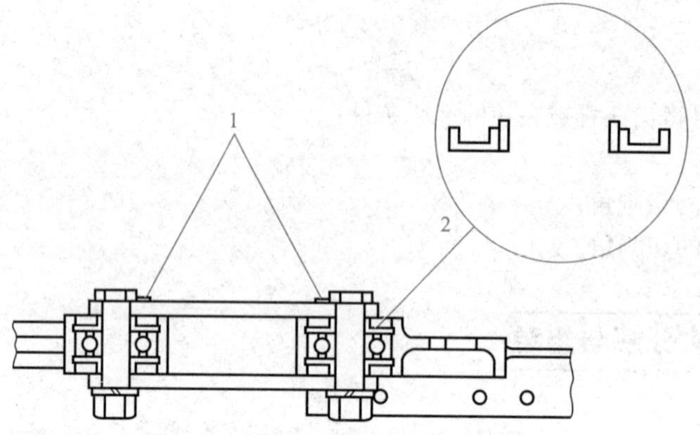

图 2.48　压纹加工与油封的安装位置

1—压纹加工(凸起)；2—油封

②将割刀驱动臂组装到割刀驱动轴 2 上时，应将割刀驱动轴 2 的轴承座安装部平行于收割部的侧板安装，如图 2.49 所示。

③将割刀驱动臂组装到割刀驱动轴 2 上时，须与对准标记对准后进行组装，如图 2.49 所示。

④应使割刀驱动臂朝向正下方，如图 2.49 所示，此时，应确认割刀位于固定刀之间的中央位置，如图 2.49 所示。

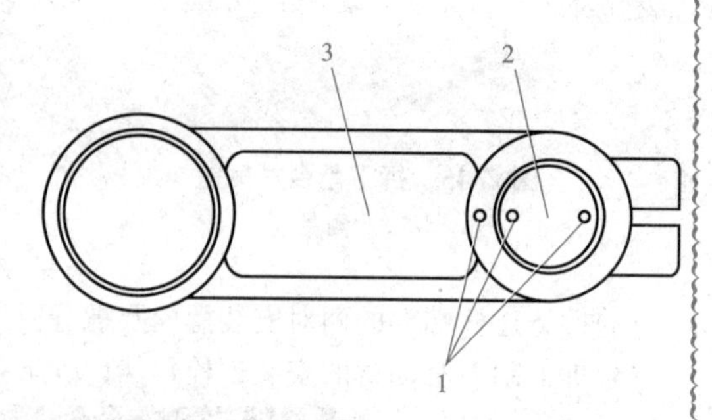

图 2.49　割刀驱动臂组装

1—轴承座安装部；2—割刀驱动轴 2；3—割刀驱动臂；4—对准标记

⑤组装割刀驱动臂时，应使其与连杆端部平行，如图 2.50 所示。

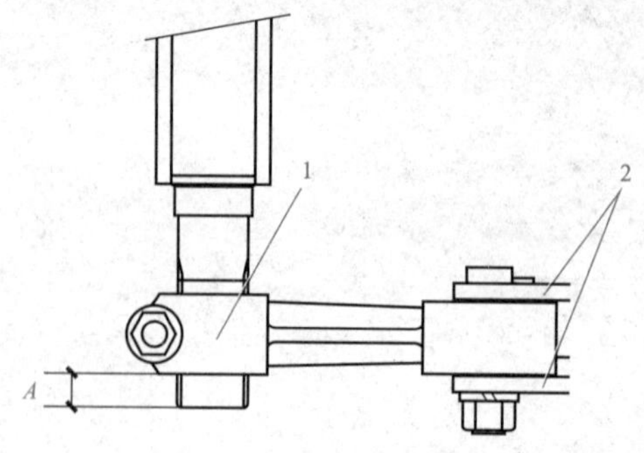

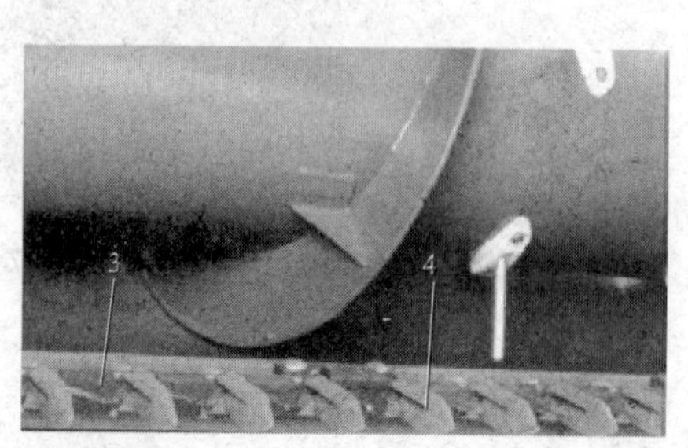

图 2.50　割刀驱动臂与连杆端部平行

1—割刀驱动臂；2—连杆端部；3—割刀；4—固定刀

(5)将割刀向右滑动，拔出割刀整体，如图 2.51 所示。

图 2.51　拆下割刀整体

2. 割刀驱动轴的拆装

(1)拆下割刀驱动轴 2 的轴承座，松动两根固定轴承内圈和割刀驱动轴 2 的六角螺栓，从割刀驱动轴 2 上拔下轴承座，如图 2.52 所示。

(2)拆下外卡环，然后拆下割刀驱动轴 2。

(3)拆下割台喂入搅龙驱动链条，如图 2.53 所示。

图 2.52　拆割刀驱动轴 2 的轴承座

1—轴承座；2—六角螺栓

图 2.53　拆外卡环与喂入搅龙驱动链条

1—外卡环；2—喂入搅龙驱动链条；3—割刀驱动轴 2；4—扣环

(4)拆下收割驱动链条护罩。

(5)松动链条张紧器，拆下收割驱动链条，如图 2.54 所示。

(6)拆下割刀驱动轴 1 的安装螺栓。

(7)拆下割刀驱动轴 1，如图 2.55 所示。

图 2.54　拆下收割驱动链条

1—收割驱动链条护罩；2—收割驱动链条

图 2.55　拆下割刀驱动轴 1

1—割刀驱动轴 1；2—螺栓；3—割刀驱动凸轮

专家提示

组装时注意要点：

①应将割刀驱动轴 2 的轴承座部置于正确的位置。如图 2.56 所示，组装时应使销位于轴承座部的中心线内侧。组装时，使轴承座部的扣环朝向外侧。

②拆下割刀驱动凸轮后，应按规定扭矩紧固。割刀驱动凸轮紧固扭矩一般为 230～250 N·m (23.50～25.40 kgf·m)。

图 2.56　割刀驱动轴 2 的轴承座部的安装

1—割刀驱动轴 2；2—轴承座部；3—销

3. 割刀组件的分解

(1)拆下割刀组件的安装支座的螺栓，然后降下割刀组件的前侧，使割刀组件处于垂直位置，如图 2.57 所示。

(2)将割刀组件移动至左侧，从固定销上拆下，如图 2.58 所示。

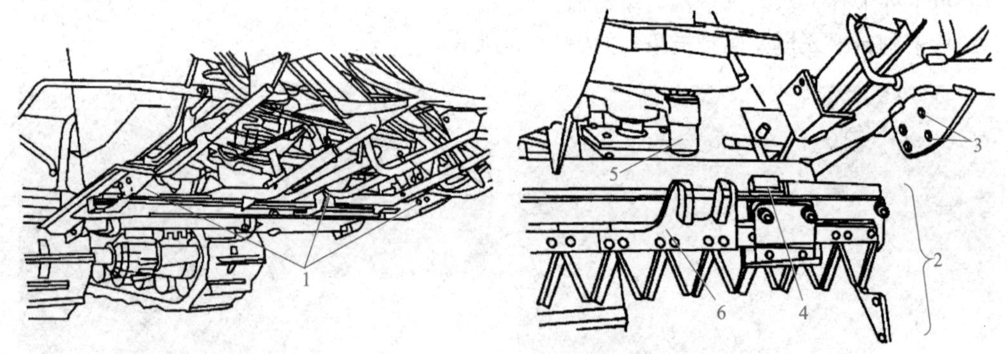

图 2.57　拆割刀组件整体

1—螺栓；2—割刀组件；3—螺栓安装孔；4—固定销；5—滚轮；6—刀头

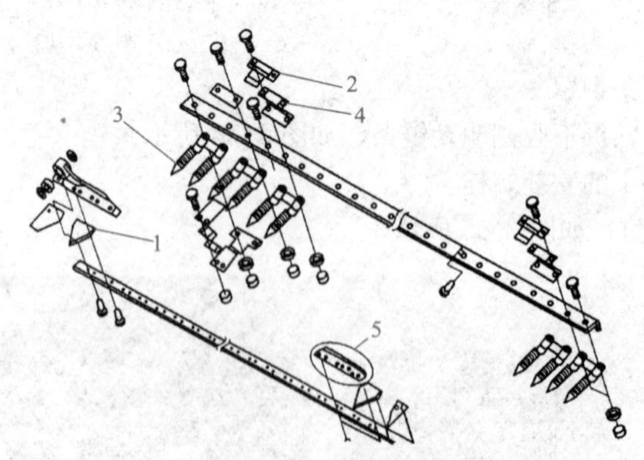

图 2.58　割刀组件的分解

1—动刀片；2—压刃器；3—定刀片；4—调整垫片；5—纵向割刀驱动刀座

4. 动刀片、定刀片的更换

(1)利用手动砂轮机等磨去破损刀刃铆钉部的“铆接”部分，敲出铆钉，拆下刀具。

(2)组装时，注意铆钉的组装方向，如图 2.59 所示。

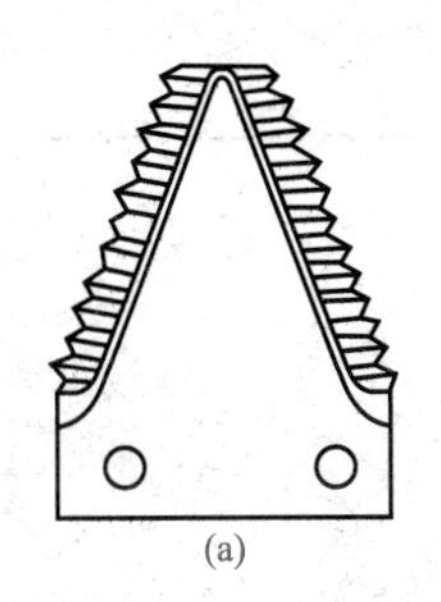

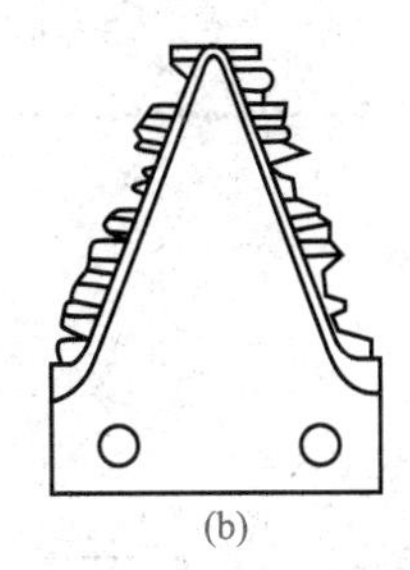

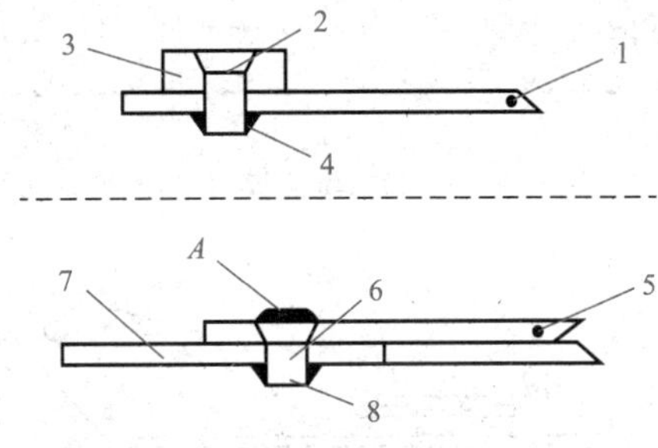

图 2.59　动定刀片的更换

(a)良；(b)不良

1—动刀片；2—铆钉；3—刀杆；4、8—“铆接”部；5—定刀片；6—铆钉；7—护板；*A*—加工成平面

三、切割器的检查与调整

1. 动刀片与压刃器的调整

(1)整体拆下切割器。

(2)用钢丝刷等去除泥土和锈迹。

(3)增减垫片以调整动刀片与压刃器的间隙，动刀片与压刃器的间隙标准值为 0.3～1.0 mm，如图 2.60 所示。

(4)向割刀整体涂抹机油，并确认左右移动顺畅。

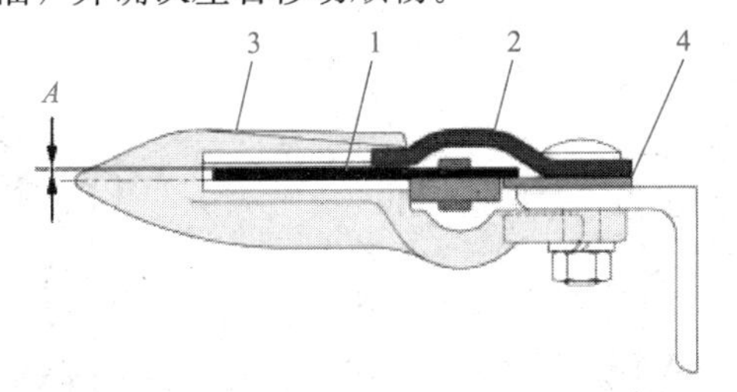

切割器间隙的检测调整

图 2.60　动刀片与压刃器的间隙调整

1—动刀片；2—压刃器；3—定刀片；4—调整垫片；*A*—间隙

专家提示

①切割器检查时应将发动机停放在平坦的场所后再进行作业。

②切勿用手接触刀刃部。

③应戴上手套，由两人手持割刀两端进行拆装和调整作业。

2. 动刀片和定刀片的间隙调整

(1)从动刀片刀支座上拆下压刃器。

(2)清除泥土和草屑等。

(3)利用垫片进行调整，以使动刀片和定刀片的间隙为 0～0.5 mm，如图 2.61 所示。

通过增加或减少压刃器下的调整垫片，使动刀片、定刀片前端相互接触，间隙 0.1～0.5 mm。允许部分动、定刀片有 0.5～1 mm 的间隙，但数量不得超过总数的 1/4。动、定刀片的后端间隙不大于 1 mm。调整后检查，用手推拉无卡阻现象。

专家提示

动刀片和定刀片的间隙标准值为 0～0.5 mm。

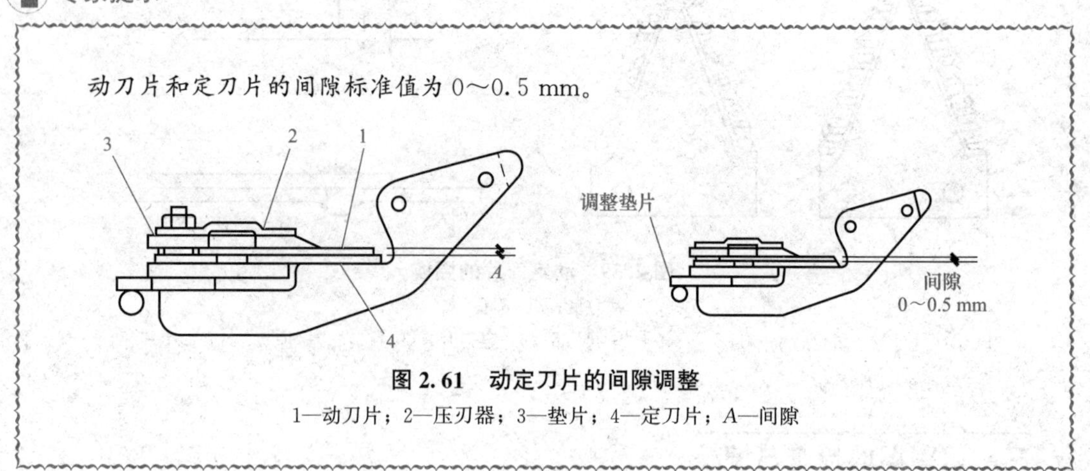

图 2.61　动定刀片的间隙调整

1—动刀片；2—压刃器；3—垫片；4—定刀片；A—间隙

3. 割刀曲柄连杆的调整

(1)将左、右动刀总成向内侧移动至最大位置。

(2)旋松左、右曲柄连杆的锁紧螺母。

(3)利用曲柄连杆对动刀片和定刀片的间隙 δ_1 进行调整，δ_1 应在 2 mm 以内。

(4)此时，必须使左、右割刀在中间位置的间隙 δ_2 为 4～6 mm，如图 2.62 所示。

(5)拧紧锁紧螺母。

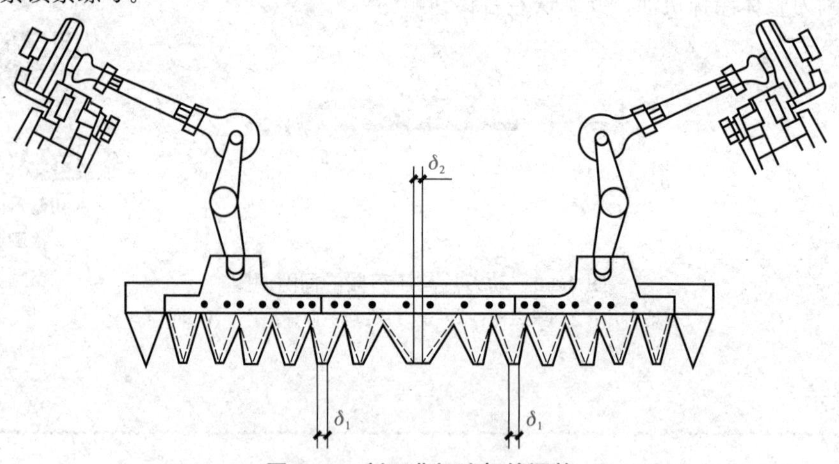

图 2.62　割刀曲柄连杆的调整

拓展知识

一、茎秆物理及机械性质与切割的关系

切割器的切割质量不仅与切割器的结构和参数有关，而且很大程度上其取决于茎秆的物理、机械性质。

1. 茎秆刚度对切割的影响

现有切割器按切割原理不同可分为有支承切割和无支承切割两种。在有支承切割中又有一点支承切割和两点支承切割之分，其切割过程如图 2.63 所示。

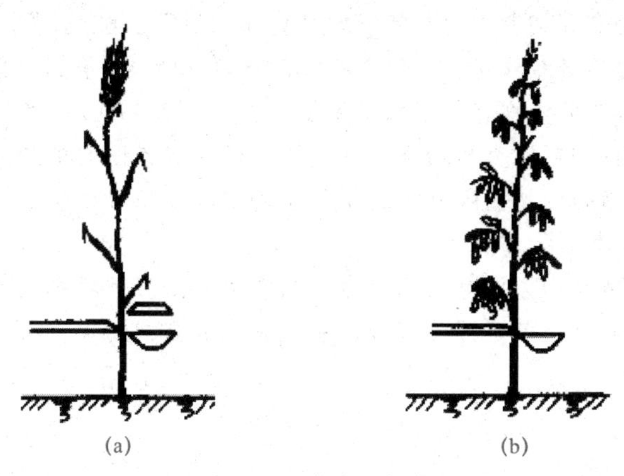

图 2.63　有支承切割

(a)两点支承切割；(b)一点支承切割

对直径细、刚度小的茎秆，取两点支承切割较为有利，切割时茎秆弯曲较小(接近剪切状态)，切割较省力。

对直径粗、刚度大的茎秆，则可取一点支承切割。

试验观察：有支承切割的割刀速度，在 0.3～0.6 m/s 时，小麦茎秆有被压扁和撕破现象，且阻力由大逐渐减小；当速度超过 0.6 m/s 时，茎秆被压扁和撕破的现象消失，且阻力减少缓慢，故一般对切割谷物取割刀速度为 0.8 m/s 以上。

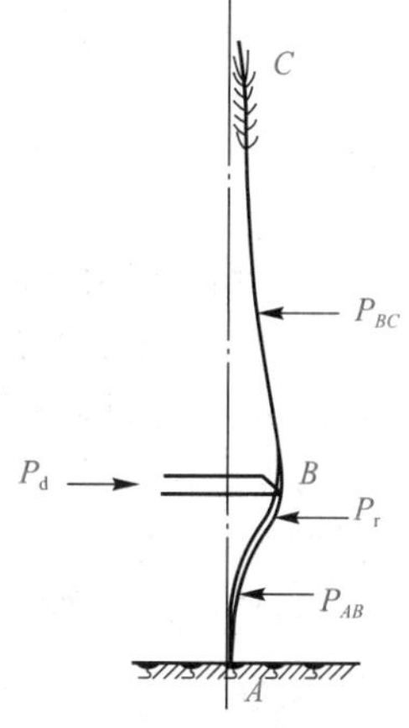

图 2.64　无支承切割

无支承切割的过程如图 2.64 所示。切割时有切割力 P_d、茎秆的惯性力 P_{AB}和 P_{BC}及茎秆的反弹力 P_r 等。为使切割可靠，应使茎秆惯性力与茎秆反弹力之和大于或等于切割力。即

$$P_d \leqslant P_{AB} + P_{BC} + P_r$$

若将茎秆视为一端固定的悬臂梁，根据材料力学分析可知：为增大惯性力和茎秆的反弹力，除需尽可能降低割茬外，还应提高切割速度。据试验资料，对细茎秆作物(如牧草)切割速度应为 30～40 m/s；对粗茎秆作物如玉米，由于茎秆刚度较大，切割速度可较低，为 6～10 m/s。

2. 茎秆的纤维方向与切割的关系

作物茎秆由纤维素构成。其纤维方向与茎秆轴线平行，因此割刀切入茎秆的方向与其切割阻力和功率消耗有着密切关系。据试验，按图 2.65 的三种切割方向，其切割阻力和功率消耗有较大的差异。

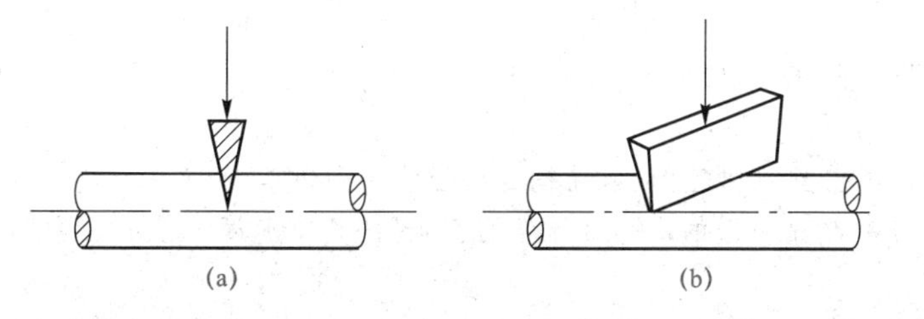

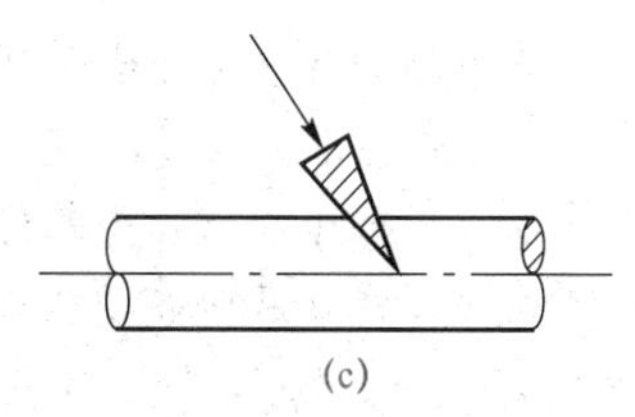

图 2.65　三种切割方向

(a)横断切；(b)斜切；(c)削切

(1)横断切。切割面积和切割方向与茎秆轴线垂直，如图 2.65(a)所示。

(2)斜切。切割面与茎秆轴线偏斜，但切割方向与茎秆轴线垂直，如图 2.65(b)所示。

(3)削切。切割面和切割方向都与茎秆轴线偏斜，如图 2.65(c)所示。

试验指出：横断切的切割阻力和功率消耗最大；斜切较横断切的切割阻力和功率消耗降低30%～40%；削切较横断切的切割阻力降低 60%，功率消耗降低 30%。

3. 滑切与切割阻力的关系

切割茎秆时，刀刃的运动方向对切割阻力影响较大。如刀刃沿垂直于刃线方向切入茎秆时(为正切)，则切割阻力较大；若刀刃沿刃线的垂线偏角 α 方向切入茎秆时(为滑切)，则切割阻力较小，如图 2.66 所示。

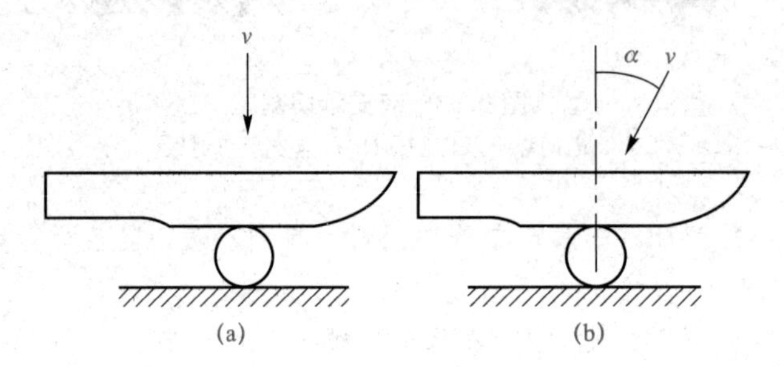

图 2.66　正切与滑切

(a)正切；(b)滑切

二、切割速度与切割速度图

在割刀锋利、割刀间隙正常(动刀片、定刀片间的间隙为 0～0.5 mm)的条件下，切割速度为0.6 m/s以上时能顺利地切割茎秆；若低于此限，则割茬不整齐并有堵刀现象。

切割器在切割茎秆过程中的速度大小，可通过切割器的切割速度图来体现。现以几种典型切割器为例，绘制其切割速度图并进行分析。

(1)普通Ⅰ型切割器的切割速度图。切割速度图如图 2.67 所示。

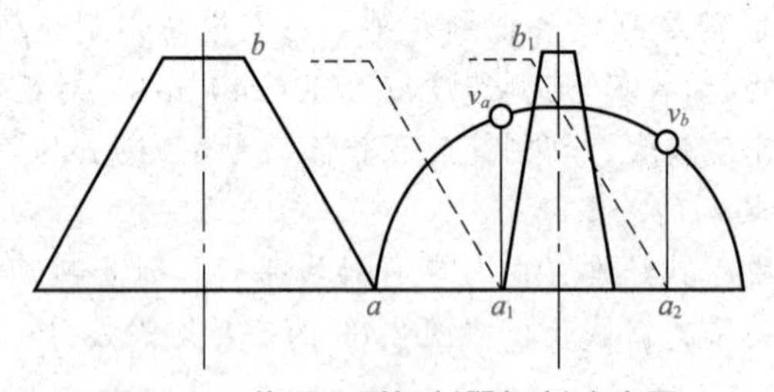

图 2.67　普通Ⅰ型切割器切割速度图

①绘出动刀片在左止点位置图，并注出刃线符号 ab。

②绘出在右止点位置的定刀片图形。

③以刀刃的下端点 a 为基标，画出割刀速度图(以曲柄为半径作半圆线)。

④绘出刃线 a 点向右移动到与定刀片相遇的 a_1 点(开始切割)时的切割速度 v_a(由 a_1 向圆弧线作垂线)。

⑤绘出刃线 b 点移到与定刀片相遇的 b_1 点(切割完了)时的切割速度 v_b(由 a_2 向圆弧线做垂线)。

圆弧 v_a～v_b 是割刀在切割茎秆过程中的切割速度范围(一般都大于 1.2 m/s)。从图 2.67 中看出：普通Ⅰ型切割器的割刀速度利用较好，因而切割性能较强。

(2)普通Ⅱ型及低割型切割器的切割速度图。

普通Ⅱ型及低割型切割器的切割速度图可用与上述类似的方法绘出，如图 2.68 所示。

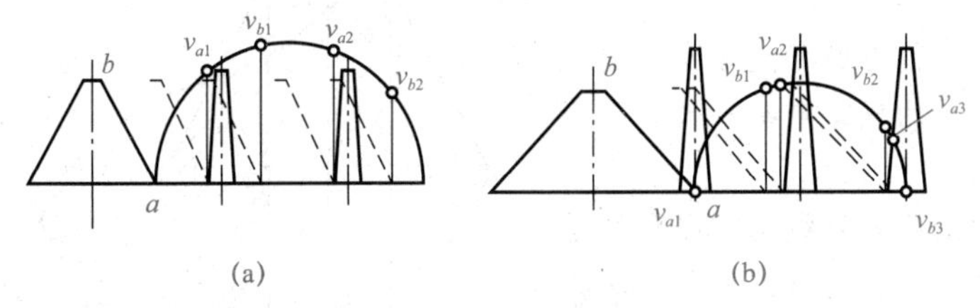

图 2.68　普通Ⅱ型及低割型切割器的切割速度图

(a)普通Ⅱ型；(b)低割型

普通Ⅱ型切割器的切割速度图的特点：割刀在一个行程中与两个定刀片相遇，因而有两个切割速度范围，分别为 $v_{a1}\sim v_{b1}$ 及 $v_{a2}\sim v_{b2}$。从两个范围的速度看，虽没有包括最大割刀速度，但仍属于较高速度区段，因而切割性能尚好。

低割型切割器的切割速度图中，割刀在一个行程中与三个定刀片相遇，因而有三个切割速度范围：$v_{a1}\sim v_{b1}$、$v_{a2}\sim v_{b2}$ 及 $v_{a3}\sim v_{b3}$，其中 $v_{a1}=0$，$v_{b3}=0$，因而切割性能较差，工作中常有部分茎秆被撕裂和撕断，并有时出现塞刀。现国家标准中无此切割器。

3. 割刀进距对切割器性能的影响

割刀走过一个行程时，机器前进的距离称为割刀进距。

$$H=v_{\mathrm{m}}\frac{60}{2n}=\frac{30v_{\mathrm{m}}}{n}$$

或

$$H=\frac{\pi v_{\mathrm{m}}}{\omega}$$

式中　v_{m}——机器前进度；

n——割刀曲柄转速；

ω——割刀曲柄角速度。

割刀进距的大小直接影响到动刀(刃部)对地面的扫描面积——切割图，如图 2.69 所示，因而对切割器性能影响较大。它也是确定切割器曲柄转速的另一重要参数。

现以普通Ⅰ型切割器为例，绘制其切割图并研究割刀进距对其图形的影响。

切割图的绘制步骤如下：

(1)在图上画出两个相邻定刀片的中心线和刃线的轨迹(纵向平行线)。

(2)按给定的参数(v_{m} 及 n)计算割刀进距 H，并画出动刀片原始和走过两个行程后的位置。

(3)以动刀片原始位置的刃部 A 点为基准，用作图法画出该点的轨迹线。

①以 A 点为始点，以曲柄 r 为半径作半圆，在圆弧上分成 n 等份：1，2，3，…，n，并做出标记。

②在动刀片的进距线上分成同等的 n 等份：1，2，…，n，并做出标记。

③在圆弧的各等分点，画纵向平行线；在进距线的等分点，画横向平行线。找出同样标记的纵、横线的交点并连成曲线，即为动刀片的轨迹线。

(4)按 A 点的轨迹图形，在 AB 及 CD 两刃线的端点画出其轨迹线，即得动刀片刃部在两个行程中对地面的扫描图形——切割图。

由图 2.69 可见，在定刀片轨迹线内的作物被护刃器及定刀片推向两侧，在相邻两定刀片之间的面积为切割区。在切割区中有三种面积：

①一次切割区(Ⅰ)：在此区内的作物被动刀片推至定刀片刃线上，并在定刀片支持下切割。

其中大多数茎秆沿割刀运动方向倾斜，但倾斜量较小，割茬较低。

②重切区（Ⅱ）：割刀的刃线在此区通过两次，有可能将割过的残茬重割一次，因而浪费功率。

③空白区（Ⅲ）：割刀刃线没有在此区通过。该区的谷物被割刀推向前方的下一次的一次切割区内，在下一次切割中被切断。因而茎秆的纵向倾斜量较大，割茬较高，且由于切割较集中，切割阻力较大。如空白区太长，有的茎秆被推倒造成漏割。

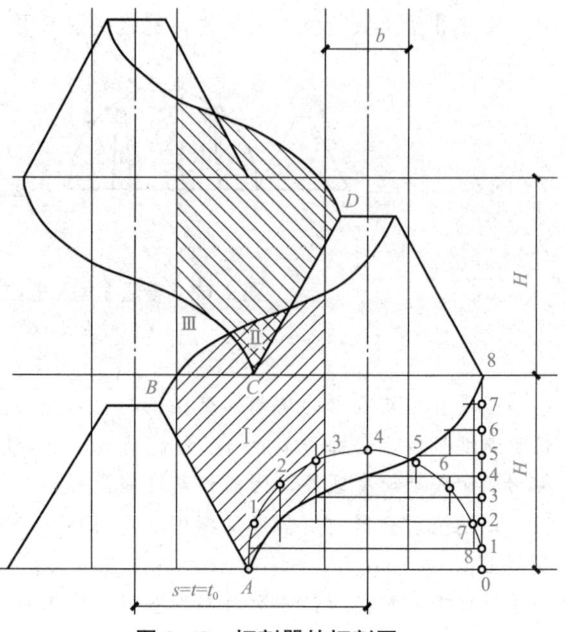

图 2.69　切割器的切割图

由上述分析可知：空白区和重切区都对切割性能有不良的影响，因此，应力争减少该两区的面积。而空白区和重切区又与影响切割图图形的割刀进距有直接关系。当进距增大时，切割图图形变长，空白区增加，而重切区减少；反之，相反。此外，动刀片的刃部高度 h 也影响切割图的形状。H 增大时，空白区减小，而重切区增加；反之，相反。因此，正确选择割刀进距及进距与刀刃部高度之间的比例颇为重要。现有谷物收割机，$H=(1.2\sim2)h$；谷物联合收获机，$H=(1.5\sim3)h$；割草机 $H=(1.1\sim1.5)h$。

任务小结

1. 切割器的农业技术要求是不漏割、不堵刀，结构简单、适应性强，功率消耗少，振动小，割茬低而整齐。

2. 往复式切割器主要由往复运动的割刀和固定不动的支承部分组成，包括刀杆、动刀片、定刀片、压刃器、护刃器、护刃器梁等部件。

3. 往复式切割器的传动机构按结构原理的不同可分为曲柄连杆机构、摆环机构和行星齿轮机构三种。

4. 切割器检查时应将发动机停放在平坦的场所后再进行作业，戴上手套，由两人手持割刀两端进行拆装和调整作业。

思考与练习

1. 简述切割器的农业技术要求。
2. 往复式切割器按结构尺寸与行程关系分为哪几种？有何尺寸关系？
3. 往复式切割器的传动机构有哪几种？适用场合有哪些？
4. 试分析切割器的检查与调整主要有哪些内容？

任务 2.4　分禾扶禾装置的构造与维修

学习目标

1. 熟悉分禾装置的构造和工作过程。
2. 熟悉扶禾装置的构造和工作过程。
3. 掌握分禾装置的拆装和调整过程。
4. 掌握扶禾装置的拆装和调整过程。

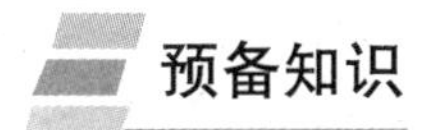

预备知识

知识点 1　分禾装置

分禾装置一般由前面五个分禾器、左右各一根分禾杆和一根左后分禾杆组成，如图 2.70 所示。

分禾器位于收割机的最前方。收割时，分禾器插入作物，将作物分离成条，以便切割与输送。分禾杆在道路行驶时向上收拢，田间作业时放下，以分开左、右作物。

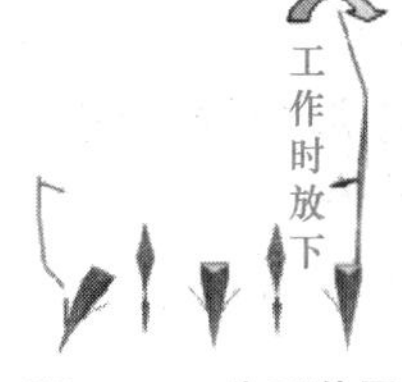

图 2.70　分禾装置

分禾器与分禾杆配合将要收割的作物导入割台，保证收割顺利而不妨碍未收割的作物。

知识点 2　扶禾装置

立式割台联合收获机上面装有链条拨指式扶禾器，对倒伏作物有一定的适应能力，能将倒伏 75°以内的作物扶起梳直，因此在半喂入联合收获机上得到普遍的采用。

扶禾器利用装在链条上的拨指，贴着地面从根部插入作物丛，由下至上将倒伏作物扶起，而不是像拨禾轮那样从作物的顶部插入，因此它具有较强的扶倒伏能力和梳理茎秆的作用。在辅助拨禾装置的配合上，使茎秆在扶直状态下切割，然后进行交接输送，能保持茎秆直立，禾层均匀不乱，较好地满足了半喂入联合收获机的要求。

扶禾器的链条在位于割刀前方与水平面成 60°～78°的倾斜链盒中回转，铰接在链条上的拨指，受链盒内导轨的控制，可以伸出和缩入。

每个扶禾器都由底板、盖板、拨指滑动导轨、驱动链轮、扶禾滚轮、扶禾链等组成，每根扶禾链上都均匀分布 10 只左右的扶禾拨指(又称长拨指或扶禾爪)，如图 2.71 所示。

扶禾器的作用是扶直作物，保证割刀正常切割。在收割倒伏作物时，扶禾拨指可以把作物扶起，以利切割。滑动导轨可以保证扶禾链的正常运转，同时保证拨指按规律弹出和收缩。

作业时，左、右成对的拨指在扶禾链的带动下沿轨道做有规律的运动，由扶禾器下部弹出，从作物的两侧插入并扶起作物，在向上运动过程中将作物扶直，然后在扶禾器中部缩回壳体。拨指的工作过程可概括为伸齿接禾、扶禾、缩齿空行三个阶段。

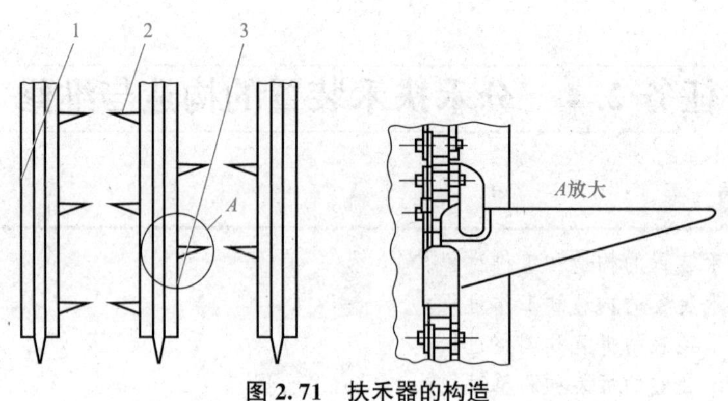

图 2.71　扶禾器的构造

1—链盒；2—扶禾器；3—分禾器；A—扶禾拨指

任务实施

［任务要求］

东风农机正在承接一项维修任务。客户自述：收割机在收割水稻时，割台出现了扶禾链壳振动、声音异常、转速异常等现象。初步判断是由于拨指磨损或扶禾链伸长造成的。用户要求对这台收获机的扶禾装置进行检查并维修。如要完成这项维修任务，就必须熟悉分禾扶禾装置的基本构造，能进行扶禾装置的分解和调整，并能正确更换拨指，调整扶禾链速度等。

［实施步骤］

一、分禾装置的调节

联合收获机在湿地作业时，有时会出现“前仰”现象；在收割倒伏作物时，有时会过多拔起作物。这时需调节分禾板尖端与地面的相对位置。调节时松开分禾板与分禾杆的连接螺栓，将分禾板尖端往下调节，同时必须保证左、中、右 3 块分禾板尖端调节到相同高度，如图 2.72 所示。

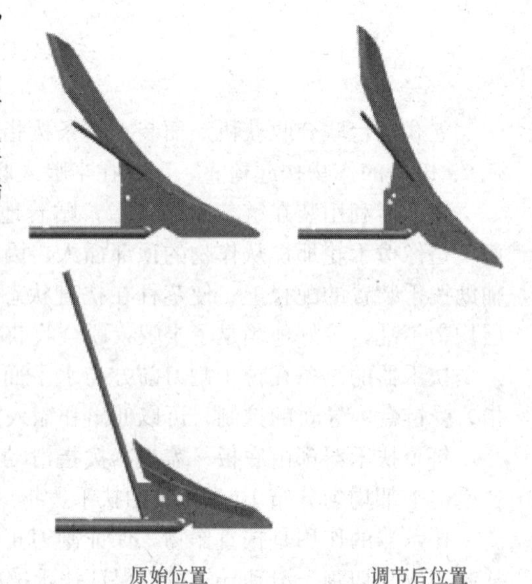

图 2.72　分禾装置的调节

二、扶禾装置的调整

1. 扶禾拨指收起高度的调整

扶禾装置的调整

打开扶禾链盖板，有一根滑动导轨可上下移动，它的位置决定了扶禾拨指的收起高度。调整时解除滑动导轨的锁定杆，上下移动滑动导轨，然后在所需位置锁定。

扶禾拨指收起的高度应根据作物的状况做不同的选择，一般情况下滑动导轨处于中间位置；收割过熟作物时滑动导轨调整到离地较近的位置；收割茎秆较长且已倒伏的作物时，滑动导轨调整到离地面较远的位置，如图 2.73 所示。

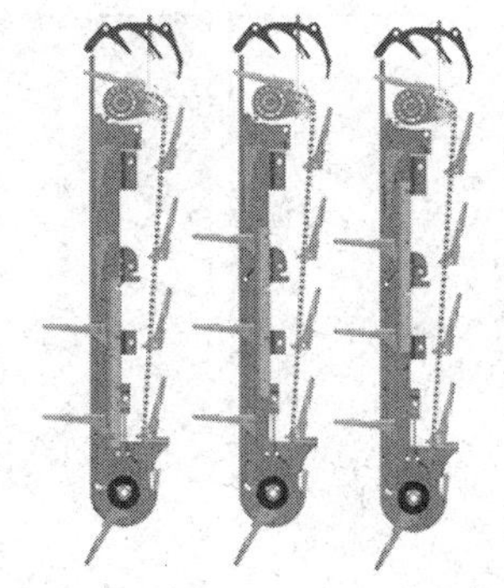

图 2.73　扶禾拨指收起高度调整

2. 扶禾链张紧度的调整

打开扶禾链盖板，松开锁紧螺母，旋转调节螺母，调节弹簧限位钩与螺母的间隙为 0.5～2.5 mm，然后拧紧锁紧螺母，如图 2.74 所示。

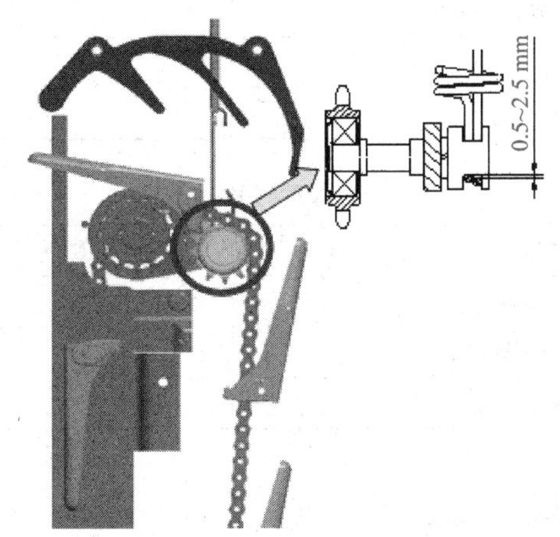

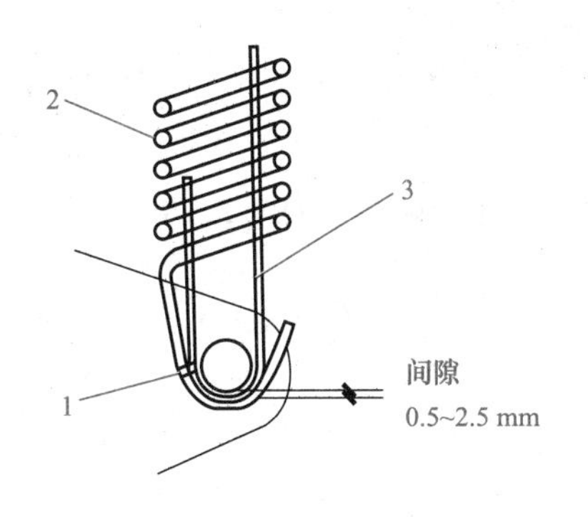

图 2.74　扶禾链张紧度的调整

1—螺母；2—张紧弹簧；3—弹簧限位钩

3. 扶禾链速度的调整

扶禾调速手柄有标准、高速和低速三挡位置，一般情况下设置在标准位置作业，在收割 45°以上的倒伏作物或纠缠在一起的作物时，将扶禾调速手柄设置在高速位置；收割小麦时将扶禾调速手柄设置在低速位置，如图 2.75、表 2.3 所示。

作物的条件不同，滑动导轨调整位置也相应不同，见表 2.4。

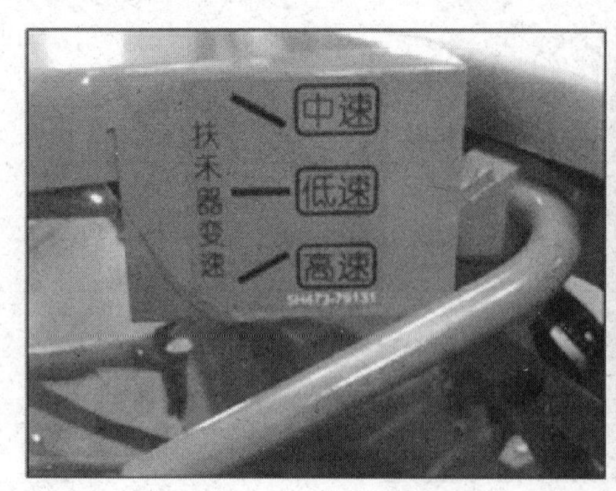

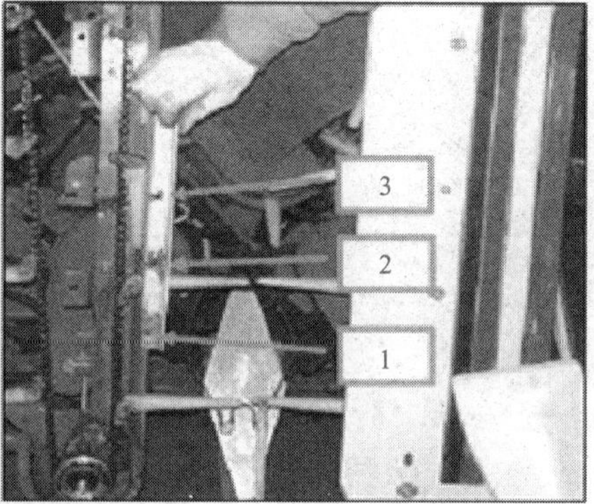

图 2.75　扶禾链速度的调整

表 2.3　扶禾调速手柄的调整

扶禾调速手柄		调整位置
作物条件	易脱粒品种	低速
	直立水稻	中速
	倒伏作物	高速

表 2.4　滑动导轨的调整

滑动导轨		调节位置
作物条件	标准作物	②
	长杆且倒伏作物	①
	易脱粒品种	③

三、扶禾拨指的更换与安装

1. 扶禾拨指的更换

(1)拆卸扶禾拨指时，应从销钉直径小的一侧用尖冲头将销钉敲出，如图 2.76 所示。

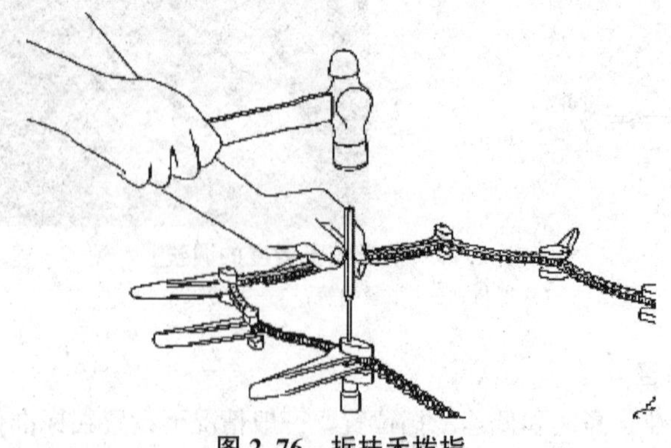

图 2.76　拆扶禾拨指

(2)组装新扶禾拨指时，应按如图 2.77 所示，将销钉敲入。

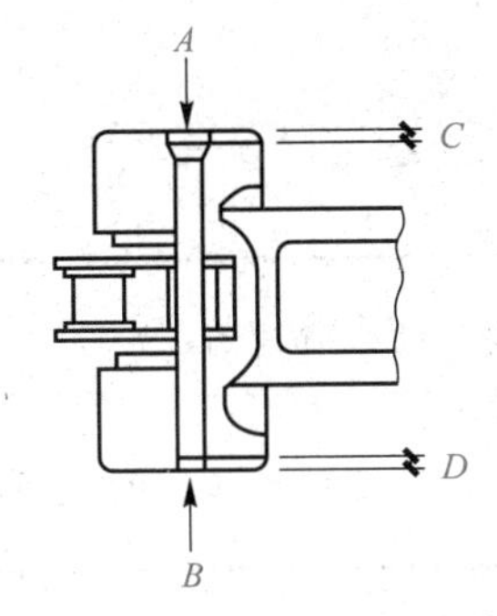

图 2.77　扶禾拨指的安装

A—敲入侧；*B*—敲出侧；*C*—3 mm 以上；*D*—0.5 mm 以上

2. 扶禾拨指链条的安装

扶禾拨指链条的安装要求如图 2.78 所示。

(1)扶禾爪下垂量大于 30 mm 时应更换。

(2)同一侧两爪高低差 0～10 mm，如图 2.78 中 *A* 所示；中间间隙为 5～12 mm，如图 2.78 中 *B* 所示。

(3)两组爪平面高低差 70～110 mm，如图 2.78 中 *C* 所示。

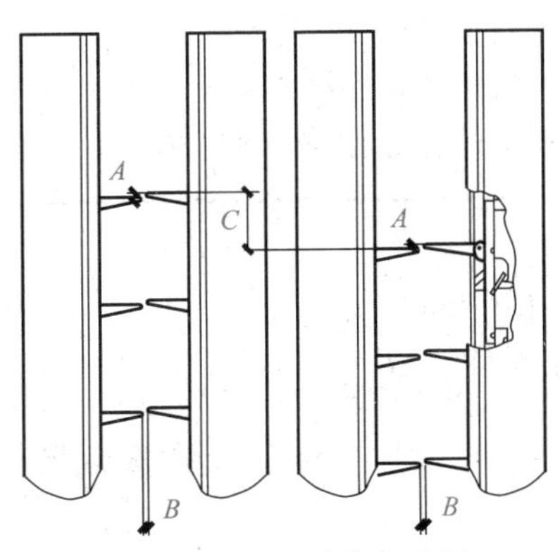

图 2.78　扶禾拨指各位置

任务小结

1. 分禾装置一般由前面五个分禾器、左右各一根分禾杆和一根左后分禾杆组成，分禾器位于收割机的最前方。

2. 扶禾器的链条在位于割刀前方与水平面成 60°～78°的倾斜链盒中回转，铰接在链条上的拨指，受链盒内导轨的控制，可以伸出和缩入。

3. 扶禾器的作用是扶直作物，保证割刀正常切割。在收割倒伏作物时，扶禾拨指可以把作物扶起，以利切割。滑动导轨可以保证扶禾链的正常运转，同时保证拨指按规律弹出和收缩。

4. 分禾装置在调节时，须保证左、中、右三块分禾板尖端调节到相同高度。

5. 一般情况下滑动导轨处于中间位置；收割过熟作物时滑动导轨调整到离地较近的位置；收割茎秆较长且已倒伏的作物时，滑动导轨调整到离地面较远的位置。

思考与练习

1. 简述扶禾器的作用及扶禾拨指的工作过程。
2. 简述扶禾链张紧度的调整步骤。
3. 查阅相关说明书及维修手册，简述扶禾拨指的更换与安装过程。

任务 2.5　喂入输送装置的构造与维修

学习目标

1. 掌握全喂入收割机喂入输送装置的构造和工作过程。
2. 熟悉半喂入收割机喂入输送装置的构造和工作过程。
3. 掌握全喂入收割机喂入输送装置的拆装和调整方法。
4. 掌握半喂入收割机喂入输送装置的拆装和调整方法。

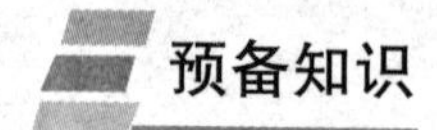

预备知识

螺旋推运器拆卸

知识点 1　割台螺旋推运器

1. 割台螺旋推运器

割台螺旋推运器由螺旋和伸缩拨指两部分组成，如图 2.79 所示。螺旋将割下的谷物推向伸缩拨指，拨指将谷物流转过 90°纵向送入倾斜输送器，由输送链耙将谷物喂入滚筒。

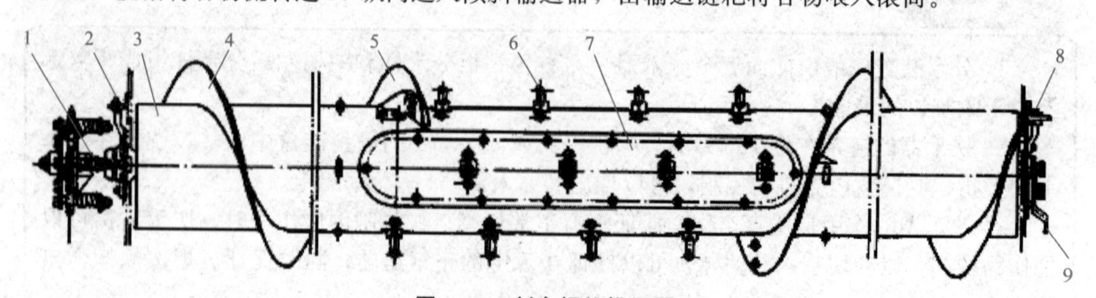

图 2.79　割台螺旋推运器

1—主动链轮；2—左调节杆；3—螺旋筒；4—螺旋叶片；5—附加叶片；6—伸缩拨指；7—检视盖；8—右调节杆；9—拨指调节手柄

割台螺旋的主要参数有内径、外径、螺距和转速等。内径的大小应使其周长略大于割下谷物茎秆长度，以免被茎秆缠绕。在大型宽割台上还要考虑螺旋的刚度，现有机器上多采用直径300 mm。螺旋叶片的高度不宜过小，应该能够容纳割下的谷物，通常情况下采用的叶片高度为100 mm。因而螺旋外径一般多为500 mm。螺距的大小取决于螺旋叶片对作物的输送能力。利用螺旋来输送谷物，必须克服谷物对叶片的摩擦，才能使输送物前进。

2. 伸缩拨指

伸缩拨指安装在螺旋筒内，由若干个拨指(一般为12～16个)并排铰接在一根固定的曲轴上，如图2.80所示。曲轴与固定轴固结在一起。曲轴中心 O_1 与螺旋筒中心 O 有一偏心距。拨指的外端穿过球铰连接于螺旋筒上。这样，当主动轮通过转轴使螺旋筒旋转时，它就带动拨指一起旋转。但由于两者不同心，拨指就相对于螺旋筒面做伸缩运动。由图2.80可见，当螺旋筒上一点 B_1 绕其中心 O 转动90°到 B_2 时，带动拨指绕曲柄中心 O_1 转动，拨指向外伸出螺旋筒的长度增大。由 B_2 转到 B_3 和 B_4 时，拨指的伸出长度减小。工作时，要求拨指转到前下方时，具有较大的伸出长度，以便向后扒送谷物。当拨指转到后方时，应缩回螺旋筒内，以免回草，造成损失。

如果使曲轴中心 O_1 绕螺旋筒中心 O 相对转动一个角度，则可改变拨指最大伸出长度所在的位置，同时拨指外端与割台底板的间隙也随着改变。拨指外端与割台底板的间隙应保持在10 mm左右。当谷物喂入量加大而需将割台螺旋向上调节时，拨指外端与底板的间隙也随着增大，此时应转动曲轴的调节手柄，使拨指外端与割台底板的间隙仍保持在10 mm左右。在多数收割机的割台侧壁上装有调节手柄，用以改变曲轴中心 O_1 的位置。

螺旋推运器装配

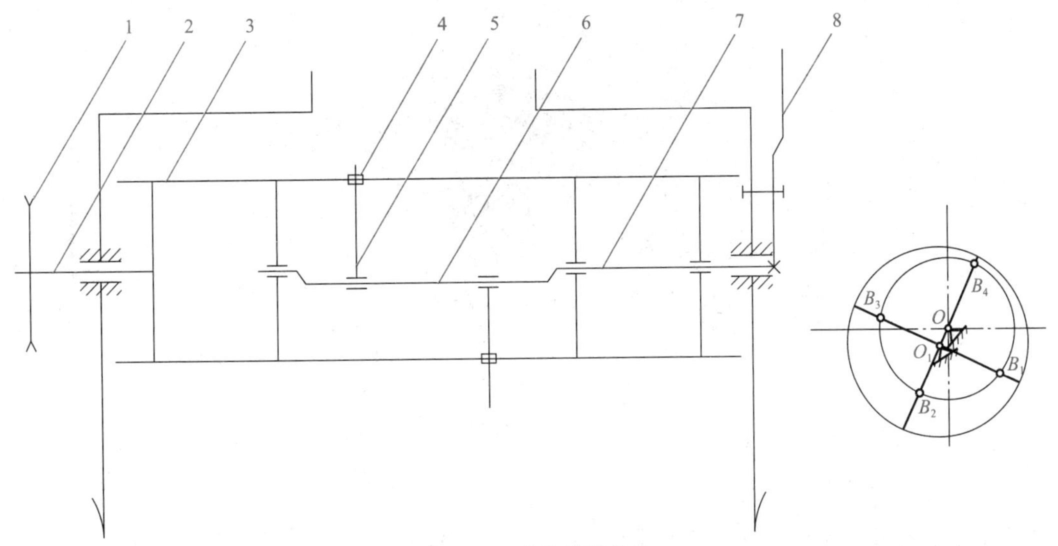

图2.80　伸缩拨指机构

1—主动轮；2—转轴；3—螺旋筒；4—球铰；5—拨指；6—曲轴；7—固定轴；8—调节手柄

知识点2　中间输送装置

中间输送装置，是连接割台和脱粒装置的重要组成部分，用来完成将作物从割台向脱粒装置的输送。在全喂入式联合收获机械上，此装置又称为倾斜输送槽或过桥。中间输送装置多为链耙式，如图2.81所示。

图 2.81　中间输送装置

知识点 3　半喂入装置

半喂入式联合收获机的喂入装置主要由爪形带和喂入轮组成，如图 2.82 所示。爪形带位于扶禾器下方，喂入轮呈齿盘形，位于爪形带下方。作业时爪形带和喂入轮同步转动，每组喂入装置都像一组齿轮那样啮合运动，将待收割作物支承住，配合切割装置切割作物，并配合上、下输送装置将切割下来的作物进行强制输送。

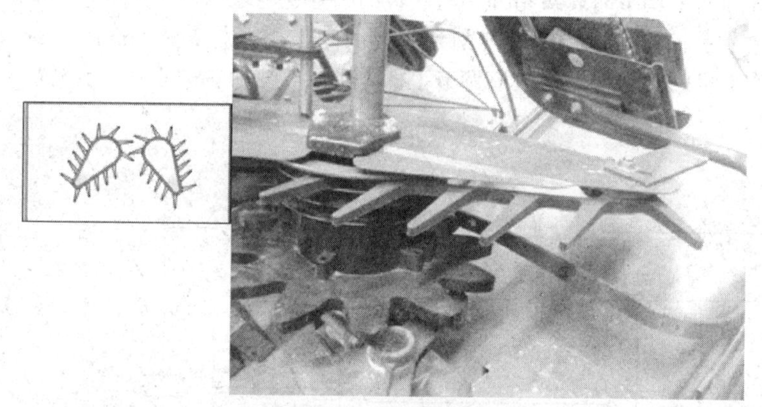

图 2.82　半喂入装置

知识点 4　割台输送装置

1. 上输送装置

上输送装置又分为左、右上输送部件，主要由左、右上输送链(又称为左、右穗端链条)、链轮、滚轮(即导向轮)、输送链底板、盖板等组成，如图 2.83 所示。

上输送装置的主要功能：上输送链是带输送拨指的链条。工作时拨指扶持作物穗部下端，不让作物倾斜和倒下，并与下输送装置同步输送作物。

安装在左、右穗端链上的输送拨指又称中拨指，它比扶禾拨指稍短一些。其中左穗端链均匀分布 9 只输送拨指，右穗端链均匀分布 26 只输送拨指。

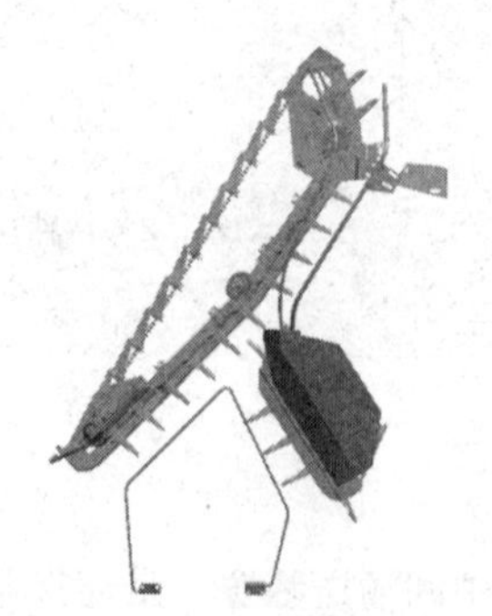

图 2.83　左、右穗端链条

2. 下输送装置

下输送装置又分为左、右下输送部件，主要由左、右下输送链(又称为左、右茎端链条)、链轮、导禾杆等组成。

左、右茎端链为齿形链条，工作时由导杆和链条配合，夹持作物茎秆，把作物输送到纵输送装置。

3. 纵输送装置

纵输送装置又称为垂直输送装置，由纵输送链(又称脱粒深浅链)、链轮、导禾杆等组成，如图 2.84 所示。

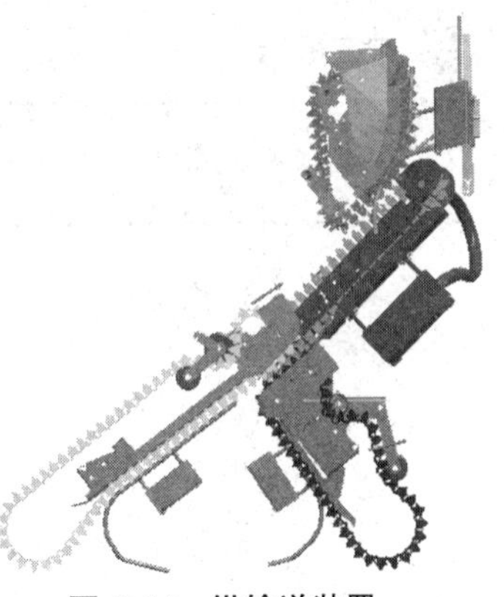

图 2.84　纵输送装置

脱粒深浅链是齿形链条，由导禾杆配合，将上、下输送装置送来的作物夹持在适当部位输送到喂入链。纵输送装置可由喂入深度调节装置控制升、降运动，以调节作物穗头进入脱粒滚筒室的深浅度。

4. 辅助输送装置

辅助输送装置由辅助输送链、链轮、导禾杆等组成。辅助输送链一般是喂入链(又称供给链)，为齿形链条，将上、下输送装置送来的作物由竖直状态逐渐改变为水平状态，进入脱粒装置喂入口，如图 2.85 所示。

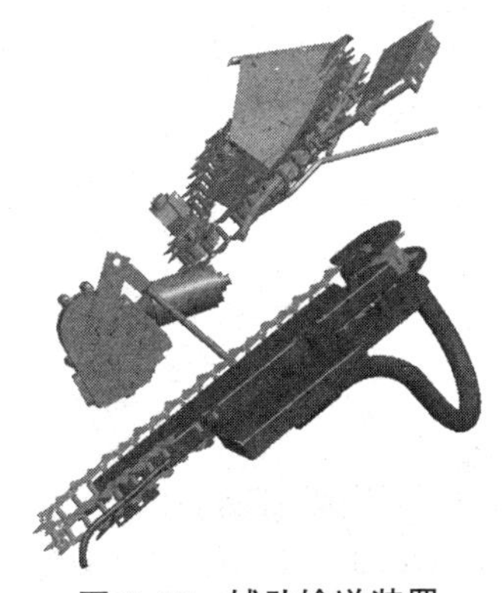

图 2.85　辅助输送装置

收获机械收割输送脱粒过程

任务实施

[任务要求]

某联合收获机三包车间正在承接一项维修任务。维修人员描述，某大丰牌联合收获机在收割小麦时割台推运器打滑，降低了推运谷物的效率，引起割台阻塞，造成严重的掉粒损失。初步诊断是割台推运器有可能在长时间使用后其螺旋叶片边缘被摩擦光滑而降低推运效率，或者是螺旋叶片与割台底面间隙调整不当。如要完成这项修理任务，就必须熟悉割台喂入与输送装置的构造和工作过程，并能正确进行割台输送装置的调整。

[实施步骤]

一、爪形带的调整与更换

1. 调整

旋松张力带轮安装螺母，张紧爪形带，然后将螺母紧固，如图 2.86 所示。

专家提示

爪形喂入带中央部的松弛量标准值为 5～10 mm。

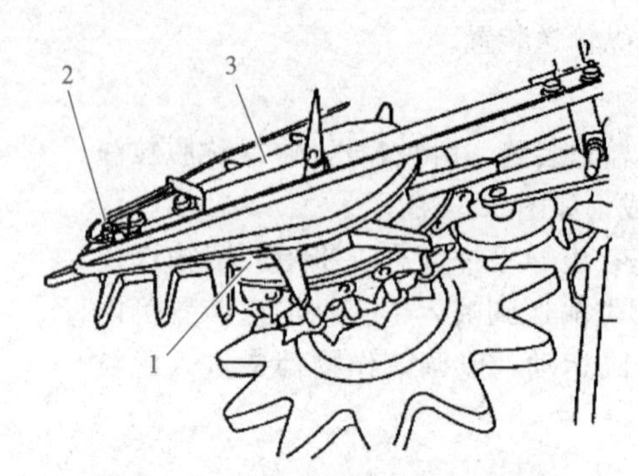

图 2.86 爪形喂入带的调整与更换

1—爪形喂入带；2—螺母；3—外罩

2. 更换

(1)拆下张力带轮的安装螺母，然后拉出轴和带轮。

(2)拆下外罩，然后拆下爪形喂入带。

(3)在轴上涂抹黄油后进行组装。

二、喂入轮的更换

1. 喂入轮(中央)的更换

(1)拆下喂入轮下侧的螺栓，然后拆下喂入轮。

(2)组装时在螺栓上安装平垫圈并紧固，如图 2.87 所示。

(3)在中央喂入轮动力轴的轴承部带有防尘罩，组装时，必须在防尘罩的凹部涂抹黄油，如图 2.88 所示。

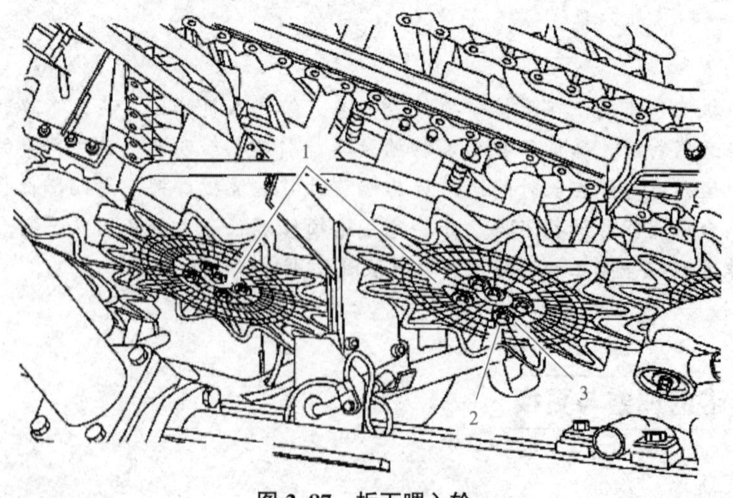

图 2.87 拆下喂入轮

1—喂入轮；2—螺栓；3—平垫圈

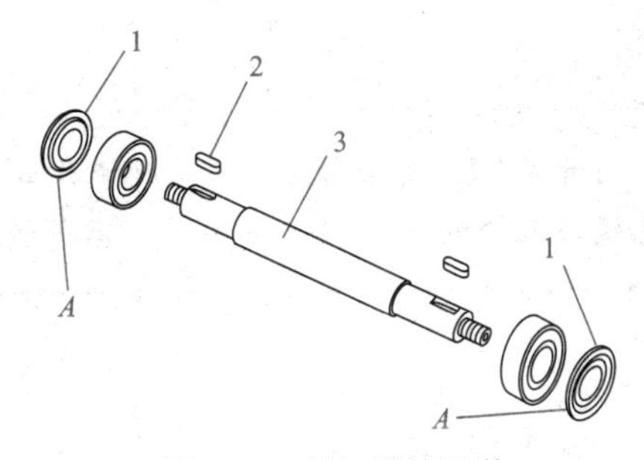

图 2.88　喂入轮的组装

1—防尘罩；2—键；3—喂入轮动力轴；*A*—黄油涂抹位置

2. 喂入轮(左右)的更换

(1)拆下爪形喂入带和茎端链条。

(2)拆下割刀曲轴外罩，如图 2.89 所示。

(3)拆下轴承座的旋塞，然后拆下螺母。

(4)拆下喂入轮动力轴安装螺栓，如图 2.90 所示。

(5)朝上拆卸轴承座和喂入轮动力轴组件。

(6)从上到下拆卸喂入轮动力轴相关零件，使用拉拔器分离喂入轮动力轴箱和轴。

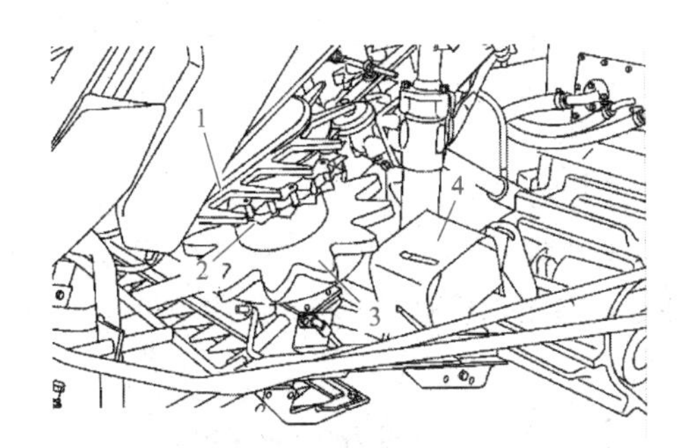

图 2.89　拆爪形喂入带和割刀曲轴外罩

1—爪形喂入带；2—茎端链条；

3—喂入轮；4—曲轴外罩

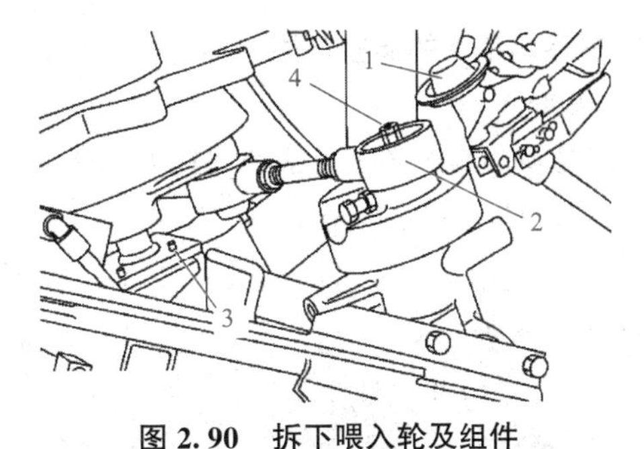

图 2.90　拆下喂入轮及组件

1—旋塞；2—轴承座；

3—喂入轮动力轴安装螺栓；4—螺母

三、割台输送链的调整与更换

1. 右茎端链条的调整与更换

(1)调整。

①测量右茎端链条张力簧的挂钩内尺寸 *L*。

②弹簧内尺寸 *L* 基准值是 168～172 mm，当与基准值不符时，用张紧螺栓的螺母进行调整，如图 2.91 所示。

③链条没有张紧余量时，拆下链条的半环。

(2)更换。

①拆下张紧螺栓的螺母，使链条松弛下来。

②拆下链条接口部分的开口销，然后拆下链条。沿旋转方向拉出链条。转动收割带轮，挂上链条，如图 2.92 所示。

专家提示

①组装时必须注意接头用开口销的插入方向，安装时使开口销开口部朝向旋转方向。

②组装时将链条从右茎端拨入轮的18T链轮部通过，沿着旋转方向向上拉。

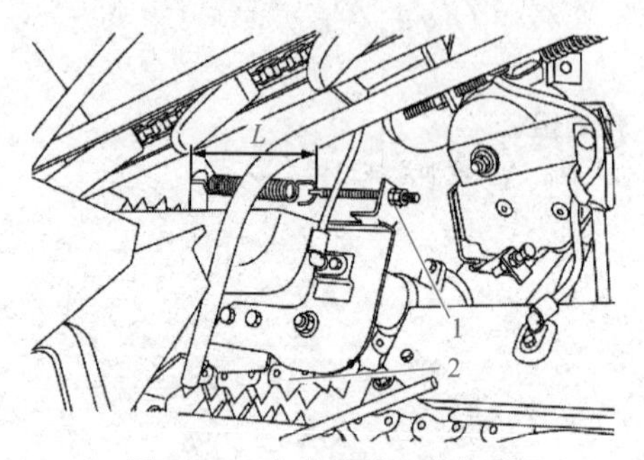

图2.91　右茎端链条的调整

1—张紧螺母；2—右茎端链条

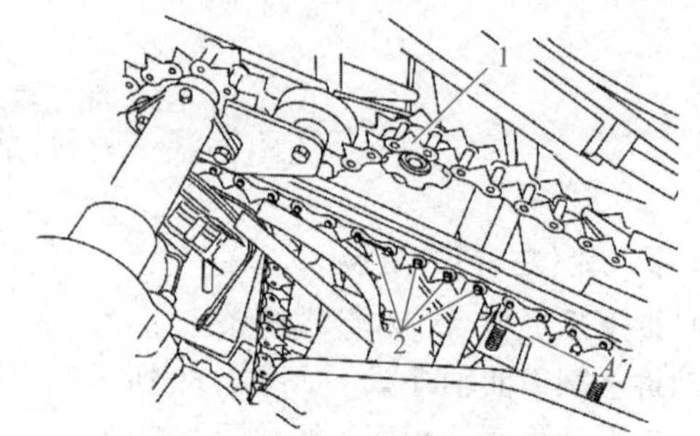

图2.92　右茎端链条的更换

1—右茎端链条；
2—开口销；A—旋转方向

2. 左茎端链条的调整与更换

(1)调整。

①测量左茎端链条张力簧的挂钩内尺寸 L，如图2.93所示。

②弹簧内尺寸 L 的基准值为140～144 mm，与基准值不符时，用张紧螺栓的螺母进行调整。

(2)检查。因为采用自动张紧，所以当链条伸长，滚轮轴接触外罩长孔的下侧时，应更换链条，如图2.94所示。

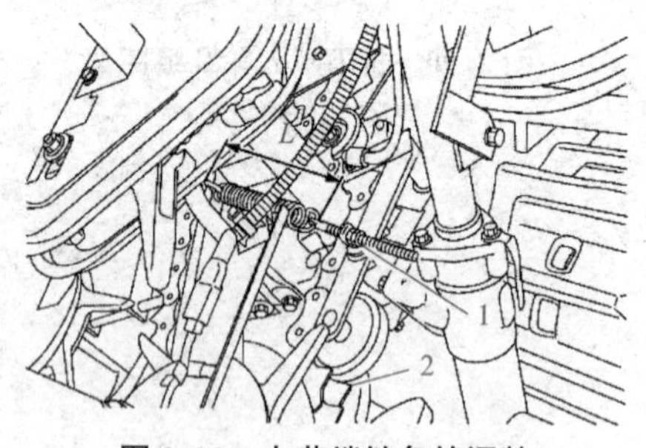

图2.93　左茎端链条的调整

1—张紧螺母；2—左茎端链条

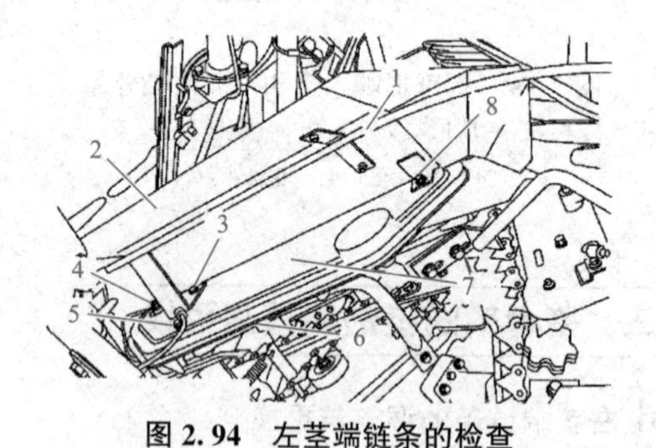

图2.94　左茎端链条的检查

1—传送导杆(上)；2—外罩；3—螺栓；
4—滚轮轴；5—长孔；6—左穗端链条；
7—左穗端支架(上)；8—螺母

(3)更换。

①拆下左穗端支架(上)的螺栓、螺母。拆下上部传送导杆的安装螺栓，然后拆下外罩和传送导杆，如图2.95所示。

②拆下位于左穗端支架(上)下侧的两个安装螺母，然后拆下左穗端支架(上)。

③一边按压张力带轮，一边分离出链条的接头扣环，如图2.96所示。

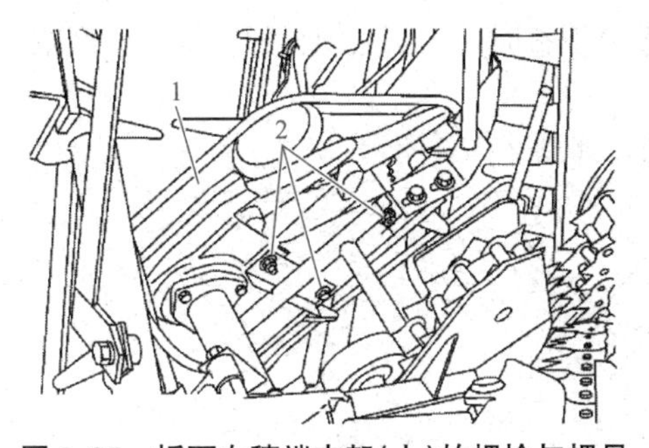

图 2.95　拆下左穗端支架(上)的螺栓与螺母

1—左穗端支架(上)；2—螺母

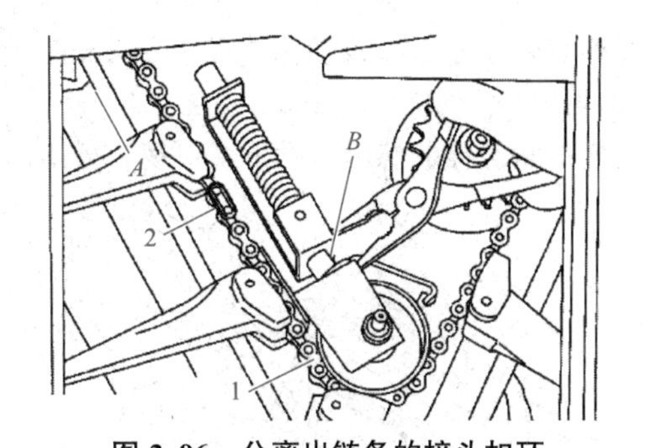

图 2.96　分离出链条的接头扣环

1—左穗端链条；2—接头扣环；*A*—旋转方向；*B*—螺杆

专家提示

①组装链条接头扣环时，使开口部和旋转方向相反。

②在张力簧的滑动部涂抹黄油。

3. 右穗端链条的检查与调整

(1)检查。因为采用自动张紧，所以链条伸长时，滚轮轴将会通过张力簧向前方(下方)移动。如图 2.97 所示，滚轮轴 1 前方(下方)没有间隙 *L* 时，拆下右穗端链条的 2 个连接环。

(2)调整。

①转动右穗端链条，使链条接头移动至拆卸方便的位置，如图 2.98 所示。

②压缩张力簧，增大滚轮轴前方(下方)间隙 *L*，使链条松弛。

③从链条上拆下两个连接环。

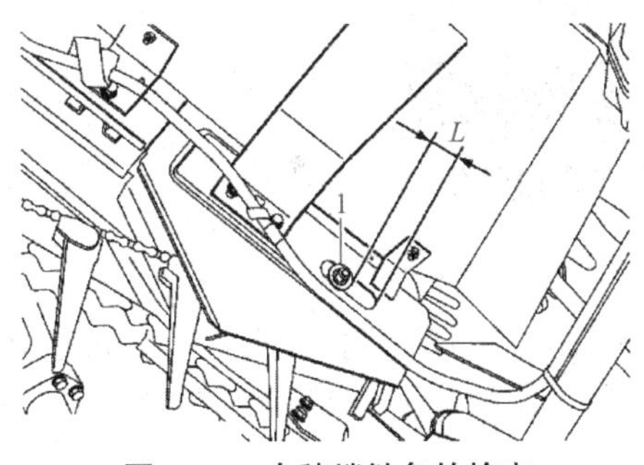

图 2.97　右穗端链条的检查

1—滚轮轴

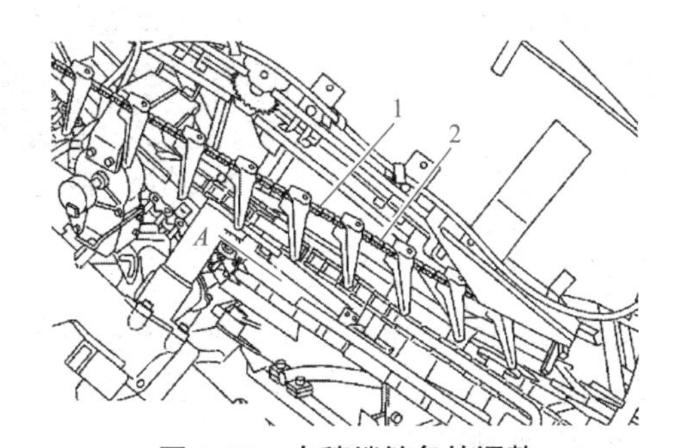

图 2.98　右穗端链条的调整

1—接头扣环；2—右穗端链条；*A*—旋转方向

专家提示

①组装链条的接头扣环时，使开口部和旋转方向相反。

②在张力簧的滑动部涂抹黄油。

4. 供给链条的调整与更换

(1)调整。

①测量(茎端)供给链条张力簧的挂钩内尺寸 *L*，如图 2.99 所示。

②弹簧内尺寸 L 基准值为 163～167 mm，与基准值不符时，用张紧螺栓的螺母进行调整。

(2)更换。

旋松张紧螺栓的螺母，拆下开口销，分离出链条，如图 2.100 所示。

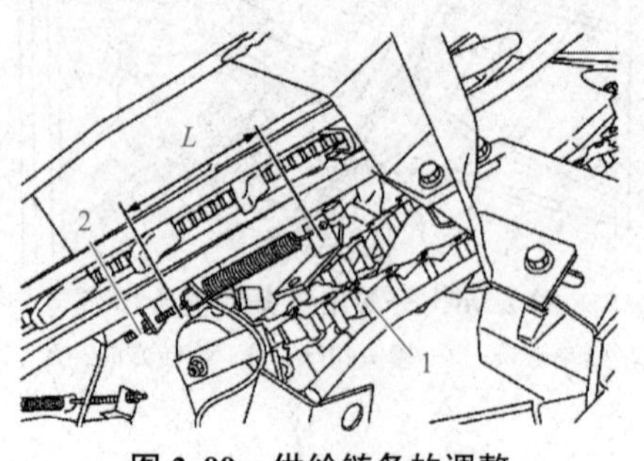

图 2.99　供给链条的调整

1—茎端供给链条；2—螺母

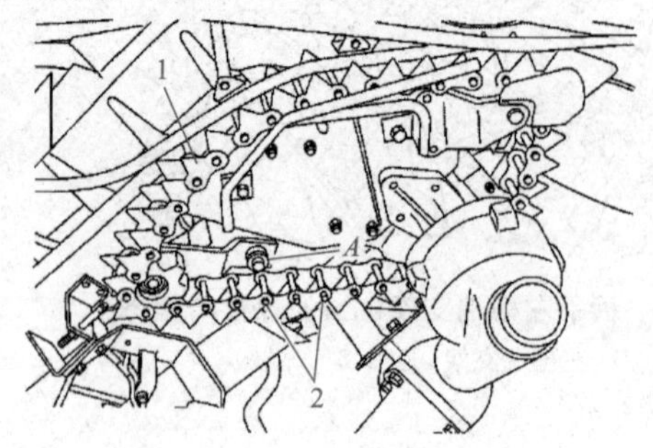

图 2.100　供给链条的更换

1—茎端供给链条；2—开口销；A—旋转方向

组装时必须注意接头用开口销的插入方向(组装时使开口销开口部朝向旋转方向)。

5. 脱粒深浅链条的调整与更换

(1)调整。

①测量张紧螺栓的深度挡板和平垫圈的间隙。

②深度挡板和平垫圈的间隙基准值为 1～2 mm，与基准值不符时，旋松张紧螺栓的锁紧螺母，利用张紧螺栓进行调整，如图 2.101 所示。

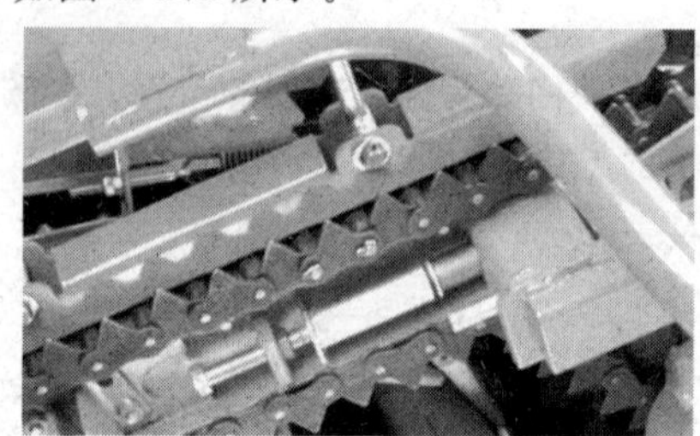

图 2.101　脱粒深浅链条的调整

(2)更换。

①旋松张紧螺栓的锁紧螺母，然后旋松该张紧螺栓，拆下开口销，将脱粒深浅链条分离出。

②组装时必须注意接头用开口销的插入方向(组装时使开口销开口部朝向旋转方向)。

6. 脱粒深浅链条的上下调整

(1)操作手动脱粒深浅调整开关，使脱粒深浅链条处于最上方的位置，如图 2.102 所示。

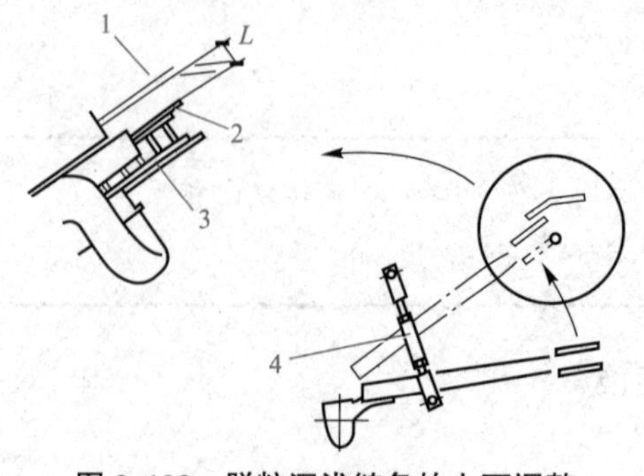

图 2.102　脱粒深浅链条的上下调整

1—拨入棒；2—护板；3—脱粒深浅链条；4—松紧螺栓

(2)检查脱粒深浅链条部的护板和拨入棒的间隙 L（手抬链条部也不应有接触）。

(3)间隙 L 不当时，用松紧螺栓进行调整。

7. 传送用导杆的安装位置

(1)茎端输送压杆。

①通过压杆安装部的长孔，对茎端链条左右和压杆（左右）的位置进行调整，如图 2.103 所示。

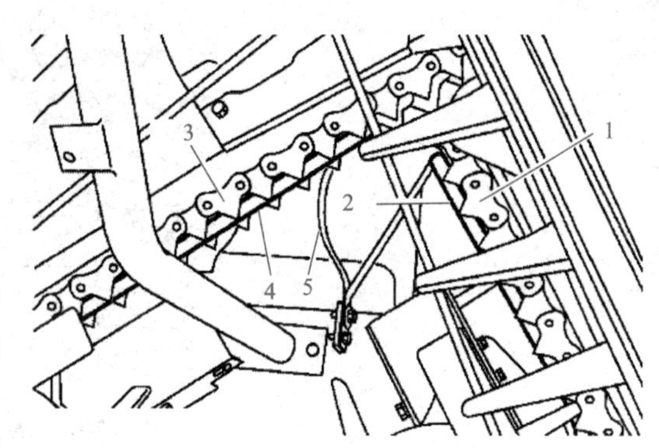

图 2.103　茎端输送压杆调整

1—茎端链条(左)；2—压杆(左)；3—茎端链条(右)；4—压杆(右)；5—压簧

②茎端链条和压杆的间隙的基准值 L_1：6～12 mm，L_2(左)：2～10 mm，L_2(右)：0～8 mm，如图 2.104 所示。

(2)茎端压簧。茎端压簧和茎端链条(左右)的位置如图 2.105 所示，茎端链条和压簧的间隙 L 基准值为 5～15 mm。

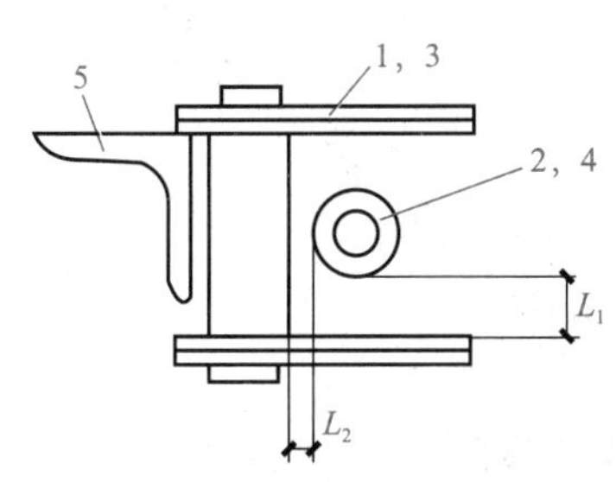

图 2.104　茎端链条和压杆的间隙的基准值

1—茎端链条(左)；2—压杆(左)；3—茎端链条(右)；4—压杆(右)；5—链条导轨

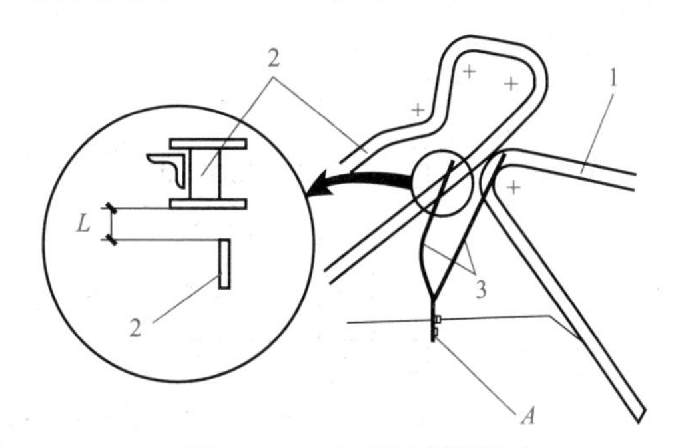

图 2.105　茎端压簧调整

1—茎端链条(左)；2—茎端链条(右)；3—茎端压簧；A—使用木质垫圈

(3)茎端供给链条避让板。茎端供给链条和链条避让板的位置如图 2.106 所示，避让板和驱动链轮的间隙 L 基准值为 1～3 mm。

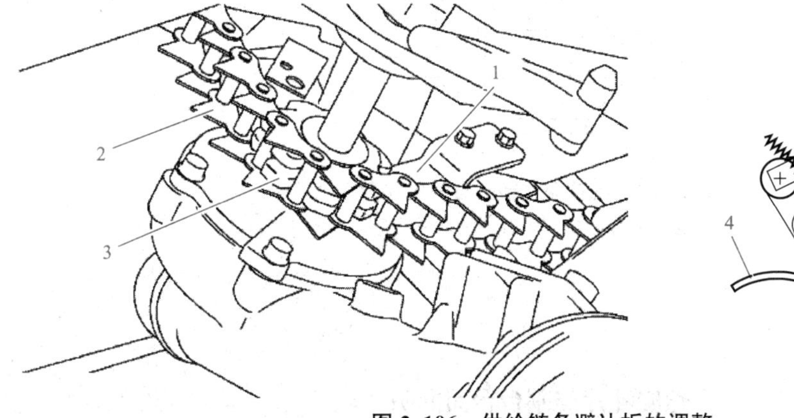

图 2.106　供给链条避让板的调整

1—链条避让板；2—茎端供给链条；3—链轮；4—供给导杆

(4)茎端拨入棒。通过拨入棒安装部的长孔对输送链条和拨入棒的位置进行调整，如图 2.107 所示。茎端拨入棒的伸出量 L 的基准值是 25～35 mm。

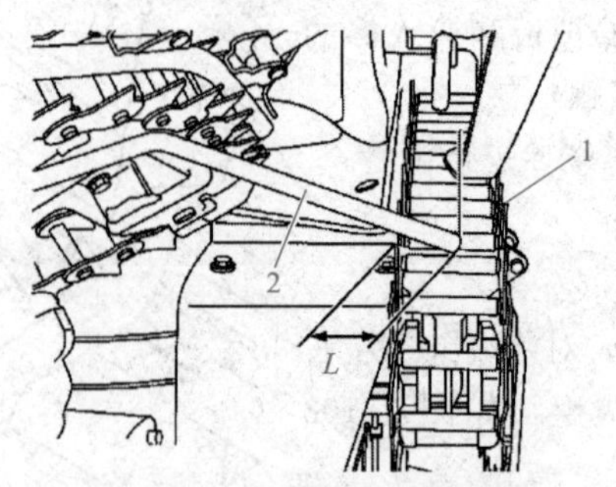

图 2.107　茎端拔入棒的调整

1—输送链条；2—茎端拔入棒

(5)茎端供给链条压杆。通过压杆安装部的长孔或支架的垫片，对供给链条压杆和供给链条的位置进行调整，如图 2.108 所示。供给链条压杆和供给链条的间隙 L_1 基准值为 3～8 mm，L_2 基准值为 5～10 mm。

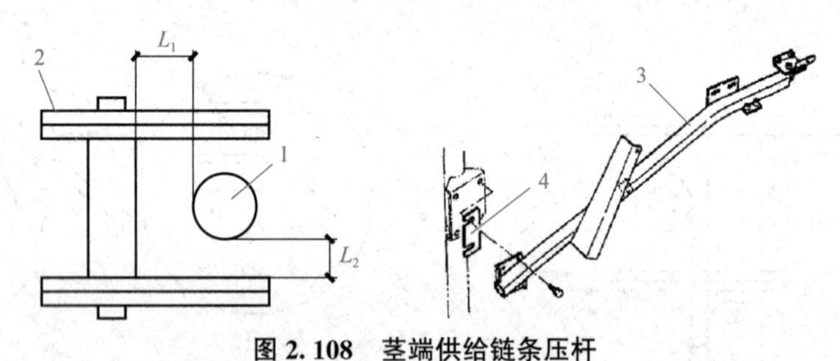

图 2.108　茎端供给链条压杆

1—供给链条压杆；2—茎端供给链条；3—支架；4—垫片

(6)脱粒深浅链条导杆。通过链条导杆安装部的长孔，对脱粒深浅链条导杆和脱粒深浅链条的位置进行调整，如图 2.109 所示。脱粒深浅链条导杆和脱粒深浅链条的间隙 L_1 的基准值为 6～14 mm，L_2 的基准值为 2.5～7.5 mm。

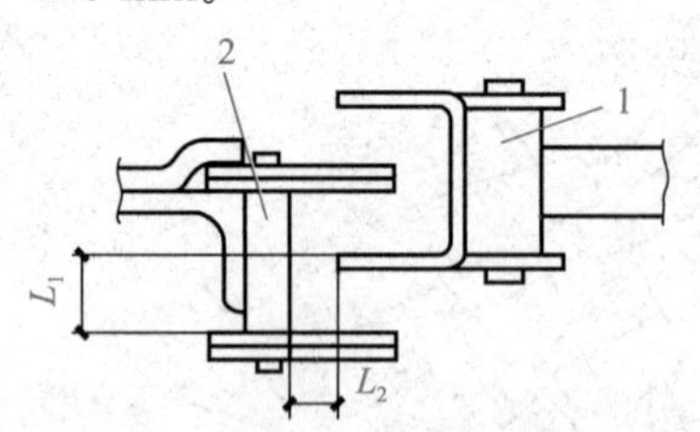

图 2.109　脱粒深浅链条导杆的调整

1—脱粒深浅链条导杆；2—脱粒深浅链条

拓展知识

螺旋叶片与割台台面间隙

螺旋叶片与割台台面间隙值一般为 10～20 mm。喂入量大时，应大些，反之则减小。此间隙可用固定在割台侧壁上的轴承支撑板调整。调整时，松开固定螺栓，拧动调节螺栓，使支撑板上下移动，改变螺旋推运器与割台台面的相对位置，调好后，再用固定螺栓固定。调整时，割台左、右两边同时调整，以保持螺旋推运器与割台台面平行。

任务小结

1. 割台螺旋推运器由螺旋和伸缩拨指两部分组成，伸缩拨指安装在螺旋筒内，由若干个拨指(一般为12～16个)并排铰接在一根固定的曲轴上。

2. 半喂入式联合收获机的喂入装置主要由爪形喂入带和喂入轮组成。爪形喂入带位于扶禾器下方，喂入轮呈齿盘形，位于爪形喂入带下方。

3. 割台输送装置主要由上、下输送装置，纵输送装置和辅助输送装置等组成。

思考与练习

1. 简述割台输送装置的类型及功用。
2. 查阅资料，简述喂入轮的更换步骤。
3. 脱粒深浅链条的调整包括哪几个方面？如何进行更换？

任务2.6　脱粒装置的构造与维修

学习目标

1. 熟悉脱粒装置的种类和工作原理。
2. 掌握脱粒装置的构造和工作过程。
3. 掌握脱粒装置的拆装和调整过程。

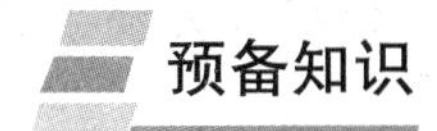

预备知识

脱粒清选系统动画演示

知识点1　脱粒装置的工作原理

谷物收割后，由脱粒装置完成脱粒作业，脱粒作业的质量直接影响收获质量和谷粒品质。对脱粒装置要求脱得干净，谷粒破碎少或不脱壳(如水稻)，并尽量减轻谷粒暗伤，这对种用谷粒尤为重要，否则影响发芽率。此外，要求生产率高，功率耗用低，具有作物通用性。

谷粒的脱净率要求在98%以上，谷粒破碎率在全喂入式上要求低于1.5%，在半喂入式上要求低于0.3%，至于总损失率要求分别低于1.5%与2.5%，清洁率要求不低于98%。

脱粒装置是脱粒机械的核心部分，它不仅在很大程度上决定了机器的脱粒质量和生产率，而且对分离清选等有很大影响。

为了使谷粒脱离穗轴，可以有多种原理来实现，但主要有下述几种。

1. 打击

用工作部件(如钉齿或纹杆)打击穗头(或反过来由穗头碰击台面，如南方水稻的拌桶脱粒)使谷粒产生振动和惯性力而破坏它与穗轴的连接。其效果取决于打击速度的大小和打击机会的多少。

2. 梳刷

当工作部件很窄，在谷穗之间通过时，就形成了梳刷脱粒。实际上它也是打击。通常在梳刷中茎秆不动或少量的纵向运动。

3. 揉搓或搓擦

揉搓或搓擦是指谷层处于挤压状态下在层内出现挫动而使谷粒脱落，发生在钉齿或纹杆滚筒的脱粒间隙中。其效果取决于揉搓的松紧度(强度)，也就是间隙的大小和谷层的疏密。

因为打击脱粒必须有部件与谷粒间较大的相对速度这一个条件，所以这种脱粒通常出现在茎秆静止(如半喂入式)或运动速度很低(如纹杆、钉齿滚筒的喂入口处)的时候。而揉搓或搓擦则不同，它发生在已经获得较大运动速度(如在脱粒间隙的后段)的谷层内部，由于相对揉搓而脱粒。

4. 碾压

脱粒元件对谷穗的挤压造成脱粒，在碾压过程中会使谷粒与穗柄之间产生横向相对位移，而通常谷粒与穗轴的抗剪能力是较弱的，上述相对位移就形成了剪切进而破坏其连接。与此同时，碾压会造成相邻谷层之间的移动，这也能破坏谷粒的连接力。因此，用辊子碾压铺在场院的谷层进行脱粒是有效方法之一。

梳刷原理用于夹持半喂入式脱粒装置脱水稻等。

以上几种原理相互组合都可以达到脱粒的目的，其效果有所不同，常用的有以下几种组合：

(1)用高的打击速度和紧搓，脱粒过程较短，如单滚筒脱粒装置；

(2)用由低到高的打击速度，揉搓强度由小到大，脱粒过程较长，如双滚筒脱粒装置；

(3)用较低的打击速度和松搓，脱粒过程很长，如轴流滚筒脱粒装置。

知识点2　脱粒装置的构造

根据作物是否通过脱粒装置可分为全喂入式和半喂入式脱粒装置两类。全喂入脱粒装置中谷物整株都进入并通过脱粒装置，脱粒时谷粒一脱落下来就与茎秆掺混在一起，所以用此装置脱粒的谷物还得有专门的机构把谷粒从茎秆中分离出来。

全喂入脱粒装置按作物沿脱粒滚筒运动的方向又可分为切流式与轴流式两种。

在切流式脱粒装置中，作物喂入后沿滚筒的切线方向进入又流出，在此过程中在滚筒与凹板之间进行脱粒，属此形式的有纹杆滚筒、钉齿滚筒式和双滚筒脱粒装置。

在轴流式脱粒装置中，谷物在做旋转运动的同时又有轴向运动，所以谷物在脱粒装置中运动的圈数或路程比切流式多或长，使它能在脱粒的同时进行谷粒的分离，脱净率高而破碎率低。

半喂入脱粒装置只有谷物的上半部分喂入脱粒装置，茎秆并不全部经过脱粒装置，从而可免去分离装置，茎秆保持完整和整齐。

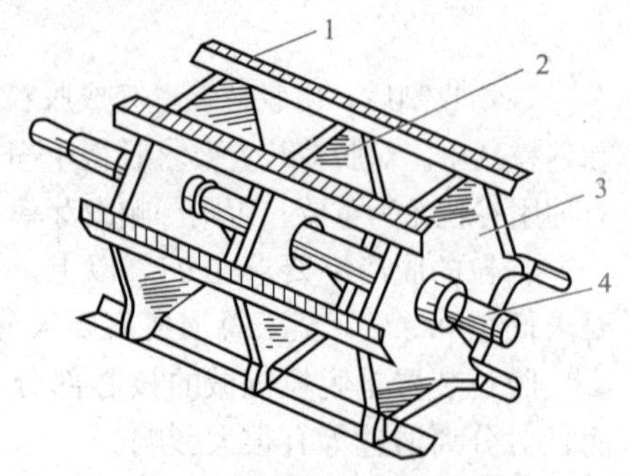

图 2.110　纹杆滚筒式脱粒装置

1—纹杆；2—中间辐盘；
3—辐盘；4—滚筒轴

1. 纹杆滚筒式脱粒装置

纹杆滚筒式脱粒装置由纹杆滚筒和凹板组成，如图2.110所示。作物进入脱粒间隙之初受到纹杆的多次打击，这时就脱下了大部分谷粒。随后因靠近凹板表面的谷物运动较慢，靠近纹杆的谷物运动较快而产生揉搓作用，纹杆速度比谷物运动速度大，它在谷物上面刮过，使得后者像爬虫一样蠕动，如图 2.111 所示，从而产生谷物的径向高频振动。同时，当谷层在间隙中以波浪式移动时，其波浪向出口处逐渐变小。高速纹杆滚筒与凹板间的脱粒过程表明，谷粒在其间运动的平均速度为 5 m/s 左右，逐渐增至 8 m/s 或更高一些，茎秆也为这一数值，两者的最大瞬时速度可达 30 m/s。运动的加速度平均为 3 000 m/s^2 左右，由此形成的惯性力有助于脱粒。同时表明在入口阶段，可以实现打击和搓擦共同作用下脱粒以及由此引起的振动。在此期间作物脱粒已基本完成，中段时穗头几乎已全部脱净，仅有不成熟的籽粒尚未脱净，茎秆已开始破碎。出口段中以搓擦为主，完全脱净，茎秆的破碎加重。谷物被抛离滚筒的速度可达 12～15 m/s。谷粒在凹板上有 60%～90%可被分离出来，分离率的密度分布也是在入口段为最高并以指数函数规律下降。所以当凹板包角已经较大时，再以扩大包角来增强分离是无效的。

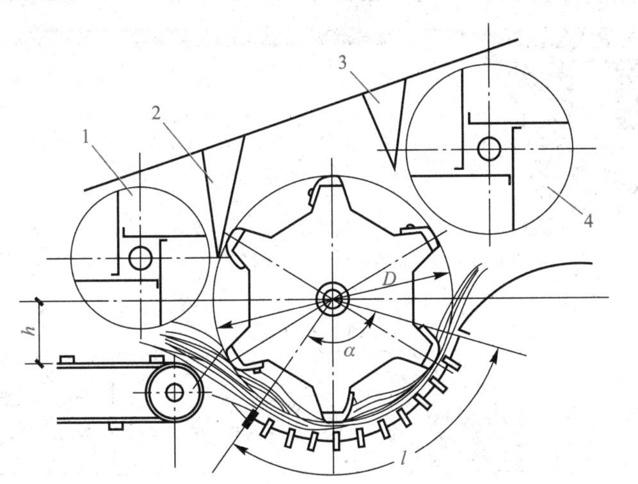

图 2.111　纹杆滚筒脱粒装置及脱粒过程

1—喂入轮；2、3—除草挡草板；4—逐稿轮

脱粒清选过程(一)

脱粒清选过程(二)

纹杆滚筒式的特点是有较好的脱粒、分离性能，稿草断碎较少；对多种作物有较好的适应性，尤其适合麦类作物。结构较简单，故运用最广泛。但是如果作物喂入不均匀和作物湿度较大，则对脱粒质量有较大影响。

(1)滚筒。纹杆滚筒有开式和闭式之分，如图 2.112 所示。开式滚筒上纹杆之间为空腔，有较大的抓取高度，抓取能力强。作物可纵向或横向喂入脱粒。闭式滚筒的纹杆装在薄板圆筒上，转动时周围空气形成的涡流小，功率耗用小，稿草也不易缠绕或进入滚筒腔。它一般适用于横向喂入脱粒和玉米脱粒。

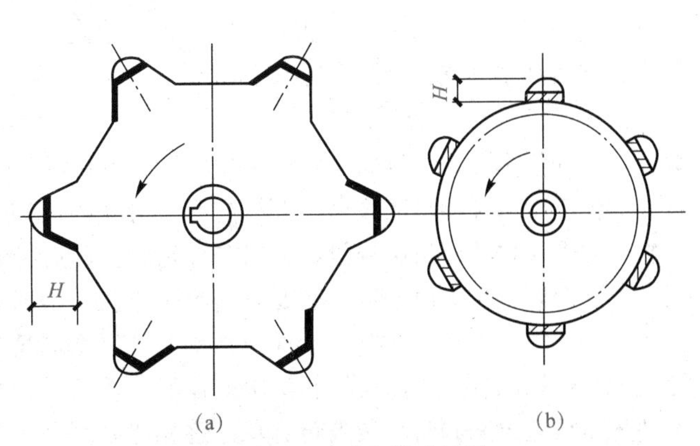

图 2.112　开式和闭式滚筒

(a)开式；(b)闭式

H—抓取高度

滚筒轴上装有若干个由钢板冲压成的多角辐盘，其凸起部分安装纹杆，如图 2.112(a)所示；较老一些的为圆形辐盘，其上铆接纹杆座和纹杆，如图 2.113 所示，后者用特制螺栓固定。

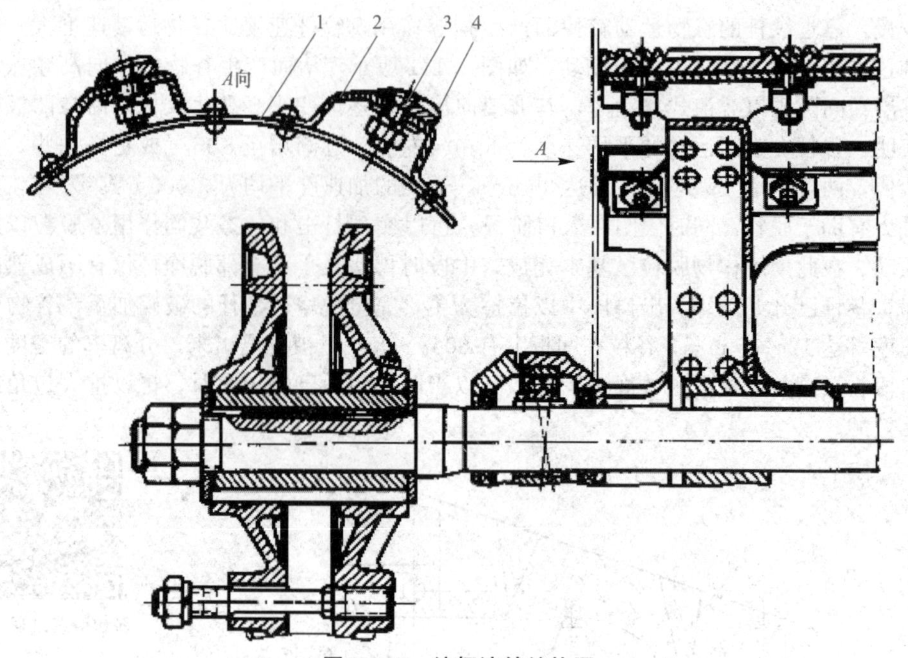

图 2.113　纹杆滚筒结构图

1—辐盘；2—纹杆座；3—成型螺钉；4—纹杆

为了平衡，纹杆总是偶数，一般为 6、8 或 10 根，随滚筒直径而异。过密，其抓取能力减弱，且不便于拆装。一般纹杆间距为 180～250 mm，纹杆有 A 型与 D 型两种，如图 2.114 所示。A 型纹杆通过纹杆座安装在辐盘上。纹杆座高，抓取能力强，鼓风作用大，消耗功率多，周围的紊乱气流对分离谷粒及抛离稿草均不利。D 型纹杆为弯曲型钢断面，适用于多角辐盘，其尾部相当于纹杆座，起抓取作用。它用螺栓直接固定于辐盘上，结构简单。纹杆表面的斜纹可增强抓取和搓擦的能力，左右纹向交替安装，可抵消脱粒时茎稿向一侧的轴向移动。

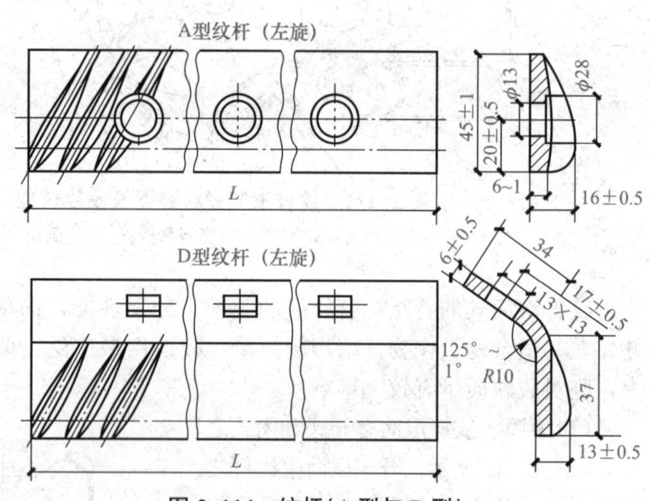

图 2.114　纹杆(A 型与 D 型)

为便于喂入和稿草的抛离，滚筒前后方分别设有喂入轮和逐稿轮。它们与凹板、滚筒之间的相对位置对作业质量影响很大。如在直流型联合收获机上，喂入谷物较薄，就可省去喂入轮，而有的联合收获机上由于喂入速度较高也可省去。喂入轮向滚筒喂入的方向应适当。当按滚筒的径向喂入时，不易被抓取，茎秆易被铡断，以致断穗多。切向喂入时，就失去了在喂入时使厚度原来不均的谷层得以拉匀的作用。在喂入轮与滚筒之间设除草板，以防止被滚筒回带的草经喂入轮反吐出来和防止喂入轮缠草。逐稿轮片尽可能靠近滚筒，以防止后者缠草，有时也设挡草板。喂入轮的直径为 150～300 mm，线速度为 4～9 m/s。逐稿轮的直径为 250～400 mm，线速度为 6～17 m/s，一般为滚筒线速度的 1/3 左右。

(2)凹板。凹板一般为栅格式，如图 2.115 所示。当凹板包角 α 超过 120°时多分为两块，凹板筛孔率(ψ，为筛孔总面积占凹板总面积的比例)一般为40%～70%。在一定范围内筛孔率越大，分离效果越好。格板间的孔长 b 为30～40 mm，筛条间距 a 为8～15 mm，较宽时断穗增多。有的机器上备有盖板把凹板前部盖住，以防止收获难脱作物时出现过多的断穗。格板应有必要的棱角和足够的强度，以保证脱粒性能和防止变形。格板顶面高出筛条，$h=5$～15 mm，保证脱粒和分离作用，过大，易使茎稿破碎。

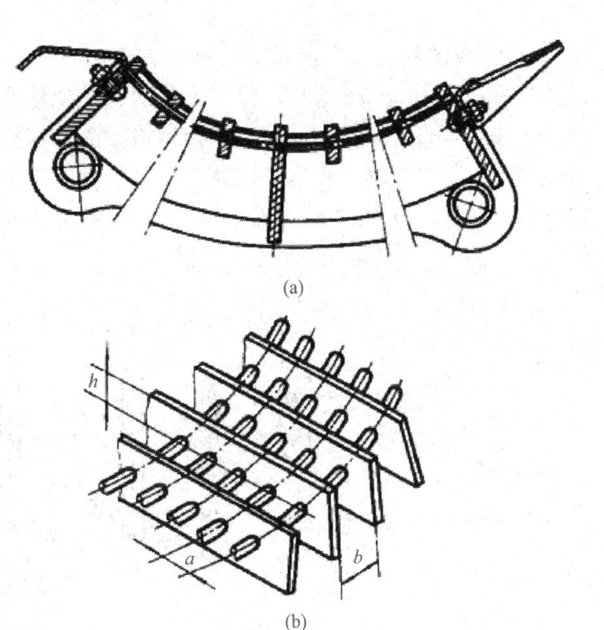

图 2.115　栅格状凹板

(a)侧视剖面图；(b)分离筛孔

凹板面积是决定脱粒装置生产率的重要因素。凹板弧长增大，横格数也增多，脱粒和分离能力增强，生产率提高；但脱出物中碎稿增多，功率耗用增大。包角过大易使潮湿作物缠绕滚筒，对分离率要求不太高或在直流型联合收获机上喂入谷层较薄的脱粒装置可采用较小的包角，弧长为300～400 mm，现有脱粒机上为350～700 mm，包角为100°～120°，甚至可以达到150°或更大。

2. 钉齿滚筒式脱粒装置

钉齿滚筒式脱粒装置由钉齿滚筒和钉齿凹板组成，如图2.116所示。作物在被钉齿抓取进入脱粒间隙时，在钉齿的打击、齿侧面间和钉齿顶部与凹板弧面上的搓擦作用下进行脱粒，如图2.117所示。钉齿凹板若为栅格状，就可能有30%～75%的谷粒被分离出来；无筛孔时，则全部夹在茎稿中排到逐稿器上。这一脱粒装置的特点：抓取谷物能力强，对不均匀喂入适应能力强，脱粒能力强，对潮湿作物以及水稻、大豆等作物的适应性较好一些；但装配要求高，成本高，稿草断碎多，凹板分离能力低，功率耗用较纹杆大。

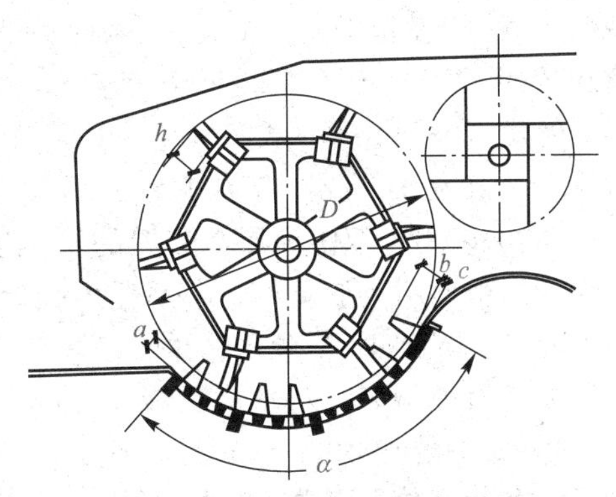

图 2.116　钉齿滚筒式脱粒装置

a—入口间隙；b—重合度；c—出口间隙；h—齿高；α—包角

钉齿滚筒式脱粒装置的脱粒性能与谷物的喂入量、脱粒速度等有关。钉齿滚筒式脱粒装置的凹板分离率比纹杆滚筒式的明显减少，这是因凹板上有钉齿，减少了有效分离面积，同时也阻挡了谷物在凹板表面上的运动速度。钉齿滚筒的脱粒速度对谷粒的破碎作用也是很显著的。

图 2.117　钉齿的脱粒作用

(1)钉齿滚筒。钉齿按螺旋线分布成排地固定在齿杆上。脱粒机上常用的钉齿有板刀齿、楔齿和弓齿，如图 2.118 所示。板刀齿薄而长，抓取和梳刷脱粒作用强，对喂入不均匀的厚层作物适应性好，打击脱粒的能力也比楔齿强。由于其梳刷作用强，齿侧间隙又大，使脱壳率降低，这是板刀齿脱水稻的一个优点。此外，由于齿薄，侧隙大，齿重叠量小，功率消耗比楔齿为低。楔齿基宽顶尖，纵断面多呈正三角形，齿面向后弯曲，齿侧面斜度大，脱潮湿长秆作物不易缠绕。

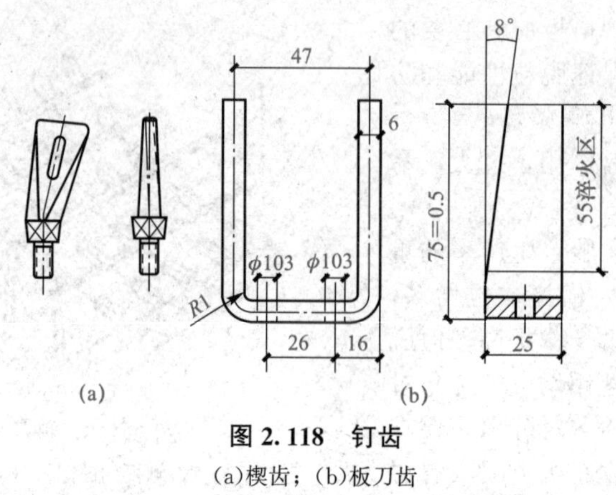

图 2.118　钉齿

(a)楔齿；(b)板刀齿

脱粒间隙的调整范围大。在水稻脱粒时，弓齿(齿高 60 mm，形状与半喂入式脱粒机弓齿相仿)脱粒的效果比刀齿还好。凹板分离率较高，脱粒作用较柔和，破碎、破壳率较低。刀齿的式样较多，齿高 45～75 mm，宽 25～30 mm，一般厚 6 mm 左右，楔齿根部较厚，为 10～20 mm，顶部较薄，为 4～10 mm，钉齿工作面后倾角 10°～20°。它大多用于双滚筒脱粒装置的第一滚筒上，因为后倾角大，脱草好，功率耗用较低。用板刀齿脱粒水稻表明：后倾角由 0°～37.5°变化时，谷粒损伤有所减轻，功率耗用减少 25%左右，脱不净损失增加 30%～50%，但是 0°～12.5°范围内绝大多数没有增大损失，所以，有后倾角是有利的。

(2)钉齿的排列、滚筒长度和直径。滚筒生产率取决于钉齿的多少。但是钉齿的排列对脱粒性能有很大的影响，如果钉齿数量一定，而一个钉齿的运动轨迹内只有一个钉齿通过，则不仅生产率很低，而且滚筒必须很长。

因此，设计时总是让若干个钉齿在同齿迹内回转。为了工作均匀，这些齿在同一齿迹内应是均匀分布的，这就形成了按多头螺旋线来排列钉齿。钉齿排列展开图，如图 2.119 所示。图中 1—1′、2—2′等为滚筒上的齿杆，虚线为齿迹线，斜线为钉齿分布螺旋线，它与齿杆的交点即为齿座位置。令 D 为滚筒直径(按齿内端计)，L 为滚筒长度，Δl 为末端齿与齿杆端的距离，a 为齿迹距，

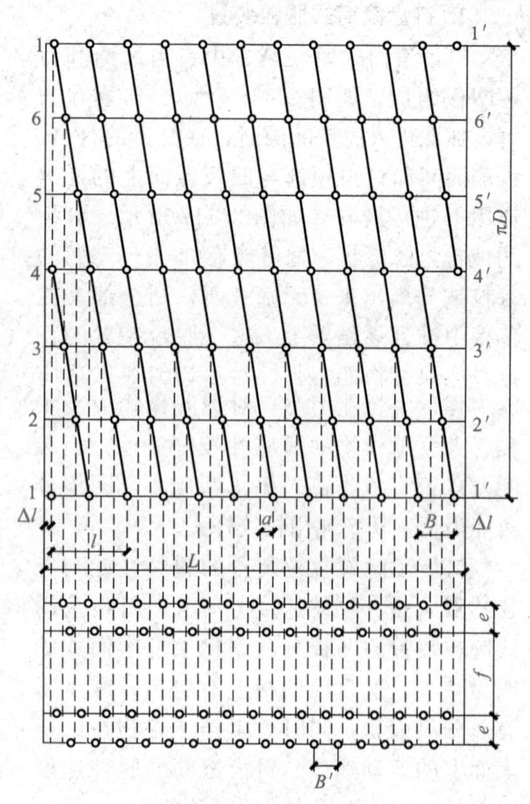

图 2.119　钉齿排列

B为齿距，M为齿杆数，则螺线导程$t=Ma$。一般齿杆数为螺线头数k的整数倍，每个齿迹也就有k个齿通过。所以增加k可提高生产率，但过多就不明显了。B为相邻齿在齿杆上的距离

$$B=\frac{K}{k}\alpha$$

式中 K——齿杆数；

α——凹板勾角。

滚筒上钉齿总数Z由经验数据决定，一般每个齿所能负担的喂入量(kg/s)：在凹板配有适当的钉齿排数和适宜的脱粒间隙时，楔齿可取0.02(带喂入输送装置的脱粒机上)和0.025(在联合收获机上)，k值一般为2～5，在个别板刀齿滚筒上为了加强梳刷作用，k可达6，则滚筒长度

$$L=a\left(\frac{Z}{k}-1\right)+2\Delta l$$

式中 a——齿迹距，$a=2(b+\delta)$，多为25～50 mm；

b——钉齿厚度，即平均厚度$=(b_1+b_2)/2$；

Z——钉齿总数；

δ——齿侧间隙(板刀齿为10～20 mm；楔齿间隙可改变，δ为最小间隙，一般不少于3 mm)；

Δl——钉齿距齿杆端部的距离，由结构需要确定滚筒直径。

$$D=\frac{MS}{\pi}+2h$$

式中 h——钉齿高度(mm)；

S——齿杆间距(一般为120～200 mm)；

M——齿杆数，常用为6～12。

M/k的值大多为2、3，即齿距$B=2a$～$3a$，一般为50～100 mm。在以脱水稻为主的板刀齿滚筒上，由于齿侧间隙大，齿迹距a较宽(40～50 mm)，B/a可等于1。

(3)凹板。钉齿滚筒的凹板有组合式和整体式两种，如图2.120所示。组合式凹板由钉齿凹板、栅格凹板、侧弧板等组成。整体式凹板的钉齿直接固定在格板上。

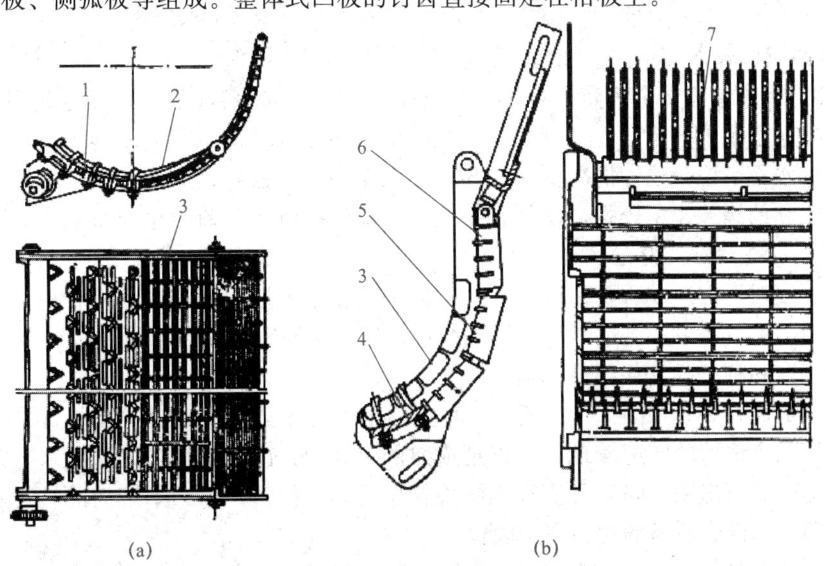

图2.120 钉齿凹板

(a)整体式；(b)组合式

1—齿板；2—栅格板；3—侧弧板；4—钉齿凹板；5—栅格凹板；6—后栅格凹板；7—尾栅条

凹板包角大多在100°左右。对分离率要求高的凹板，其栅格段较长，包角可达200°左右。凹板上的钉齿和滚筒钉齿等长或略短。钉齿排数一般为4～6，并可随脱粒需要而增减。凹板上钉齿排数多，脱粒能力强，但茎秆断碎多，功率消耗大。在一般情况下，有四排齿已可保证脱粒干净。遇潮湿难脱作物时，可装六排钉齿。少数采用大脱粒间隙(10～20 mm)的钉齿滚筒(如板刀齿滚筒)，为了适应难脱品种脱粳稻的要求，有时在凹板上装设更多排数的齿。

钉齿滚筒凹板中的栅格筛凹板，其结构形式与纹杆滚筒式凹板相同(由横格板与筛条构成筛孔)。在以脱稻为主的钉齿滚筒脱粒装置上，常采用横长孔结构的栅格式凹板，如图2.121所示，一般孔宽12～25 mm，孔长达200 mm。尺寸不大的组合式楔齿凹板，多采用铸造结构，凹板上的齿与筛孔直接铸出，制造简单方便。

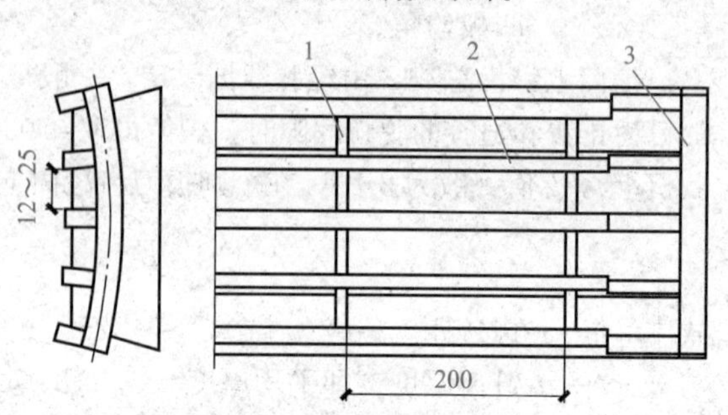

图 2.121　横长孔栅格筛凹板

1—格板；2—横格条；3—侧板

滚筒上的钉齿和凹板上的钉齿应很好配合组成脱粒间隙，故凹板上的钉齿必须位于滚筒上相邻两钉齿迹中央。凹板上的钉齿大多分几排，钉齿大多沿凹板弧长连续均匀排列，也有两排一组的间隔排列，在两个钉齿排组合间可装设栅格筛凹板。为使脱粒时减少秸草破碎，并使滚筒工作时受的负荷均匀，相邻两排钉齿相互错开排列，这样滚筒上钉齿的一侧先与凹板上的钉齿一侧组成脱粒间隙进行脱粒，随后滚筒钉齿的另一侧与凹板下一排钉齿组成侧向间隙进行脱粒，滚筒钉齿两侧面交替通过凹板钉齿，有利于作物脱得干净，减少秸秆折断。凹板上同一排相邻钉齿间的距离$l'=2a$，有的凹板第一排或头二排钉齿齿距较稀$l'=4a$，可便于钉齿抓取作物。确定凹板上齿排之间的距离e时，应使滚筒上的齿板与凹板上的齿排同时协同工作的排数最小。一般e约为钉齿轮廓宽度的两倍，常采用60～70 mm。顶齿排组间距f约为e值的三倍。

末排钉齿离凹板尾端应有适当距离，使脱出的秸草以较高的速度抛离凹板，以免缠卷滚筒。

凹板的横向安装位置定位应精确可靠，以防止凹板钉齿与滚筒钉齿左右脱粒间隙不均匀或工作时相互碰撞。为此，有的凹板结构上设有专门的横向限位调节装置。

3. 双滚筒脱粒装置

(1)作用与特点。用一个滚筒一次脱净谷物时，作用于全部谷粒的机械强度相同，易于脱粒的饱满谷粒，早已脱下甚至已经受到损伤和破碎时，不太成熟的谷粒尚不能完全脱下。对于易破碎的大豆和水稻来说，这种情况更为明显，存在着脱净与破碎之间的矛盾。当用纹杆滚筒收水稻时，由于它的搓擦作用较强，易使谷粒脱壳，即使用钉齿滚筒时也很难满足要求。如有时未脱净率为2%～3%时，脱壳率已达10%左右。

在收获小麦时，上述矛盾要稍缓和一些；但是从收获种用谷物的要求来看也是不行的。因为单滚筒脱粒时谷粒胚或胚乳端部均会受到损伤。这种不易察觉的暗伤可达30%～40%。它们对于谷物的保存和种子的发芽都是不利的。

使用双滚筒脱粒装置如图2.122所示，可以缓解上述矛盾。双滚筒脱粒装置采用两个滚筒串联工作。第一个滚筒的转速较低，可以把成熟的、好的、饱满的籽粒先脱下来，并尽量在第一滚筒的凹板上分离出来。同时可使喂入的谷物层均匀和拉薄。第二个滚筒的转速较高，间隙较小，可使前一滚筒未脱净的谷粒完全脱粒。

由于使用双滚筒，在喂入量增加时，未脱净率和凹板分离率的变化比单滚筒平缓，超负荷性能较强。对潮湿作物有很强的适应性。但作物经过二次脱粒，茎秆破碎较重，凹板分离出的杂质增加50%～100%，从而增大清选机构的负荷。

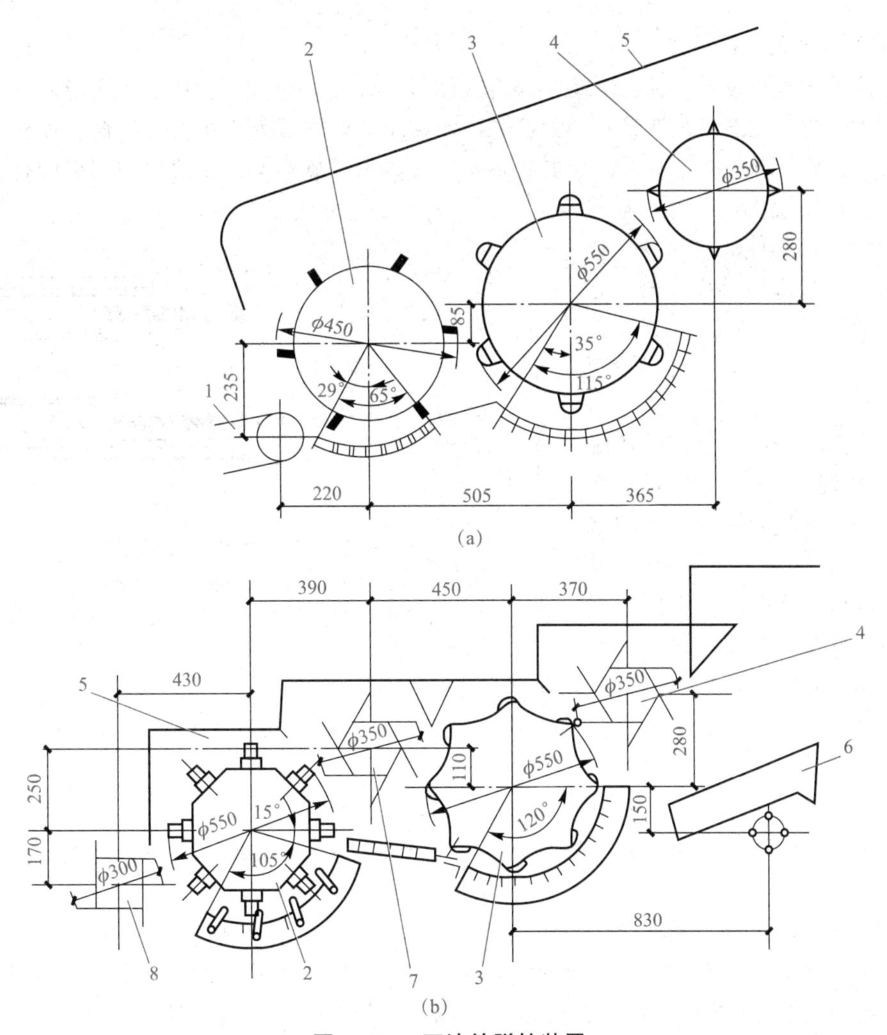

图 2.122　双滚筒脱粒装置

(a)双滚筒；(b)带中间轮的双滚筒

1—喂入输送装置；2—钉齿滚筒和凹板；3—纹杆滚筒和凹板；4—逐稿轮；5—顶盖；6—逐稿器；7—中间轮；8—喂入轮

(2)结构形式与配置。双滚筒脱粒装置的第一滚筒大多采用钉齿式滚筒，第二滚筒为纹杆式滚筒。个别的机型上两个滚筒均采用纹杆式滚筒。第一滚筒用钉齿式有利于抓取作物，脱粒能力也强。第二滚筒用纹杆式有利于提高分离率，减少碎茎秆，这种形式适用于收获稻麦。双纹杆式滚筒仅用于收获作物。

配置双滚筒要注意保持作物脱粒工艺流程通畅。要使第一滚筒脱出的作物秸秆能顺利地喂入第二滚筒。有些双滚筒脱粒装置中在两个滚筒间设置中间轮。中间轮的作用既相当于第一滚筒的逐稿轮，可防止作物秸秆"回草"；又是第二滚筒喂入轮，使作物顺利均匀地喂入。在中间轮下设置栅格筛还可提高分离率。根据室内试验结果，带中间轮的双滚筒脱粒装置性能较好，可用于高效的脱粒机，在联合收获机上也有采用。

(3)脱粒速度与间隙。

第一滚筒的脱粒速度比单滚筒脱粒装置减低 1/2～1/3。第二滚筒则可低 2 m/s 以上。

第一滚筒的入口间隙一般与单滚筒的相同或稍大。第二滚筒的入口间隙可减小 1/3 左右，前后两滚筒的出口间隙则均可比单滚筒脱粒装置用得稍大。

4. 轴流滚筒式脱粒装置

轴流滚筒式脱粒装置由脱粒滚筒、栅格式凹板和顶盖等组成，如图 2.123 所示。凹板和顶盖形成一个圆筒，把滚筒包围起来。脱粒时，作物从滚筒的喂入口垂直于滚筒轴而喂入，随着滚筒旋转，在螺旋导板的作用下，谷物在脱粒装置内做螺旋运动。在滚筒和凹板的打击与搓擦作用下，谷粒被脱下，并通过筛状凹板分离出来。茎秆从滚筒的排草口沿圆周的切线方向排出。由于它的脱粒时间长(一般为 2～4 s)，由滚筒长度而定，而切流纹杆式滚筒脱粒装置上为 0.1～0.15 s，且经多次反复的作用，在脱粒速度较传统型稍低的情况下仍有良好的脱净率。同时由于脱粒间隙大，谷粒破碎很少，加上分离与脱粒同时进行，有充裕的分离时间，因此一般能获得满意的分离质量。以上脱粒工艺过程使得该脱粒装置具有以下显著的特点：

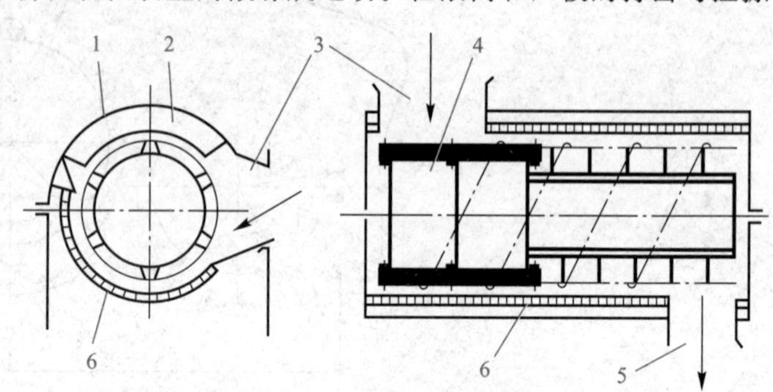

图 2.123　轴流式脱粒装置

1—顶盖；2—螺旋倒板；3—喂入口；
4—纹杆和钉齿组合滚筒；5—排除口；6—栅格式凹板

(1)脱粒能力强，谷粒损伤小，故对难脱的和易破碎的多种作物均有较好的适应性，如大豆、玉米、高粱、麦类和水稻等。

(2)可省去分离机构，一定程度上能简化机构，缩小尺寸。

(3)茎叶破碎严重，尤其谷物干燥时脱出物含杂率高达 40%或更多，这就加大了清选装置的负荷。

(4)功率耗用比传统式脱粒装置有明显增加。

(5)谷物茎秆较长、较潮湿时，易使茎秆搓成辫子，功率耗用猛增，甚至造成滚筒堵塞。

按谷物喂入滚筒的方向不同可分为纵向轴流式脱粒装置(谷物轴向喂入，轴向排出，如图 2.124 所示)、横向轴流式脱粒装置(图 2.125)及切流轴流组合式脱粒装置。

纵向轴流式脱粒装置多半用于联合收获机上，因为滚筒与机器前进方向平行，在总体配置上比较好安排。但为了使谷物能从轴的一端喂入，故设置了螺旋叶片，对谷物产生强烈的拖带冲击，实现强制喂入，同时产生一股吸气流，它有助于减少割台上的灰尘飞扬。缺点是叶片作用强度大、功率耗用多、磨损大。在脱潮湿、长茎秆作物时易拧成草绳或辫子，严重地影响分离和功率耗用。

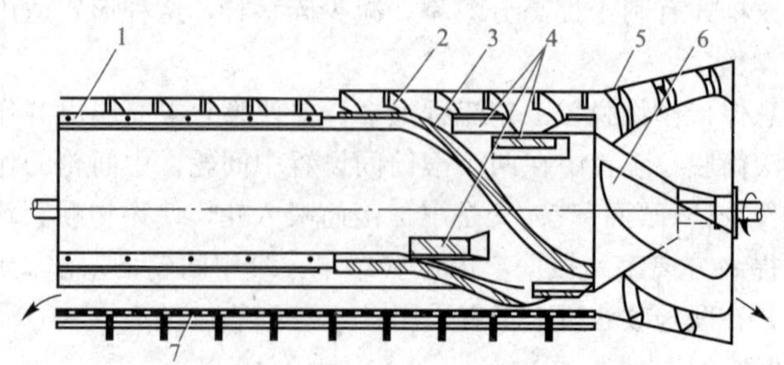

图 2.124　轴向喂入，轴向排出式轴流滚筒

(用于联合收获机，直径 762 mm，喂入量约为 6 kg/s)

1—分离段叶片；2—脱粒段导板；3—螺旋线脱粒纹杆；4—附加脱粒纹杆；5—喂入导板；
6—喂入螺旋叶片；7—分离段凹板(栅格)

横向轴流式脱粒装置在滚筒的一侧喂入，沿轴向移动脱粒，在滚筒的另一侧排出稿草。喂入比纵向轴流式脱粒装置容易且通畅，茎秆横向排出顺畅，抛扔较远，便于总体配置，故在一般的脱粒机上使用较普遍。由于脱粒部分机身较宽，割台与脱粒机部分也不易对称配置，故一般只用在大型联合收获机上。由于横向轴流上凹板分离出的脱出物在喂入的一侧要比排出端多，所以在凹板下设置两个使脱出物横向均匀分布的螺旋推运器。

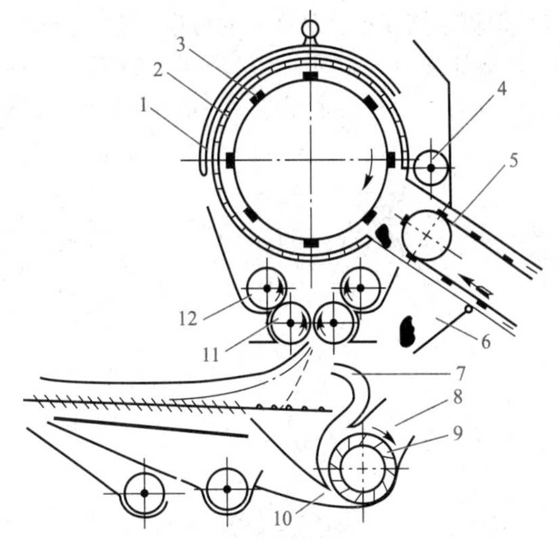

图 2.125　横向轴流式脱粒装置在联合收获机上的配置

1—凹板清理杆；2—全圆周分离的凹板；3—横向轴流式滚筒；4—脱出物输送螺旋；5—喂入链耙；6—排石口；7—预清选气流；8—入风口；9—横流风扇；10—下出风口；11—加速辊；12—分配螺旋

由于横向轴流式脱粒装置在滚筒上不必设置专门的喂入部件，质量小，也无螺旋叶片造成的气流，其空转功率耗用比纵向轴流式脱粒装置低 1/2 左右。

为了克服纵向轴流式脱粒装置的缺点，可采用切流轴流混合式脱粒装置。即在双轴流滚筒的前端配置一个切流式滚筒，使容易脱粒的籽粒先行脱粒分离，同时可以提高轴流滚筒的喂入速度，使喂入更加均匀。这种脱粒装置可以大幅度提高喂入量。

5. 半喂入式脱粒装置

由于谷物仅穗头部分进入滚筒，茎秆的后半部分在机外，其优点：由于没有要把已脱谷粒从长茎秆中分离出来的问题，就可以从根本上省去逐稿器，而逐稿器正是最容易造成谷粒损失的部件，尤其对叶面和谷粒表面长了细毛的水稻来说，分离更为困难；由于采用梳刷原理的弓齿脱粒，谷粒破碎和损伤甚微，故特别适用于水稻也可用于小麦；茎秆保持完整可作副业原料；脱粒所耗功率与纹杆式相比略有降低。但半喂入脱粒也有缺点：只适用于植株梢部结穗的作物，故对作物种类适应范围窄；不适用于低矮作物；由于要求穗部集中、整齐以及一定的脱粒时间才能脱净，生产率受到一定限制。现将半喂入式脱粒装置的结构特点、工作原理和主要参数范围介绍如下：

(1)滚筒。滚筒喂入端为一段截锥体(锥角一般约 50°左右，宽 50 mm 左右)，便于谷物轴向喂入。滚筒上设有多种弓齿，常用的形式如图 2.126 所示。梳导齿装于截锥体上，齿形低矮平缓，齿根跨距大，齿顶圆弧也大，钢丝直径较粗，为 6～8 mm，齿强度高，用于梳整、推送谷物并进行脱粒。细脱齿的齿形陡直，齿顶圆弧小，钢丝直径较细，为 4～5 mm，具有较高的梳刷脱粒性能。根据脱粒的要求，细脱齿有不同的高度、跨度和齿顶角。

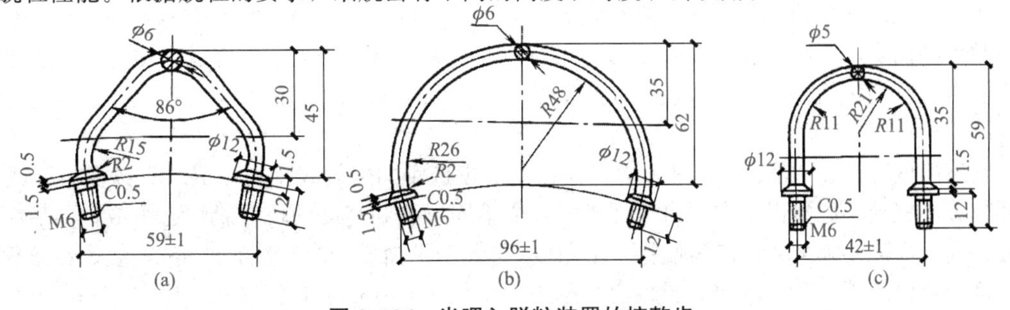

图 2.126　半喂入脱粒装置的梳整齿

(a)第一梳整齿；(b)第三梳整齿；(c)梳整齿的内齿

为了防止高度小、跨度大的弓齿空隙内挂草、打碎稿草，在齿内加设内齿或实芯齿(钢板冲压齿)形成加强齿，如图 2.127 所示。滚筒上一般有 9～12 排齿。齿排间距(按齿顶计)大多为 150 mm 左右。弓齿要求耐磨，一般用 65 锰钢制成，也可用低碳钢表面渗碳热处理。

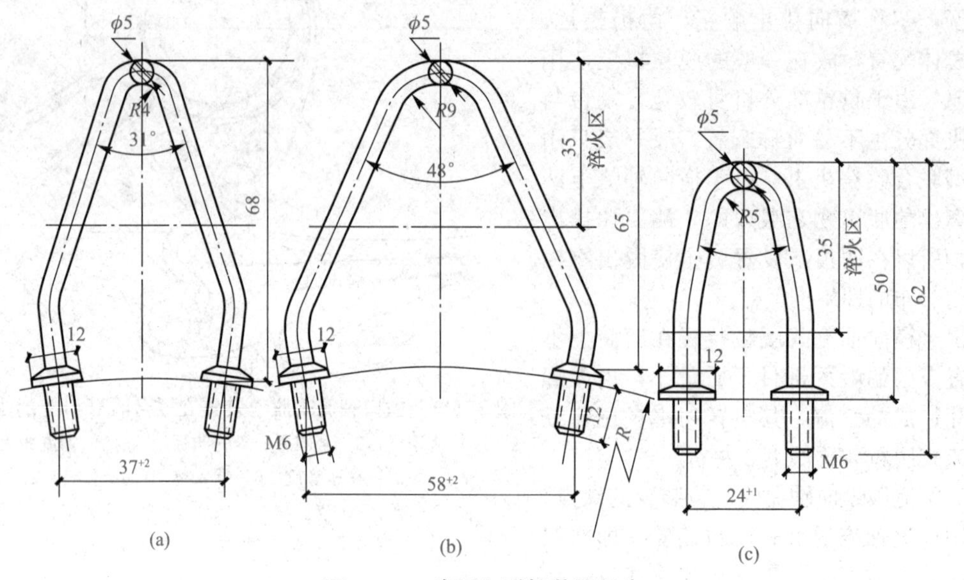

图 2.127　半喂入脱粒装置弓齿

(a)细脱齿；(b)加强齿；(c)内齿

脱粒方式按谷物在滚筒上的部位不同可分为上脱式、下脱式和倒挂侧脱式几种，如图 2.128 所示。

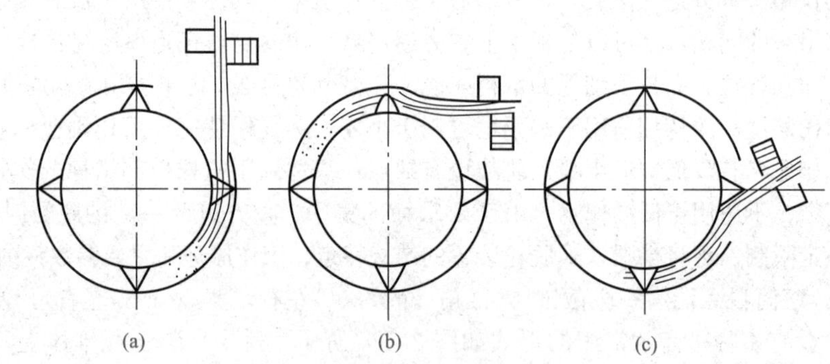

图 2.128　脱粒方式

(a)倒挂侧脱式；(b)上脱式；(c)下脱式

因为半喂入式脱粒装置中除要把谷粒从穗子上脱下以外，还得及时地把混夹在茎秆里的已脱谷粒梳刷出来，否则会造成夹带损失。此外，水稻脱粒时会出现若干籽粒连接在一起的断穗和籽粒带有长的穗梗，因而除一般通常的衡量脱粒质量的指标外，还有夹带损失率、断穗率和带柄率等指标。

在滚筒展开面，如图 2.129 所示，弓齿按不等齿迹距的螺旋线排列，螺线头数多为 3 或 4。锥体部分设置梳导脱粒齿 3 或 4 组，每组由 3 个不同形状和高度的梳导脱粒齿组成，前后紧接装在一起，齿高逐渐加大，齿稍偏斜一个角度(与运动平面成 10°～20°的夹角)安装。在滚筒的圆柱部分装以跨距、高度不同的脱粒齿，齿迹距由大(约 40 mm)逐渐减小(15～25 mm)，以便逐渐加强脱粒并将夹在茎稿中的谷粒梳刷分离出来。滚筒末端常增设弓齿和击禾板，以加强分离作用。滚筒上弓齿的排列方式较多。

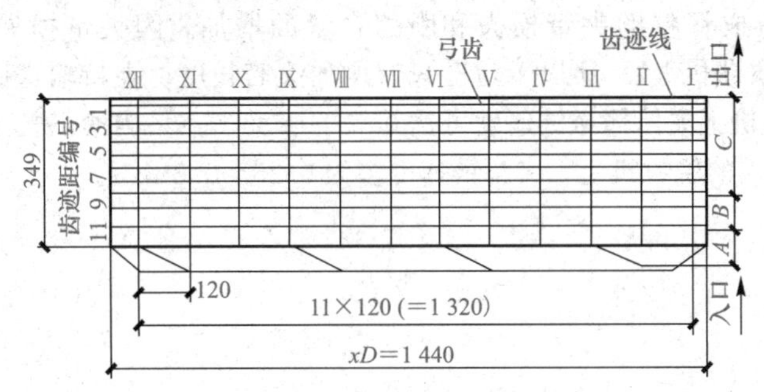

图 2.129 弓齿排列展开示例

弓齿速度过高，易使籽粒损伤量、碎稿量和断穗量增加。脱水稻时，齿顶线速度一般为14～15 m/s；脱小麦时为17～18 m/s，这是由于作物粒包在颖壳内用弓齿打击不像对水稻直接打在谷粒上那么有效，故要提高脱粒速度。同时因作物的谷草比值较水稻低，在同样厚的茎秆层里谷粒量少，即喂入量小，因而其生产率约比脱水稻小一半。若以与水稻相同的喂入量作业，则谷层厚度过大，使脱不净和夹带损失增加。

现有脱粒机滚筒长度多为400～600 mm，直径为500～600 mm。在联合收获机上为了提高生产率和延长脱粒时间，滚筒长度一般为600～1 000 mm，而直径相仿。

(2)凹板。凹板有编织筛式和栅格式两种。前者处理断穗能力强，断穗量少，但分离能力较差，谷粒损失会多些，湿脱时易堵塞；后者的性能正相反，干脱时碎草要多些。前者结构简单，常用于脱粒机上；后者在联合收获机上较普遍。前者筛孔为8～10 mm，后者宽为12～15 mm，长为20～30 mm。下脱式凹板包角为170°～110°，上脱式可达250°。凹板分离出来的水稻脱出物的清洁率一般为85%～90%，而脱麦时由于颖壳很多，仅为70%～80%，故必须配备清选机构。

为了防止滚筒缠草，在滚筒长度方向的中段在凹板前或后设置1～2排切草刀。每排有6～8把刀，用以切断被抽出的茎稿。刀片长60～70 mm，宽30 mm左右。刀片伸入滚筒齿顶圆周最大深度达40～50 mm。刀的位置可以调节以免稿草切得过碎。导板设在盖板上，其作用与轴流式滚筒相同。导板高为20～30 mm，与滚筒齿顶的间隙为10 mm左右，导角约20°。

(3)夹持输送装置。由夹持输送链、夹持台和传动装置等组成，如图2.130所示。输送链的齿形链片与夹持台上下配合，并在横向左右交错以便将茎秆夹得曲折使其具有抗抽出的能力。夹持台本身有压紧弹簧，可在作物层厚薄不匀时仍保持足够的夹紧力。此装置与滚筒要尽量靠近以减少脱不着的“死区”。有的与滚筒轴向成50°夹角斜偏安装，使谷层进入滚筒的深度逐渐加大。

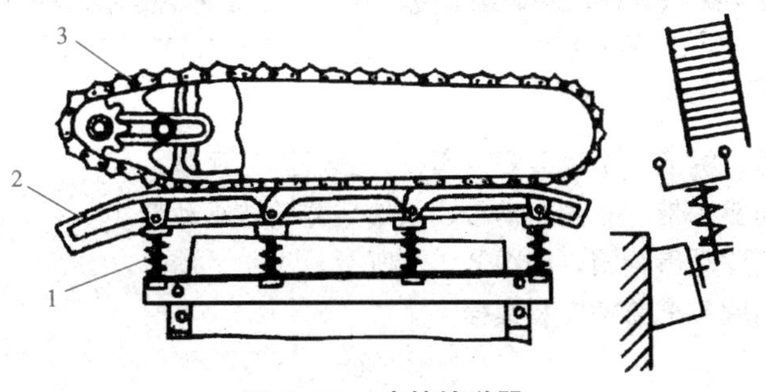

图 2.130 夹持输送器

1—弹簧；2—夹持台；3—夹持输送链

虽然提高夹持输送链速度可以提高生产率，并使单位喂入量的功率耗用量下降，但是由于脱粒时间缩短，易造成籽粒的夹带损失和断穗含量的增加。因夹带损失在脱粒总损失中占70%～80%(在联合收获机上)，所以不得已只有增加滚筒长度。夹持输送链速度对脱不净的影响较小。在联合收获机上夹持输送链速度可达0.75～0.85 m/s。当滚筒长1 m时，喂入量可达2 kg/s；而在手工喂入的脱粒机上，夹持链速度多为0.25～0.3 m/s。

任务实施

[任务要求]

某联合收获机乡镇维修网点承接一台收获机维修任务。驾驶员自述，收获机作业时，滚筒脱粒不净，收获机排出的长茎秆中含有未脱净的穗头偏多。首先怀疑是凹板的间隙过大使脱粒时脱粒不彻底，但是作物过于湿润也可能造成这种情况，所以先询问其他收获机的情况，确定不是作物过青带来的故障后，又加大发动机油门，减缓前进速度进行收割，还是有脱粒不净的现象；于是怀疑是凹板间隙过大，检查此间隙，发现此间隙正常；最后发现纹杆和凹板栅条过度磨损，导致脱粒能力降低。用户要求对收获机脱粒装置进行检测并维修，如要对收获机脱粒装置进行检测并维修，就必须熟悉收获机脱粒装置的结构与工作情况，正确拆装脱粒装置及部件。

[实施步骤]

一、脱粒滚筒的拆装

1. 脱粒滚筒的拆解

(1)拆下脱粒滚筒后部盖、排尘盖，如图2.131所示。

(2)打开顶盖，然后拆下气体弹簧的下侧支点，如图2.132所示。

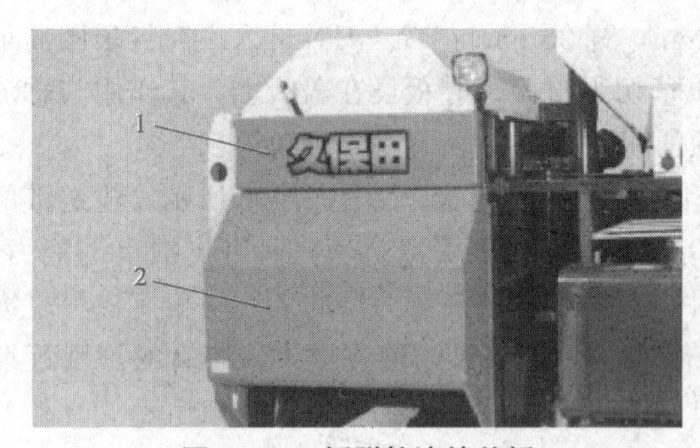

图2.131　拆脱粒滚筒盖板

1—脱粒滚筒后部盖；2—排尘盖

图2.132　拆气体弹簧下侧支点

1—顶盖；2—气体弹簧

(3)再次关闭顶盖，拆下6个顶盖安装螺栓，然后拆下顶盖。

(4)拆下脱粒滚筒驱动带、收割驱动带、供给装置反转驱动带。

(5)拆下脱粒滚筒驱动齿轮箱，如图2.133所示。

(6)拆下轴承箱的脱粒滚筒轴安装螺栓。

(7)拆下扣环。

(8)拆下4个轴承箱安装螺栓，然后拆下轴承箱，如图2.134所示。

脱粒清选装置拆卸

图 2.133　拆下脱粒滚筒驱动齿轮箱

1—脱粒滚筒驱动齿轮箱

图 2.134　拆下轴承箱

1、3—螺栓；2—扣环

(9)拔出脱粒滚筒组件，如图 2.135 所示。

图 2.135　拔出脱粒滚筒组件

1—脱粒滚筒组件

(10)脱粒滚筒分解步骤，如图 2.136 和图 2.137 所示。

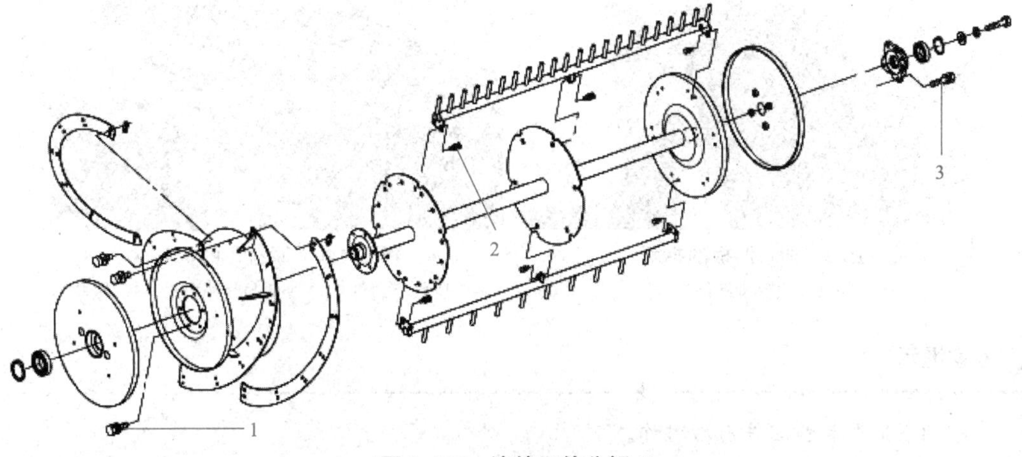

图 2.136　滚筒组件分解 1

1～3—螺栓

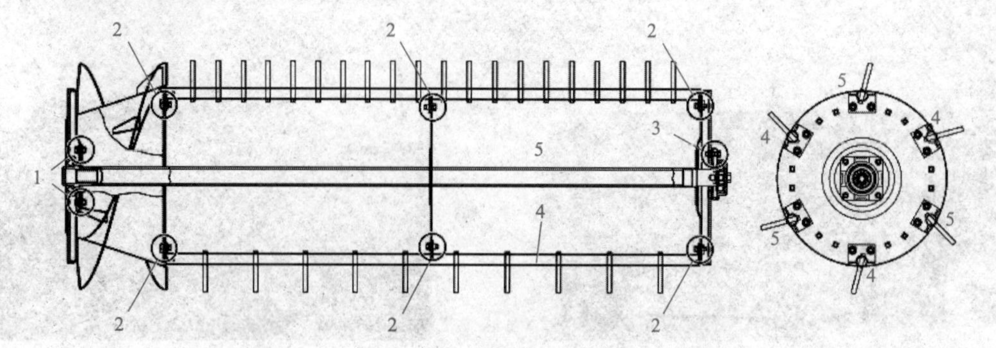

图 2.137　滚筒组件分解 2

1～3—螺栓；4—脱粒齿组件 1；5—脱粒齿组件 2

专家提示

①脱粒齿组件前后对称。

②将脱粒齿组件 1 和脱粒齿组件 2 组装到脱粒滚筒上时，应交互组装。

③应在螺栓上涂抹螺纹紧固液后再组装。

2. 脱粒滚筒的组装

组装时须确认脱粒齿与凹板之间的间隙 A，脱粒齿与承网的间隙 A 基准值为 16～20 mm，如图 2.138 所示。

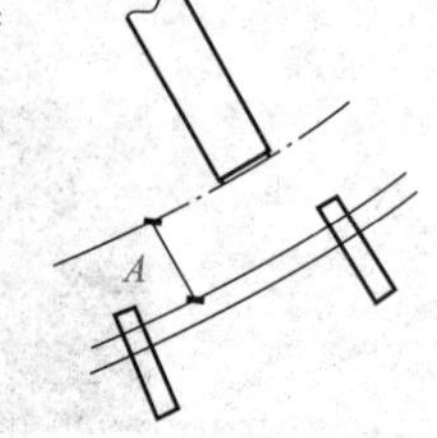

图 2.138　脱粒间隙

3. 凹板的拆解

(1)拆下 3 个顶盖安装螺栓，打开顶盖。

(2)拆下螺栓，然后拆下凹板，如图 2.139 所示。

脱粒清选装置装配

4. 脱粒齿的更换

(1)拆下 3 个顶盖安装螺栓，打开顶盖。

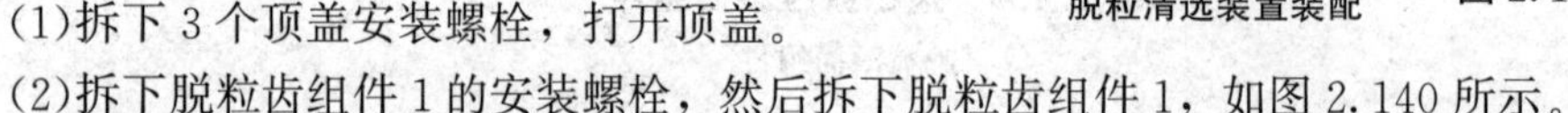

(2)拆下脱粒齿组件 1 的安装螺栓，然后拆下脱粒齿组件 1，如图 2.140 所示。

图 2.139　凹板的拆解

1—脱粒齿组件 1

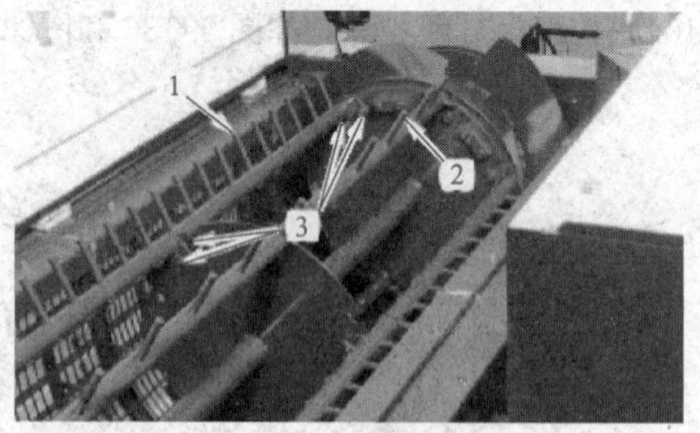

图 2.140　脱粒齿的拆解

1—脱粒齿组件 1；2—脱粒齿组件 2；3—螺栓

专家提示

①组装时脱粒齿组件前后对称。

②将脱粒齿组件 1 和脱粒齿组件 2 组装到脱粒滚筒上时，应交互组装。

二、脱粒滚筒驱动齿轮箱组件的拆装

1. 脱粒滚筒驱动齿轮箱整体拆解

(1)拆下左侧盖 1、2，如图 2.141 所示。

(2)拆下作业灯连接器，然后拆下脱粒滚筒驱动齿轮箱盖，如图 2.142 所示。

图 2.141　拆下左侧盖

1—左侧盖 1；2—左侧盖 2

图 2.142　拆下作业灯连接器和箱盖

1—作业灯连接器；2—脱粒滚筒驱动齿轮箱盖

(3)拆下脱粒滚筒驱动带。

(4)拆下收割驱动带。

(5)拆下收割离合器的带张紧钢索和带张力臂的复位弹簧，如图 2.143 所示。

(6)拆下支架，然后拆下供给装置传送带反转驱动带，如图 2.144 所示。

图 2.143　拆脱粒收割带

1—脱粒滚筒驱动带；2—收割驱动带；3—带张紧钢索；4—复位弹簧

图 2.144　拆下支架和反转驱动带

1、2—支架；3—供给装置传送带反转驱动带

(7)拆下 8 个脱粒滚筒驱动齿轮箱安装螺栓，然后拆下脱粒滚筒驱动齿轮箱组件，如图 2.145所示。

图 2.145　拆下脱粒滚筒驱动齿轮箱组件

1—脱粒滚筒驱动齿轮箱安装螺栓

专家提示

①组装时按规定扭矩紧固脱粒滚筒驱动齿轮箱安装螺栓。

②在脱粒滚筒驱动轴 2 的花键部涂抹黄油。

2. 脱粒滚筒驱动齿轮箱的分解

(1)结构图如图 2.146 所示。

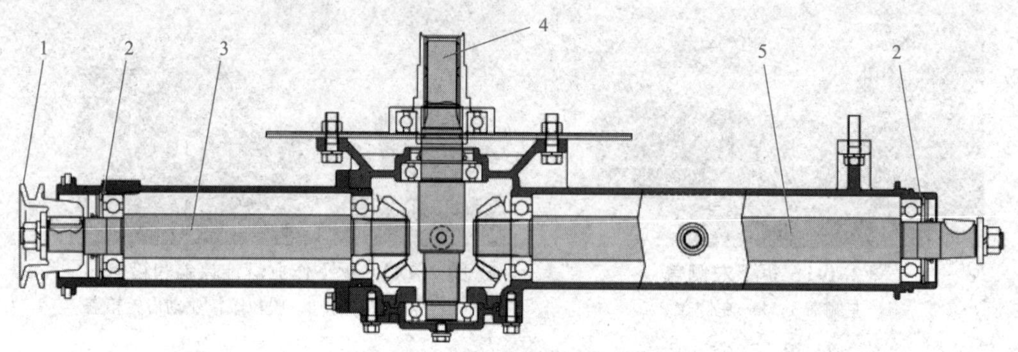

图 2.146　脱粒滚筒驱动齿轮箱

1—供给装置传送带反转驱动带轮；2—垫片；3—供给装置传送带反转驱动轴；4—脱粒筒驱动轴 2；5—脱粒筒驱动轴 1

(2)分解图如图 2.147 所示。

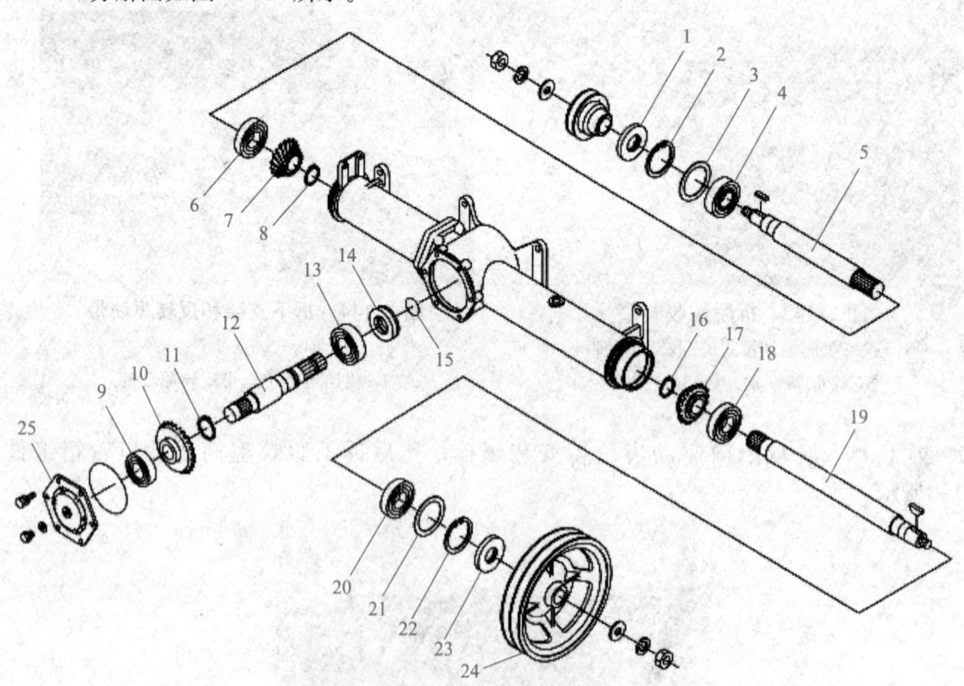

图 2.147　脱粒滚筒驱动齿轮箱零件分解

1、14、23—油封；2、22—孔用扣环；3、21—垫片；4、6、9、13、18、20—轴承；5—供给装置传送带反转驱动轴；7—锥齿轮；8、11、16—轴用扣环；10—锥齿轮；12—脱粒筒驱动轴 2；15—O 形环；17—锥齿轮；19—脱粒筒驱动轴 1；24—脱粒筒驱动带轮；25—脱粒筒齿轮箱盖

(3)拆解注意事项。

使用拉拔器拆卸脱粒筒驱动带轮时，请务必按照如图 2.148 所示，装入平垫圈。如果只安装螺母，带轮会飞出，非常危险。

图 2.148 装拆顺序

1—平垫圈；2—螺母；3—脱粒筒驱动带轮

专家提示

拆卸供给装置传送带反转驱动轴时，由于轴的材质柔软，切勿用锤子等工具将其敲出。

①拆下供给装置传送带反转驱动带轮的安装螺母，然后拆下弹簧垫圈。

②在平垫圈已经组装的状态下，组装螺母，然后使用拉码拆下供给装置传送带反转驱动带轮。

③拆下油封，然后拆下卡环。

④确认有无垫片。

⑤使用滑锤，拉出供给装置传送带反转驱动轴，如图 2.149 所示。

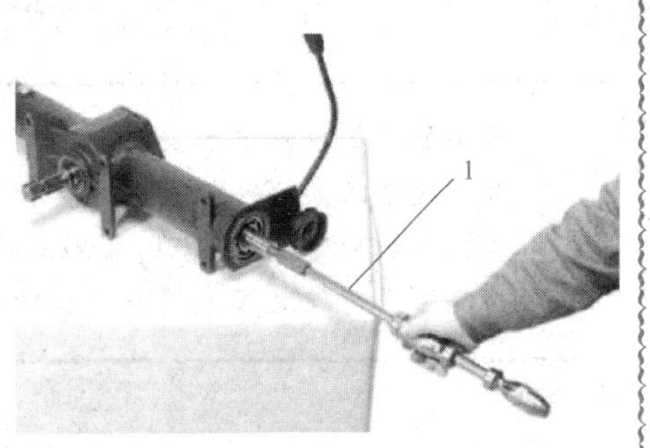

图 2.149 拉出供给装置传送带反转驱动轴

1—滑锤

组装时如有垫片，应确保将其组装至原处。垫片种类有 0.2 mm、0.8 mm、1.0 mm 和 1.2 mm。

拓展知识

脱粒装置的技术要求

对脱粒装置的技术要求：脱得干净；谷粒破碎、暗伤尽可能少；分离性能好，这一点是联合收获机向大生产率方向发展所特别提出的要求；通用性好，能适应多种作物及多种条件；功率耗用低；在某些情况下要求保持茎稿完整或尽可能减少破碎。

脱粒难易程度与作物品种、成熟度和湿度等有密切关系。成熟度差、湿度大的就难脱；湿度大、秆草(包括杂草)含量多时会显著地降低脱粒装置的分离性能。

实践表明，即使在同一穗上不同部位的谷粒脱粒难易程度差别也很大。如以小麦为例，中部成熟最早、最易脱粒，基部次之，顶部最难，有时相差竟达 20 倍。因此，以相同的机械作用强度来脱粒时就会出现要求脱净与谷粒破碎率低之间的矛盾。

任务小结

1. 根据作物是否通过脱粒装置可分为全喂入式和半喂入式脱粒装置两类，全喂入脱粒装置按作物沿脱粒滚筒运动的方向又可分为切流式与轴流式两种。

2. 半喂入脱粒装置只有谷物的上半部分喂入脱粒装置，茎秆并不全部经过脱粒装置，从而可免去分离装置，茎秆保持完整和整齐。

3. 纹杆滚筒有开式和闭式之分，开式滚筒上纹杆之间为空腔，有较大的抓取高度，抓取能力强。作物可纵向或横向喂入脱粒。

4. 钉齿按螺旋线分布成排地固定在齿杆上，脱粒机上常用的钉齿有板刀齿、楔齿和弓齿。

5. 纵向轴流式多半用于联合收获机上，因为滚筒与机器前进方向平行，在总体配置上比较好安排。

思考与练习

1. 简述脱粒装置的技术要求。
2. 简述全喂入式脱粒装置的种类和特点。
3. 查阅资料简述 PRO688Q 脱粒滚筒的拆装步骤。
4. 半喂入式脱粒装置滚筒有什么结构特征？

任务 2.7 清选装置的构造与维修

学习目标

1. 熟悉清选装置的种类和工作原理。
2. 掌握清选装置的构造和工作过程。
3. 掌握清选装置的拆装和调整过程。

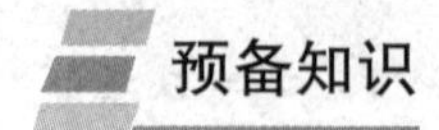

预备知识

知识点 1 谷物清选机械概述

1. 谷物清选的意义

清选是谷物收获后不可缺少的环节。收获后的谷粒中不仅包含饱满和成熟的种子，而且有机械损伤、破碎和不成熟的谷粒。此外，还包含许多杂质，如草籽、泥沙、断穗、颖壳等。因此无论留作种子或其他用途，均需将收获后的谷粒进行清选才能满足要求。

谷粒经过清选以后，可以获得质量均匀、尺寸一致的种子。将种子清选以后再播种，可以清除小粒、破碎粒作为粮食和饲料，节约了粮食；清选后的种子均匀饱满，播种后发芽率高，长势好，一般都能增产5%～10%，还可以减少播种量20%左右。特别是玉米，清选以后可用半精量或精量播种，因而更可以大量节省种子。清选后的种子已清除其中大部分病虫害的籽粒，减少了今后感染的可能性，使田间杂草含量减少，作物生长整齐，成熟一致，有利于机械化作业。

2. 谷粒的物理特性

收获后的谷粒常混有各种杂物，这些夹杂物和谷粒之间，在某些方面一定有不同的特性，只要找到谷粒和夹杂物有明显差异的特性，就可以利用它进行分选。机械清选最常用的几种物理机械特性如下：

(1)谷粒的大小和形状。谷粒大小和形状是由长、宽、厚三个尺寸决定的。长度(l)最大，宽度(b)次之，厚度(a)最小，根据种子三个尺寸的大小可以分成以下几种情况：

①$l>b>a$ 为扁长形谷粒，如玉米、小麦等。

②$l>b=a$ 为圆柱形谷粒，如小豆。

③$l=b>a$ 为扁圆形谷粒，如野豌豆。

④$l=b=a$ 为球形谷粒，如豌豆。

根据谷粒的这些特性，我们可以用圆孔筛、长孔筛和窝眼筒等工作部件分别按谷粒宽度、厚度和长度来进行分离。这种方法应用得非常普遍。

(2)谷粒密度和体积密度。由于谷粒本身组成物质状态(水分、成熟度和受虫害损伤程度等)以及结构的不同，谷粒密度和体积密度也不一样。

密度可用下式表示：

$$\gamma=\frac{Q}{V}(\mathrm{g/cm^3})$$

式中 Q——一定容积的谷粒质量(g)；

V——谷粒容积($\mathrm{cm^3}$)；

利用谷粒密度不同的特性，可以采用液选或重力式清选机来分离。

(3)谷粒表面特性。不同类型作物，其谷粒表面特性是不一样的，有光滑的、粗糙的、带有薄膜或带有毛的等。由于表面特性不同，因此使这些谷粒相互间的摩擦，即其休止角不相同，以及对其他物体如木板、铁板、不同筛面以及各种纺织物的表面摩擦角也各不相同。因此，常常采用各种类型的摩擦式分离器进行分离。

知识点2　清选原理

在联合收获机上，要进行清粮，要对谷粒进行清选和分级。其清选的原理是利用清选对象各组成部分之间的物理机械性质的差异而将它们分离开来。

1. 按照谷粒的空气动力特性进行分离

应用气流清选时，是利用谷粒和其他夹杂物的空气动力特性不同来清选的。物体的空气动力特性可以用飘浮速度 γ_P 或飘浮系数 K_P 来表示。所谓某一物体的飘浮速度，是指该物体在垂直气流的作用下，当气流对物体的作用力等于该物体本身的重量而使物体保持飘浮状态时，气流所具有的速度。设置一谷粒于速度为 v 的向上运动的气流中，令气流对谷粒的作用力为 R，其方向与 v 相同，同时谷粒受本身重力 $Q=mg$ 的铅直向下作用。根据牛顿公式

$$R = K\rho F(C-v)^2 \text{ (N)}$$

式中 ρ——以质量表示的空气密度(kg/m^3)；

C——谷粒的绝对速度，$C-v$ 为谷粒对气流的相对速度(m/s)；

F——谷粒相对气流速度方向的断面面积(m^2)；

K——阻力系数。

依 R 与 Q 的不同关系，谷粒在气流中运动的情况不同，如 $Q>R$，则各粒下落；$Q<R$，则谷粒上升；当 $Q=R$ 时，谷粒即悬浮于气流中不动，即 $C=0$，相对速度为 $-v$。

$$R = K\rho F v^2 = Q$$

此时的气流速度称为该谷粒的悬浮速度，以 v_f 代表，则

$$v_f = \sqrt{\frac{Q}{K\rho F}}$$

如谷粒为球形，只有一种尺寸，则其 F 值不变，若谷粒非球形而有两种或三种尺寸，由于其在气流中运动时还同时转动，则其断面 F 时时改变，而 Q 不变，因而谷粒就随 R 的变化或向上或向下运动，不能得到准确的悬浮位置。

一个原来作自由运动的物体，若固定在气流中不动，即 $C=0$ 时，加于该物体的加速度 j 为

$$j = \frac{R}{m} = \frac{K\gamma F}{mg}v^2 = (\frac{K\gamma F}{Q})v^2$$

式中，$\frac{K\gamma F}{Q} = K_p$ 称为飘浮系数，K_p 与 $\frac{K}{Q}$ 成正比，如其他因素不变，则 $\frac{K}{Q}$ 越大，漂浮系数也越大。

或

$$R = mK_p v^2$$

用 K_p 也可求得悬浮速度。设该物料在悬浮状态时 $R=Q$ 则

$$\frac{Q}{m} = g = K_p v_f^2$$

$$v_f = \sqrt{\frac{g}{K_p}}$$

此式表明了悬浮速度与飘浮系数间的关系。几种物料的飘浮速度见表 2.5。

表 2.5 几种物料的飘浮速度

类别	漂浮速度 v_p /($m \cdot s^{-1}$)	密度 ρ /($g \cdot cm^{-3}$)	类别	漂浮速度 v_p /($m \cdot s^{-1}$)	密度 ρ /($g \cdot cm^{-3}$)
水稻	10.1	1.00	稻麦颖壳	0.6～5.0	0.4
小麦	8.9～11.5	1.22	脱过的麦穗	3.5～5.0	—
不饱满的小麦	5.5～7.6	1.00	茎秆长：<100 mm	5.0～6.0	—
大麦	8.4～10.8	1.20	100～150 mm	6.0～8.0	—
谷子	9.8～11.8	1.06	150～200 mm	8.0～10.0	—
玉米	12.5～14.0	1.24	200～300 mm	10.0～13.5	—
大豆	17.5～20.2	1.09	300～400 mm	13.5～16.0	—
豌豆	15.5～17.5	1.26	400～500 mm	16.0～18.0	—
轻质杂草	4.5～5.6	1.02	砂子	200	—

显然，飘浮系数不同的物体在和气流做相对运动时，受到的气流作用力 P 也不相同。根据这一原理，可将脱出物向空中抛掷(如带式扬场机，或利用风扇所产生的气流来吹扬脱出物，靠气流对脱出物各部分作用力的不同来进行清选。

然而，从表 2.5 中可知，在脱出物中各成分间的飘浮速度(尤其是细小脱出物与谷粒的飘浮速度)相差不多，或速度范围有某些重叠，若采用一种气流速度就不能把所有细小脱出物分离。为此，应采用变化的气流速度并配合其他清选方法共同进行清选。

2. 按谷粒的尺寸特性分离

谷粒的尺寸一般以长度、宽度和厚度表示。表 2.6 列出了几种谷粒的尺寸及其他特性。根据尺寸的大小，在谷粒清选机械中，分列用不同的方法将谷粒从细小脱出物中分离出来。

表 2.6　几种谷物的籽粒尺寸及特性

谷物类别	谷粒长度/mm	谷粒宽度/mm	谷粒厚度/mm	长∶宽∶厚(取两极限值)	长∶宽(两极限值)	当量直径①/mm	千粒质量/g	容量/$(kg\cdot m^{-3})$
小麦	5.3～5.5	2.9～3.5	2.6～3.0	1.67∶1.16∶1～1.89∶1.12∶1	1.51∶1～1.90∶1	4.4～4.7	31.1～39.7	1 337～1 402
玉米	10.2～10.6	8.7～9.7	4.8～5.0	2.10∶1.79∶1～2.13∶1.95∶1	1.17∶1～1.99∶1	7.3～8.0	267～360	1 300～1 317
大麦	7.1～7.6	3.1～3.6	2.5～2.7	2.90∶1.28∶1～2.82∶1.32∶1	2.29∶1～2.11∶1	4.4～4.8	33.5～41.3	1 295～1 386
燕麦	7.8	2.3	1.9	4.11∶1.23∶1	2.39∶1	3.9	24.6	1 313
黑麦	6.5～7.1	2.4～2.6	2.4～2.6	2.75∶1.0∶1～2.72∶1.0∶1	2.71∶1～2.73∶1	4.2～4.3	27.9～29.7	1 401～1 435

①当量直径是指与谷粒体积相同的球体的直径。

(1)按谷粒厚度分离。按厚度分离是用长孔筛进行的。如图 2.150 所示，长方形筛孔的宽度应大于谷粒的厚度而小于谷粒的宽度，筛孔的长度大于谷粒的长度，谷粒不需竖起来即可通过筛孔。谷粒长度和宽度尺寸不受长方形筛孔的限制，这样筛子只需做水平振动即可。

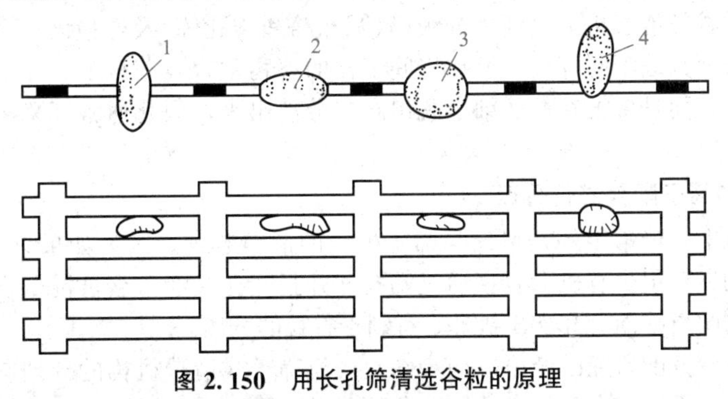

图 2.150　用长孔筛清选谷粒的原理

1、2、3—谷粒厚度小于筛孔宽度(能通过筛孔)；4—谷粒厚度大于筛孔宽度(通不过筛孔)

(2)按谷粒宽度分离。按宽度分离是用圆孔筛进行的，如图 2.151 所示。筛孔的直径小于谷粒的长度而大于谷粒的宽度，分离时谷粒竖起来通过筛孔，厚度和长度尺寸不受筛圆孔的限制。当谷粒长度大于筛孔直径 2 倍时，如果筛子只做水平振动，则谷粒不易竖直通过筛孔，需要带有垂直运动。

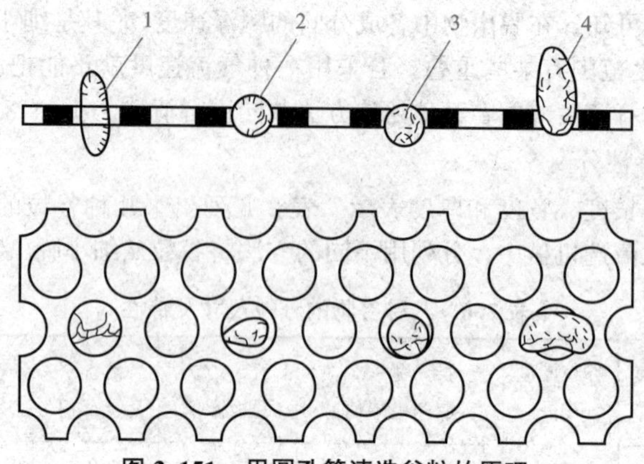

图 2.151　用圆孔筛清选谷粒的原理

1、2、3—谷粒厚度小于筛孔宽度(能通过筛孔)；4—谷粒厚度大于筛孔宽度(通不过筛孔)

(3)按谷粒长度分离。按长度分离是用选粮筒来进行的，如图 2.152所示。选粮筒为一在内壁上带有圆形窝眼的圆筒，筒内有承种槽。工作时，将需要进行清选的谷粒置于筒内，并使清选筒做旋转运动。落于窝眼中的短谷粒(或短小夹杂物)，被旋转的选粮筒带到较高的位置，而后靠谷粒本身的重力落于承种槽内，长谷粒(或长夹杂物)进不到窝眼内，由选粮筒壁的摩擦力向上带动，其上升高度较低，落不到承种槽，于是与短谷粒分开。

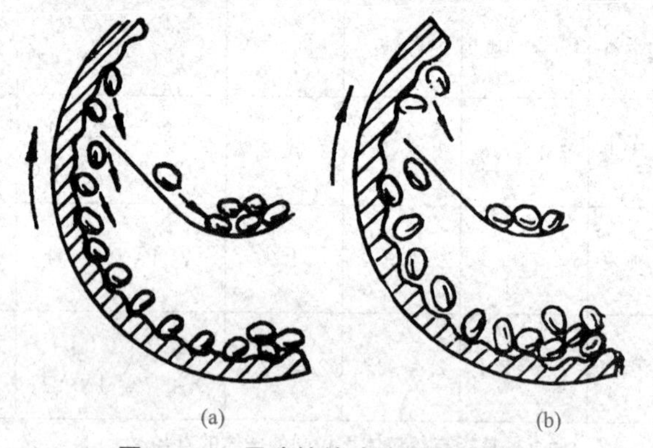

图 2.152　用选粮筒清选谷粒的原理

(a)从谷粒中清选小的混杂物(窝眼直径小于谷粒长度)；
(b)从谷粒中清选大的混杂物(窝眼直径大于谷粒长度)

应用带有窝眼的圆盘也可以按长度来清选谷粒。两面都有窝眼的圆盘绕水平轴在垂直面内旋转，圆盘下部沉入谷粒，盘上的窝眼将谷粒中的短小混杂物向上带起抛出。

在固定作业的谷粒清选机上，利用分级筛(圆孔筛和长孔筛)及选粮筒，可以精确地将谷粒按宽度、厚度、长度分成不同等级；但在田间工作的谷物联合收获机上，并不急需对谷粒进行精确的清选或分级，而是要把谷粒从细小脱出物中分离出来，因此通常都采用分离筛(编织筛、鱼鳞筛等)。

3. 利用气流和筛子配合进行分离

在联合收获机上，最常用的是风扇与筛子配合的清粮装置。因为如果只用筛子进行分离，混杂在脱出物中的谷粒很少有机会直接通过筛孔，并且筛孔又经常会被混杂物所堵塞。有了气流配合可将轻杂物吹离筛面。并吹出机外，有利于谷粒的分离。

根据对于清粮装置的研究已经可以初步确定气流筛子式清选机构的合理参数，为了得到最佳的分离效果，一方面要有合理的机械振动参数(如筛子的振幅和频率)，另一方面还要有一个能适于细小脱出物层流动的气流参数。

若用 K_q 和 K_z 分别表示气流参数和振动参数，则

$$K_q = \frac{v}{v_\omega}$$

$$K_z = \frac{a\omega^2}{g}$$

式中 v——实际使用的气流速度；

v_{∞}——使物料产生涡流的速度；

a——筛子振幅的垂直分量；

ω——曲柄角速度；

g——重力加速度。

在气流筛子式清选装置中，气流参数 K_q 与振动参数 K_z 之间存在一定的相互关系，试验证明：只有当气流的作用力抵消了物料的重力而使物料处于疏松状态时，才能有最高的分离效率(筛子的分离时间最短)。

知识点3 清选装置

1. 筛子

目前应用的筛子有四种形式：编织筛、鱼眼筛、冲孔筛、鱼鳞筛。清粮装置上较多地采用鱼鳞筛与冲孔筛。

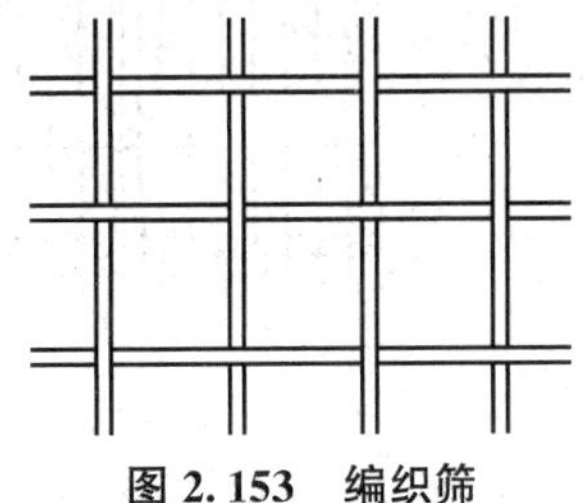

图 2.153 编织筛

(1)编织筛，如图 2.153 所示，是用铁丝编织而成，多为方孔，尺寸以 14 mm×14 mm 或 16 mm×16 mm 为多。编织筛的有效分离面积大，谷粒的通过性能好，对气流的阻力小，但孔形不准确，且不可调节，主要用于清理脱出物中较大的混杂物。

(2)鱼眼筛，如图 2.154 所示，是在薄钢板上冲压出凸起的鱼眼状的月牙形筛孔。这种筛孔可以减少短茎秆通过筛孔的机会，而沿着筛面并对着鱼眼孔方向运动的谷粒仍可通过，鱼眼筛向后推送混杂物的性能较好，且质量小，结构简单，但它只有单方向的分离作用，生产率较低。

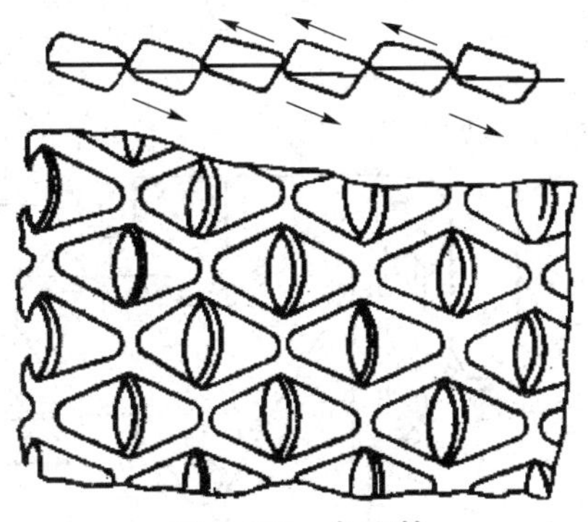

图 2.154 鱼眼筛

(3)冲孔筛，其筛孔比较准确，可以得到较清洁的谷粒，在清粮装置上多用作下筛。这种筛子的主要缺点是清选不同作物时，需更换筛片。此外，对气流的阻力也比较大，见表 2.7，表中尺寸为清选不同作物时所需的筛孔尺寸。

表 2.7 平面冲孔筛筛孔尺寸

作物	筛孔直径/mm	作物	筛孔直径/mm
小麦	8～10	高粱	6.5～8
大麦	10	水稻	8～10
谷子	6.5	大豆	13～16

(4)鱼鳞筛，应用最广，可以进行开度大小的调节，各个鳞片转轴是联动的，可同时改变开度。有些联合收获机的上筛分前、后两段，可分别按需要调节，如图 2.155 所示。鱼鳞筛通用性好，引导气流吹除轻杂质和排送大杂质的性能好、筛面不易堵塞、生产率高，但结构复杂、质量大。鱼鳞筛一般用作粗选的上筛，个别情况下也用作细选的下筛。

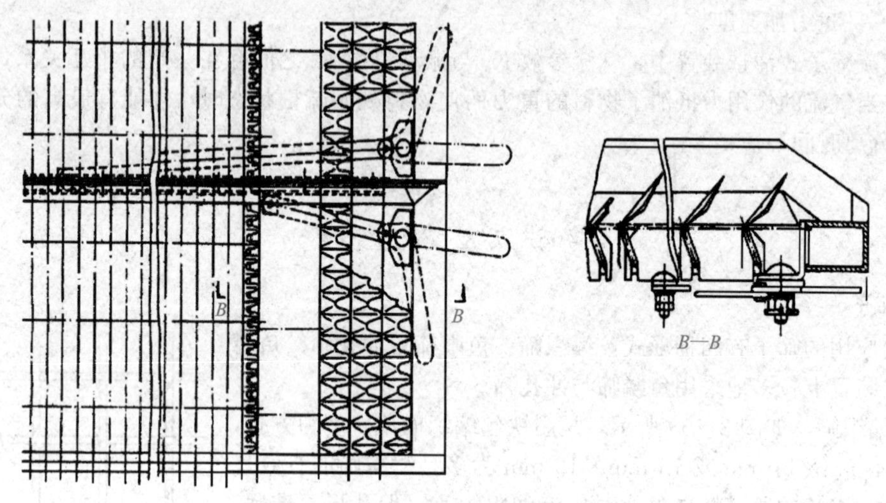

图 2.155　上、下筛的前后分段调整

2. 气流清选

气流清选系统可以是谷物清选装置的一个组成部分，也可以是一个独立的机器。它的任务是从谷粒混合物中分离轻杂物、瘪谷和碎粒。常用的方法有以下三种。

(1)利用垂直气流进行清选。谷物清选机的垂直气流清选系统包括喂料装置、垂直气道、风机和沉降室，如图 2.156 所示。

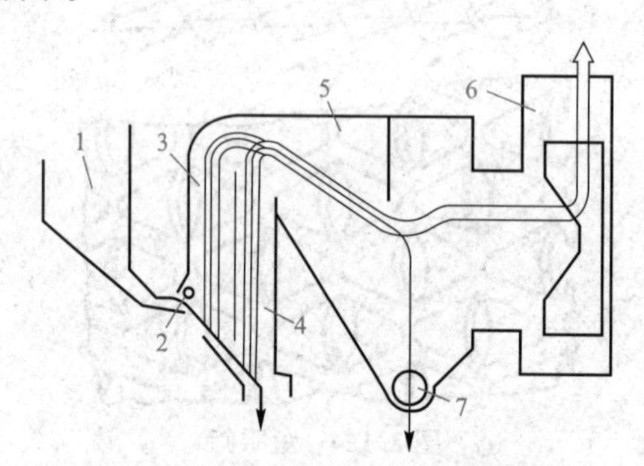

图 2.156　垂直吸气式清选装置

1—喂料装置；2—喂入辊；3、4—垂直气道；
5—沉降室；6—风机；7—搅龙

工作时谷粒混合物被喂料辊送至垂直吸气道下部的筛面上。由于受到气流的作用，悬浮速度低于气流速度的轻杂物被吸向上方。当吸至断面较大的部位时，由于气流速度降低，一部分籽粒和混杂物开始落入沉降室，被搅龙输送到机外，最轻的杂质被风吹出。

气流速度可以用阀门进行调节，有些机型用改变风机转速的方法调节垂直气道内的气流速度。谷物清选机的气流清选系统可以分为压气式和吸气式两种；按垂直气道的数目又可分为单气道和双气道，如图 2.157 所示。

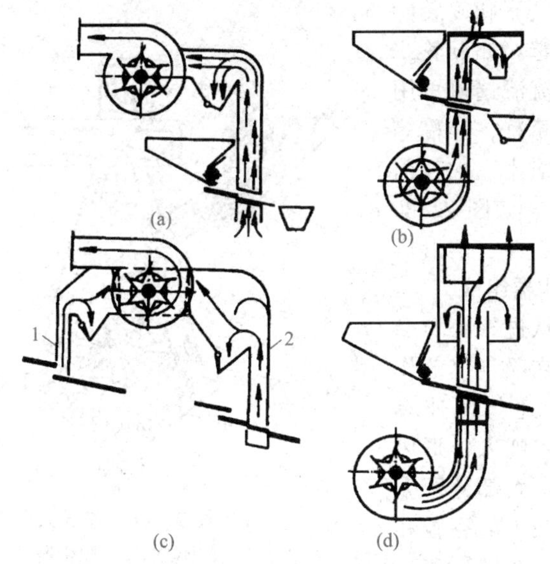

图 2.157　垂直气流清选装置

(a)吸气式气流清选装置；(b)压气式气流清选装置；(c)双吸气道式清选装置；(d)压气双风道式清选装置

通过对各种清选机的试验研究证明，为了清选谷粒混合物，压气式垂直气道效果较好，分离混合物有较好的质量。而吸气式气道中由于筛面具有较大阻力，部分气流通过气道和筛面间的空隙被吸入，使通过筛孔上面的气流发生偏斜，分离质量下降。

(2)利用倾斜气流进行清选。利用倾斜气流分离谷粒混合物的装置，如图 2.158 所示。它是利用谷粒和夹杂物在气流中的不同运动轨迹来进行清选的。在筛下斜向吹风或对于落下的混合物斜向吹风，这时被吹物体即依其飘浮特性被风吹至不同的距离，依其距离远近来进行分离，籽粒越轻则被吹送越远。

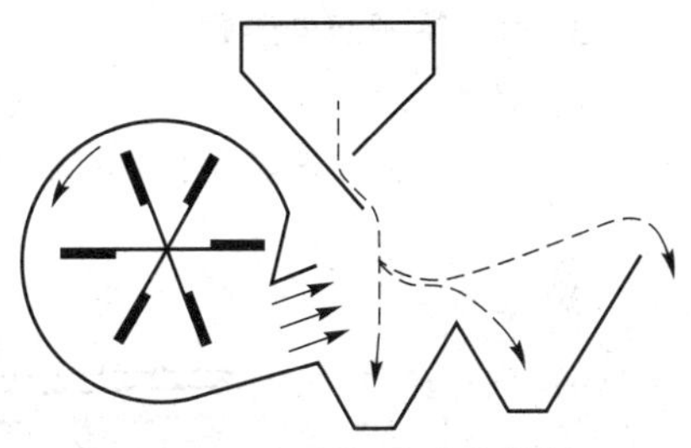
图 2.158　倾斜气流清选装置

(3)利用不同空气阻力进行分离。将谷粒混合物以一定速度并与水平成一定角度抛入空中，依空气对各种物料阻力的不同，其抛掷距离也不相同：轻者近，重者远，从而进行分离。带式扬场机就是利用这种原理。带式扬场机抛掷部分胶带与水平倾斜 30°～35°，如图 2.159 所示。

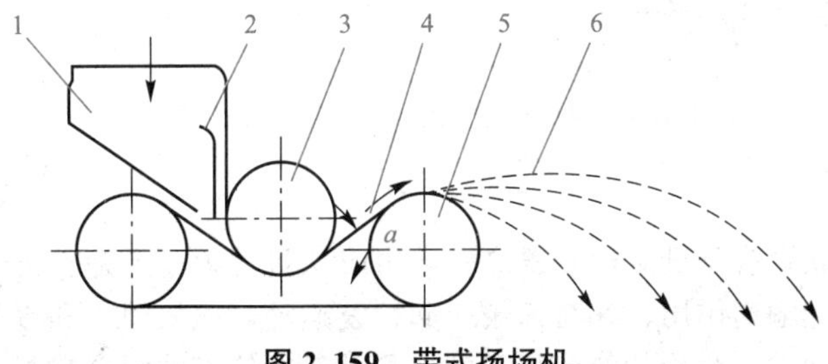

图 2.159　带式扬场机

1—粮斗；2—调节插板；3—压辊；4—胶带；5—扬场辊；6—抛出线

胶带线速度一般为 15～23 m/s，饱满籽粒的抛出距离可达 10 m，较轻的籽粒和杂物则落于 6 m 以内。辊轴直径一般取 270～350 mm，转速 920 r/min，胶带宽度 4 201 mm，生产率 1～3 t/h，功率 1.7 kW。

此外，也可以利用气流和旋转叶轮的离心力作用进行清选，如旋轮式气流清选机。旋轮式气流清选机可用于清除谷粒中的颖壳、草籽、碎稿等轻杂物，是种子加工、烘干、贮存前使用的一种高效清选机，如图 2.160 所示。该机由风机、喂料斗、锥形风道、旋轮、集粮斗和除尘器组成。

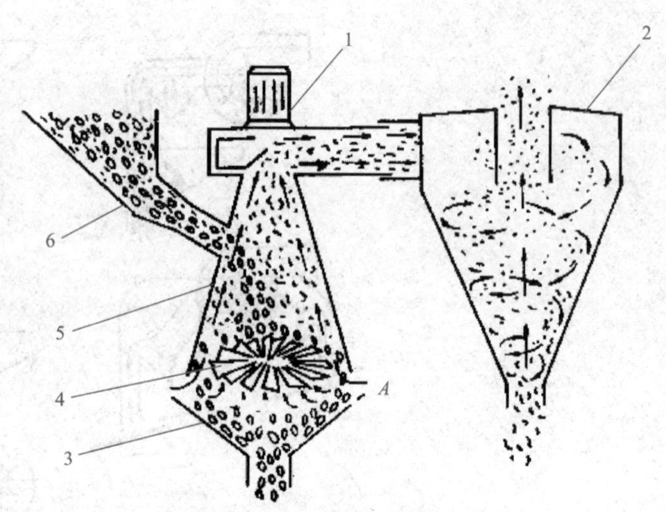

图 2.160　旋轮式气流清选机

1—风机；2—除尘器；3—集粮斗；4—旋轮；5—锥形风道；6—喂料斗

风机启动后，气流从进气环口 A 处吸入，流经风动叶轮在吸气气流作用下，叶轮旋转，其转速与风速有关。谷粒混合物由喂料口喂入锥形风道，在吸气气流作用下，大部分颖壳和轻杂物被气流吸走，较重的谷粒和短茎秆落在旋转叶轮上，在叶轮离心力作用下被分成均匀的薄层抛向外缘，轻杂物和短茎秆进一步被气流带走，干净的谷粒落入集粮斗，从排粮口流出。

旋轮式气流清选机结构简单、效率高、能耗小，每小时清理 3～4 t 谷物的清选机电机功率仅 0.5 kW。

3. 气流筛子清选装置

(1)种类。

气流筛子清粮装置有上下两筛和阶梯式三筛的，如图 2.161、图 2.162 所示。

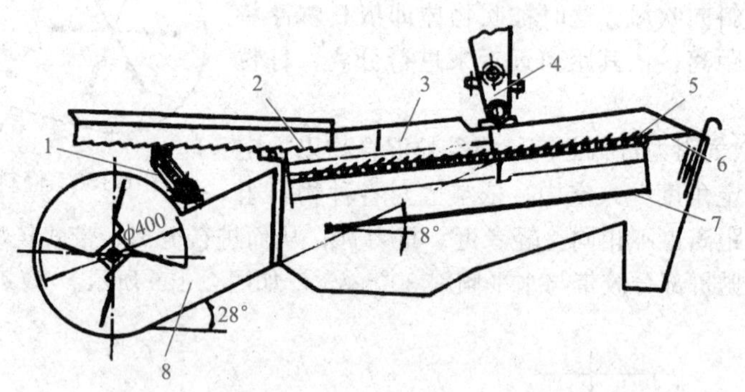

图 2.161　风扇筛子式清选装置(两筛上下配置)

1—支杆；2—阶状抖动板；3—筛架；4—吊杆；5—上筛；6—尾筛；7—下筛；8—风扇

图 2.161 所示是联合收获机清粮装置之一，由阶状抖动板、上筛、下筛、尾筛和传动机构等组成。阶状抖动板起输送作用，它与筛子一起往复运动，把从凹板和逐稿器分离出来的谷粒混合物输送到上筛的前端。在阶状抖动板末端有指状筛，使谷粒混合物抖动疏松，将较长的短茎秆架起，使谷粒混合物首先与筛面接触，短茎秆处于谷层的表面，提高清选效果。风扇产生的气流经扩散后吹到筛子的全长上，将轻杂物吹出机外。尾筛的作用是将未脱净的断穗头从较大的杂物中分离出来进入杂余螺旋推运器，以便二次脱粒。上筛为鱼鳞筛、下筛为平面冲孔筛或鱼鳞筛；上、下筛的倾角均可调节。

为了适应颖壳等夹杂物较多的作物的清选，发展了三层筛的清粮装置，图 2.162 即在二层筛之间加了一层中筛，前后错开，上筛伸到中筛的约 1/3 处，中筛又伸到下筛的约 1/3 处。这样，混合物就有三次跌落机会，加强了疏松和气流吹散的效果，对干燥的麦类作物可以提高清选能力，但对大豆、玉米或非灌溉作物来说，因为清选负荷通常较小，也没有混合物的缠结问题，其清粮效果没有什么差别。

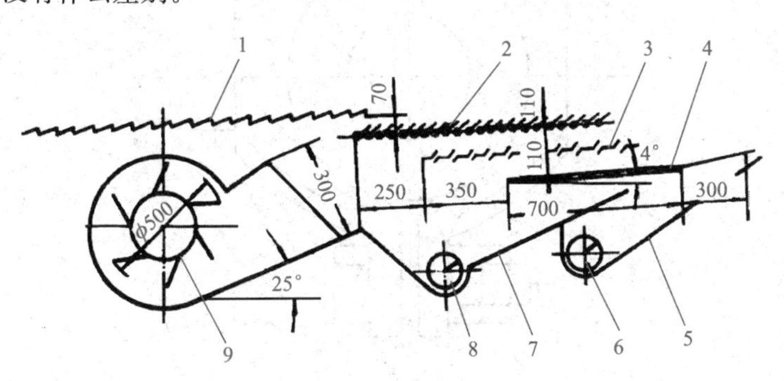

图 2.162　风扇筛子式清选装置(三筛阶梯配置)

1—阶状抖动板；2—上筛；3—中筛；4—下筛；5—杂余滑板；
6—杂余螺旋推运器；7—谷粒滑板；8—谷粒螺旋推运器；9—风扇

筛子装在箱体内，由导轨承托以便拆装。筛子两侧边缘的上方固定有密封用的橡胶条，以防止谷粒从缝隙中漏出。

抖动板与筛箱的驱动有多种形式，如图 2.163 所示。其中(a)为抖动板与上筛做相对运动，对物料在上筛筛面的分布有均匀作用，且相互间可平衡部分惯性力，减少机器振动，而图(d)为上下筛做相对运动，有利于防止二筛之间的堵塞，也可部分平衡惯性力。由于筛箱较宽，质量分布也不对称，故均为在两侧设曲柄连杆驱动机构。为了防止曲轴和轴承座由于惯性力而使其与机架的固定不可靠，通常在两者的接合面上刻有细锯齿纹，加固其连接。如图 2.164 所示，连杆端部的剖分式轴承与筛架的销连轴是通过橡胶环连接的，后者被压紧在轴承与轴之间，这样，消除了二者的配合间隙和运动中的冲击。实践表明，这对减轻机架的振动是比较有效的。

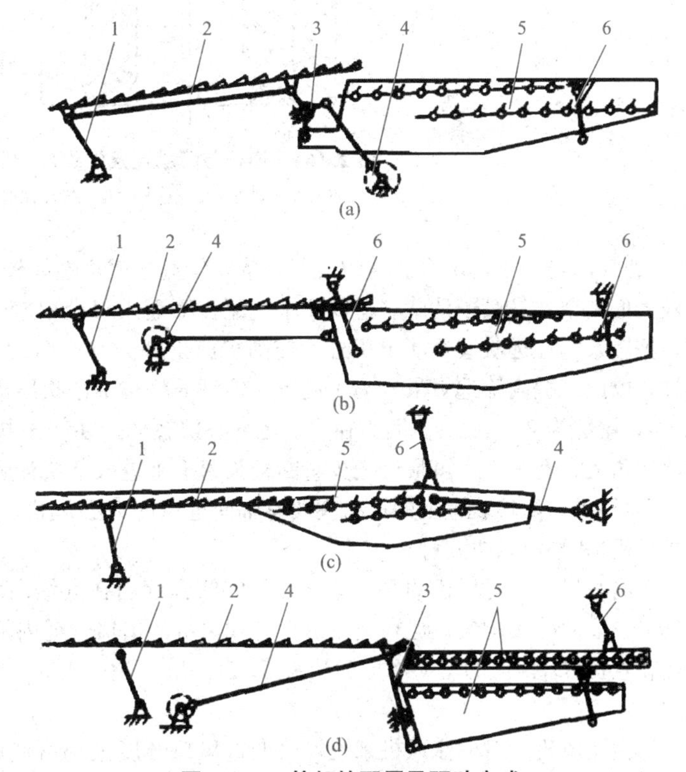

图 2.163　筛架的配置及驱动方式

(a)单筛架、曲柄连杆摇杆驱动；(b)、(c)单筛架、曲柄连杆驱动；
(d)双筛架、曲柄连杆摇杆驱动
1—支杆；2—抖动板；3—摇杆；
4—曲柄连杆机构；5—筛架；6—吊杆

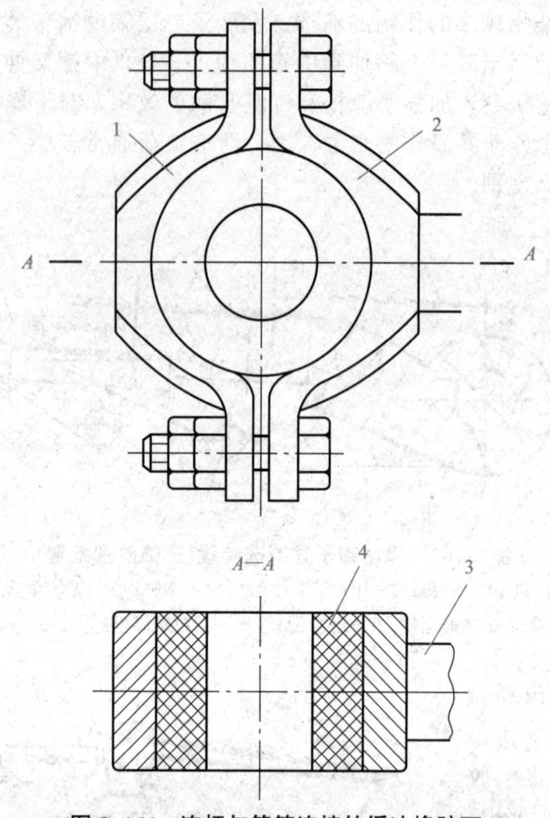

图 2.164　连杆与筛箱连接的缓冲橡胶环

1、2—部分轴承；3—连杆；4—缓冲橡胶环

(2)气流与筛子的配合。清粮装置是依靠气流把飘浮性能较强的夹杂物吹走而较弱者、尺寸又较大的夹杂物靠筛子清除。这就要求气流在筛面入口处以较大的流速(8～9 m/s)将混合物吹散，把轻杂物往远吹甚至吹出机外，使筛子前半部分谷层内的轻杂物大大减少，大量谷粒在此筛过，以此来提高筛选效果。为了使不太饱满的籽粒不被吹出机外，要求中部气流降低，为 5～6 m/s，尾部为 2～3 m/s。因为在中、尾部谷层较薄，在筛子抖动作用下，谷粒全部穿过上筛，尾筛倾角大，孔眼大，可最后把少量断穗筛落下来进入杂余螺旋推运器。

(3)风机。清粮装置上的风机主要有轴向进风的离心风机、横流风机(或称径向进风风机或贯流风机)和轴流风机几种。

①离心风机。对风机的要求除能使气流吹到筛面在其纵向的分布如前述的那样外，主要就是气流在横向分布均匀；但在宽幅的离心式风机的出口管道内常常是不均匀的，且随着宽度(B)与叶轮直径(D)比值的增大而更为严重(B/D 一般不超过 1.5)。它使清洁率下降、谷粒吹落损失增加。

②横流风机。对横流风机来说，改变进风口开度大小可使风量调节范围较大。在产生相同气流的前提下径向进风风机的径向尺寸可比轴向进风的离心风机缩小约 2/5；并且试验表明就用于谷物收获机械上对它所要求产生的气流来说，它的转速、功率消耗与噪声均比离心风扇为低。

③轴流风机。如东德 E516 联合收获机(喂入量 10～12 kg/s)风机宽达 1.6 m，采用轴流风机可使筛面气流均匀分布，风机结构尺寸也可缩小。轴上安装两个风速制动盘，其直径大小和它与风机间的距离可以控制气流分布状况，并可消除在出口管道下方与侧壁处的涡流，由转速调节风量。

任务实施

[任务要求]

某农机公司三包车间正在承接一台收获机维修任务。用户自述，收获机在作业时，排出的糠中含有小麦籽粒，且严重超标，产生了很大收割损失。经过检查，判断是由于振动筛片开度较小，或清选风扇风量偏高将籽粒吹出引起的，为了能够准确地找出故障的发生点，完成这项修理任务，就必须熟悉清选装置的基本构造，能进行鼓风机和振动筛的分解和组装，并能进行振动筛筛片开度的调整。

[实施步骤]

一、振动筛的拆装

(1)拆下振动筛驱动带，如图 2.165 所示。

(2)拆下护板，如图 2.166 所示。

图 2.165 拆下振动筛驱动皮带

1—振动筛驱动带

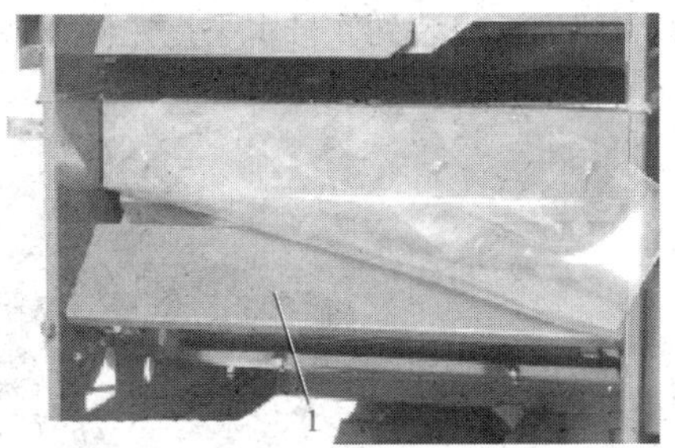

图 2.166 拆下振动筛护板

1—护板

(3)拆下振动筛的左右 6 个安装螺栓，如图 2.167 所示。

(4)拆下振动筛，如图 2.168 所示。

图 2.167 拆下振动筛的 6 个安装螺栓

1—安装螺栓

图 2.168 拆下振动筛整体

1—振动筛

专家提示

①拆卸振动筛时，必须由两个人进行作业。

②组装护板时，不得上下颠倒。必须确认护板与振动筛之间留有间隙。

二、帆布的组装

(1)将帆布1组装到1号水平搅龙侧，将帆布2组装到2号水平搅龙侧，如图2.169所示。

(2)组装帆布3和4，如图2.170所示。

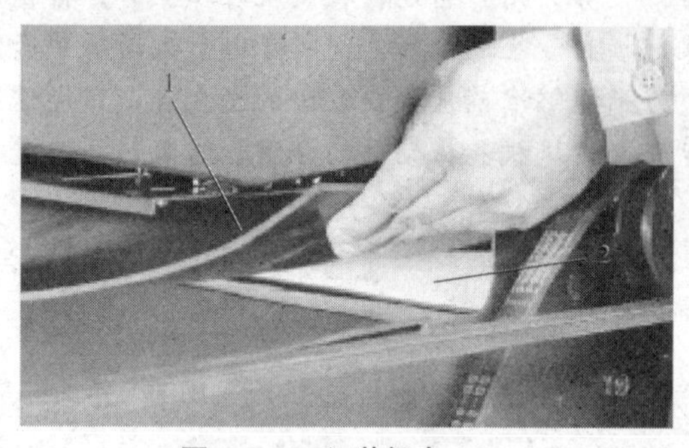

图2.169　组装帆布1、2

1—帆布1；2—帆布2

图2.170　组装帆布3、4

1—帆布3；2—帆布4

(3)将帆布5组装到2号水平搅龙侧，将帆布6组装到帆布5的外侧，如图2.171所示。

图2.171　组装帆布5、6

1—帆布5；2—帆布6

三、振动筛的分解和组装

(1)拆下茎秆栅架框的4个安装螺栓，然后将茎秆栅架框从振动筛上拆下。

(2)拆下筛选板调节臂的2个固定螺栓和1个转动支点螺栓，然后拆下筛选板调节臂。

(3)拆下安装筛选板组件的8个螺栓，然后从振动筛上将筛选板组件拆下，如图2.172所示。

图2.172　拆下安装筛选板组件各螺栓

1—茎秆栅架框；2—振动筛；3—筛选板调节臂；4—筛选板组件

(4)在筛选板组件的背面拆下安装筛选板的8个螺母，然后拆下筛选板，如图2.173所示。

(5)用拉码拔出振动筛前端的左右轴承，如图2.174所示。

图 2.173　拆下筛选板

1—茎秆栅架框；2—谷粒筛；3—筛选板

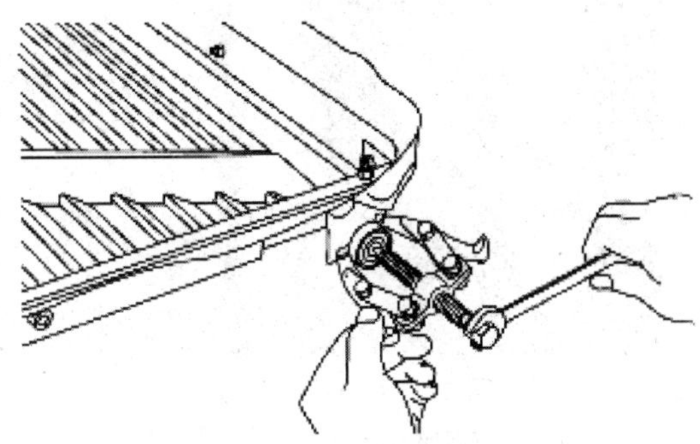

图 2.174　拆左右轴承

四、筛选板组件的分解和组装

(1)拆下开口销后，拆下筛选板连杆、筛选板架 1、筛选板架 2，然后拆下筛选板，如图 2.175 所示。

(2)组装时，平垫圈应组装于图 2.176 所示位置。

图 2.175　拆下筛选板

1—筛选板；2—筛选板架 1；

3—筛选板连杆；4—筛选板架 2

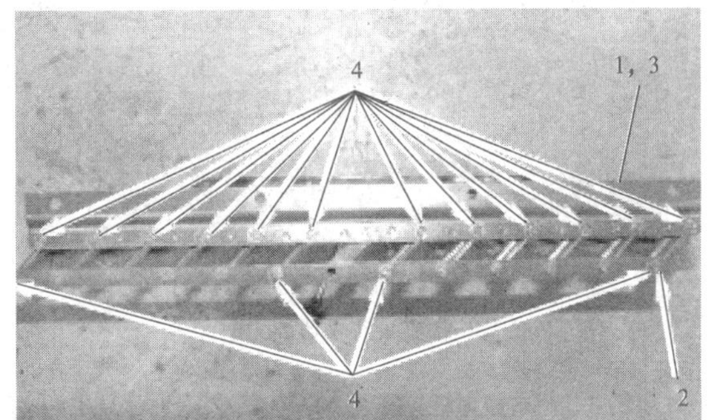

图 2.176　平垫圈的组装

1—筛选板架 1；2—筛选板连杆；

3—筛选板架 2；4—平垫圈

五、清选风扇的拆解

1.［右侧］端

(1)拆下脱粒驱动带的挡板。

(2)拆下脱粒驱动带，如图 2.177 所示。

(3)拆下消声器排气管的 3 个安装螺栓，然后拆下排气管，如图 2.178 所示。

(4)拆下脱粒驱动带轮。

(5)拆下轴承座的 4 个安装螺栓，如图 2.179 所示。

图 2.177　拆下脱粒驱动带

1—挡板；2—脱粒驱动带

图 2.178　拆下排气管

1—脱粒驱动皮带轮；2—排气管

图 2.179　拆轴承座安装螺栓

1、2—螺栓

2.［左侧］端

(1)拆下脱粒滚筒驱动带，如图 2.180 所示。

(2)拆下清选风扇调节板，如图 2.181 所示。

组装时应在 2 块清选风扇调节板之间组装平垫圈，如图 2.182 所示。

(3)拆下清选风扇支承板的 4 个安装螺栓，然后拆下清选风扇组件，如图 2.183 所示。

图 2.180　拆下脱粒滚筒驱动带

1—脱粒滚筒驱动带

图 2.181　拆下清选风扇调节板

1—清选风扇调节板；2—安装螺栓

图 2.182　平垫圈的组装

1—平垫圈

图 2.183　拆清选风扇支承板

1—清选风扇支承板

六、清选风扇的分解与组装

1. 分解

清选风扇的分解如图 2.184 所示。

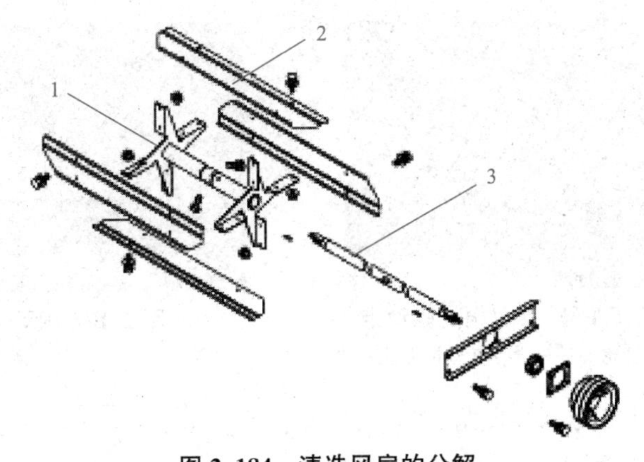

图 2.184　清选风扇的分解

1—清选风扇臂；2—清选风扇调节板；3—清选风扇轴

2. 组装

(1)正确放置清选风扇板的弯曲部位以进行组装。

(2)组装时，应使清选风扇驱动轴中央附近的平面部到轴端部距离较长一侧位于机体左侧。

(3)清选风扇调节板与侧面的间隙 a 应为 18～20 mm。

(4)风向板与清选风扇调节板的间隙 c 应为 6～8 mm。

(5)风扇外壳前端部与清选风扇调节板的间隙 b 应在 5 mm 以上，如图 2.185 所示。

(6)在螺栓上涂抹螺纹紧固液后再组装。

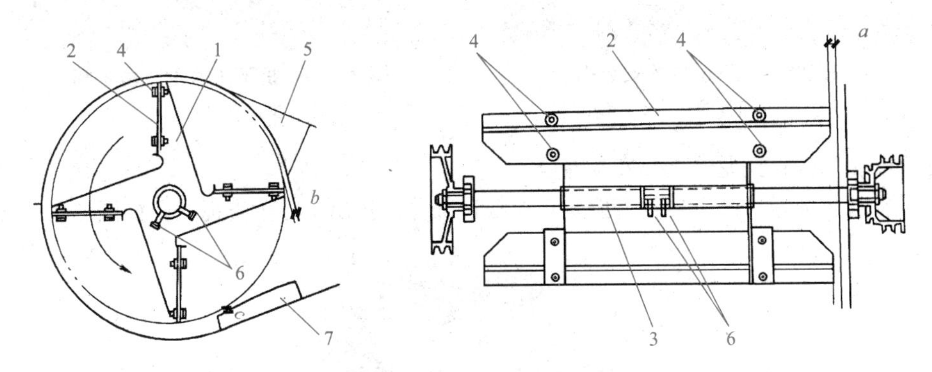

图 2.185　清选风扇的组装

1—清选风扇臂；2—清选风扇调节板；3—清选风扇轴；4、6—螺栓；5—风扇外壳；7—风向板

a、b、c—间隙

七、1 号搅龙的分解和组装

1. 1 号水平搅龙的分解

(1)旋松 1 号搅龙驱动带轮的安装螺母后，拆下 1 号、2 号搅龙驱动带，如图 2.186 所示。

(2)拆下 1 号搅龙驱动带轮。

(3)拆下安装外侧护板与轴承箱的 3 个螺栓，如图 2.187 所示。

图 2.186　拆下 1 号、2 号搅龙驱动带

1—1 号搅龙驱动带轮；2—1 号、2 号搅龙驱动带

图 2.187　拆下轴承箱螺栓

1—螺栓

(4)朝机体左侧拔出 1 号水平搅龙。

2. 1 号垂直搅龙的分解

(1)打开集谷箱。

(2)拆下 1 号垂直搅龙箱的 4 个安装螺栓、1 号锥齿轮箱的 4 个安装螺栓，然后将1 号垂直搅龙箱和 1 号垂直搅龙一起拆下，如图 2.188 和图 2.189 所示。

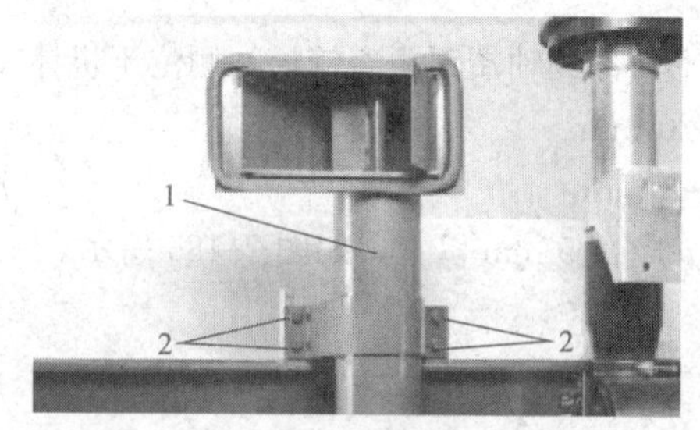

图 2.188　拆下搅龙的安装螺栓

1—1 号垂直搅龙箱；2—螺栓

图 2.189　拆下 1 号垂直搅龙箱

1—1 号锥齿轮箱；2—螺栓

(3)拆下 1 号垂直搅龙的上部安装螺栓。

(4)将谷粒扩散板对准 1 号垂直搅龙箱的缺口部分，拔出 1 号垂直搅龙，如图 2.190 所示。

图 2.190　拆下 1 号垂直搅龙

1—谷粒扩散板；2—缺口部分

专家提示

组装 1 号垂直搅龙和 1 号水平搅龙时，将 1 号水平搅龙的搅龙终端垂直固定，然后调整位置，使 1 号垂直搅龙的搅龙起始端位于机体前后方向(将两个搅龙组装后，用手转动 1 号搅龙，确认各搅龙之间不会相碰)，如图 2.191 所示。

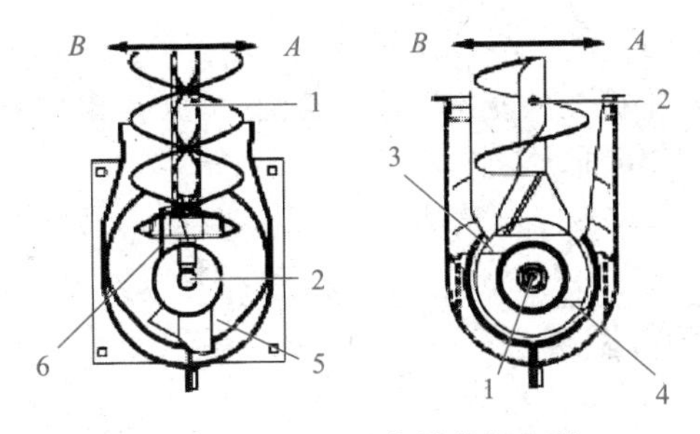

图 2.191　1 号垂直搅龙的组装

1—1 号垂直搅龙；2—1 号水平搅龙；3—1 号垂直搅龙起始端；4—1 号垂直搅龙起始端；
5—1 号水平搅龙终端；6—1 号水平搅龙终端；*A*—机体前侧；*B*—机体后侧

3. 1 号锥齿轮箱的分解与组装

(1)分解。拆下 1 号箱的安装螺栓，然后拆下 1 号锥齿轮箱，如图 2.192 所示。

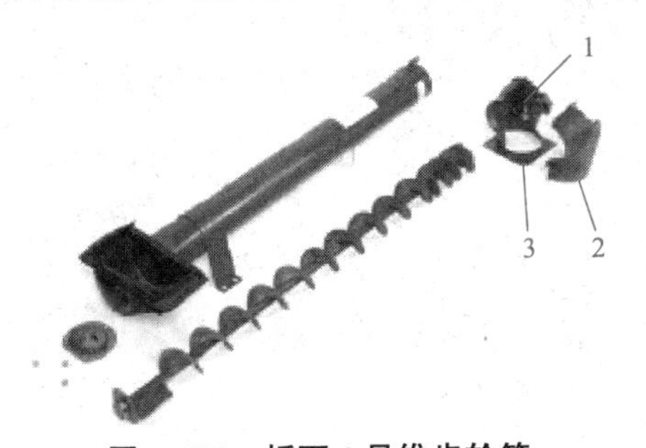

图 2.192　拆下 1 号锥齿轮箱

1—1 号锥齿轮箱；2—1 号箱 1；3—1 号箱 2

可按如下步骤分解 1 号锥齿轮箱，如图 2.193 所示。

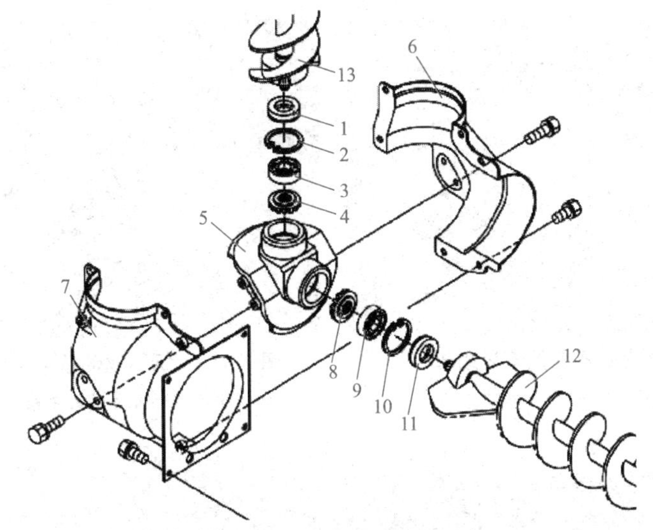

图 2.193　1 号锥齿轮箱的分解

1、11—油封；2、10—孔用扣环；3、9—轴承；4、8—锥齿轮；5—1 号锥齿轮箱；6—1 号箱 1；7—1 号箱 2；
11—油封；12—1 号水平搅龙；13—1 号垂直搅龙

(2)组装。

①1 号垂直搅龙、1 号水平搅龙的花键部涂抹黄油。

②在油封的内外表面涂抹黄油。

③向 1 号锥齿轮箱内注入 15～25 g 黄油。

八、2 号搅龙的分解和组装

1. 2 号水平搅龙的分解

(1)旋松 2 号搅龙驱动带轮的安装螺母后，拆下 1 号、2 号搅龙驱动带，如图 2.194 所示。

(2)拆下 3 个轴承箱安装螺栓，如图 2.195 所示。

图 2.194　拆下 1 号、2 号搅龙驱动带

1—1 号、2 号搅龙驱动带；2—2 号搅龙驱动带轮

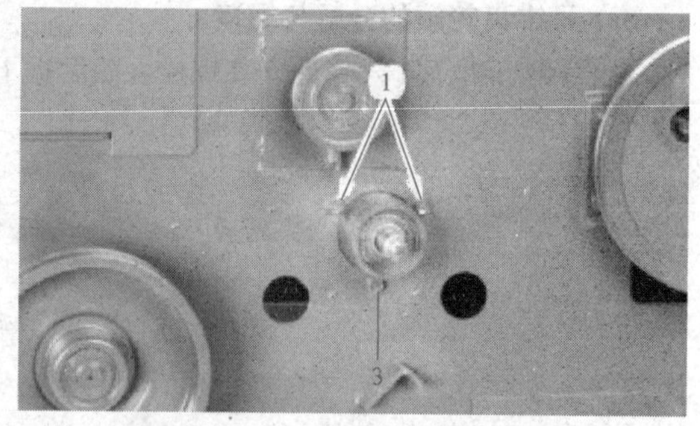

图 2.195　拆下轴承箱安装螺栓

1—螺栓

(3)拆下 2 号抛谷箱盖的 3 个安装螺母，如图 2.196 所示。

(4)整体拆下 2 号垂直搅龙驱动链条箱和 2 号水平搅龙，如图 2.197 所示。

图 2.196　拆抛谷箱盖的安装螺母

1—2 号抛谷箱盖；2—螺母

图 2.197　拆下驱动链条箱和 2 号水平搅龙

1—2 号垂直搅龙驱动链条箱；2—2 号水平搅龙

2. 2 号垂直搅龙驱动链条箱

(1)分解。

2 号垂直搅龙驱动链条箱分解，如图 2.198 所示。

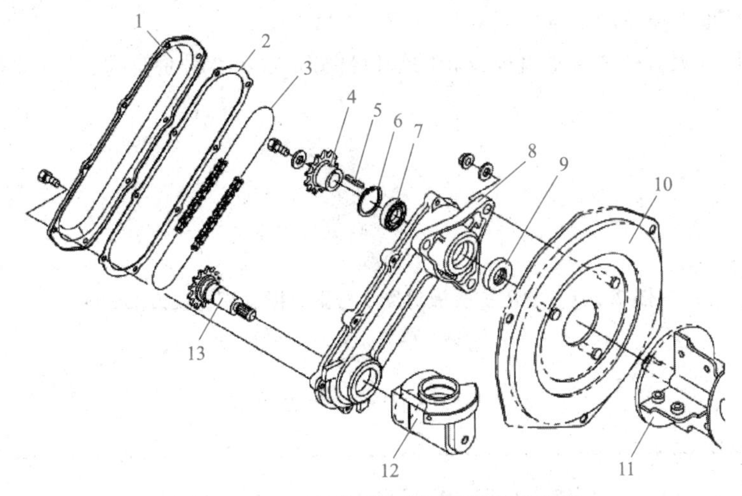

图 2.198　2 号垂直搅龙驱动链条箱分解

1—链条箱盖；2—密封橡胶；3—链条；4—14T 链轮；5—平键；6—孔用扣环；7—轴承；
8—2 号垂直搅龙驱动链条箱；9—油封；10—2 号抛谷箱盖；
11—2 号水平搅龙；12—2 号垂直搅龙锥齿轮箱；13—13T 链轮

(2)组装。

专家提示

组装时：
①在链条、14T 链轮、13T 链轮上涂抹黄油。
②向 2 号垂直搅龙锥齿轮箱内注入 15～25 g 黄油。
③在 14T 链轮、13T 链轮的花键部涂抹黄油。
④在油封的内外表面涂抹黄油。

3. 2 号垂直搅龙的拆解

(1)拆除 2 号旋转传感器的连接器，如图 2.199 所示。

(2)拆下 2 号垂直搅龙箱上部的 2 个安装螺栓。

(3)拆下 2 号垂直搅龙箱、2 号抛谷箱安装螺栓，然后整体拆下 2 号抛谷箱和 2 号垂直搅龙，如图 2.200 所示。

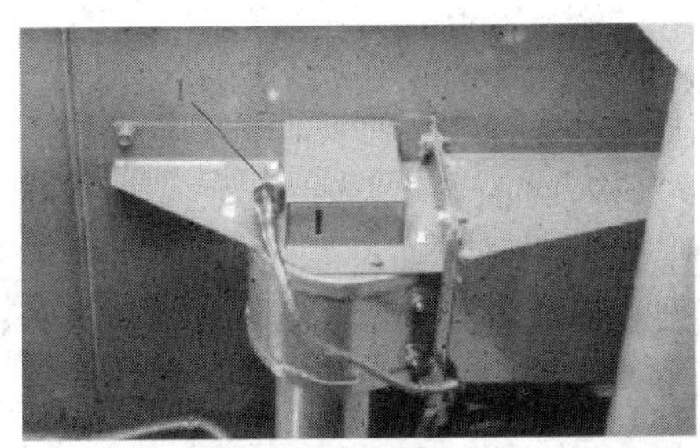

图 2.199　拆除 2 号旋转传感器的连接器

1—2 号旋转传感器

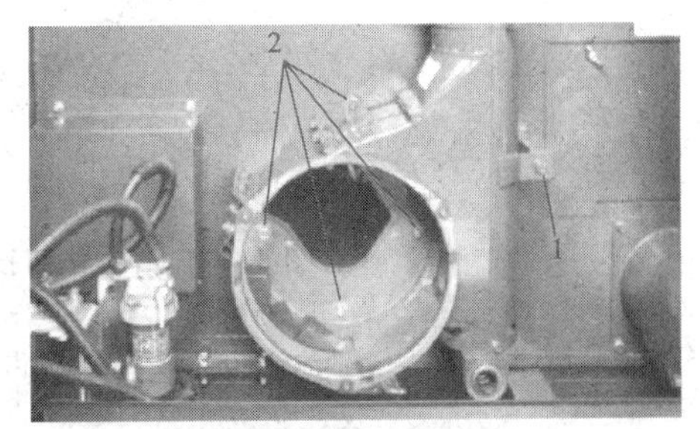

图 2.200　拆下 2 号垂直搅龙箱和 2 号抛谷箱安装螺栓

1、2—螺栓

(4)拆下 2 号垂直搅龙的上部安装螺栓。

(5)将谷粒扩散板对准 2 号垂直搅龙箱的缺口部分，拔出 2 号垂直搅龙，如图 2.201 所示。

图 2.201　谷粒扩散板对准 2 号垂直搅龙箱的缺口部分

1—谷粒扩散板；2—缺口部分

专家提示

2 号旋转传感器组装时，须使 2 号旋转传感器前端与齿轮的间隙“A”保持为 0.6～0.8 mm，如图 2.202 所示。

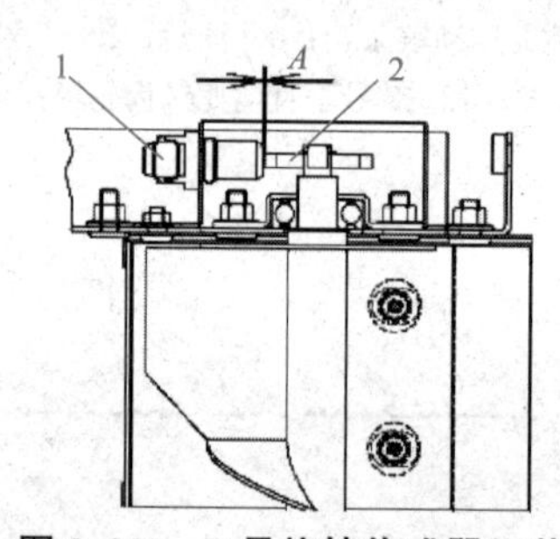

图 2.202　2 号旋转传感器组装

1—2 号旋转传感器；2—齿轮；A—2 号旋转传感器前端与齿轮的间隙

4. 2 号垂直搅龙锥齿轮箱

(1)分解。2 号垂直搅龙锥齿轮箱的分解如图 2.203 所示。

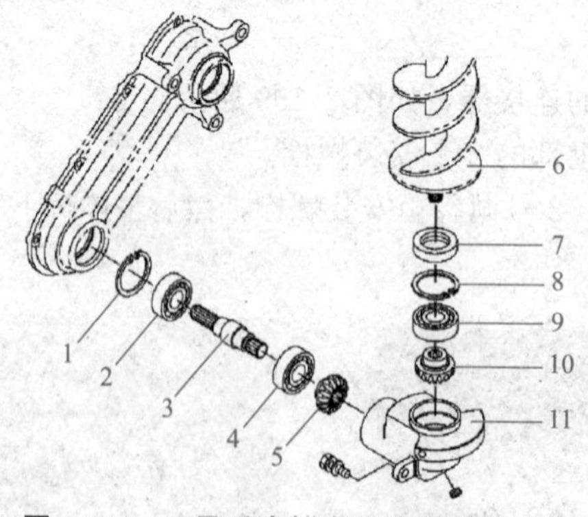

图 2.203　2 号垂直搅龙锥齿轮箱的分解

1—13T 链轮；2、7—孔用扣环；3、8—轴承；4—轴用扣环；5—2 号垂直搅龙驱动链条箱；6—山茶油油封；9、11—16T 锥齿轮；10—2 号垂直搅龙锥齿轮箱；

(2)组装。

专家提示

组装2号垂直搅龙时，必须注意以下几点：

①向2号垂直搅龙锥齿轮箱内注入15～25 g黄油。

②在13T链轮1、2号垂直搅龙驱动轴的花键部涂抹黄油。

③在油封、山茶油油封的内外表面涂抹黄油后进行组装。

九、清选筛筛片开度的调整

(1)打开脱粒滚筒侧边盖板，打开脱粒清选装置左侧的相关盖板，如图2.204所示。

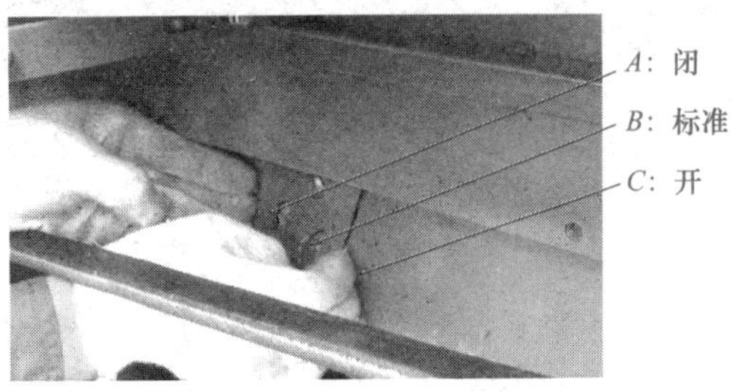

图2.204 筛片开度的调整位置

(2)当脱出物在筛片上堆积较多，并且颖壳夹杂一些籽粒不经过筛选孔的孔隙，而是直接从筛面后部抛撒出去，造成了抛撒损失，同时伴随谷粒飞散较多，掉壳谷粒较多现象，此时筛片开度要调大。拆下调整板紧固螺栓，往图示C方向调整，根据要求调整完成，紧固螺栓。

(3)当发现籽粒中杂余成分较多，筛选不良，枝梗较多时，造成了籽粒清洁度低，此时筛片开度要调小。拆下调整板紧固螺栓，往图示A方向调整，根据要求调整完成，紧固螺栓。

十、清选筛调节板的调整

(1)若排草夹带籽粒现象，首先检查油门是否到位；检查发动机转速是否达到规定转速；检查张紧皮带和脱粒皮带是否张紧；检查清选筛前后是否有堵塞；需提高滚筒转速，清理清选筛；喂入量偏大，需降低机器前进速度或提高割茬高度；调整清选筛调节板，需向上调整，如图2.205所示。

(2)若粮食中含杂率偏高，考虑是鱼鳞筛角度偏大，将清选筛角度调整到合适位置，风机风量偏小，需开大风机左右风量调节板，适当增加进风量，调整清选筛调节板，需向下调整，如图2.206所示。

图2.205 清选筛调节板向上调整

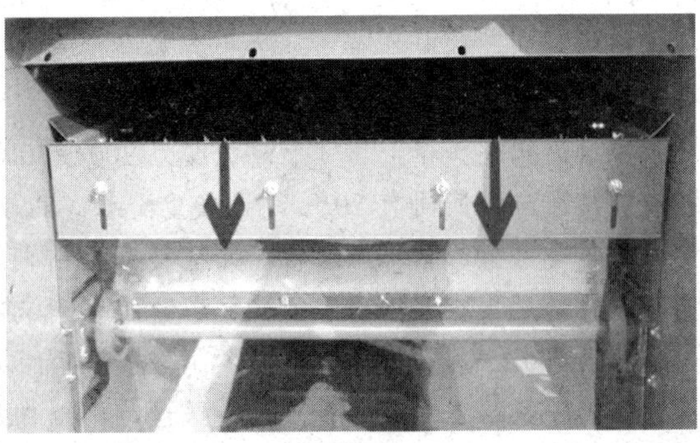

图2.206 清选筛调节板向下调整

拓展知识

键式逐稿器

键式逐稿器由3～6个呈狭长形箱体的键并列组成，由曲轴传动。这些键依次铰接在驱动曲轴的曲柄上，各键面不在同一平面上，当曲轴转动时，相邻的键此上彼下地抖动。进到键面上的滚筒脱出物被抖动抛送，谷粒与断穗等细小脱出物由键面筛孔漏下，秸草则沿键面排往机后。

键式逐稿器有双轴式和单轴式两种不同方式，如图2.207所示。

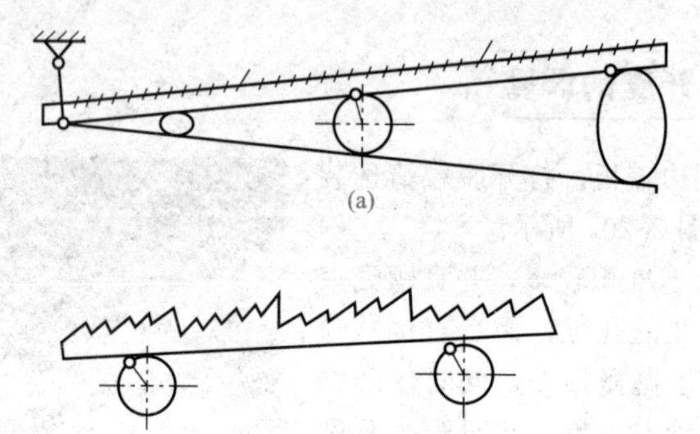

图2.207　键式逐稿器

(a)单轴式；(b)双轴式

单轴键式逐稿器由一组键、一根曲轴和数个摆杆组成。键与曲柄在键的中部相铰接，相邻的摆杆则交替分别在键的前端和后端铰接，曲柄与摆杆构成曲柄摆杆机构，曲轴旋转时，键面各点的运动轨迹不同(一端为立椭圆，一端为卧椭圆，曲轴处为圆)，键面各段具有不同的抖动和抛送能力。立椭圆运动段上下抖动作用强，卧椭圆运动段水平输送能力大。由于相邻键的摆杆交替分设在前端和后端，各个键面不同的抖送能力可互相配合，使分离能力提高。单轴键式逐稿器结构比较复杂，目前应用渐少。

双轴键式逐稿器由一组键、两根曲柄半径相等的曲轴组成(其中一根曲辆为主动轴)。键和两个曲柄形成平行四连杆机构。曲轴转动时，键面各点均做相同的圆周运动，前后的抖动抛送能力相同。因相邻键处于不同转动相位角，键面上的秸草脱出物受到垂直平面内各个键的交替抖动作用，使秸草脱出物中夹带的谷粒与断穗穿过秸草层，从键面筛孔漏下，秸草则沿键面往后排走，通常绝大部分谷粒在前部1/3～1/2段处分离出来。为了加强分离作用，常在键的上方(前部和中部)吊装1～2块挡帘，以阻拦秸草脱出物后移，增加键面对秸草的抖动次数，延长往后输送的时间，同时挡帘还可防止谷粒被脱粒装置抛出机外。双轴键式逐稿器结构简单，工作性能好，目前应用最广。

现有键式逐稿器上，每个键宽度为200～300 mm，键的侧面高度应保证键上下运动时，相邻键的键面与键底间有20～30 mm重叠量，以免漏落秸草。键的两侧有高出键面的锯齿状翅片，工作时可抖松秸草脱出物，并把秸草由前向后推送，又可支托秸草，防止机器横向倾斜工作时被抖送聚集在逐稿器一侧。每个键的下面装有向前下方倾斜的槽形底，将分离出的谷粒混合物输向前部，落入清选装置，底面与水平面的夹角一般不大于10°。有的键无底槽，在逐稿器下方安装了做往复运动的整体式输送器，用以向前输送谷粒混合物。有的机器在无底槽键下方安装一组平行的螺旋推运器底槽，用它来输送分离的谷粒混合物，如图2.208所示，当机器遇到起伏不平的地面时，可保证谷粒混合物能稳定均匀地输送到清选装置去。

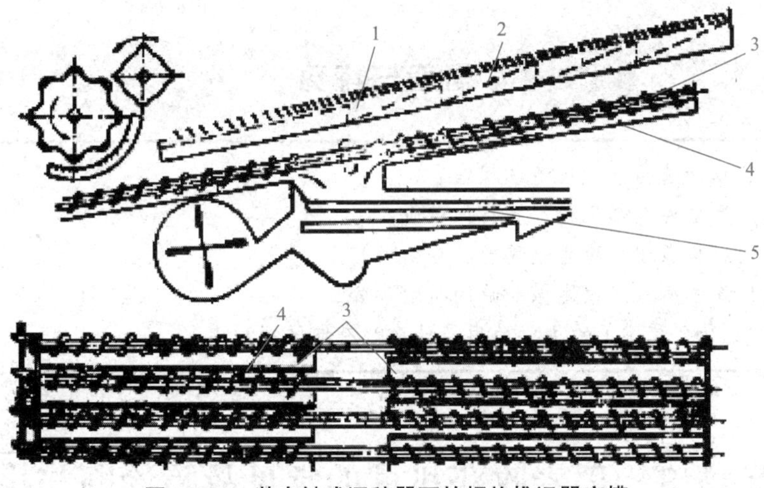

图 2.208　装在键式逐稿器下的螺旋推运器底槽

1—逐稿器；2—键面；3—滑板；4—螺旋推运器；5—清选装置

键式逐稿器键面分平面键与阶面键两种，如图 2.209 所示。平面键结构简单。阶面键常见的有 2～5 个阶梯。阶面多、落差大，对秸草抖松和分离能力强，阶面长度多为 500～800 mm（末段可较长），落差高度为 150 mm 左右。键面上具有各种鳞片、折纹和筋等凸起，以阻止脱出物向下滑移，并增强抛送能力。

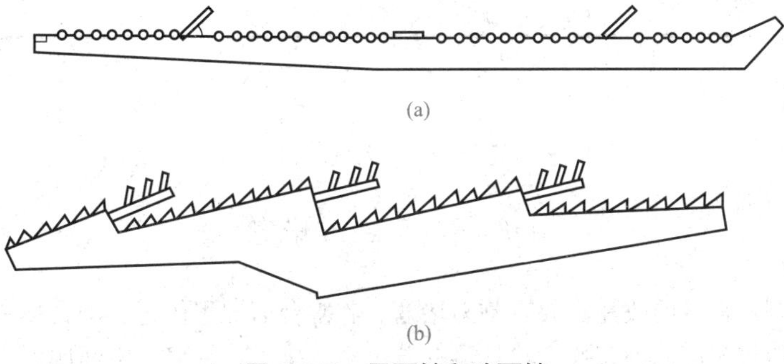

(a)

(b)

图 2.209　平面键和阶面键

(a)平面键；(b)阶面键

任务小结

1. 联合收获机的清选原理是利用清选对象各组成部分之间物理机械性质的差异而将它们分离开来的。

2. 目前应用的筛子有四种形式：编织筛、鱼眼筛、冲孔筛、鱼鳞筛。清粮装置上较多地采用鱼鳞筛与冲孔筛。

3. 气流清选常用的有利用垂直气流进行清选、利用倾斜气流进行清选、利用不同空气阻力进行分离等方式。

4. 键式逐稿器是目前联合收获机中应用最广的一种分离装置，对脱出物抖松能力很强，适用于分离负荷较大的机型。

思考与练习

1. 简述谷物清选的意义及清选原理。
2. 清选装置主要有哪几种？各有何特点？
3. 什么叫抛扬原理？简述逐稿器的分离过程。
4. 查阅维修手册，试叙述振动筛的拆解步骤。
5. 1 号搅龙和 2 号搅龙的主要功用是什么？有何区别？

任务 2.8　稻麦收获机械的常见故障诊断与排除

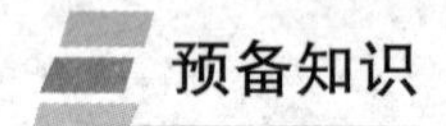

学习目标

1. 熟悉割台的故障现象和故障排除方法。
2. 掌握割台的故障诊断过程。
3. 熟悉脱粒装置的故障现象和故障排除方法。
4. 掌握脱粒装置的故障诊断过程。

预备知识

知识点 1　割刀堵塞

联合收获机割台常见的故障主要有割刀堵塞、收割台前堆积作物、割台螺旋推运器堵塞、作物向前冲倒、拨禾轮打落籽粒过多、拨禾轮带草、中间倾斜输送器堵塞等。

割刀堵塞的故障诊断与排除

1. 故障现象

在作业时，联合收获机切割器经常出现堵塞，使割刀运转不灵，切割速度减慢，作物割不断，连根拔起，甚至有漏割现象。

2. 故障原因

割刀堵塞的主要原因与排除方法见表 2.8。

表 2.8　割刀堵塞的主要原因与排除方法

故障原因	排除方法
遇到石块、木棍等障碍物，割刀卡死	立即停车排除障碍物
动刀片与定刀片间隙过大	调整动刀片与定刀片的间隙
刀片或护刃器损坏	更换刀片或校正护刃器
割茬过低	提高割台高度
动刀片与定刀片配合位置不对中	进行切割器对中调整

知识点 2　割台前堆积作物

1. 故障现象

在收获机作业时，割断的谷物堆在收割台上，割台螺旋推运器不能及时将作物输送到中间倾斜输送器。

2. 故障原因

割台前堆积作物的故障原因与排除方法见表 2.9。

表 2.9　割台前堆积作物的故障原因与排除方法

故障原因	排除方法
割台螺旋推运器与割台底板间隙过大	调整螺旋推运器与割台底板间隙
拨禾轮安装高度过高	降低拨禾轮的安装高度
拨禾轮太偏前	调整拨禾轮的前后位置
拨禾轮转速过低	调整拨禾轮转速
作物过矮或过稀	适当提高前进速度

知识点 3　割台螺旋推运器堵塞

1. 故障现象

收获机作业时，经常出现谷物堵塞在割台螺旋推运器内，使螺旋推运器不能正常工作，甚至卡死。

2. 故障原因

割台螺旋推运器堵塞的故障原因与排除方法见表 2.10。

表 2.10　割台螺旋推运器堵塞的故障原因与排除方法

故障原因	排除方法
螺旋推运器三角带过松	调整螺旋推运器三角带的张紧度
作物过密	减少割幅或降低前进速度
前进速度过快	降低前进速度
割台底板变形	矫正底板，使割台螺旋推运器与底板间隙一致
伸缩拨指与割台底板间隙变小	调整伸缩拨指与割台底板的间隙

知识点 4　作物向前冲倒

1. 故障现象

收获机作业时，作物不是向后倾倒在割台上，而是向前冲倒，部分作物不能输送到割台，掉入田间，造成割台收割损失增加。

2. 故障原因

作物向前冲倒的故障原因与排除方法见表 2.11。

表 2.11　作物向前冲倒的故障原因与排除方法

故障原因	排除方法
前进速度过快	降低前进速度
拨禾轮转速过低	调整拨禾轮转速
切割器间隙过大	调整切割器的间隙
割刀速度过低	调整割刀传动带的张紧度

知识点 5　拨禾轮打落籽粒过多

1. 故障现象

收获机作业时，地面上有较多的谷物籽粒，割台损失过多。

2. 故障原因

拨禾轮打落籽粒过多的故障原因与排除方法见表 2.12。

表 2.12　拨禾轮打落籽粒过多的故障原因与排除方法

故障原因	排除方法
拨禾轮转速过快	降低拨禾轮转速
拨禾轮安装高度过高	降低拨禾轮安装高度
拨禾轮太靠前	调整拨禾轮前后位置

知识点 6　拨禾轮带草

1. 故障现象

收获机作业时，拨禾轮将收割的作物甩起，即将作物带回割台，造成割台损失增加。

2. 故障原因

拨禾轮带草的故障原因与排除方法见表 2.13。

表 2.13　拨禾轮带草的故障原因与排除方法

故障原因	排除方法
拨禾轮安装高度过低	提高拨禾轮安装高度
拨禾轮转速过高	降低拨禾轮转速
拨禾轮弹齿后倾斜角过大	调整拨禾轮弹齿倾斜角

知识点 7　切割器不能完全切割

1. 故障现象

收获机作业时，出现漏割、割不断或割茬不整齐。

2. 故障原因

漏割、割不断或割茬不整齐的故障原因与排除方法见表 2.14。

表 2.14　漏割、割不断或割茬不整齐的故障原因与排除方法

故障原因	排除方法
动、定刀片磨损、脱落或折断	研磨或更换刀片
动刀行程不够或割刀间隙不对	调整动刀行程不够或割刀间隙
动、定刀片间有泥土、草屑或缺油	清扫、加油
收割倒伏作物时，分禾板前端离地面太高	调整分禾板位置

知识点 8　茎秆堵塞

1. 故障现象

茎秆在切割装置前堵塞或根部在拨禾装置处滞后。

2. 故障原因

茎秆堵塞的故障原因与排除方法见表 2.15。

表 2.15　茎秆堵塞的故障原因与排除方法

故障原因	排除方法
爪形带松、断、变形	调整或更换
喂入轮相对位置偏差或星轮损坏	调整或更换
割台驱动带松或损坏	调整或更换

知识点 9　扶禾装置异常

1. 故障现象

扶禾链壳振动、声音异常、转速异常；不能扶起倒伏作物；不能扶禾，推倒作物。

2. 故障原因

扶禾装置异常的故障原因与排除方法见表 2.16。

表 2.16　扶禾装置异常的故障原因与排除方法

<table>
<tr><th colspan="2">故障原因</th><th>排除方法</th></tr>
<tr><td rowspan="3">扶禾链壳振动、声音异常、转速异常</td><td>扶禾链伸长</td><td>调整或更换扶禾链</td></tr>
<tr><td>拨指磨损</td><td>清扫、检查扶禾链壳，更换拨指，调整扶禾链。必要时修整或更换扶禾链底板和盖板</td></tr>
<tr><td>张紧弹簧过松</td><td>张紧或更换弹簧</td></tr>
<tr><td rowspan="4">不能扶起倒伏作物</td><td>割台离地过高</td><td>调整到合适高度</td></tr>
<tr><td>扶禾拨指折断、磨损、变形</td><td>更换拨指</td></tr>
<tr><td>扶禾拨指飞出或卡在导轨上</td><td>清扫链壳，调整扶禾链，修复或更换扶禾链底板和盖板</td></tr>
<tr><td>扶禾驱动链轮平键损坏</td><td>更换平键</td></tr>
</table>

续表

故障原因		排除方法
不能扶禾，推倒作物	割台纵轴（垂直扶禾传动）平键或齿轮传动损坏，导致四根扶禾链同时不转动	更换损坏零件
	割台横轴（水平扶禾传动）花键套损坏，导致右边两根扶禾链同时不转动	更换损坏零件
	扶禾链传动机构中平键或链传动损坏，导致其中一根扶禾链不动	更换损坏零件
	张紧链轮卡住	清理杂物
	扶禾链脱落、卡住、磨损	清理杂物、调整

知识点10　脱粒滚筒堵塞

联合收获机脱粒清选装置的工作条件恶劣，常会出现多种故障现象，若不及时诊断排除，将严重影响作业质量。脱粒清选装置常见故障主要有脱粒滚筒堵塞、脱不净、籽粒破碎太多、滚筒异响、排草中夹带籽粒太多、颖壳中籽粒太多、刮板输送器堵塞等。

1. 故障现象

收获机作业时，大量稻麦阻塞在脱粒滚筒内，使脱粒传动带打滑，甚至出现发动机熄火现象。

2. 故障原因

脱粒滚筒堵塞的主要原因与排除方法见表2.17。

表2.17　脱粒滚筒堵塞的主要原因与排除方法

故障原因	排除方法
发动机转速过低	调整发动机转速至标准值
喂入量过大	降低行驶速度或减小割幅、提高割茬高度
脱粒间隙太小	调整脱粒间隙到规定值
收获稻麦的水分过大	待作物完全成熟或干燥后再收割
脱粒滚筒传动带打滑	张紧或更换脱粒滚筒传动带

知识点11　脱粒不净

1. 故障现象

收获机作业时，排出茎秆中谷穗上含有未脱下来的籽粒，不能完全脱干净。

2. 故障原因

脱粒不净的主要原因与排除方法见表2.18。

表 2.18　脱粒不净的主要原因与排除方法

故障原因	排除方法
脱粒滚筒转速过低	提高脱粒滚筒的转速
脱粒间隙过大	减小脱粒间隙至标准值
作物太潮湿	适时收割
喂入量过大或不均匀	降低前进速度或减小割幅
脱粒部件磨损严重	更换磨损超限的纹杆(钉齿)或凹板
顶盖导向板升角过大	在不影响喂入量时减小升角

知识点 12　籽粒破碎太多

1. 故障现象

收获机作业时，送粮搅龙输出的谷物籽粒中有较多压扁、破皮、碎粒、裂纹等损伤的籽粒。

2. 故障原因

籽粒破碎太多的主要原因与排除方法见表 2.19。

表 2.19　籽粒破碎太多的主要原因与排除方法

故障原因	排除方法
脱粒滚筒转速过高	降低脱粒滚筒转速
脱粒间隙过小	适当增大脱粒间隙
作物未成熟	适期收割
复脱器装配调整不当	依实际情况调整复脱器

知识点 13　脱粒滚筒有异响

1. 故障现象

收获机作业时，能听到脱粒滚筒有金属敲击声和沉闷摩擦声。

2. 故障原因

脱粒滚筒有异响的主要原因与排除方法见表 2.20。

表 2.20　脱粒滚筒有异响的主要原因与排除方法

故障原因	排除方法
喂入量不均匀	灵活控制作业速度，保证喂入量均匀，避免超负荷
有异物进入脱粒滚筒	停车熄火排除滚筒室内的异物
螺栓松动或脱落	停车熄火重新紧固螺栓
滚筒不平衡	重新平衡脱粒滚筒
轴承损坏	更换损坏的轴承或油封

知识点14　茎秆中夹带籽粒过多

1. 故障现象

收获机作业时，排出的茎秆中夹带了许多已脱下的籽粒。

2. 故障原因

茎秆中夹带籽粒过多的主要原因与排除方法见表 2.21。

表 2.21　茎秆中夹带籽粒过多的主要原因与排除方法

故障原因	排除方法
清选风扇风量调节不当	调整清选风扇的风量
筛面堵塞	清除筛孔堵塞物
振动筛振幅调整不当	调整振动筛的振幅
作物潮湿	适期收割
喂入量过大	灵活控制行驶速度或割幅，避免超负荷作业
筛片开度过小	增大筛片开度

知识点15　颖壳中的籽粒过多

1. 故障现象

收获机作业时，在机外排出颖壳中含有大量籽粒，造成脱粒损失增加。

2. 故障原因

颖壳中的籽粒过多的主要原因与排除方法见表 2.22。

表 2.22　颖壳中的籽粒过多的主要原因与排除方法

故障原因	排除方法
筛片开度过小	适当增大筛片开度
清选风扇风量过大	降低清选风扇的风量
喂入量过大	降低前进速度或减少割幅
滚筒转速过高	降低滚筒转速
风扇风量调整不当	调整风扇风向

知识点16　送粮刮板输送器堵塞

1. 故障现象

收割作业时，送粮刮板输送器经常堵塞，不能流畅输送粮食。

2. 故障原因

送粮刮板输送器堵塞的主要原因与排除方法见表 2.23。

表 2.23　送粮刮板输送器堵塞的主要原因与排除方法

故障原因	排除方法
刮板链条过松	调整刮板链条的张紧度
驱动带打滑	调整驱动带的张紧度，或更换驱动带
作物潮湿	适期收割

任务实施

[任务要求]

某知名联合收获机 4S 店正在承接一项维修任务。用户描述，收获机在作业过程中割台遇到石块、钢丝等障碍物时容易使切割器卡死，不能正常工作，从而导致割刀堵塞；在小麦收割作业时，割断的小麦堆在割台上，割台螺旋推运器不能及时将作物输送到中间倾斜输送器。用户要求对收获机进行检测并维修。如要完成这项修理任务，就必须熟悉割台常见的故障现象，合理分析其故障产生的原因，能够正确进行收获机械常见故障的诊断与排除。

[实施步骤]

一、割刀堵塞的故障诊断与排除

1. 诊断一　遇到石块、木棍等障碍物，使割刀卡死

石块、木棍、钢丝、泥块、草屑等障碍物进入收获机切割器内，使切割器卡死不能正常工作从而导致割刀堵塞，如图 2.210 所示。

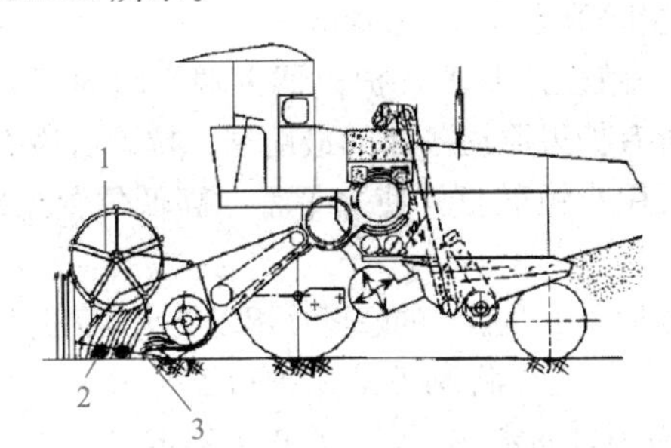

图 2.210　切割器遇到石块、木棍等障碍物

1—拨禾轮；2—石块等异物；3—切割器

排除方法：立即停机，排除障碍物。

专家提示

在排除卡在割台切割器中的障碍物时，发动机必须熄火，且不要用手直接触摸切割器的刀刃，以防受伤。

2. 诊断二　动刀片与定刀片间隙过大

切割器的动刀片与定刀片间隙过大，部分谷物茎秆会钻入间隙，不能被切断从而造成割刀堵塞。

排除方法：正确调整动刀片与定刀片的间隙。

(1)调整切割器间隙。动、定刀片前、后间隙都大，用小锤敲打压刃器前部；间隙都小时，敲打压刃器后部，或在压刃器与护刃器梁间适当增加垫片。动刀片和压刃器的间隙最大不应超过 0.8 mm，如图 2.211 所示。

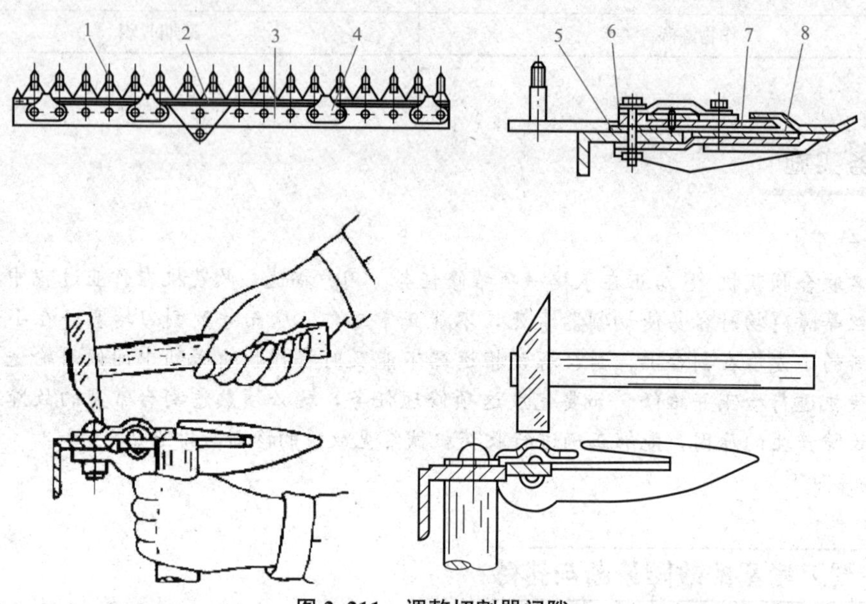

图 2.211　调整切割器间隙

1—护刃器；2—动刃铆合；3—刀梁；4—压刃器；5—下摩擦片；6—上摩擦片；7—动刀；8—定刀

当割刀处于极限位置，即动刀片处于定刀片上面时，动刀片与定刀片前端间隙为 0.1～0.5 mm；动刀片与定刀片后端间隙为 0.3～1.0 mm。

(2)检查切割器整列间隙一致性。要求各护刃器尖端之间的距离相等，并处在同一平面上。其检查方法：用一细线穿过所有护刃器切割面的最前端，拉紧后检查，当偏差超过 0.5 mm，用管子或用专用工具矫正，也可用小锤敲打，使之平整。高低位置差别太大时可在护刃器与梁的接触面上添加垫片。

(3)调整切割器压刃器摩擦片。压刃器下的摩擦片用以支承动刀片尾端和刀杆的立面，并可前后调整以补偿磨损。调节摩擦片时，应先将割刀推靠护刃器定刀片，然后将摩擦片平行地紧挨着刀杆固定住。刀杆在护刃器定刀片与摩擦片构成的凹槽内应能灵活运动，不得有卡滞现象。

(4)调整切割器刀杆前后间隙。刀杆在护刃器导槽内，前后间隙过大，会造成割刀振动，过小会引起割刀卡滞。这一间隙在带有摩擦片的护刃器上可以调整。在动、定刀片中心线重合时，旋松装有摩擦片的护刃器螺母，将摩擦片前后轻轻移动，直到合适后再将螺栓拧紧。

3. 诊断三　刀片或护刃器损坏

刀片或护刃器损坏，如缺齿、磨钝等，切割力量不足，不能完全切断谷物秸秆，从而造成割刀堵塞，如图 2.212 所示。

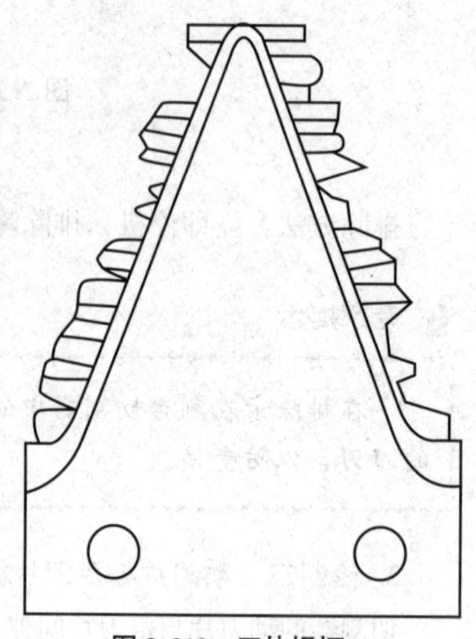
图 2.212　刀片损坏

排除方法：更换损坏的刀片或护刃器。

(1)更换刀片。如图 2.213 所示。

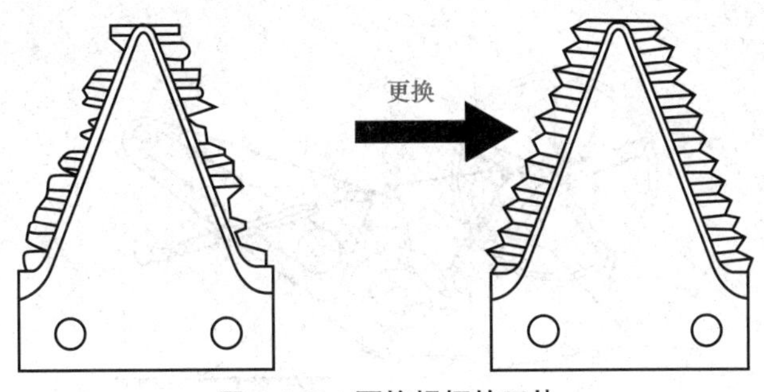

图 2.213　更换损坏的刀片

(2)校正护刃器。所有护刃器的工作面应在同一平面。调整方法：用一节管子套在护刃器尖端，也可用锤子轻轻敲打，如图 2.214、图 2.215 所示。

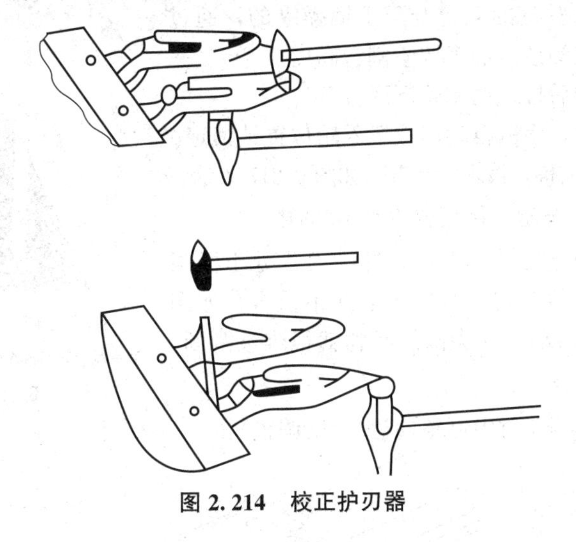

图 2.214　校正护刃器

图 2.215　用专用工具校正护刃器变形

4. 诊断四　割茬过低

收获机作业时，割茬过低，田间杂草大量进入切割器。这增加了切割器负荷，会使切割器切割不畅，造成割刀堵塞。

排除方法：适当提高割台高度。

收割时，根据作物长势和当地耕作习惯调整割茬高低。收倒伏或矮秆作物时，可调到 100～130 mm；收割较高作物时，割茬可控制在 180 mm 以上，如图 2.216 所示。

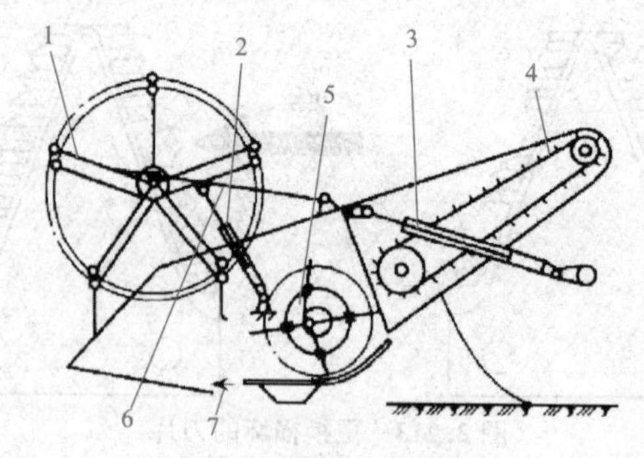

图 2.216　提高拨禾轮高度

1—拨禾轮；2—拨禾轮升降液压缸；3—割台升降液压缸；4—过桥链耙；5—喂入搅龙；6—升降架；7—切割器；

割台高度是通过驾驶室的割台升降手柄操纵的，通过控制割台升降液压油缸的液压油来调整割台高度。

拨禾轮升降手柄向后拉，拨禾轮下降。

拨禾轮手柄中立时，手柄自动回位拨禾轮位置被锁定。

拨禾轮升降手柄向前推，拨禾轮上升，如图 2.217 所示。

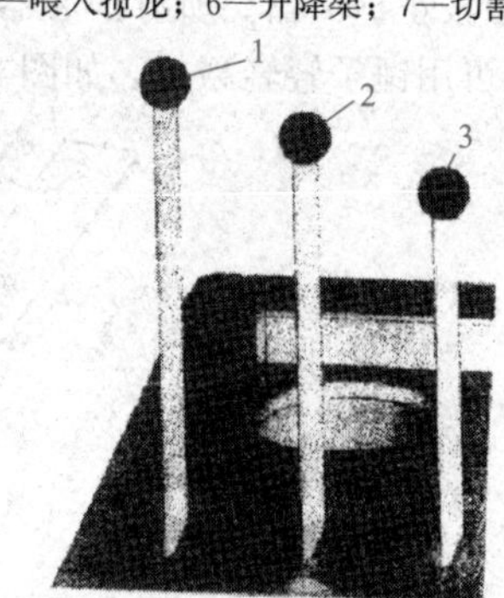

图 2.217　割台升降控制手柄

1—拨禾轮升降手柄；2—割台升降手柄；3—无级变速手柄

5. 诊断五　动刀片与定刀片配合位置不"对中"

切割器的动刀片与定刀片不对中，即动刀片处于极限位置时，动刀片的中心线与定刀片的中心线不重合，如图 2.218 所示，处于切割器动刀片尖部的谷物就很难被割断，从而造成割刀堵塞。

排除方法：进行切割器对中调整(或重合度调整)。

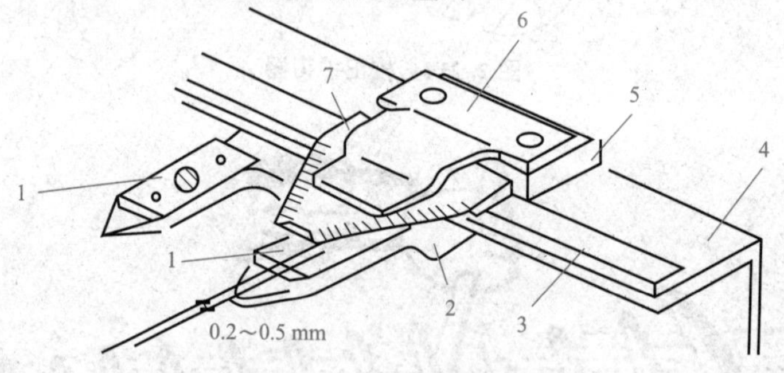

图 2.218　动刀片与定刀片不对中

1— 定刀片；2—定刀架；3—动刀杆；4—刀架角铁；5—调整挡铁；6—压刃器；7—动刀片

驱动装置为曲柄连杆机构的，通过改变连杆长度进行调整；采用摆杆机构的，通过改变摆杆前支座球面轴承的位置进行调整；采用行星齿轮传动机构的，通过微调螺钉做微量调整。

二、割台前堆积作物的故障诊断与排除

1. 诊断一　割台螺旋推运器与割台底板间隙过大

割台螺旋推运器与割台底板间隙过大，如图 2.219 所示，螺旋推运器叶片抓不住谷物，不能及时推进，从而阻挡正常输送量，造成作物在割台堆积。

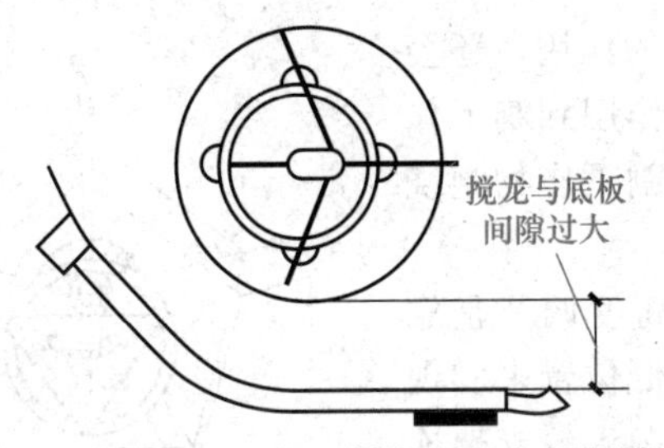

图 2.219　割台螺旋推运器与割台底板间隙过大

排除方法：调整割台螺旋推运器叶片与割台底板之间的间隙。

调整方法：改变割台螺旋推运器调整螺栓在固定直架上端的长度，如图 2.220 所示。

首先松开螺旋推运器转动链张紧轮，然后将割台两侧壁上的螺母松开，再将右侧的伸缩拨指调节手柄螺母松开，拧转调节螺母使螺旋推运器升起和降落，从而按需要调整螺旋推运器叶片和底板之间的间隙量。最后必须完成下列工作：

(1)检查螺旋推运器和收割台底板母线平行度，使其沿收割台全长间隙分布一致。

(2)检查伸缩拨指伸缩情况，测量间隙是否合适(一般为 10～15 mm)。

(3)检查并调整螺旋推运器链条的张紧度。

(4)拧紧两侧壁上的所有螺母。

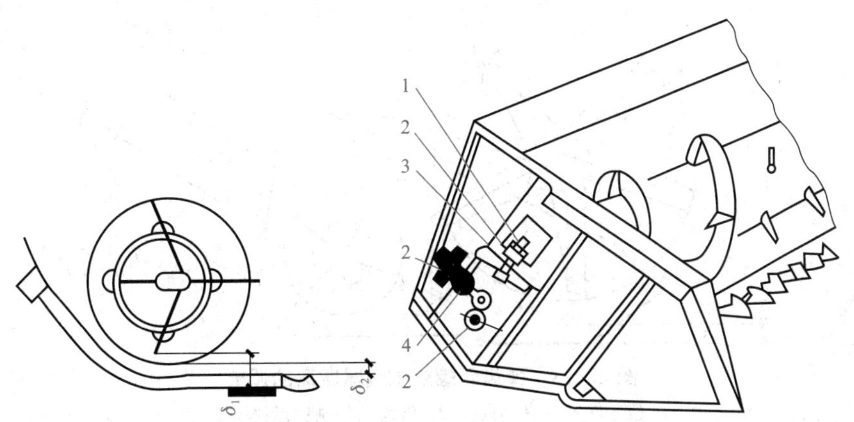

图 2.220　割台螺旋推运器与割台底板间隙过大

1— 调节螺母；2—螺母；3—调节螺栓；4—伸缩指调节手柄

2. 诊断二　拨禾轮安装高度过高

拨禾轮安装高度过高，谷物被割后，过早脱离了拨禾轮的推送作用，倒在割台前方，不能及时被螺旋推运器抓取而形成堆积。

排除方法：正确调整拨禾轮高度，如图 2.221 所示。

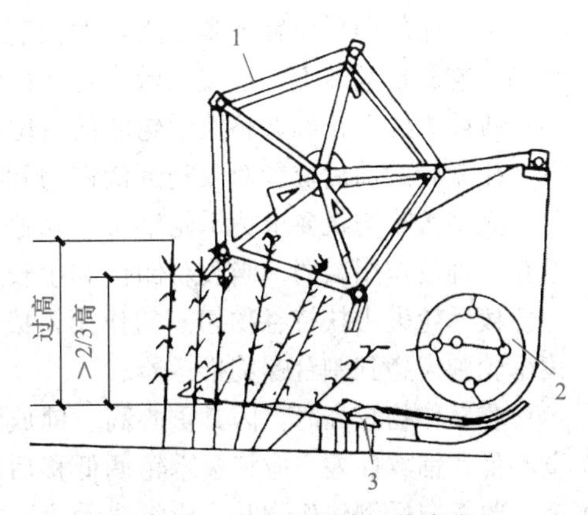

图 2.221　正确调整拨禾轮高度

1— 拨禾轮；2—搅龙；3—切割器

拨禾轮安装的正确高度，是使弹齿轴或压板作用到麦株穗头以下的部位，也就是切割线上方 2/3 处。拨禾轮太高，弹齿轴或压板作用到穗头上，会造成穗头落粒，增大割台损失；拨禾轮过低，弹齿轴或压板作用到割下作物的重心点以下时，会使割下作物倒向割台前方。不仅失去了拨禾轮的作用，还会增大割台损失；弹齿轴或压板作用到割下作物的重心点上时，则容易出现割下作物缠绕拨禾轮的现象。

(1)机械调整法。拨禾轮高度调节是靠改变拨禾轮升降调节螺栓的高低位置来实现的。调整时，拧下拨禾轮臂和拨禾轮支架连接螺栓，上下移动拨禾轮臂调至合适的高度后，再拧紧螺栓。调整时应注意保证左右高度一致，如图 2.222 所示。

(2)液压调整法。拨禾轮高度由驾驶室拨禾轮液压升降手柄来操纵实现。

拨禾轮放到最低位置和最后位置时，弹齿距螺旋推运器以及护刃器的最小距离均不小于 20 mm，如图 2.223 所示。

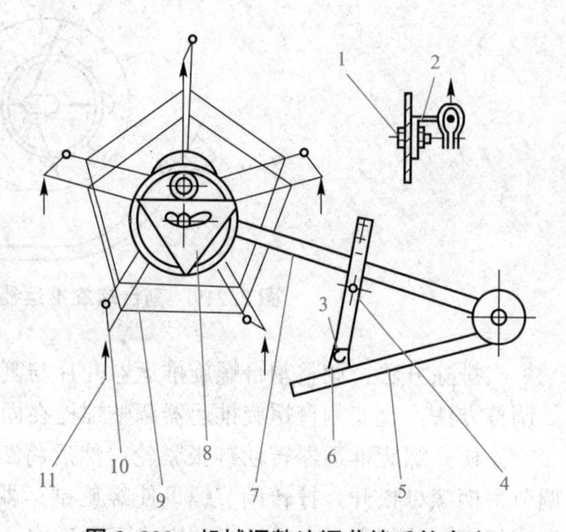

图 2.222 机械调整法调节拨禾轮高度

1— 连接螺栓；2—连接板；3—调节支架；4—调节螺栓；5— 割台骨架；6—调节支架座；7—拨禾轮臂；8—三角板；9— 辐条拉撑；10—拨禾轮；11—拨齿

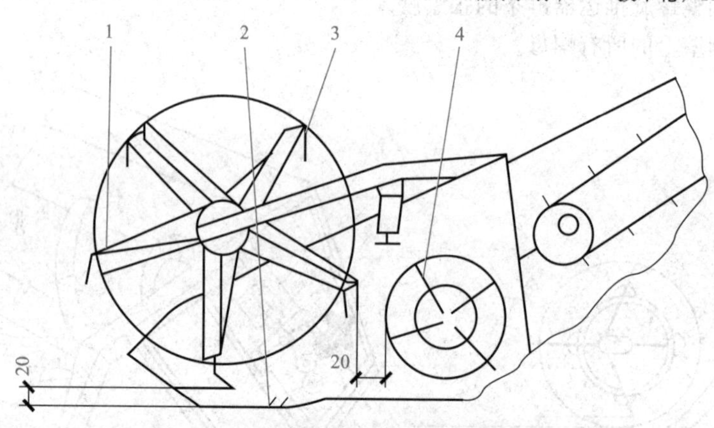

图 2.223 弹齿距螺旋推运器距离的调节

1— 拨禾轮；2—护刃器；3—弹齿；4—喂入刮板输送器

3. 诊断三 拨禾轮太偏前

拨禾轮的前后位置调整不当，太偏前使拨禾轮推送作物强度不足，不能有效地将作物推送到割台螺旋推运器上，造成割台作物堆积。

排除方法：正确调整拨禾轮的前后位置。

拨禾轮的前后位置对收割倒伏作物和向割台上推送已割作物有很大影响。在收获直立作物时，大多数收割机要求拨禾轮轴位于切割器尖前 10 cm 左右的正上方。拨禾轮前移，引导作用增强，铺放作用减弱。当收获倒伏和生长稠密作物时，拨禾轮可以适当前移，但不能过多，不应使拨禾轮失去扶持谷物切割的作用，拨禾轮后移，铺放作用增强，引导作用减弱，但不应使拨禾轮弹齿碰到割台螺旋推运器。

收获作物较高时，因其重心高、铺放性好，应将拨禾轮调高移前。收获低矮作物时，因其重心低、铺放性差，应将拨禾轮调低移后。收获向前或向一侧倒伏作物时，应将拨禾轮调低移前；收获向后倒伏作物时，应将拨禾轮调低移后。

拨禾轮前后位置靠移动拨禾轮轴承座在升降支臂上的位置来调整，如图 2.224 所示。调整时应先逆时针方向扭转张紧轮架，取下V带，再取下支臂上的固定插销，然后移动拨禾轮，移动时应左右同步进行，要注意保持两边相对应固定孔位，并插入插销。

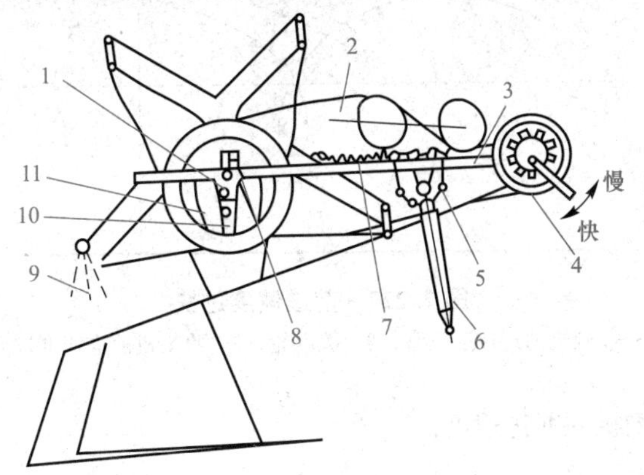

图 2.224　拨禾轮的调节机构

1—轴承座；2—张紧轮架；3—支臂；4—变速轮；5—链条；6—拨禾轮升降液压缸；7—弹簧；8—插销；9—弹齿；10—定位螺钉；11—偏心调节板

拨禾轮前后位置调整后，应装好V带，并重新调整弹簧对拄接链条的拉力，使之与V带张紧适度。

4. 诊断四　拨禾轮转速过低

拨禾轮的转速应与作物收割的前进速度保持一定的比例，若拨禾轮转速过低，拨禾轮的扶持切割作用下降，螺旋推运器推送作物也下降，即不能及时将切断作物输送到割台螺旋推运器上造成割台作物堆积，如图 2.225 所示。

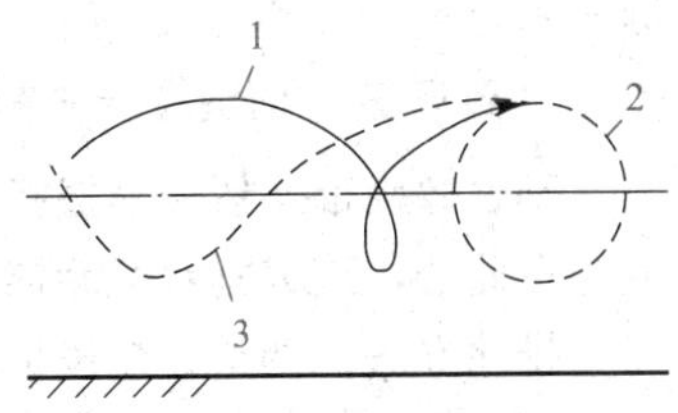

图 2.225　拨禾轮转速过低

1— 拨禾轮转速正常；2—拨禾轮；3—拨禾转速过低轮

排除方法：调整拨禾轮的转速。

拨禾轮转速调整方法因机型不同，有多种方法，主要有更换链轮法、机械式无级变速法、液压式无级变速法、电动式无级变速法。

5. 诊断五　作物过矮或过稀

作物较短或过稀，拨禾轮产生的推送能力也下降，不能形成作物流，以致作物停留在割台上，造成割台作物堆积。

三、割台螺旋推运器堵塞的故障诊断与排除

1. 诊断一　三角带过松

割台螺旋推运器的动力传动三角带过松，使螺旋推运器转速下降，从而造成割台螺旋推运器堵塞，如图 2.226 所示。

排除方法：调整螺旋推运器三角带的张紧度。

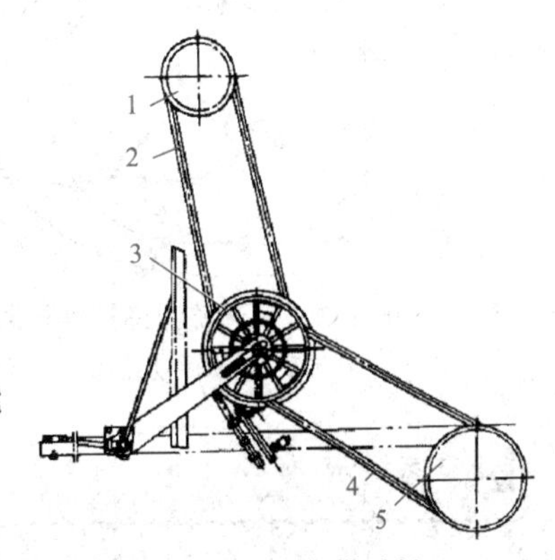

图 2.226　三角带过松

1—主动带轮；2—三角带；3—中间带轮；4—三角带；5—中间位置

2. 诊断二　作物过密

作物过密造成喂入量过大，超过了割台螺旋推运器的输送能力，从而造成割台螺旋推运器堵塞。

排除方法：减少割幅或降低前进速度。

3. 诊断三　前进速度过快

收割前进速度过快，喂入量迅速加大，超过了割台螺旋推运器的输送能力，造成割台螺旋推运器堵塞，如图 2.227 所示。

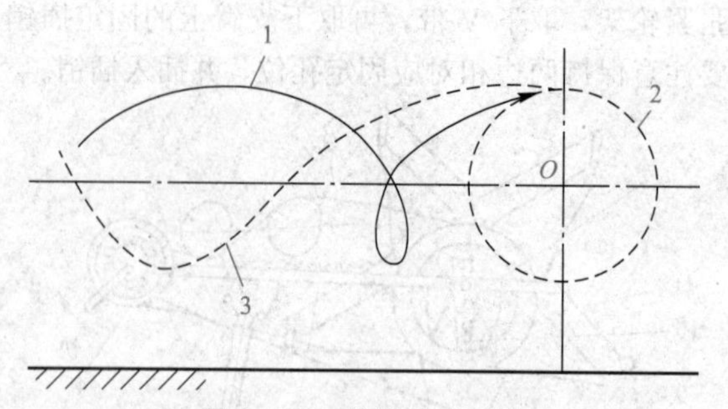

图 2.227　前进速度过快

1—收割机前进速度正常；2—拨禾轮；3—收割机前进速度过高

排除方法：降低收割机的前进速度。

4. 诊断四　割台底板变形

割台底板与地面石块、铁块等异物相撞，使割台螺旋推运器与底板之间的间隙不一致时，输送受阻，造成割台螺旋推运器堵塞，如图 2.228 所示。

排除方法：校正割台底板，使割台螺旋推运器与底板间隙一致。

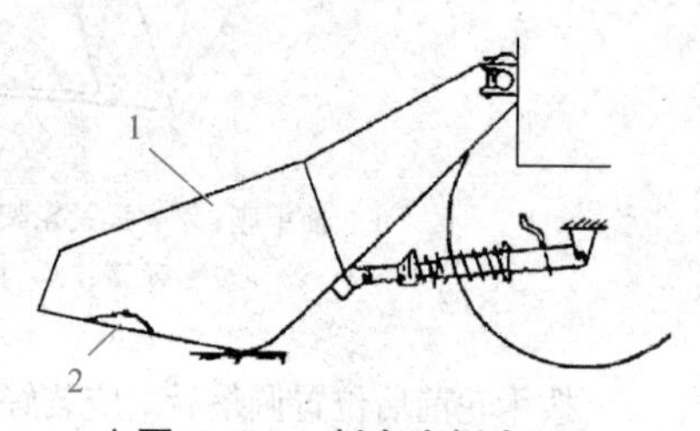

十图 2.228　割台底板变形

1—割台；2—割台底板变形

5. 诊断五　伸缩拨指与割台底板间隙变小

割台螺旋推运器伸缩拨指与割台底板之间的间隙过小，作物不能及时输送到倾斜输送器，卡存在此处，造成割台螺旋推运器堵塞。

排除方法：调整伸缩拨指与割台底板的间隙，如图 2.229 所示。

调整方法：先调整螺旋推运器叶片与底面间隙，再调拨指与地面间隙。调整时只需转动拨指调整手柄，间隙变小，反之间隙变大。调整位置如图 2.230 所示。

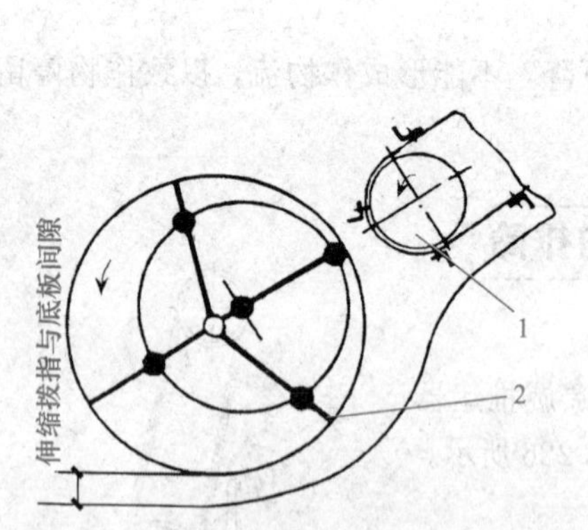

图 2.229　调整伸缩拨指与割台底板间隙

1—过桥浮动轮筒；2—伸缩杆

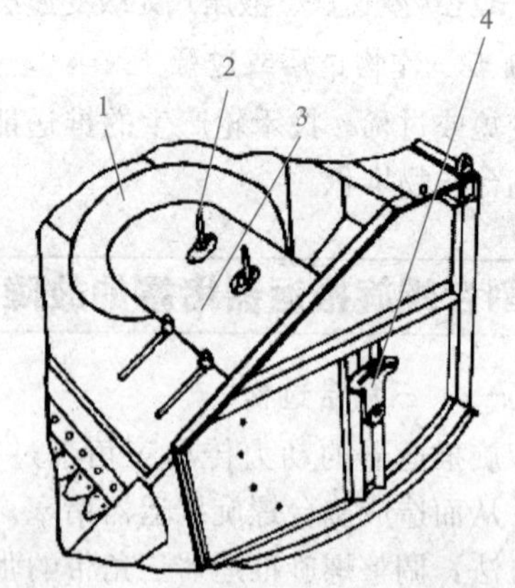

图 2.230　螺旋推运器叶片调整位置

1—螺旋叶片；2—伸缩齿杆；3—刮板安装孔；4—伸缩齿杆调节辐板

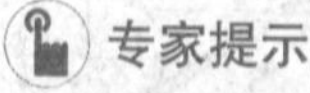

专家提示

拨指伸出量不但要看前面与地面的间隙，还应注意后面与倾斜喂入室喂入链耙的间隙，以免相互碰撞。

四、作物向前冲倒的故障诊断与排除

1. 诊断一　前进速度过快

收割机前进速度过快使拨禾轮不能有效地向后拨送作物，而是向前推压作物，从而出现作物向前冲倒现象。

排除方法：降低小麦收割机的前进速度。

2. 诊断二　拨禾轮转速过低

拨禾轮速度过低，即与收割机前进速度不能保持一定的比例，拨禾轮失去了扶持切割作用，反而会推阻作物，使作物向前冲倒。

排除方法：调整拨禾轮的转速。拨禾轮转速调整方法因机型不同而不同，目前广泛采用无级变速方式来调整。

3. 诊断三　切割器间隙过大

切割器间隙过大会产生滑切现象，少数作物不能迅速切断使切割器堵塞，切割器会向前推挡作物。

排除方法：调整切割器间隙。

4. 诊断四　割刀速度过低

割刀驱动机构不良，使割刀的往复运动速度降低，不能迅速、有效地切断作物，切割器堵塞，使作物向前冲倒。

排除方法：检查割刀驱动机构，调整传动带的张紧度，如图 2.231 所示。

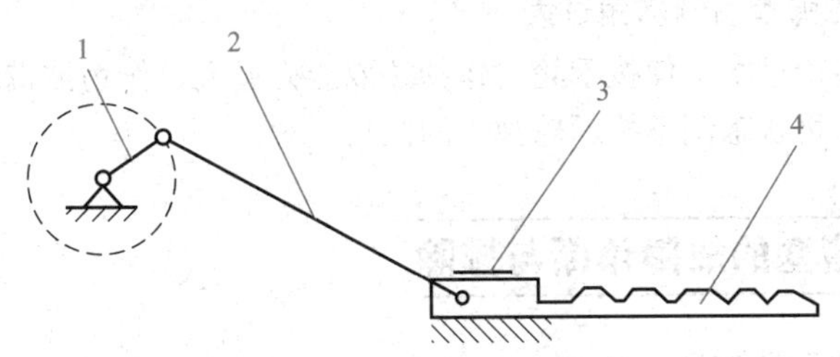

图 2.231　检查割刀驱动机构

1— 曲柄；2—连杆；3—导轨；4—割刀

五、拨禾轮打落籽粒过多的故障诊断与排除

1. 诊断一　拨禾轮转速过快

拨禾轮转速过快，拨禾轮不能垂直插入作物，而是向后方有倾角插入作物，造成对作物穗头的冲击加大，从而将穗头上的籽粒打落。

排除方法：降低拨禾轮的转速。

2. 诊断二　拨禾轮安装高度过高

拨禾轮位置过高，其齿轴或压板就会直接作用在作物穗头上，冲击力加大，造成穗头落粒过多。

排除方法：降低拨禾轮的安装高度。

3. 诊断三　拨禾轮太靠前

拨禾轮太靠前，打击作物次数会增多，造成穗头籽粒脱落增加。

排除方法：根据作物状态，调整拨禾轮的前后位置。前后位置调节是松开拨禾轮轴承前后调节螺栓，沿拨禾轮臂前后移动轴承来实现的，拨禾轮轴承座与拨禾轮臂的连接多是用两颗螺栓夹在拨禾轮臂上，前后可做无级移动。有的轴承座用螺栓同拨禾轮臂直接紧固在一起，前后只能做有级移动。调整时要注意左右两边位移一致，如图 2.232 所示。

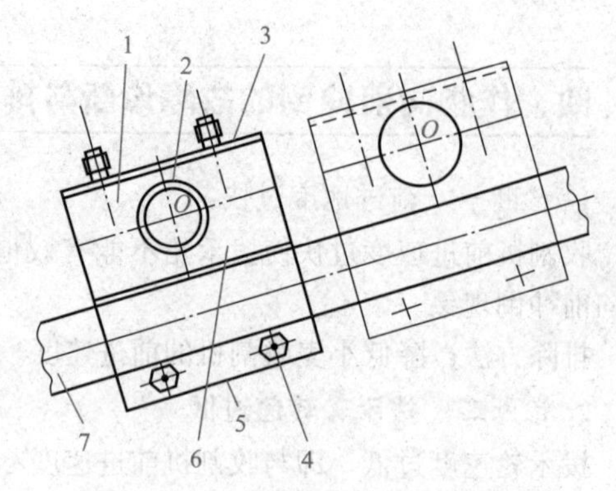

图 2.232　拨禾轮的前后位置调整

1—木轴承；2—拨禾轮轴；3—木轴承垫板；4—螺栓；5—轴承座；6—下木轴瓦；7—拨禾轮臂

六、拨禾轮带草的故障诊断与排除

1. 诊断一　拨禾轮安装高度过低

拨禾轮安装高度过低，弹齿轴或压板作用在割下作物重心的下方，使作物倒向割台前方，被拨禾轮重新带起，出现甩草现象，增大割台损失。

排除方法：提高拨禾轮安装高度。

2. 诊断二　拨禾轮转速过高

拨禾轮转速过高，作物受拨禾轮的作用太强，在惯性作用下，切割的作物又会被拨禾轮带起出现甩草现象。

排除方法：降低拨禾轮转速。拨禾轮的转速调整，多利用机械和液压方式改变拨禾轮传动比，实现无级变速。

3. 诊断三　拨禾轮弹齿后倾斜角过大

拨禾轮弹齿后倾斜角过大，使拨禾轮对作物搂取能力过大，作物被带起，出现甩草现象。

排除方法：根据作物状态调整拨禾轮弹齿的倾角。

七、脱粒滚筒堵塞的故障诊断与排除

1. 诊断一　发动机转速过低

若发动机转速低于标准值(一般 1 500 r/min 或 2 000 r/min)，则脱粒滚筒的转速过低，来不及脱粒，从而造成脱粒滚筒堵塞。

排除方法：调整发动机转速至标准值。

2. 诊断二　喂入量过大

若喂入量过大，超过了脱粒滚筒的工作极限，谷物茎秆来不及从滚筒排出，而造成堵塞。

排除方法：降低联合收获机的行驶速度或减小割幅、适当提高割茬高度。

3. 诊断三　脱粒间隙过小

若脱粒间隙过小，单位时间通过脱粒滚筒的作物流量就会减少，作物流动不畅，从而导致脱粒滚筒堵塞。脱粒间隙如图 2.233 所示。

排除方法：调整脱粒间隙到规定值。

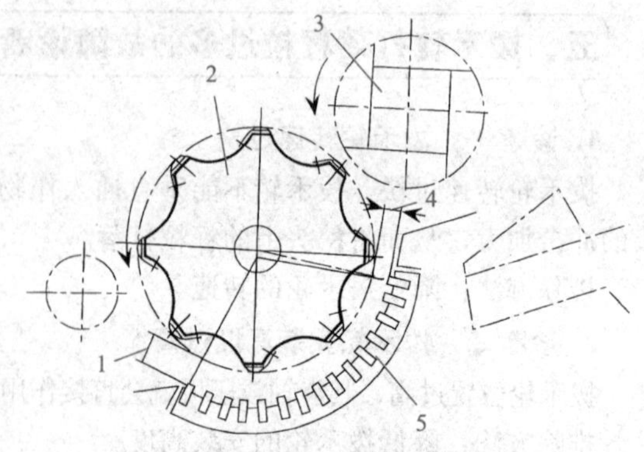

图 2.233　脱粒间隙

1—入口间隙；2—纹杆滚筒；3—逐稿轮；4—出口间隙；5—栅格与凹版

脱粒间隙是指滚筒上的动脱粒元件与凹板

上的静脱粒元件间形成的最小间隙。在纹杆式脱粒装置中，纹杆最高表面距离凹板第一根横隔板上表面的垂直距离，叫入口间隙；纹杆最高表面距离凹板最后一根横隔板上表面的垂直距离，叫出口间隙。在钉齿式脱粒装置中，脱粒间隙是指滚筒上的钉齿与凹板上的钉齿重合时，两相对的齿侧面间的最小间隙(齿侧间隙)。楔形齿在凹板升降调整时齿侧间隙和齿端间隙都发生变化，杆齿、板齿等的齿侧间隙是固定不变的，一般为10～20 mm。脱粒间隙的调整如图2.234所示。

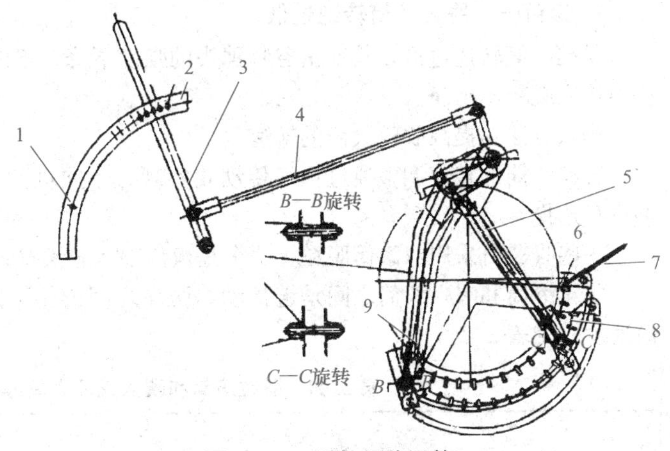

图 2.234　脱粒间隙调整

1—最前孔位；2—最后孔位弧形板；3—调节手柄；4—连杆；5—后吊杆；6—出口间隙；7—栅条；8—凹板

脱粒间隙的功用是增加脱粒元件的搓擦挤压作用，使脱粒速度适当减小。因为当脱下70%～75%的籽粒后，靠提高脱粒速度增大冲击的方法去脱下剩余的难脱籽粒，必然加大籽粒和茎秆的破碎率和功率消耗。在较低的脱粒速度下，加强脱粒间隙内的搓擦作用，对于脱下难脱籽粒却可以达到较为满意的脱粒效果。为使脱粒元件的脱粒作用逐渐增强，在脱粒作用较弱时，脱下并分离出易脱的籽粒，避免损伤，而在脱粒作用较强时脱下难脱籽粒。同时，因为被脱物在脱粒间隙内的运动速度越来越快，谷物层逐渐变薄，为在入口处利于喂入和抓取被脱物，在脱粒过程中保持一定的脱粒强度，脱粒间隙总是逐渐减小的。对于切流纹杆式的脱粒装置，其入口间隙一般为出口间隙的3～4倍。

增大脱粒间隙，搓擦挤压作用减弱，使脱净率和分离率下降，但使破碎率下降，通过能力增加，不易堵塞，功率消耗减小，因此难脱粒的被脱物应采用较大的脱粒间隙。减小脱粒间隙，搓擦挤压作用加强，使脱净率和分离率提高，但是使破碎率上升，通过能力减小，容易产生堵塞，功率消耗加大，因此难脱粒的被脱物应采用较小的脱粒间隙。为防止挤碎籽粒，脱粒间隙的最小值不得小于籽粒的最大尺寸。

同脱粒速度一样，脱粒间隙也因作物的类别、品种、干湿度和成熟度等而异。麦类作物适宜的脱粒间隙，切流纹杆式的入口间隙为15～25 mm，出口间隙为2～5 mm；切流钉齿式(楔齿)的齿侧间隙，入口处为5～10 mm，出口处为4～6 mm。调整脱粒间隙的原则是在脱净的前提下尽量放大间隙。

脱粒间隙随作物种类和分离质量确定，通过调整凹板的位置进行调节，入口间隙为15～20 mm，出口位置一般为5～9 mm。

4. 诊断四　收获谷物的水分过大

当收获的谷物含水量超过20%时，脱粒阻力和负荷增大，会造成脱粒堵塞。

排除方法：待谷物完全成熟或作物上露水干后进行收割。

5. 诊断五　脱粒滚筒传动皮带打滑

脱粒滚筒传动皮带张紧度不足或磨损严重，使传动带的摩擦阻力下降、传动扭矩不足，造成传动皮带打滑，从而造成脱粒滚筒堵塞。

排除方法：张紧或更换脱粒滚筒的传动带。

八、脱粒不干净的故障诊断与排除

1. 诊断一　脱粒滚筒转速过低

脱粒滚筒转速过低，其冲击谷物穗头的强度下降，不能有效将作物籽粒从穗头中分离出来，从而造成脱粒不干净。

排除方法：提高脱粒滚筒的转速。

脱粒滚筒的转速调整通过更换传动轮实现，不同机型工作转速有所差别，应根据使用说明书进行选择。

一些收获机采用双滚筒脱粒：一个是板齿喂入式滚筒；另一个是轴流式脱粒滚筒。

脱粒滚筒和喂入滚筒之间是链传动，两筒之间链轮不同组合，便会产生四种不同的喂入滚筒速度，见表 2.24。

表 2.24　脱粒滚筒和喂入滚筒之间链轮调整参考表

作物种类	脱粒滚筒			喂入滚筒		
	转速/$(r\cdot min^{-1})$	链轮齿数	活动栅格凹板出口间隙/mm	转速/$(r\cdot min^{-1})$	链轮齿数	凹齿排数
小麦	900	18 或 22	5 或 10	522 或 639	31	光面
大麦、燕麦	900	18 或 22	5 或 10	522 或 639	31	光面

2. 诊断二　脱粒间隙过大

脱粒间隙过大，脱粒滚筒钉齿抓取谷物在凹板筛上的打击和抛掷作用下降，脱离效率变差，即脱离不干净，如图 2.235 所示。

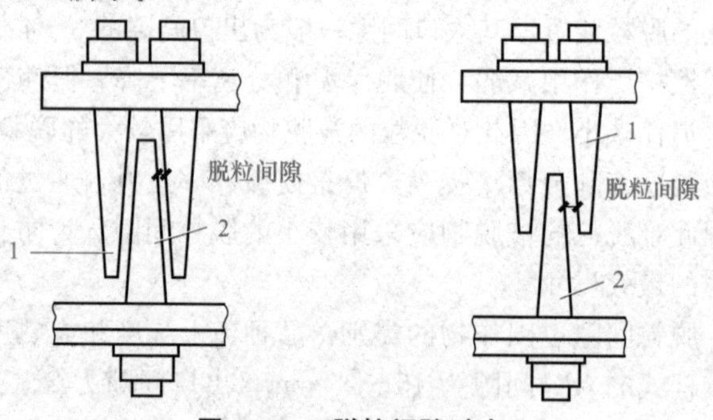

图 2.235　脱粒间隙过大

1—滚筒钉齿；2—凹板钉齿

排除方法：减小脱粒间隙至标准值。

对于小型收获机，一般不在驾驶室设置脱粒间隙操纵手柄。其脱粒间隙调整方法是直接调整凹板筛的高低位置，或在滚筒轴承上增减垫片，如图 2.236 所示。

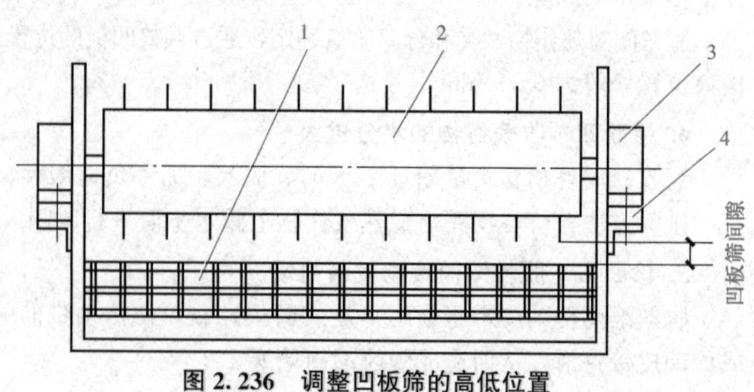

图 2.236　调整凹板筛的高低位置

1—凹板筛；2—滚筒；3—轴承座；4—调整垫片

专家提示

影响脱粒间隙的因素和解决方法如下：

①制造装配时没有调整好间隙，使脱粒间隙过小或过大，影响脱粒效果。解决方法是重新调整脱粒间隙。

②由于喂入量过大，使滚筒钉齿或凹板筛变形，也会使脱粒间隙发生变化，造成脱粒不干净。解决方法是校正滚筒钉齿或凹板筛，使其有合理的脱粒间隙。

③收获机使用时间长了或者收割的作物比较多，使凹板筛或滚筒钉齿磨损严重，从而增大了脱粒间隙，造成脱粒不干净。解决方法是调整脱粒间隙或加长滚筒钉齿。

3. 诊断三　作物太潮湿

作物太潮湿，其穗头的籽粒连接力增加，使脱粒困难，从而造成脱粒不净。

排除方法：适期收割。

最适宜的脱粒湿度是17%～22%，为了在不同湿度下保证较好的脱粒质量，减少损失，作业中必须根据作物湿度的变化，及时调整滚筒与凹板的间隙，中午作物干燥，间隙适当调大，早、晚作业时作物潮湿，间隙应适当调小。不论早晚，不论干湿，从早到晚凹板间隙一成不变的操作方法是不可取的。要颗粒归仓，就必须根据客观情况及时调整滚筒与凹板间隙。

实践证明，作物成熟度对脱粒质量的影响是显而易见的，作物的适割期是黄熟末期至完熟期阶段，这一时期收割脱净率高，损失少；相反，收割过早，作物成熟度不一致，不仅脱不净，分离损失也会增加；作物成熟过度，自然损失和割台损失均增加。由于茎秆过干易碎，清选、分离损失都会增加。所以，适期收割，是提高作业效率、减少收割损失的重要保证。

4. 诊断四　喂入量过大或不均匀

喂入量过大或不均匀使脱粒负荷全面或部分增加，作物受打击的力度下降，从而造成脱粒不干净。

排除方法：降低前进速度或减少割幅。

5. 诊断五　脱粒部件磨损严重

脱粒滚筒中的纹杆(或钉齿)、凹板磨损超过工作极限或严重变形使其工作能力下降，即揉擦、冲击强度下降，从而造成脱粒不净。

排除方法：更换磨损超限的纹杆(钉齿)或凹板。

九、籽粒破碎太多的故障诊断与排除

1. 诊断一　脱粒滚筒转速过高

脱粒滚筒转速过高，滚筒纹杆或钉齿冲击作物穗头强度过大，使作物籽粒破碎增加，如图2.237所示。

排除方法：降低脱粒滚筒转速，即减小脱粒速度。

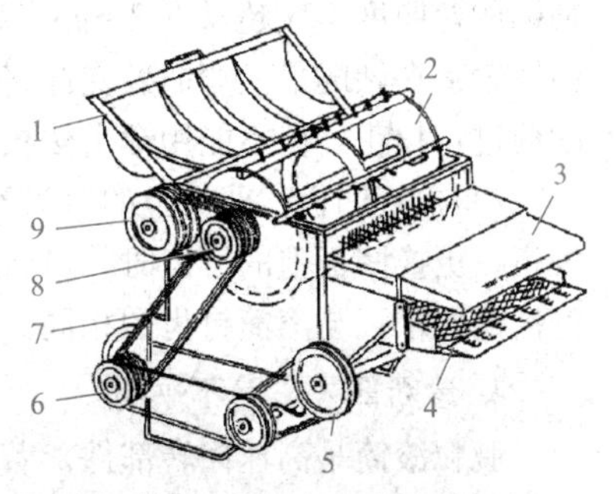

图2.237　脱粒滚筒转速过高

1—脱粒滚筒盖；2—滚筒；3—尾罩；4—振动筛；5—振动筛带轮；6—风机带轮；7—三角带；8—脱粒带轮；9—主动带轮

2. 诊断二　脱粒间隙过小

脱粒滚筒的纹杆或钉齿与凹板之间间隙过小，作物籽粒通过此间隙困难，产生的挤压力增加，使籽粒破碎加大。

排除方法：适当增大脱粒间隙。

3. 诊断三　作物未成熟或成熟过度

未成熟作物籽粒的坚实度小，在脱粒滚筒的强力冲击下极易破碎，造成籽粒破碎增加。若作物成熟过度，籽粒脆性增加，进入脱粒滚筒被纹杆或钉齿击碎使破碎率升高。

排除方法：适期收割，掌握作物的收割期。

十、脱粒滚筒有异响的故障诊断与排除

1. 诊断一　喂入量不均匀，瞬间超负荷

若收获作业时，由于前进速度或作物密度等发生变化，导致喂入量不均匀，会出现瞬时超负荷现象，发出沉闷摩擦声。

排除方法：灵活控制作业速度，保证喂入量均匀，避免超负荷。

2. 诊断二　有异物进入脱粒滚筒

田间树根、树枝、木棍、石块等异物从收割台进入脱粒滚筒，与脱粒滚筒发生强烈碰撞声，甚至会使脱粒滚筒损坏。

排除方法：停车熄火排除滚筒室内的异物。

 专家提示

> 在作业中应注意割台台面的情况，防止石块以及其他硬物进入脱粒装置。保养和维修完毕应严格清点工具，防止把工具丢放到割台或喂入室。在班次保养时应注意检查脱粒元件的固定情况，随时紧固好松动的螺母。

3. 诊断三　螺栓松动或脱落

排除方法：停车熄火重新紧固螺栓并检修脱粒装置。

(1)检查滚筒钉齿的损伤与松动。检查和更换齿顶工作边缘磨损大于4.5 mm的钉齿和螺纹损伤的钉齿。用锤子轻轻敲打钉齿，检查是否松动，必要时拧紧并锁紧螺母。

(2)检查钉齿的配置。用梳齿样板检查钉齿在滚筒上的配置是否正确，弯曲的钉齿用校正棒校直。

(3)校正滚筒轴。滚筒轴的弯曲程度是用划线针或千分表在特制的检修平台上进行检查的。轴端的弯曲度不应超过0.2 mm，超过时应进行校正。校正时，将滚筒轴露出短的一端固定，并用铁轴瓦在轴的最大弯曲处支起来，用丝杠或千斤顶在轴的另一端加力校正；也可以将滚筒拆卸后进行校正，但不能用锤击法校正。

(4)检查凹板。凹板上的钉齿弯曲、磨损检查与滚筒上的相同，弯曲的钉齿也可以用校正棒校正。更换凹板上的钉齿时，可将从小麦收割机上卸下来的凹板夹于虎钳上进行拆装，对凹板钉齿的要求，与滚筒钉齿的相同。

4. 诊断四　滚筒不平衡

脱粒滚筒是高速回转部件，若出现动不平衡将产生很大的离心力，引起脱粒滚筒振动，甚至损坏收割机。

排除方法：重新平衡脱粒滚筒。

滚筒是一个高速转动的回转体，如稍不平衡，将会产生有害的惯性，引起整台小麦收获机振动、轴承磨损，缩短小麦收获机使用寿命，严重时会造成更大的机械和人身事故。因此要求

滚筒必须平衡。

在制造或维修滚筒时，由于制造精度、装配质量和材料不均匀等方面的影响，往往使滚筒存在不平衡现象。所以在制造和维修滚筒时，必须对滚筒进行平衡试验，如图 2.238 所示。

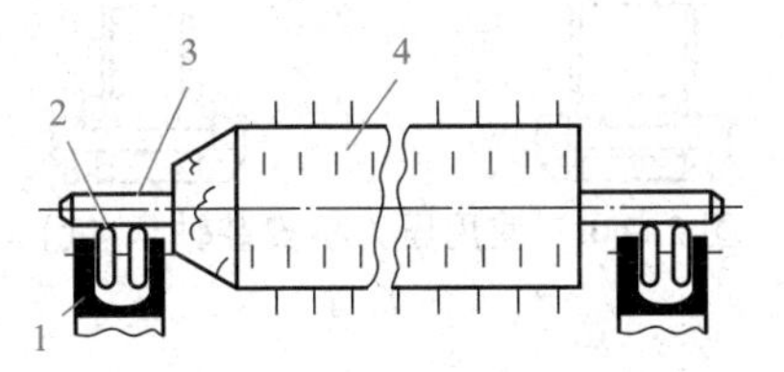

图 2.238　平衡脱粒滚筒

1—支架；2—滚轮；3—滚筒轴；4—滚筒

滚筒的平衡试验有两项：一是静平衡试验；二是动平衡试验。目前，对滚筒一般只做静平衡试验，即将滚筒轴两端放在两个具有刃口的水平试验架上，使其自由转动，如果滚筒是平衡的，则滚筒转到任何位置时，都可以在刃口支承上停住；如果滚筒不平衡，则只能在不平衡部分转至最低位置时才能停止转动。让滚筒在刃口支承上慢慢转几次，如果每次都在同一位置停住，那就说明该滚筒存在不平衡问题，这表明滚筒最低处偏重，必须在其相对于滚筒几何轴线对称的位置加配重(加螺母或垫等)或在偏重的一边去掉一定的质量，这样反复进行几次，直至滚筒在任何位置都能停止转动为止，即达到静平衡状态。试验也可在滚筒不拆卸时进行，即在小麦收获机上卸下带轮后按上述方法进行检查、试验和调整。滚筒的动平衡试验在动平衡试验机上进行。对于长度小于 700 mm 的滚筒只需做静平衡试验，对于长度大于 700 mm 的滚筒都应当进行动平衡试验。

静平衡的试验方法：将滚筒两端放在支架的滚轮上，用手轻拨滚筒，如果滚筒转至任何位置都可停住，则说明滚筒是静平衡的。如果当滚筒停止转动时，总是某一固定位置在下方，则说明滚筒静不平衡，必须在滚筒停摆位置的对面加配重，或在停摆位置处钻孔以减重，这种加重或减重必须在滚筒横向的中间位置进行，以避免产生动不平衡。如此重复检查，直到静平衡为止。

5. 诊断五　轴承损坏

脱粒滚筒轴承松动或磨损严重，产生很大的自由间隙，使其轴向或径向发生窜动，发生金属摩擦声。

排除方法：更换损坏的轴承与油封。

(1)轴承好坏的判断。开放型的，用手拿住内圈，当转动外圈时，确认是否平稳快速转动；树脂封口、金属封口型的，因中间封入黄油，不能快速转动，如果能快速转动，则说明中间已无黄油，须更换；检查内圈与外圈是否有摇晃，如图 2.239 所示。

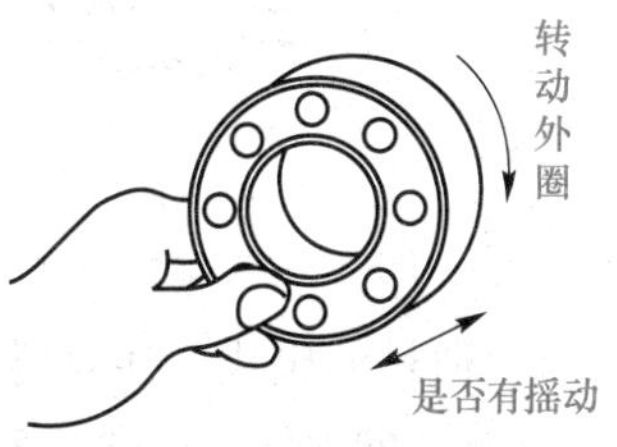

图 2.239　轴承好坏的判断

(2)轴承的安装。

①使用压力机安装轴承。使用压力机安装轴承，如图 2.240 所示。

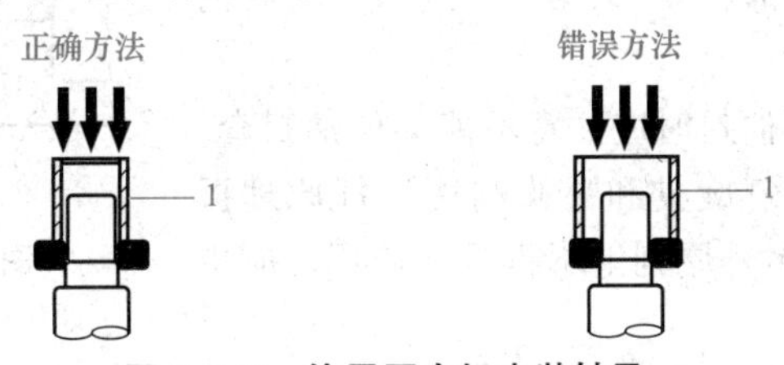

图 2.240　使用压力机安装轴承

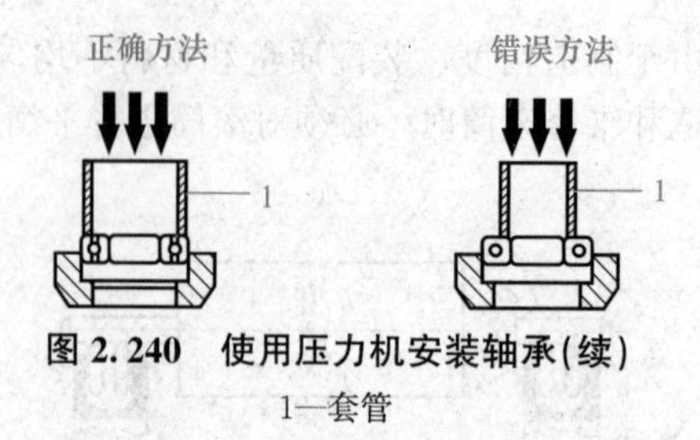

图 2.240　使用压力机安装轴承(续)

1—套管

②使用铁锤安装轴承。使用铁锤安装轴承，如图 2.241 所示。

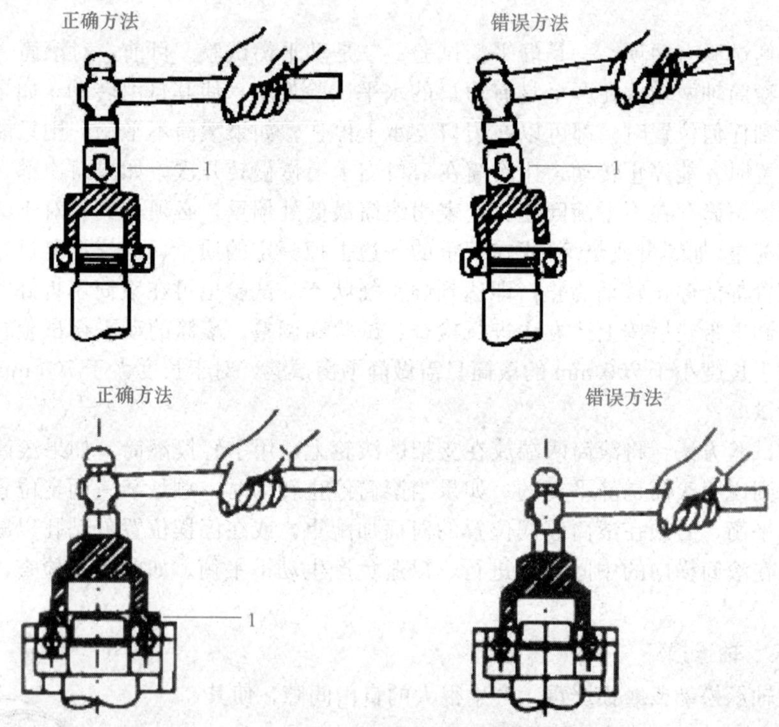

图 2.241　使用铁锤安装轴承

1—垫块

(3)油封的组成。油封唇前端部楔形断面与旋转轴接触，防止油的泄漏，如图 2.242 所示。

油封唇部保证稳定地接触油封前端，减少机械的振动。TC 型油封具有弹簧使压力提高。配合部防止油周围与油封套孔 L 内侧之间的油向外泄漏，油封固定在油封套孔穴上。灰尘唇部防止外部粉尘(垃圾、灰尘等)的向内侵入。

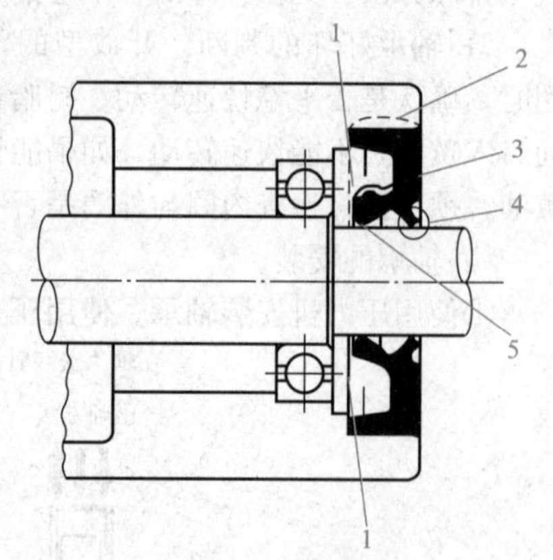

图 2.242　油封的组成

1—油封唇；2—配合部；3—油封唇部；4—灰尘唇部；5—油封唇前端

(4)油封的拆卸。拆下油封时应注意不能弄伤油封套。不能敲击油封，应使用螺钉旋具和垫棒利用杠杆原理拆卸。另外，拆卸下来的油封，原则上不再重新使用，应更换新品，如图 2.243 所示。

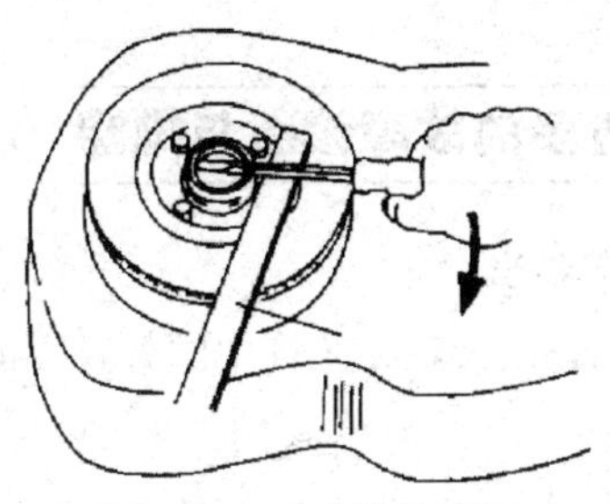

图 2.243　油封的拆卸

(5)油封的安装。

①装入油封套。油封装入时原则上应使用压力机，在不得已的情况下使用铁锤时，必须利用安装专用工具或垫板等物，使油封垂直地进入。另外，不能直接敲击油封，如图 2.244 所示。

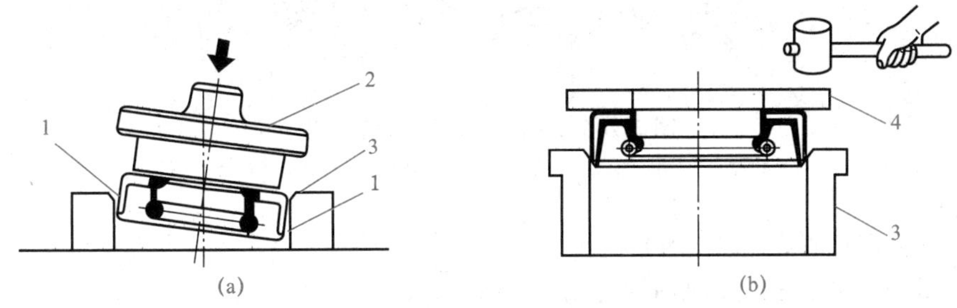

图 2.244　油封套的安装

(a)不正确安装；(b)正确安装

1—挤裂；2—安装用工具；3—油封套；4—垫板

②插入轴。清除轴上的垃圾、灰尘等物后，再在轴表面以及倒角部涂上薄薄一层润滑油，把轴插入，如图 2.245 所示。

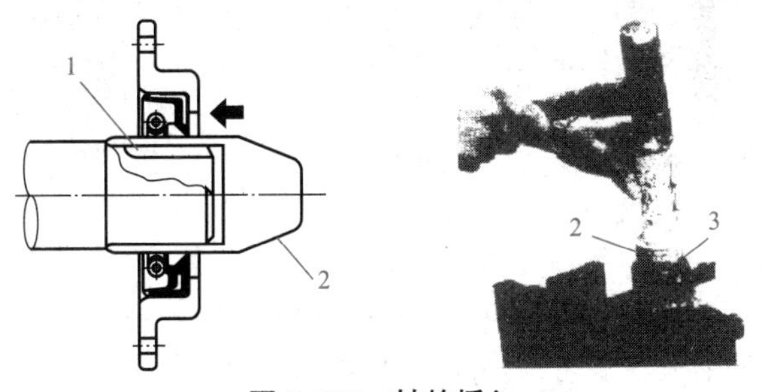

图 2.245　轴的插入

1—键槽；2—套壳；3—油封

专家提示

如轴上有键槽或花键时，一定要使用罩壳。特别是键槽的角比较锋利，是造成损伤油封唇端部、漏油的原因。

没有合适于轴的套壳，应在轴上贴上橡胶胶布，以免键槽的角碰上油封唇。

在插入土中，油封唇底部打转时，只要在转动轴的同时，让油封稍稍退出唇部即可回复。

十一、茎秆中夹带籽粒过多的故障诊断与排除

1. 诊断一　清选风扇风量调节不当

脱粒清选风扇的风量调节不当，使夹带在茎秆中的籽粒不能被清选出来，随茎秆排出机外，如图 2.246 所示。

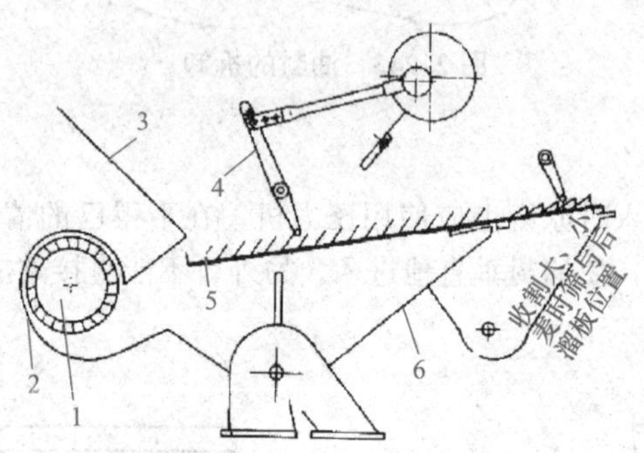

图 2.246　清选风扇风量调节不当

1—风扇叶片；2—扇壳；3—前溜谷板；4—摇臂；5—振动筛；6—溜谷板

排除方法：调整清选风扇的风量。

风扇风量的调整是靠改变风扇转速或改变吸风量的大小来实现的，调整时，应达到使麦粒混合物从筛面上被吹浮起来，而且籽粒又不被吹出机外的状态。

改变吸风口大小的调节方法：松开螺母，改变调风板在弧形长孔的位置，如图 2.247 所示。

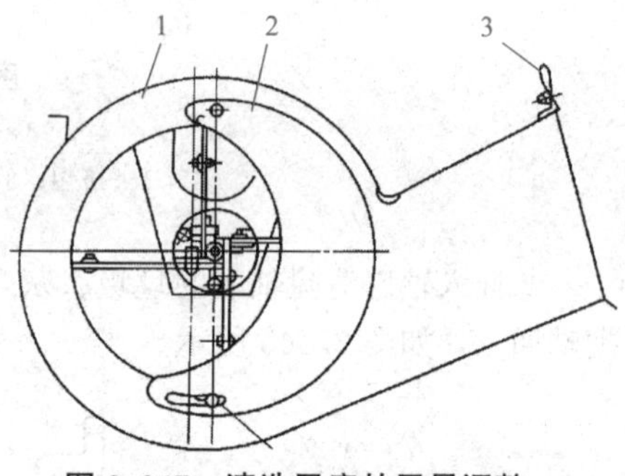

图 2.247　清选风扇的风量调整

1—蜗壳；2—调风板；3—密封板

2. 诊断二　筛面堵塞

清选筛筛面堵塞，风量不能从筛孔吹到茎秆上，即茎秆不能被吹浮起来。含在茎秆中的籽粒就会随茎秆排出机外。

排除方法：清除筛孔堵塞物，提高分离能力。

专家提示

所谓“分离”，是指将细小脱出物(籽粒、颖壳和断穗等混合物)从夹带它的长茎秆中分离出来，以免籽粒被长茎秆夹带到机外造成损失。分离能力越强，则生产率提高幅度越大。脱粒装置的分离能力潜力还很大，能够脱粒干净，却难以分离彻底。因而分离能力成为限制整机生产能力提高的关键因素。在联合收获机中负担分离任务的是脱粒装置和分离机构。提高了脱粒装置的分离能力，就可以减小分离机构的负担，达到提高整机生产力的目的。提高脱粒装置分离能力的主要途径是扩大凹板的分离面积，延长分离时间，增强分离动力。采用双滚筒、增大滚筒直径，是扩大凹板分离面积的有效措施。采用轴流式脱粒装置是既扩大凹板的分离面积又延长分离时间的有效办法。在脱净和不损伤籽粒的前提下，适当增加滚筒转速，则是增强籽粒穿过秸秆层，从凹板筛空中分离出去的动力——离心惯性力的可行途径。

3. 诊断三　振动筛振幅调整不当

清选振动筛的振幅调整不当，筛面堆积物过多，清选效果下降，籽粒不易从茎秆中清选出来，随茎秆排出机外。

排除方法：调整振动筛的振幅。

连杆同摇臂的连接点距转动轴距离越小，筛子的振幅越大；反之，筛子振幅越小。当筛子振幅过小时，筛面堆积物渐多，清选效果下降；当振动幅度过大时，不仅会出现整机振动剧烈的情况，加快收割机损坏，还会使籽粒在筛面上跳动，加大清选损失。开始收获时，振幅应调整到较小状态。筛面负荷大、堆积物多、作物潮湿时，应适当加大振幅。工作时筛面后端无堆积，而又无籽粒跳出时，可以认为是最佳振幅，如图 2.248所示。

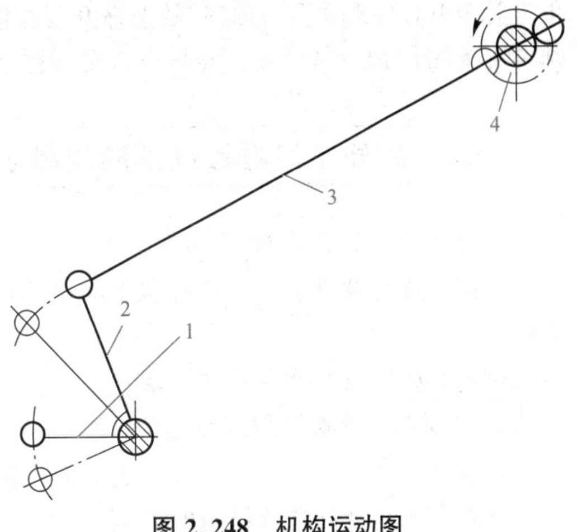

图 2.248　机构运动图

1—摇臂；2—驱动臂；3—连杆；4—曲柄轮

4. 诊断四　作物潮湿

作物潮湿，含水量过高，使茎秆与籽粒之间的黏附力增加，籽粒很难从茎秆中分离出来，并随茎秆排出机外。

排除方法：适期收割。

5. 诊断五　喂入量过大

喂入量过大，脱粒负荷增大，清选负荷也随之增大。清选强度不足，籽粒很难从茎秆中清选出来，并随茎秆排出机外。

排除方法：灵活控制行驶速度或割幅，或增大谷草比，避免超负荷作业。

专家提示

谷草比是指被脱物中籽粒的质量与稿草的质量比。增大谷草比，若脱粒装置或整个收割机的分离能力强，则可使生产率增加；否则，会使生产率下降。谷草比的改变是通过改变割茬的高度来实现的。

6. 诊断六　筛片开度过小

清选筛一般为鱼鳞筛，其筛片开度可调，若筛片开度过小，则籽粒很难通过筛孔落入送粮刮板输送器，而是随茎秆排出机外。

排除方法：增大筛片开度。

调整鱼鳞片开度时，左右转动手柄，鱼鳞筛片便随之转动，即可调节筛孔的大小。筛孔调整妥当后，靠手柄鱼翅板之间的尺槽固定位置，如图 2.249所示。

在粮箱籽粒含杂率不高于 2%的前提下，开度尽可能大一些为好。在大粒或杂草多的潮湿环境作业时，应全开；在收割其他作物时不应小于 2/3 开度，并且前段开度略小于后段开度。

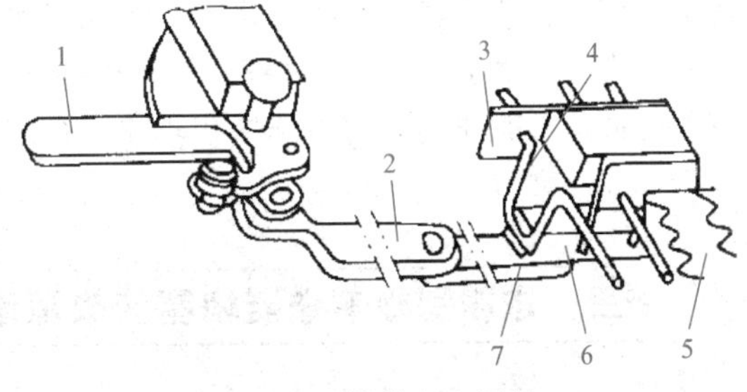

图 2.249　筛片开度调整

1—手柄；2—拉杆；3—板条；4—曲拐；5—筛片；6—木板条；7—连接板

下筛对清选质量影响较大，一般下筛的开度随上筛的开度进行调整，以较小开度为宜，如果上筛全开，下筛可开 2/3(应随上筛开度相应减小)，但后段和杂余筛开度应尽可能大一些。特殊情况下因作物杂草过多，容易造成复脱器堵塞，故应适当将开度调小。

十二、颖壳中的籽粒过多的故障诊断与排除

1. 诊断一　筛片开度过小

清选筛片开度过小，作物籽粒不能迅速从筛孔掉入送粮食刮板输送器，而是随颖壳杂余排出机外。

排除方法：适当增大筛片开度。

2. 诊断二　清选风扇风量过大

清选风扇风量过大，将清选筛面上的籽粒、茎秆、颖壳一起排出机外。

排除方法：降低清选风扇的风量。

3. 诊断三　喂入量过大

作物收割时喂入量过大，增加了脱粒滚筒和清选筛的负荷，清选筛清选能力下降，籽粒随颖壳杂余排出机外。

排除方法：降低前进速度或减少割幅。

4. 诊断四　滚筒转速过高

脱粒滚筒转速过高，使作物茎秆过碎，籽粒不易从短小茎秆中分离出来，随颖壳杂余排出机外。

5. 诊断五　风扇风向调整不当

清选风扇的风向调整不当，气流过于吹向筛子后部，使籽粒随颖壳杂余吹出机外。

排除方法：调整风扇风向。

清选装置靠气流将细小的夹杂物吹走，其余夹杂物靠筛子清除，由于籽粒混合物经阶梯板从筛子的前端进入筛面，因此必须有较大的气流速度(一般为 8～9 m/s)才能将籽粒混合物吹散，把轻的杂物吹出机外。当筛子前部流谷物层中的轻杂物减少后，为使不大而饱满的籽粒不被吹出机外，又能将杂余通过尾筛筛落，要求筛子中部气速度减到 5～6 m/s，尾部为 3～4 m/s。为达到上述效果，有的联合收获机在风扇出口处安装有导风板，用以调整风扇气流吹向筛面的方向。

调整时，导风板上移，气流吹向筛子后部；下移则吹向筛子前部。一般要求气流吹向筛子的中部靠前。当收获籽粒大、湿度大、杂草多的谷物时，还应使气流吹向筛子前部，反之，则应使筛子后部气流大些。导风板调整后，务必仔细观察筛面，不能在筛面上出现堆积现象，否则要重新调整，如图 2.250 所示。

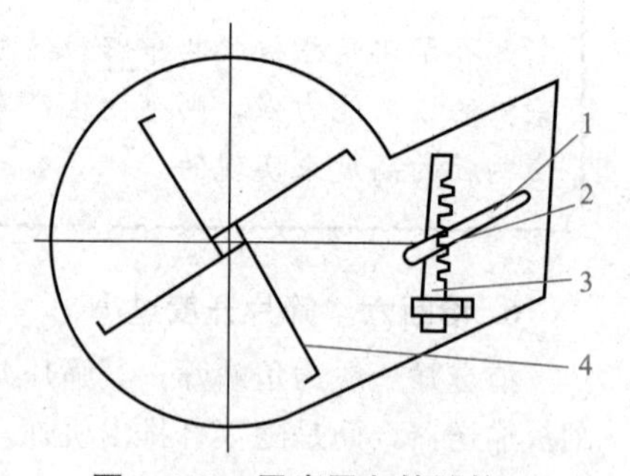

图 2.250　风扇风向的调整

1—导风板；2—小轴；3—调节齿板；4—风扇叶片

十三、送粮刮板输送器堵塞的故障诊断与排除

1. 诊断一　刮板链条过松

送粮刮板输送器的刮板链条过松，与壳体发生碰撞摩擦，增加升运阻力，使送粮刮板输送器堵塞。

排除方法：调整并检查刮板链条的张紧度，如图 2.251 所示。

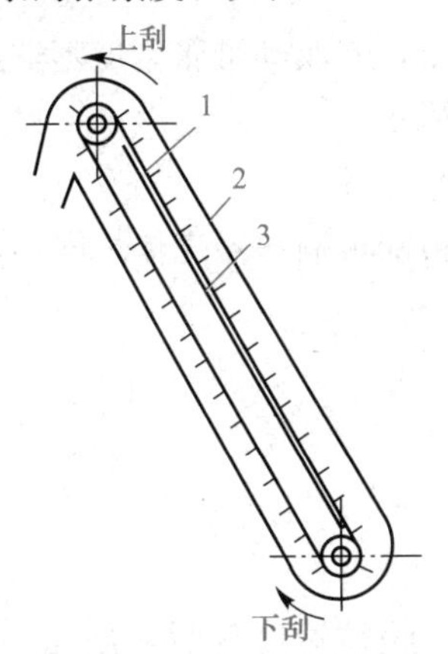

图 2.251　刮板链条调整

1—刮板；2—外壳；3—隔板

(1)调整送粮刮板输送器刮板链条的张紧度。

送粮刮板输送器用于将清选出的籽粒提升到粮箱。送粮刮板输送器由提升刮板输送器、链轮、刮板链条顶螺旋输送器等组成。

张紧度的调整：松开张紧螺栓、螺母，调节该螺栓，上提张紧板，刮板张紧链轮张紧；反之放松。在调节张紧螺栓时应两侧同步调整，并要注意保持链轮轴的水平位置，不得倾斜，更不准水平窜动，如图 2.252 所示。

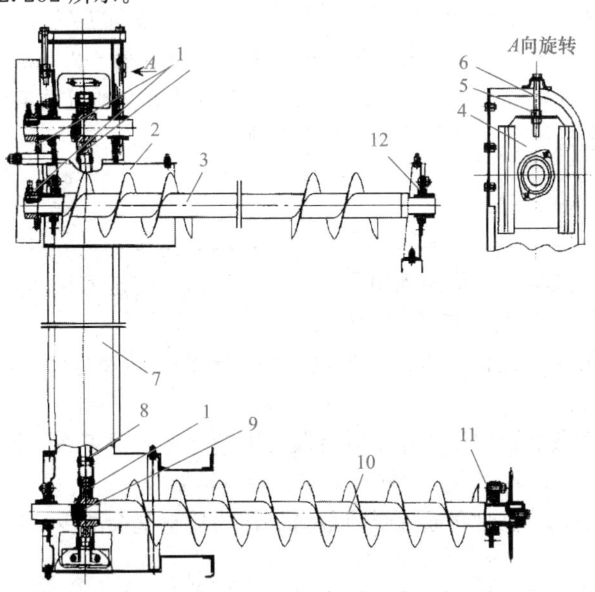

图 2.252　送粮刮板输送器刮板链条的张紧度的调整

1—链轮；2—卸粮筒；3—顶螺旋输送器；4—张紧板；5—螺母；6—张紧螺栓；7—升运器壳；8—刮板链条；9—弹性圆柱销 8×50；10—籽粒搅龙；11—外球面轴承 UELFC206；12—外球面轴承 UELPF206

(2)检查送粮刮板输送器刮板链条的张紧度。在送粮刮板输送器壳底部开口处用手转动刮板输送链条，以能够较轻松地绕链轮转动为适度，或以试车空转时未听见刮板输送链条对送粮刮板输送器壳体的颤动敲击声为宜。

2. 诊断二　驱动带打滑

送粮刮板输送器动力来自驱动带，若驱动带张紧度不够或磨损严重，会使驱动带打滑，驱动力不够，送粮刮板输送器会出现堵塞。

3. 诊断三　作物潮湿

作物过于潮湿，谷物籽粒与送粮刮板输送器壳体之间形成很大的阻力，送粮刮板输送器的工作阻力就增大，会造成堵塞。

排除方法：适期收割。

拓展知识

脱粒速度与脱粒质量

脱粒速度是脱粒元件直接作用于被脱物时的速度。实际的脱粒速度应当为脱粒元件的最大速度，具体是指纹杆最外缘、钉齿最顶端的圆周线速度，与滚筒的转速和滚筒的直径直接相关。

脱粒速度增大，则冲击、揉搓和梳刷作用加强，因而脱净率提高；被脱物运动速度加快、物层变薄、离心力增大，从而使生产率和凹板的分离率提高。但是脱粒速度过高，脱粒效率的提高并不明显；相反却使籽粒和茎秆的破碎程度加重，功率消耗明显增大。脱粒速度减小时的影响效果与增大时的相反。可见，应全面综合分析后再确定脱粒速度的最佳值。另外，作物的品种不同，其脱粒的难易程度也不同。即使同一品种在不同的收获时段内，其成熟度、干湿度也都不同，脱粒的难易程度也不会相同。一般麦类作物适宜的脱粒速度，纹杆式脱粒装置为29～32 m/s，钉齿式脱粒装置为28～30 m/s。全喂入式轴流滚筒因脱粒时间长，为减轻籽粒与茎秆的破碎程度，通常比全喂入切流式的脱粒速度低，一般为20～25 m/s。

由于滚筒的直径一般是固定不变的，因此脱粒速度的调整是通过调整滚筒的转速来实现的。脱粒速度调整的原则是在脱净的前提下尽量采用低速。

任务小结

1. 割刀堵塞的主要原因包括遇到田间障碍物、动刀片与定刀片间隙过大、刀片或护刃器损坏、动刀片与定刀片配合位置不对中等。

2. 扶禾装置异常主要包括扶禾链壳振动、声音异常、转速异常；不能扶起倒伏作物；不能扶禾，推倒作物。

3. 收获机脱粒清选装置常见故障主要有脱粒滚筒堵塞、脱不净、籽粒破碎太多、滚筒异响、排草中夹带籽粒太多、颖壳中籽粒太多、搅龙堵塞等。

4. 脱粒间隙过小，单位时间通过脱粒滚筒的作物流量就会减少，作物流动不畅，从而导致脱粒滚筒堵塞。

5. 脱粒滚筒转速过低，其冲击谷物穗头的强度下降，不能有效将作物籽粒从穗头中分离出来，从而造成脱粒不干净。

6. 脱粒滚筒是高速回转部件，若出现动不平衡将产生很大离心力，引起脱粒滚筒振动，甚至损坏收获机。

7. 清选振动筛的振幅调整不当，筛面堆积物过多，清选效果下降，籽粒不易从茎秆中清选出来，随茎秆排出机外。

思考与练习

1. 扶禾装置异常的故障原因有哪些？常见的排除方法是什么？
2. 全喂入割台割刀堵塞时，如何进行故障的诊断与排除？
3. 结合实例，分析引起割台前堆积作物的原因。如何进行故障诊断与排除？
4. 简述脱粒滚筒堵塞的主要原因与排除方法。
5. 脱粒不净主要是由哪些原因引起的？如何进行排除？
6. 简述脱粒间隙的功用。脱粒间隙怎么进行调整？
7. 颖壳中出现籽粒过多时，如何进行故障诊断与排除？

项目3　玉米收获机械的构造与维修

任务3.1　玉米收获概述

学习目标

1. 掌握玉米收获的基本方法。
2. 熟悉玉米机械化收获的意义。
3. 掌握玉米机械化收获的类型和特点。

预备知识

知识点1　玉米收获的特点

玉米既是主粮作物，又是增收作物。发展玉米生产关系到口粮安全，也关系到饲料粮的安全，发展玉米机械化收获对确保我国粮食安全具有不可替代的战略作用。大力发展玉米机械化收获，不仅可以减轻农民的劳动强度、有效争抢农时、抵御自然灾害的影响，而且可以确保农艺措施到位、扩大种植面积、提高玉米产量，实现玉米生产节本增效。

玉米是我国种植分布最广泛的粮食作物之一，全国绝大多数地区有玉米种植，种植面积超过100万公顷的省份有11个。在玉米主产区，玉米生产是农民的基本收入来源。我国三大玉米产区是北方玉米区、黄淮海平原春夏玉米区和西南丘陵玉米区。其中北方玉米区，包括吉林、黑龙江、辽宁、新疆、陕西等省区，播种面积约占全国40%；黄淮平原春夏玉米区，包括山东、河南、河北、安徽、江苏等省，播种面积占25%；西南丘陵玉米区，包括四川、云南、贵州等省，约占播种面积15%。其余玉米产区约10%分布在南方丘陵玉米区(含广东、福建、台湾、浙江和江西等省)、西北灌溉玉米区(含新疆和甘肃)、青藏高原玉米区(含青海和西藏)三个区域。

由于玉米种植范围很广，各地作物品种和气候条件不同，以及农艺作业方法的差异，收获时的玉米茎秆和籽粒水分差别较大。气候干燥地区，玉米茎秆和籽粒含水量较小，果穗上的苞叶干软、蓬松，果穗易于摘落和剥皮，一般可将果穗直接脱粒。但在低温多雨地区，茎秆和籽粒含水量较大(30%以上)，果穗上的苞叶青湿，一般要求先摘掉果穗并剥皮晾晒，直到水分下降到一定程度时方可脱粒。在脱粒时如水分过大，将造成籽粒大量破碎，难以保管，如不能及时烘干，会霉烂变质。

我国东北主要种植晚熟型春玉米，一年一熟，植株高达2.6 m，秸秆粗壮，玉米果穗长达

400 mm以上，大部分结穗位置在1～1.5 m，亩产在600～800 kg，种植面积广，地块大。种植方式多为垄作，大垄行距550～700 mm，小垄行距450～600 mm，垄高300 mm以上。一般9月底开始收获，收获期有1个月左右。收获时玉米已经在枯熟期，秸秆和籽粒的含水率较低，玉米穗下垂率较高，秸秆韧性增强。秸秆除还田外，还用作养殖业饲料及冬季取暖的燃料。

新疆玉米种植面积有640万亩，南疆塔里木盆地、哈密盆地的平原绿洲区，以复播为主，占全疆玉米种植总面积的70%。北疆伊犁河谷、博州、塔城地区的乌素、沙湾县、玛纳斯河流域和昌吉各县市、阿勒泰地区的一部分及各兵团，为春播玉米区，占全疆玉米种植总面积的30%。新疆玉米生育期一般为120～135天，品种以中早熟、中晚熟为主，如SC704（中晚）、登海3672(中早)、郑单958（中晚）、伊单10(中早)等。新疆玉米种植密度较大，由于新疆南部气候干燥，玉米茎秆和籽粒含水率较小，果穗上的苞叶干软、蓬松，果穗易于摘落和剥皮，一般可将果穗直接脱粒，我国中原地区玉米多与小麦轮作种植，春玉米数量很少，除少数地区(如山东潍坊一带)采用垄作以外，绝大多数地区采用平作，一般行距400～800 mm。由于地域广阔，种植的品种繁多。玉米亩产为400～600 kg。中原地区玉米收获后，要马上耕整土地播种小麦，要求收获期短。传统的收获方式为分段收获，即先摘穗，后处理秸秆。秸秆可以粉碎还田，也可以切碎做饲料。近年来逐步推广应用玉米机械化收获技术，推广力度最大的还是秸秆还田机。玉米联合收获机目前在逐步增多，秸秆回收的市场需求越来越大。

我国玉米种植面积达4.21亿亩，但是玉米收获机械化发展较为缓慢，目前，全国玉米平均机收率约为5%。山东省是玉米收获机械化事业发展最好的地区，2007年玉米机收率已达22%，其中山东省桓台县被称为我国玉米机收第一县，玉米机收水平超过80%。河南省玉米机收率达7%，河北约为6%，天津约为10%。

知识点2　机械化收获玉米的方法

1. 分段收获法

用割晒机将玉米割倒、铺放，经几天晾晒后，待籽粒湿度降到20%～22%，用机械或人工摘穗和剥皮，然后运至场上用脱粒机脱粒。用摘穗机在玉米生长状态下进行摘穗(称为站秆摘穗)，然后将果穗运到场上，用剥皮机进行剥皮而后脱粒，或将果穗直接脱粒。茎秆用机器切碎或圆盘耙耙碎还田。

2. 联合收获法

联合收获法有几种不同的收获工艺：

(1)用玉米联合收获机，一次完成摘穗、剥皮(或脱粒，此时籽粒湿度应为25%～29%)、茎秆放铺或切碎抛撒还田等项作业，然后将不带苞叶的果穗运到场上，经晾晒(或不经晾晒)后进行脱粒，如图3.1所示。该机特点：拉茎辊—摘穗板组合式玉米割台，籽粒损失少；采用风机清选结构，果穗箱清洁度高；采用先进的4组固定—浮动果穗压送机构，4组8对铁辊—胶辊剥皮辊，剥皮率更高；行走采用无级变速，提高劳动生产率；液压翻转自卸大粮箱；还田型秸秆切碎机，可随地形自由浮动；回收型秸秆切碎机，可把切碎秸秆抛至拖车，满足不同作业需求。

图3.1　玉米联合收获机

(2)用谷物联合收获机换装玉米割台，一次完成摘穗、剥皮(脱粒、分离和清选)等项作业。在地里的茎秆用其他机械切碎还田，有的玉米割台装有切割器，先将玉米割倒，并整株喂入联合收获机的脱粒装置进行脱粒、分离和清选。

(3)用割晒机(或人工)将玉米割倒，并放成人字形条铺，经几天晾晒后，用装有拾禾器的谷物联合收获机拾禾脱粒。

知识点3　分段收获技术

在玉米成熟时，根据其种植方式、农艺要求，用机械来完成对玉米的秸秆切割、摘穗、剥皮、脱粒、秸秆处理等作业的为分段收获技术。在我国大部分地区，玉米收获时的籽粒含水率一般为25%～35%，甚至更高，收获时不能直接脱粒，所以一般采取分段收获的方法。第一阶段收获是指摘穗后直接收集带苞皮或剥皮的玉米果穗和秸秆处理；第二阶段是指将玉米果穗在地里或场上晾晒风干后脱粒。背负式玉米收获机常见的有正置式和侧置式，正置式的背负式玉米收获机不需要人工开割道。可完成摘穗、剥皮、集穗、秸秆还田等作业。

任务实施

[任务要求]

某农场新进一批玉米联合收获机，要为此次麦收作业服务，作业前急需对驾驶员做一个系统全面的培训，从而使他们尽快熟悉机器的操作和作业要领。如要完成此项任务，必须先熟悉玉米收获机的特点和总体构造，熟悉各装置的安装位置，学会正确操纵联合收获机和田间作业。

[实施步骤]

一、玉米联合收获机的选择

(1)要考虑区域适用性。我国目前生产的玉米联合收获机大部分是要求对行收获，而我国各地玉米种植行距又千差万别，现有的玉米收获机区域适应性都受限制。此外，各区域的收获要求也不尽相同，如有些区域要求剥皮，有些区域不要求剥皮；有些区域是摘穗收获，而有些区域可直接收成籽粒。因此，在选购时应综合考虑，选择既适合自己区域又满足收获要求的机型。

(2)要考虑投资收益问题。我国目前的玉米收获机主要分为自走式、牵引式和背负式三大类型。自走式机型庞大，价格较高，投资回收期较长，但作业效率高，带有剥皮功能，加之国家对玉米收获机的补贴力度不断加大，目前在东北地区需求较大。牵引式机型机组长，达13～16 m，不适应小地块，目前已较少采用。背负式机型投资少，见效快，目前仍是山东、河北等地用户的首选机型。

(3)要考虑动力的配套性(主要针对背负式机型)。目前，配套玉米收获机的拖拉机一般动力都在50马力以上，农户在选择玉米收获机时必须选择与自己现有拖拉机动力相匹配的机型。如50马力的拖拉机，可与2行玉米收获机相配套；而匹配更大动力拖拉机的农户，则可以选择3行的玉米收获机。应该避免“小马拉大车”或“大马拉小车”的现象，实现拖拉机与玉米收获机的合理匹配。

(4)要考虑产品质量与售后服务问题。在产品质量方面，应该选购技术成熟、已经定型的产品。在售后服务方面，选购玉米收获机时，要考察销售、生产单位是否具有产品“三包”能力，能否及时供应零配件；在购买时，要看“三证”(产品合格证、三包凭证、使用说明书)是否齐全。

(5)要考虑秸秆处理方式。现有的玉米联合收获机都配有秸秆粉碎还田机，即在进行摘穗作业的同时，还将玉米秸秆粉碎后抛撒在地里，实现秸秆还田。但是，由于畜牧养殖业的发展，玉米秸秆作为一种饲料，畜牧养殖业对玉米秸秆的需求也在不断增加，不少地区的农户要求，在收获玉米果穗的时候，保留秸秆，或是将粉碎的秸秆回收，用于养殖业。因此，目前有些玉米收获机生产企业为此提出了秸秆回收的方案。这些装置需要用户根据当地实际需要提出要求进行配置。鉴于以上分析，购买玉来联合收获机的用户，应根据目前我国玉米联合收获机发展的现状，从我国广大农村的种植地块、经济水平和玉米收获机技术水平等因素考虑，挑选适合自己的机型。

二、玉米收获前的田间准备工作

收获前 10～15 天，应了解玉米的倒伏程度、种植密度和行距、最低结穗高度、地块的大小和长短等情况，做好田间调查。制订好作业计划，提前 3～5 天，将农田中的果沟、大垄沟填平，并对水井、电杆拉线等不明显障碍物安装标志，以利安全作业。

三、玉米联合收获机的日常保养

玉米联合收获机结构复杂，运动部件多，作业环境差，建议做好下列技术保养：

(1)每日工作前应清理玉米联合收获机各部位残存的尘土、茎叶及其他附着物。

(2)检查各组成部分连接情况，必要时加以紧固。要特别检查粉碎装置的刀片、输送器的刮板和板条的紧固，注意轮子对轮毂的固定。

(3)调整各部位间隙(如摘穗辊间隙、切草刀间隙)，使间隙保持正常；调整高低位置(如割台高度、锤爪高度等)，使之符合作业要求。

(4)检查三角带、传动链条、喂入和输送链的张紧程度。必要时进行调整，损坏时应更换。

(5)检查减速箱、封闭式齿轮传动箱润滑油是否有泄漏和不足。

(6)检查液压系统液压油是否有泄漏和不足。

(7)及时清理发动机水箱、除尘罩和空气滤清器。

(8)发动机按其说明书进行技术保养。

四、玉米收获机使用操作规程

玉米收获机使用操作规程如下：

(1)收获机启动前应将变速杆及动力输出挂挡手柄置于空挡位置。

(2)收获机组在起步、接合动力挡、运转、倒车时要鸣喇叭，观察机组前、后是否有人，切实做到安全操作。

(3)工作中驾驶员要集中注意力，观察、倾听机器各部件的运转情况，将手油门逐渐推到底。如发现机器发出异常响声和故障，应及时脱开动力挡，排除故障，以免损坏机器。

(4)严禁在机器运转时排除故障。正在排除故障时，严禁接合动力挡。

(5)机组在较长距离的空行程中或处于运输状态时，应脱开。

(6)驾驶员必须有田间作业经验和经过玉米收获机操作技术培训。

拓展知识

玉米联合收获机的操作技巧

玉米收获时，根据抛落到地上的籽粒数量、秸秆的断茎情况等，来检查调整摘穗辊之间的间隙。当落地籽粒过多时，可将摘穗辊之间的间隙调小，调整时，摘穗辊要和拉茎辊相结合，因间隙过小有挤压断茎的可能，组装的方法是在农户能接受的作业效果前提下，摘穗辊间隙大些好。这样既不断茎，又节省动力，收获速度较高。注意当机器负荷过重时，先踏下离合器，并使机车停止前进，且不可减小油门，即适当中断玉米收获机作业 1～2 min，待问题处置后，再选择合适的前进速度。注意在工作部件堵塞时，及时停机切断动力，清除堵塞物，否则将会导致零部件损坏。注意秸秆还田机作业时，要缓慢放下还田机，且动刀不宜入土工作。若发现还田机振动强烈时，应停机检查故障，以免造成恶性故障。

任务小结

1. 机械化收获玉米的方法有分段收获法、联合收获法等。
2. 分段收获技术根据其种植方式、农艺要求，用机械来完成对玉米的秸秆切割、摘穗、剥皮、脱粒、秸秆处理等。
3. 收获机启动前应将变速杆及动力输出挂挡手柄置于空挡位置。

思考与练习

1. 玉米收获有什么特点？
2. 机械化收获玉米的方法有哪些？
3. 简述玉米联合收获机的具体操作过程。

任务 3.2　玉米收获机械的基本构造与工作过程

学习目标

1. 掌握玉米联合收获机的分类方法和性能特点。
2. 熟悉玉米联合收获机的基本构造和工作过程。
3. 熟悉玉米联合收获机的工作原理。

预备知识

知识点1　玉米联合收获机的分类

玉米联合收获机有自走式、悬挂式和牵引式三种机型。一般有纵卧辊式玉米联合收获机和立辊式玉米联合收获机。福田谷神 4YD-2 背负式玉米收获机，采用液压传动装置，结构简单、效率高，行距可调，摘穗台可整体横向移动，适应各种农艺要求，是国内同类玉米联合收获机的升级产品，如图 3.2 所示。

4YW-2 型玉米联合收获机由河南科技大学和郑州航天机械制造有限公司联合研制。该机采用双行卧式摘穗装置，可一次性完成摘穗、输送装箱、秸秆粉碎还田等田间作业。该机与拖拉机采用倒开配置，即拖拉机倒开作业，既解决了玉米收获机割台过重的难题，又简化了机组传动机构，并且视线开阔，操作灵活，如图 3.3 所示。

该机具有结构紧凑合理、质量小、性能稳定可靠、生产效率高、果穗箱容量大等优点，该机采用新型的茎秆切碎刀具，降低了功耗，实现了小型拖拉机对 2 行玉米的联合作业。

图 3.2　福田谷神 4YD-2 背负式玉米收获机

图 3.3　4YW-2 型玉米联合收获机

纵卧辊式玉米联合收获机，作业效率高，剥皮干净，谷物破损率低，拖拉机动力消耗小，谷物箱通过液压控制，设备重心低，稳定性好，所有功能都可以根据作物的生长状况进行调节，适应范围广，如图 3.4 所示。该玉米收获机在剥皮器上面安装风扇和齿轮箱确保玉米剥皮更干净，STAR-STAGE 产生的简易气流确保滚筒的清洁，剥皮机顶盖中央调控，重心低，确保了设备的灵活性，维修保养方便。

黑龙江省东兴永继农机制造有限责任公司生产的 4YL-4 玉米收获机，为立辊式玉米联合收获机，一次完成玉米的摘穗、秸秆切碎、剥皮、集仓等全过程，具有操作简单、安全耐用、容易维修等特点，如图 3.5 所示。该机可以减轻农民劳动强度，提高劳动生产率，变秸秆为青肥，有效增强土壤肥力，促进农作物增产、增收，同时减少环境污染。

图 3.4　纵卧辊式玉米联合收获机

图 3.5　4YL-4 立辊式玉米收获机

知识点2　纵卧辊式玉米联合收获机

1. 基本构造

纵卧辊式玉米联合收获机一般为两或三行牵引式，站秆摘穗。国产4YW-2型为纵卧辊式玉米联合收获机，由分禾器、拨禾链、摘穗辊、果穗第一升运器、除茎器、剥皮装置、果穗第二升运器、苞叶输送螺旋、籽粒回收螺旋和茎秆切碎刀等组成，如图3.6所示。

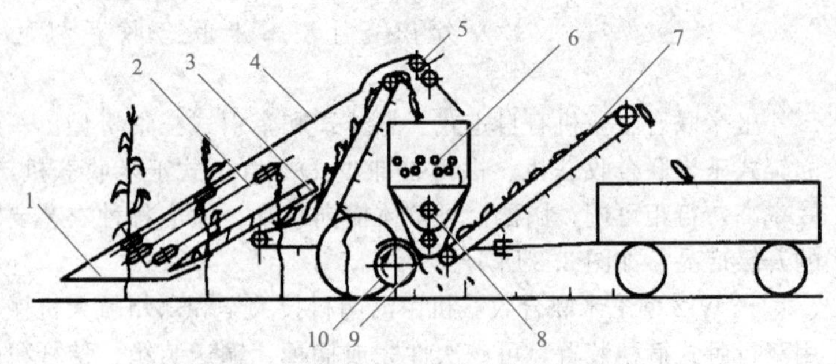

图3.6　纵卧辊式玉米联合收获机结构

1—分禾器；2—拨禾链；3—摘穗辊；4—果穗第一升运器；5—除茎器；6—剥皮装置；7—果穗第二升运器；8—苞叶输送螺旋；9—籽粒回收螺旋；10—茎秆切碎刀

2. 工作过程

分禾器从根部将禾秆扶正并引向带有拨齿的拨禾链，链分三层单排配置(机器外侧一排较长，机器内侧两排较短)，将茎秆扶持并引向摘穗辊。摘穗辊为纵向倾斜配置，每行一对，相对向里转动，前端为带螺纹的锥体，起导禾作用；中部为带螺纹的圆柱体，起摘穗作用；后段为深槽状圆柱体，将上部剩余或拉断的茎秆拉下或咬断，以防阻塞。两辊在回转中将禾秆引向摘辊间隙之中，并不断向下方拉送。由于果穗直径较大通不过间隙而被摘落。摘下的果穗由摘辊上方滑向中央第一升运器中。果穗经升运器被运到上方，并滑落到剥皮装置。

知识点3　立辊式玉米联合收获机

1. 基本构造

立辊式玉米联合收获机一般为两行或三行牵引式(如4YL-2为两行、丰收-3为三行)，割秆后摘穗，并将茎秆放铺/切碎。

立辊式玉米联合收获机由分禾器、拨禾链、圆盘切割器、喂入链、摘穗器、放铺台、果穗第一升运器、剥皮装置、果穗第二升运器、苞叶输送螺旋、籽粒回收螺旋和挡禾板等组成，如图3.7所示。

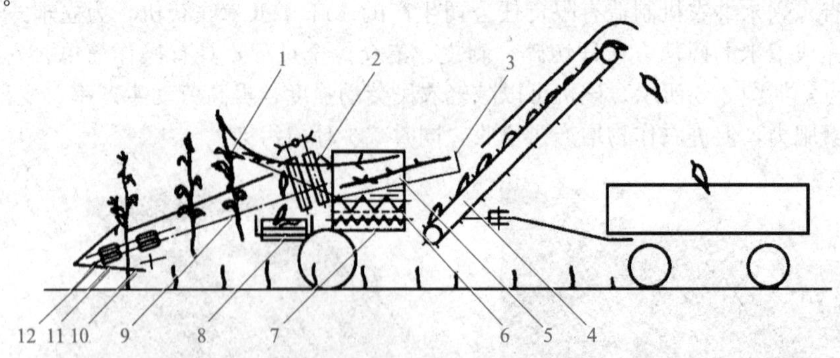

图3.7　立辊式玉米联合收获机

1—挡禾板；2—摘穗器；3—放铺台；4—果穗第二升运器；5—剥皮装置；6—苞叶输送螺旋；7—籽粒回收螺旋；8—果穗第一升运器；9—喂入链；10—圆盘切割器；11—分禾器；12—拨禾链

立辊式玉米联合收获机摘穗辊为斜立式(垂直线倾斜 25°)。每行有两对摘辊，一般前辊呈螺旋凸棱形表面，主要起摘穗作用，称为摘穗辊；后辊呈多棱形表面，主要起拉引茎秆的作用，称为拉茎辊。茎秆在摘辊的碾压作用下向后方移动。由于挡禾板的阻挡，使禾秆向垂直于辊轴方向旋转并抛出。已摘下的果穗落入果穗第一升运器。升运至剥皮机构，茎秆落入后方的放铺台，台上带拨齿的链条将茎秆间断地堆放到地面上。若需茎秆还田，可将放铺台拆下，换装切碎器，将茎秆切碎并抛撒还田。

它的剥皮装置与前述的机型类似，已剥去苞叶的果穗经第二升运器与回收籽粒一起送入后方的拖车。

2. 工作过程

分禾器将禾秆从根部扶正并引向拨禾链。拨禾链将禾秆推向圆盘式切割器。当茎秆被割断后，在切割器和拨禾链的配合作用下送向喂入链。喂入链将茎秆夹紧并送向摘穗辊的间隙，将穗摘下。

海虹 4YZL-4 自走式立辊型玉米联合收获机与目前国内同类机械相比，具有操作方便、转弯半径小、损失小、适用范围广泛等突出特点。它一般为两行或三行牵引式(如 4YL-2 为两行、丰收-3 为三行)，割秆后摘穗，并将茎秆放铺/切碎。4YL-2 玉米联合收获机由分禾器、拨禾链、圆盘切割器、喂入链、摘穗器、放铺台、果穗第一升运器、剥皮装置、果穗第二升运器、苞叶输送螺旋、籽粒回收螺旋和挡禾板等组成。其工作过程：分禾器将禾秆从根部扶正并引向拨禾链。拨禾链将禾秆推向圆盘式切割器。当茎秆被割断后，在切割器和拨禾链的配合作用下送向喂入链。喂入链将茎秆夹紧并送向摘穗辊的间隙中，将穗摘下。

上述两种类型的玉米联合收获机在条件适宜的情况下工作性能基本相同：损失率为 2%以下，落地漏摘果穗损失 2%～3%，总损失为 4%～5%，籽粒破碎率为 7%～10%，苞叶的剥净率为 80%以上。

但在条件较差的情况下各有特点：

一般在玉米青湿、植株密度较大、杂草较多情况下，立辊式玉米联合收获机故障较多，在摘辊处易发生堵塞，而倾斜卧辊式玉米收获机适应性较强，故障较少。

在收获结穗部位较低的果穗时，则立辊式机型比卧辊式机型的漏摘果穗损失率较小。此外，立辊式机型能够进行茎秆放铺和收集，而卧辊式机型不能放铺茎秆。

任务实施

[任务要求]

某玉米联合收获机企业三包车间承接了一台玉米收获的维修任务。车主自述，收获机作业时，出现茎秆放铺和收集现象。车主要求对该玉米收获机进行检测并维修，检修员首先必须熟悉玉米收获机的结构与工作情况，正确拆装玉米联合收获机。

[实施步骤]

一、玉米联合收获机结构认知

PRO1408Y 玉米联合收获机结构如图 3.8～图 3.10 所示。

PRO1408Y 玉米联合收获机如图 3.9 所示，驾驶操作装置是主要用于启动、停止发动机以及进行移动行走和收获作业的装置，供给装置和传送装置是将果穗传送到剥皮机的装置(又称升运器传送装置)，回收箱是用来临时贮存果穗通过剥皮机时从剥皮机掉落的玉米粒的装置。

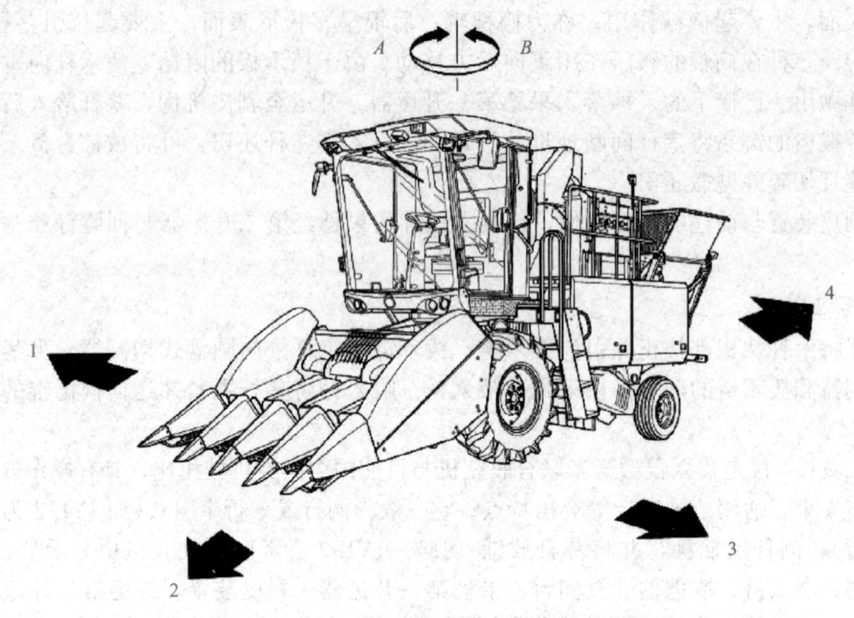

图 3.8　PRO1408Y 玉米联合收获机方向图

1—右侧；2—前方；3—左侧；4—后方；

A—右转(顺时针方向)；*B*—左转(逆时针方向)

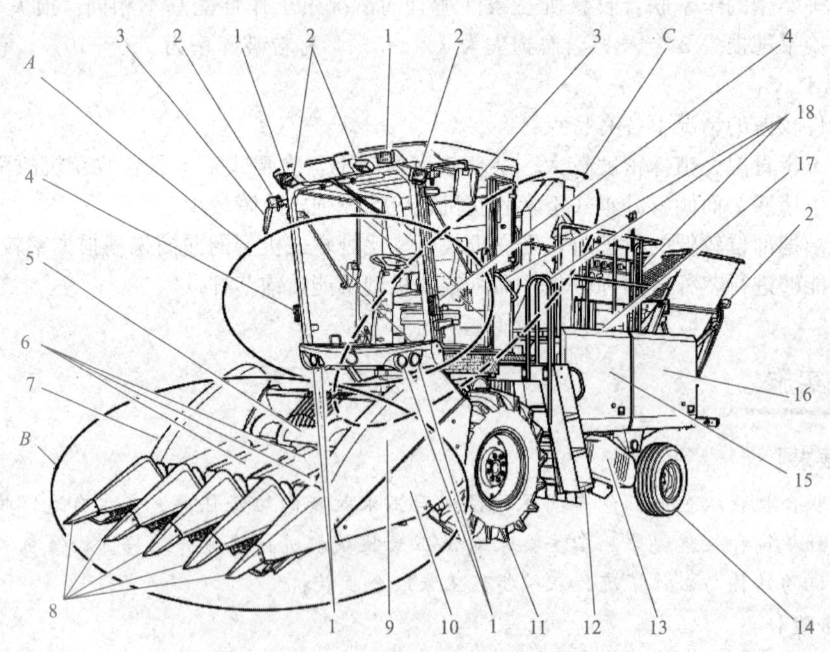

图 3.9　PRO1408Y 玉米联合收获机正视图

1—前照灯；2—作业灯；3—后望镜；4—组合灯(前侧)；5—螺旋推运器；6—割台传送链条盖(中)；7—割台传送链条盖(右)；8—分禾器；9—割台传送链条盖(左)；10—割台左侧盖；11—左前轮轮胎(左驱动轮)；12—辅助踏板；13—秸秆切碎机驱动带护罩；14—左后轮轮胎(左转向轮)；15—机体左侧盖(前)；16—机体左侧盖(后)；17—平台；18—扶手；*A*—驾驶操作装置；*B*—玉米割台；*C*—供给装置传送装置

PRO1408Y玉米联合收获机后视图如图3.10所示，发动机是位于驾驶座右后侧的动力装置，行走装置是利用车轮(驱动轮、转向轮)行走的装置，剥皮装置是对果穗剥皮的装置，粮仓是用来临时贮存从剥皮机传送来的果穗，并以倾泻的方式排出果穗的装置；秸秆处理装置是用来处理残留秸秆的装置(又称秸秆切碎机)。

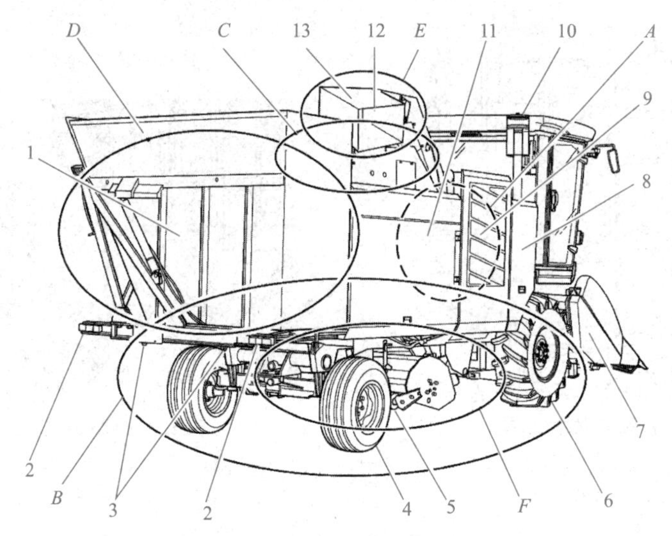

图3.10 PRO1408Y玉米联合收获机后视图

1—粮仓；2—组合灯(后侧)；3—绳索挂钩；4—右后轮轮胎(右转向轮)；5—接地辊；
6—右前轮轮胎(右驱动轮)；7—割台右侧盖；8—机体右侧盖(前)；9—防尘罩；
10—预滤滤清器；11—机体右侧盖(后)；12—秸秆屑排出管；13—秸秆屑排出口；
A—发动机；*B*—行走装置；*C*—剥皮装置；*D*—粮仓；*E*—秸秆碎屑排出装置；*F*—秸秆处理装置

二、玉米联合收获机装置的拆装

1. 割台侧盖的拆装

请将割台降至地面后再进行拆装作业。

(1)拆下螺栓，然后拆下盖板，如图3.11(a)、(b)所示。

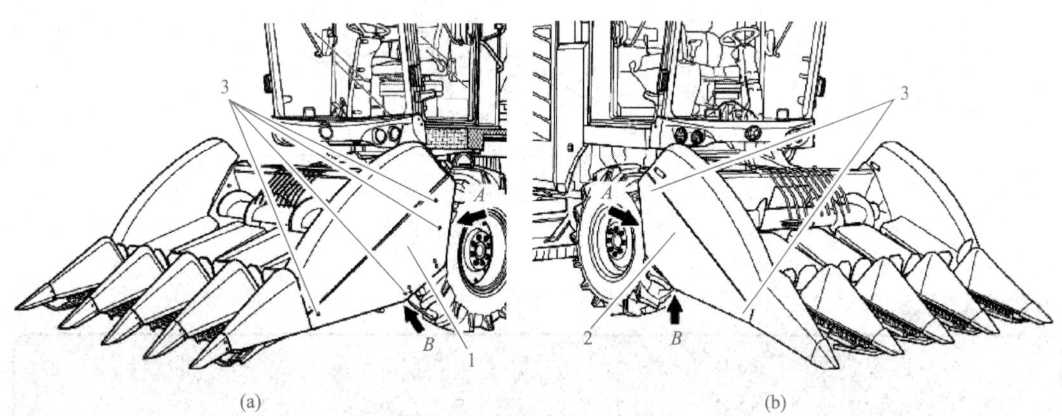

图3.11 拆割台左、右侧盖

(a)拆割左侧盖；(b)拆割右侧盖

1—左侧盖；2—右侧盖；3—螺栓；

A—后方；*B*—下方

(2)安装方法，按照与拆卸时相反的步骤安装。

2. 机体左侧盖(前后)、机体右侧盖(后)的开闭

(1)拆下旋钮螺栓或螺栓后，拉动把手，向上打开机体右侧盖，如图 3.12 所示。

(2)将机体左侧盖(前后)、机体右侧盖(后)向上完全打开，如图 3.13 所示。

图 3.12 拆解机体右侧盖

1—右侧盖；2—螺栓；3—把手；

A—向上打开

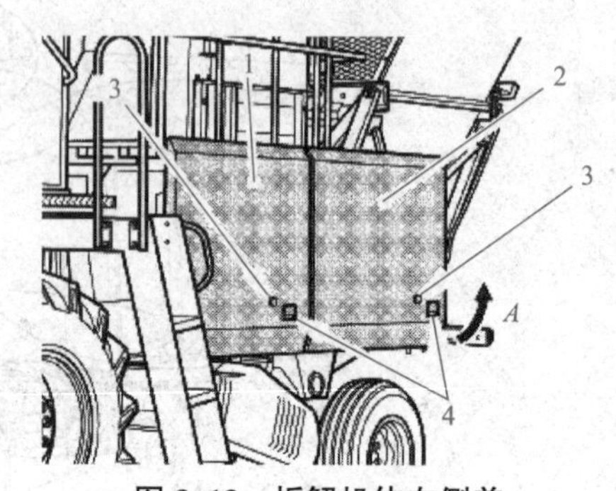

图 3.13 拆解机体左侧盖

1—左前侧盖；2—左后侧盖；3—螺栓；4—把手；

A—向上打开

拓展知识

横卧辊式摘穗装置

横卧辊式摘穗装置包括一对相对回转的横向卧辊、喂入轮、喂入辊、输送装置等。摘穗工作时，拨禾轮将切割器割下的茎秆铺放在输送器上，经过喂入轮和喂入辊的辅助，将茎秆的梢部喂入与机器前进方向垂直的横卧辊间隙，摘辊在向后拉抛茎秆的过程中将果穗摘离，如图 3.14 所示。

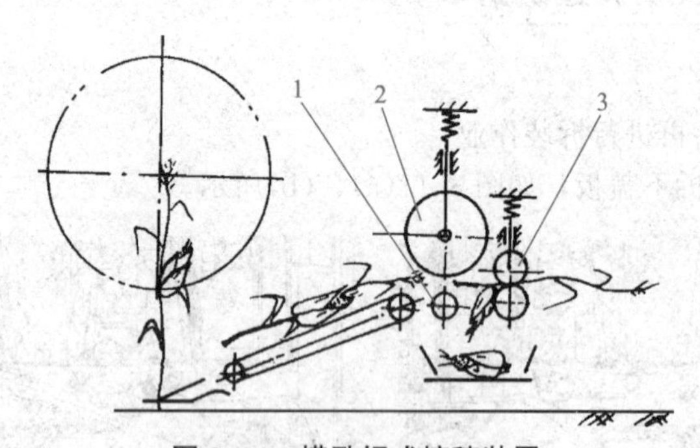

图 3.14 横卧辊式摘穗装置

1—喂入辊；2—喂入轮；3—摘穗辊

任务小结

1. 玉米联合收获机一般分为纵卧辊式玉米联合收获机和立辊式玉米联合收获机。

2. 纵卧辊式玉米联合收获机一般为两或三行牵引式，站秆摘穗。

3. 立辊式玉米联合收获机摘穗辊为斜立式，一般前辊呈螺旋凸棱形表面，起摘穗作用。

思考与练习

1. 简述纵卧辊式玉米联合收获机的工作过程。
2. 简述立辊式玉米联合收获机的工作过程。
3. 列举你所熟悉的其他玉米收获机械类型。

任务 3.3　摘穗剥皮装置的基本构造与工作过程

学习目标

1. 熟悉玉米摘穗剥皮的技术要求和方法。
2. 掌握摘穗剥皮装置的基本构造与工作过程。
3. 熟悉剥皮装置的基本构造与工作过程。

预备知识

知识点1　玉米割台

玉米割台是与谷物联合收获机配套用于直接收获玉米籽粒的专用装置。用玉米割台收获玉米，效率较高、工艺较简单，是一种先进的收获方法。但必须具备下列条件，否则不宜采用：

(1)玉米品种应具有成熟度基本一致的特点，收获时籽粒含水量在32%以下，以25%～29%为好。

(2)应具有充足的烘干设备，能在收获后及时地将籽粒含水量降到15%以下，以便储藏。

玉米割台的收获行数，根据谷物联合收获机的生产能力而定，一般有四行、六行和八行等几种。其构造大体相同，由分禾器、拨禾链、拉茎辊、摘穗板、清除刀、果穗螺旋和链耙式升运器等组成，如图3.15所示。其工作过程如下：

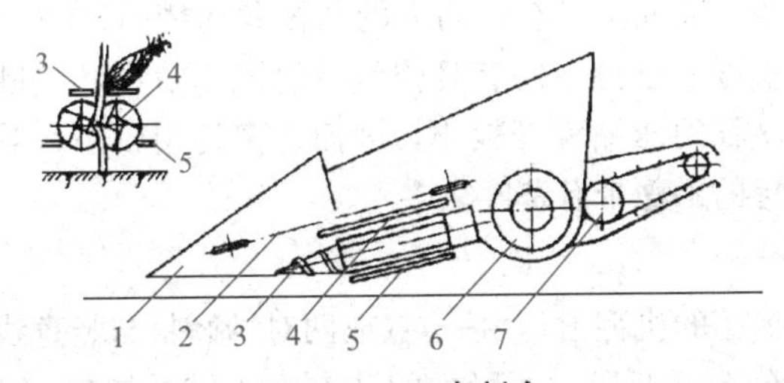

图 3.15　玉米割台

1—分禾器；2—拨禾链；3—拉茎辊；4—摘穗板；5—清除刀；6—果穗螺旋；7—链耙式升运器

分禾器从根部将禾秆扶正并导向拨禾链(两组相对回转)。拨禾链将禾秆引向摘板和拉茎辊间隙。每行有一对拉茎辊，将禾秆强制向下方拉引。在拉茎辊的上方设有两块摘穗板。两板之间的间隙较果穗直径小，便于将果穗摘落。已摘下的果穗被拨禾链带向果穗螺旋。果穗螺旋将收割台两侧果穗向中央集中，并经中部的伸缩拨指机构传给倾斜链耙。链耙将果穗送入谷物联合收获机的脱粒装置脱出玉米粒。拉茎辊下方设有谷物联合收获机收获玉米，在条件适宜的情况下，籽粒损失率为0.5%，落地漏摘的果穗损失率为2%～4%，总损失率为2.5%～4.5%，籽粒破碎率为7%～16%。

知识点2　摘穗器

现有机器上所用的摘穗器皆为辊式。分为纵卧式摘辊、立式摘辊、横卧式摘辊和纵向板式摘穗器四种。

1. 纵卧式摘辊

纵卧式摘辊多用在站秆摘穗的机型上，由一对纵向斜置(与水平线成35°～40°)的摘辊组成。两轴的轴线平行并具有高度差，由于其前端高度相同，因而两辊长度不等，一般靠近机器外侧的摘辊较长(为1 100～1 300 mm)、靠近机器内侧的摘辊较短(740～1 000 mm)。摘辊的结构前、中、后三段有所不同：前段为带螺纹的锥体，主要起引导茎秆和有利于茎秆进入摘辊间隙的作用；中段为带有螺纹凸棱的圆柱体，起摘穗作用(长度为500～700 mm)，其表面的凸棱高10 mm，螺距为160～170 mm，两对应摘辊的螺纹方向相反，并相互交错配置，如图3.16所示。

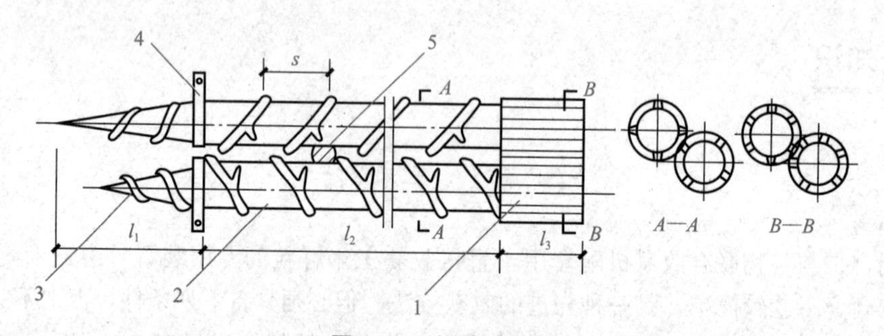

图3.16　纵卧式摘辊

1—强拉段；2—摘穗段；3—导锥；4—可调轴承；5—茎秆

工作中，茎秆在两辊和两辊凸棱之间沿轴向移动时被向下拉伸，由于茎秆的抗拉力较大(1 000～1 500 N)，而果穗与穗柄的连接力及穗柄与茎秆的连接力较小(约500 N)，因此果穗在两摘辊碾拉下被摘落。果穗一般在它与穗柄的连接处被拉断，并剥掉大部分苞叶。

摘穗辊的后段为强拉段，表面上具有较高大的凸棱和沟槽(长120～320 mm)。其主要作用是将茎秆的末梢部分和在摘穗中已拉断的茎秆强制从缝隙中拉出和咬断，以防堵塞。纵卧式摘辊的主要特点：在摘穗时茎秆的压缩程度较小，因而功率耗用较小，对茎秆不同状态的适应性较强，工作较可靠；但摘落的果穗带有苞叶较多 。

2. 立式摘辊

立式摘辊多用在割秆摘穗的机型上，由一对(或两对)倾斜(与竖直线成25°夹角)配置的摘辊和挡禾板组成，每个摘辊分上下两段，两段之间装有喂入链的链轮。上段为摘辊的主要部分。为了增加摘辊对茎秆的抓取和对果穗的摘落能力，该段的断面为花瓣形(3～4个花瓣)。下段为辅助部分，主要起拉引茎秆的作用。该段的断面或与上段相同或采用 4～6 个棱形，如图 3.17 所示。摘辊的直径一般为 80～95 mm，上段长为 300 mm 左右，下段长为 150～200 mm，摘辊转速为 1 000～1 100 r/min。

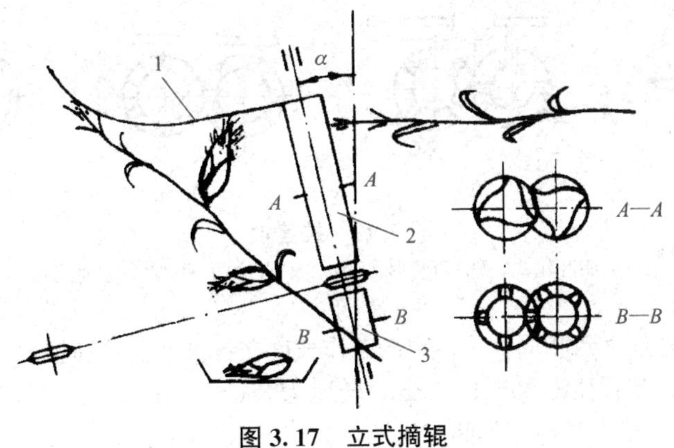

图 3.17　立式摘辊

1—挡禾板；2—上段；3—下段

工作时，茎秆在喂入链的夹持下由根部喂入摘辊下段的间隙中。在下段摘辊的碾拉下，茎秆迅速后移并上升，在挡禾板的作用下，向垂直于摘辊轴线方向旋转，并被抛向后方。果穗在两摘辊的碾拉下被摘掉而落入下方。为了使摘辊对茎秆有较强的抓取能力，其间隙较卧辊小，为 2～8 mm。间隙大小可借助移动上下轴承的位置进行调节。

立式摘辊的主要特点：摘穗中对茎秆的压缩程度较大，果穗的苞叶被剥掉较多，在一般条件下，工作性能较好，但在茎秆粗大、大小不一致、含水量较多的情况下，茎秆易被拉断而造成摘辊堵塞。为了改善立式摘辊的性能，我国在研制 4YL-2 玉米联合收获机时，采用了组合式立式摘辊，即前辊采用表面具有钩状螺纹的辊型，主要起摘穗作用；后辊采用六棱形(成大花瓣形)拉茎辊，有较强的拉引作用。试验证明，该组合式摘辊性能较好，果穗损失率较低，工作可靠性较大；但机构较复杂，功耗较大。

3. 横卧式摘辊

在自走式玉米联合收获机上有的采用横卧式摘辊。其构造与工作过程，如图 3.18 所示。摘穗器由一对横式卧辊、喂入轮、喂入辊等组成。工作时，被割倒的玉米经输送器送至喂入轮和喂入辊的间隙，继而向摘穗轮喂送。该摘穗辊在回转中将茎秆由梢部拉入间隙并抛向后方，果穗被挤落于前方。

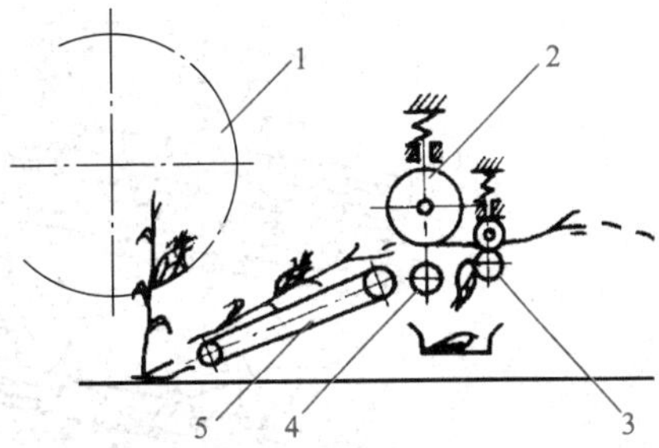

图 3.18　横卧辊式摘辊器

1—拨禾轮；2—喂入轮；3—摘穗辊；4—喂入辊；5—输送器

横式摘辊由梢部抓取茎秆，抓取能力较强，果穗被咬伤率也较大，摘辊易堵塞，但在收获青饲玉米时性能较好，且结构较简单、功耗较小。国外有的青饲玉米联合收获机采用了此种机构。

4. 纵向板式摘穗器

纵向板式摘穗器主要用于玉米割台，由一对纵向斜置式拉茎辊和两个摘穗板组成。

其工作可靠，果穗咬伤率小，籽粒破碎率低；但果穗上带有的苞叶较多，被拉断的短茎秆也较多。拉茎辊一般由前后两段组成。前段为带螺纹的锥体，主要起引导和辅助喂入作用。后段为拉茎段，其断面形状有四叶轮形、四棱形、六棱形等几种，如图 3.19 所示。

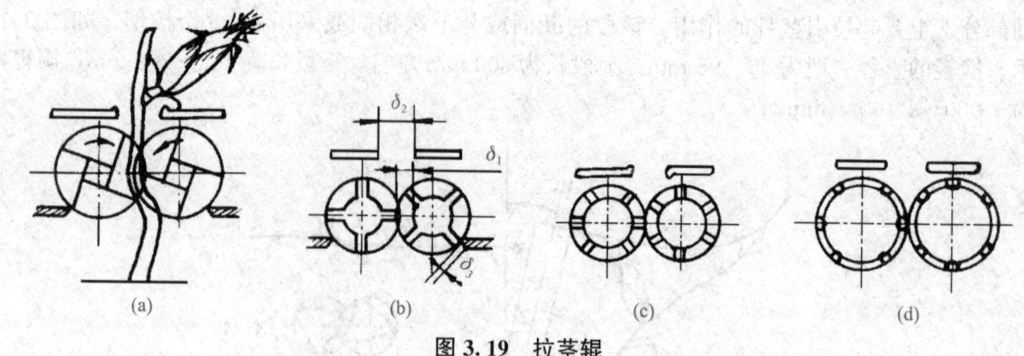

图 3.19 拉茎辊

(a)四叶轮式；(b)四棱形；(c)六条圆肋式；(d)六条方肋式

纵向板式摘穗器性能大致相同，拉茎辊的工作长度在各机型上差别较大，为 480～1 100 mm，多数为 600～800 mm；其直径为 80～102 mm；转速为 850～1 022 r/min。拉茎辊的水平倾角与卧式摘辊相近，为 25 °～35 °，拉茎辊的间隙可调，为 20～30 mm。

摘穗板位于拉茎辊的上方，工作宽度与拉茎辊工作长度相同。为了减少对果穗的挤伤，常将摘穗板的边缘制成圆弧形。摘穗板的间隙可调，入口为 22～35 mm，出口为 28～40 mm，具体尺寸根据果穗直径大小在使用中选定，一般情况下可取中值。

知识点 3 剥皮装置

剥皮装置多为辊式。它由若干对相对向里侧回转的剥皮辊和压送器等组成，如图 3.20 所示。剥皮辊是该机构的主要的工作部件，其轴线与水平成 10°～12°倾角，以利于果穗沿轴向下滑。每对剥皮辊的轴心高度不等，呈 V 形或槽形配置。V 形配置结构较简单，但果穗容易向一侧流动(因上层剥皮辊的回转方向相同)，一般多用在辊数不多的小型机器上。槽形配置的果穗横向分布较均匀，性能较好，目前采用较多。在剥皮辊的下端设有深槽形的强制段，可将滑到剥辊末端的散落苞叶和杂草等从间隙中拉出以防堵塞。

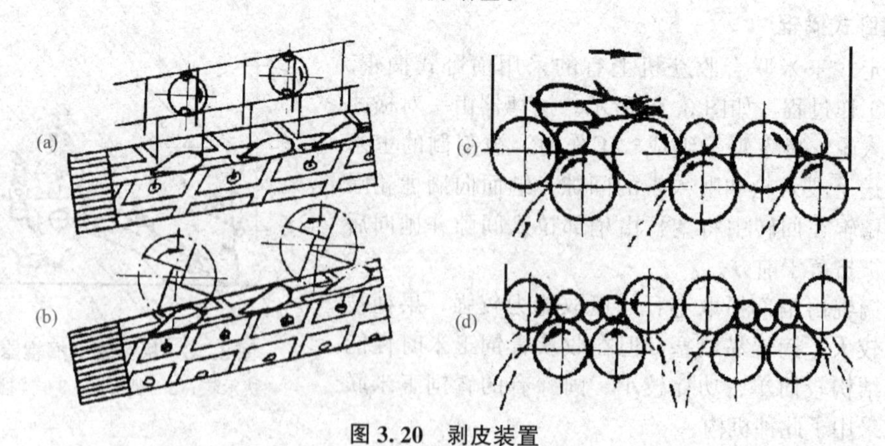

图 3.20 剥皮装置

(a)带键式压送器的剥皮装置；(b)带叶轮式压送器的剥皮装置；(c)V 形配置；(d)槽形配置

在剥皮辊的上方，设有压送器，使果穗对剥辊稳定地接触而避免跳动。压送器有键式、叶轮式和带式等几种。目前胶板叶轮式压送器应用较多。

剥皮装置工作时，压送器缓慢地回转(或移动)，使果穗沿剥皮辊表面徐徐下滑。由于每对剥辊对果穗的切向抓取力不同(上辊较小、下辊较大)果穗便回转。果穗在旋转和滑行中不断受到剥皮辊的抓取，将苞皮或苞叶撕开，并从剥辊的间隙中拉出。

为了增加剥皮辊对苞叶的抓取能力，上置的剥皮辊一般为胶制，表面具有凸棱，其抓取能力较强；下置的剥皮辊为铸铁制，表面具有螺旋形槽纹，并带有可拆卸的凸钉，既有利于果穗下滑，又具有较强的抓取能力。当果穗青湿难以剥掉苞叶时，可加装凸钉以增强剥取作用；当果穗干燥，籽粒容易脱落和破碎时，则由下方向上逐次减少凸钉，以减少落粒和破碎损失。

任务实施

[任务要求]

某玉米收获机代理店正在承接一项维修任务。维修人员描述，用户在收割玉米时，摘穗器在工作时有摘取不良现象，且有碰撞声。用户要求对这台收获机检查并维修，如要完成这项修理任务，维修人员就必须熟悉摘穗剥皮装置的基本构造，能进行摘穗器的工作原理和参数分析。

[实施步骤]

一、摘辊工作的分析及其直径的确定

1. 摘辊工作的基本条件

摘辊工作的分析及其直径的确定如图 3.21 所示。

(1)能抓取茎秆。设两摘辊为圆柱形断面，当茎秆在喂入机构的作用下与摘辊接触时，则摘辊对茎秆端部便产生支反力 N 和抓取力 T，摘辊能抓取茎秆的条件是

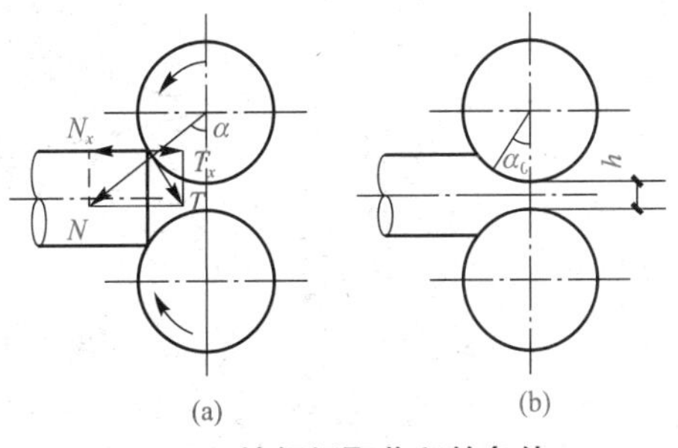

图 3.21 摘辊抓取茎秆的条件

(a)开始喂入；(b)喂入后

$$T_x > N_x$$

即 $$T\cos\alpha > N\sin\alpha$$

而 $$T = N\mu_j$$

式中 μ_j——摘辊对茎秆的抓取系数；

α——对茎秆的起始抓取角。

代入上式得

$$N\mu_j\cos\alpha > N\sin\alpha$$

简化得 $$\mu_j > \tan\alpha$$

即摘辊对茎秆的起始抓取角 α 的正切值应小于抓取系数 μ_j。

注意：抓取角 α 在茎秆进入摘辊间隙后则变小，为摘辊对茎秆挤压的合力方向角 α_0，而 $\alpha_0 < \alpha$。因此其抓取能力增强。轴向喂入式摘辊(纵卧式摘辊)，则具有此有利条件。当其前方螺旋锥体将茎秆引入摘辊间隙后，摘辊的抓取能力已增强，因而工作较可靠。

(2)不抓取果穗。当茎秆在摘辊间隙中被向后拉引而穗与摘辊相遇时，摘辊对果穗端部便产生支反力 N_g 和抓取力 T_g。为了使果穗不被抓取，必须满足下述条件，如图 3.22 所示。

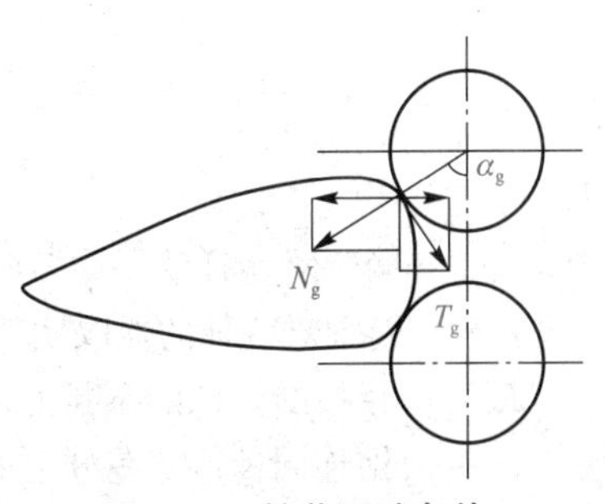

图 3.22 挤落果穗条件

挤落果穗条件

即

$$N_g \sin\alpha_g > T_g \cos\alpha_g$$

$$T_g = N_g \mu_g$$

式中　μ_g——摘辊对果穗的抓取系数。

代入上式得

$$N_g \sin\alpha_g > N_g \mu_g \cos\alpha_g$$

简化得

$$\tan\alpha_g > \mu_g$$

即摘辊对果穗的起始抓取角 α_g 的正切值应大于果穗的抓取系数 μ_g。

摘辊对茎秆和果穗的抓取系数 μ_j 及 μ_g，因摘辊的材料和表面形状不同而异。一般为了增加摘辊对茎秆的抓取能力以提高工作可靠性，常将摘辊制成凸凹不平的花瓣形(3～6 个花瓣)或带有螺旋肋的断面。其抓取系数为

$$\mu_j \approx \mu_g = (1.6 \sim 2.3) f = 0.7 \sim 1.1$$

式中　f——摘辊对茎秆的摩擦系数，铸铁摘辊的 $f = 0.4 \sim 0.5$。

(3)碾拉断果穗。摘辊在工作中不断向后方拉引茎秆，而果穗被挡在摘辊间隙之外。当拉引茎秆的力大于茎秆前进阻力和果穗摘断力时，则果穗被碾拉断，落在摘辊的前方。满足此条件的受力分析如图 3.23所示。

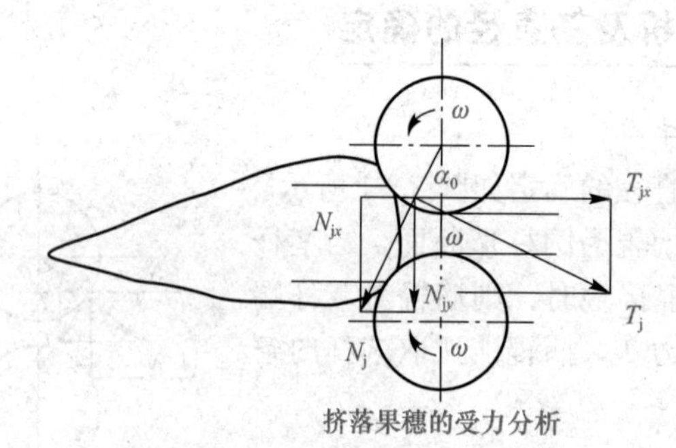

图 3.23　挤落果穗的受力分析

设摘辊对茎秆的水平拉引力为 T_{jx}，茎秆进入摘辊的阻力为 N_{jx}，碾拉断果穗需的力为 R_g，则碾拉断果穗的条件为

$$T_{jx} - N_{jx} > \frac{R_g}{2}$$

$$T_j \cos\alpha_0 - N_j \sin\alpha_0 > \frac{R_g}{2}$$

$$N_j (\mu_j \cos\alpha_0 - \sin\alpha_0) > \frac{R_g}{2}$$

$$N_j = \frac{N_{jy}}{\cos\alpha_0}$$

$$N_{jy} = (\mu_j - \tan\alpha_0) > \frac{R_g}{2}$$

式中　α_0——摘辊对茎秆的平均抓取角；

μ_j——摘辊对茎秆的抓取系数；

R_g——碾拉断果穗的拉断力，$R_g = 385 \sim 527$ N(前者为果穗从穗柄上的拉断力，后者为果穗连同穗柄从茎秆上的拉断力)；

N_{jy}——摘辊对茎秆的垂直挤压力，与茎秆压缩率成正比，与摘辊间隙 h 的选择有关。

为了满足碾拉断果穗的上述条件，一般摘辊间隙为 $h=(0.3\sim0.5)d$。其中，d 为茎秆直径，h 为摘辊间隙。

2. 摘辊直径的确定

摘辊直径根据摘辊抓取茎秆而不抓取果穗两条件而确定，从抓取茎秆条件中，可看出下列尺寸关系，如图 3.24所示。

$$\cos\alpha = \frac{OB}{OA} = \frac{\frac{D}{2}-\frac{d-h}{2}}{\frac{D}{2}}$$

$$\cos\alpha = 1-\frac{d-h}{D}$$

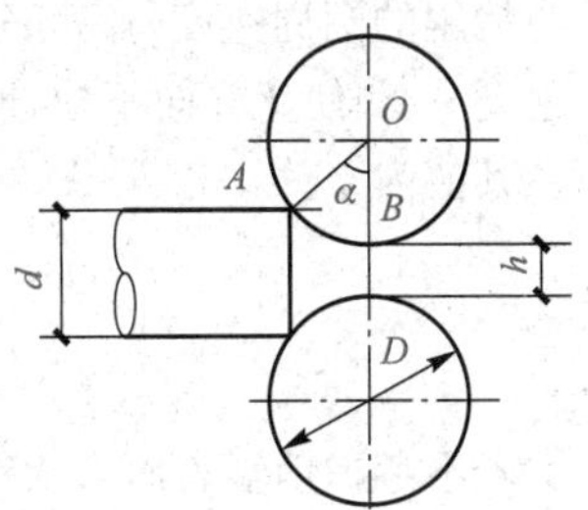

图 3.24　D、h 及 α 的关系

式中　D——摘辊直径；

d——茎秆直径；

h——摘辊间隙；

α——摘辊茎秆的起始抓取角。

由上式可看出：

当摘辊直径 D 与间隙 h 增大时，茎秆的起始抓取角 α 变小，对茎秆抓取有利；反之，则对抓取茎秆不利。

摘辊直径可从以下推导中得出

$$\cos\alpha=\frac{1}{\sqrt{1+\tan^2\alpha}}$$

$$\frac{1}{\sqrt{1+\tan^2\alpha}}=1-\frac{d-h}{D}$$

所以摘辊直径为

$$D=\frac{d-h}{1-\frac{1}{\sqrt{1+\tan^2\alpha}}}$$

因为　$$\tan\alpha\leqslant\mu_j$$

所以　$$D\geqslant\frac{d-h}{1-\frac{1}{\sqrt{1+\mu_j^2}}}$$

因为　$$\tan\alpha\geqslant\mu_g$$

所以　$$D\leqslant\frac{d_g-h}{1-\frac{1}{\sqrt{1+\mu_g^2}}}$$

因此有

$$\frac{d-h}{1-\frac{1}{\sqrt{1+\mu_j^2}}}\leqslant D\leqslant\frac{d_g-h}{1-\frac{1}{\sqrt{1+\mu_g^2}}}$$

二、茎秆在摘辊中的运动分析和摘辊长度的确定

摘辊工作长度(摘穗段长度)根据茎秆在摘穗过程中的运动要求而确定。现按茎秆向摘辊的喂入方向不同，分别讨论如下：

1. 茎秆在纵卧式摘辊中的运动及摘辊长度的确定

纵卧式摘辊在工作中由前部的螺旋锥体将茎秆引到摘穗段，此后由于摘辊间隙变小而且越来越小，茎秆受碾拉开始按摘辊的运动规律运动。

摘辊的圆周速度 v，可分解为使茎秆沿轴向移动的相对分速度 v_1 和使茎秆向下拉伸的相对分速度 v_2，如图 3.25 所示。其值为

$$v_1 = v\tan\beta$$

$$v_2 = \frac{v}{\cos\beta}$$

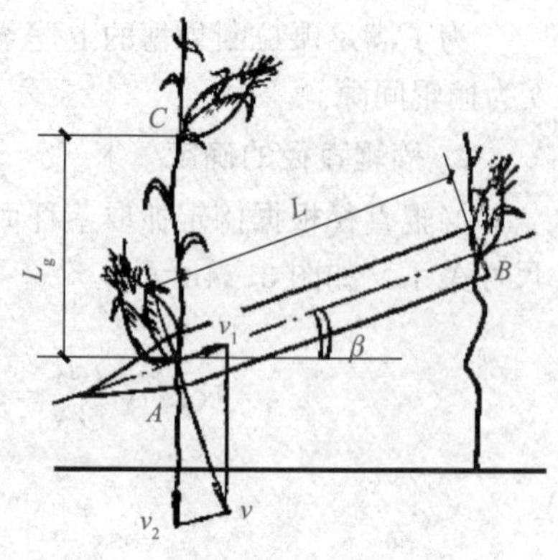

图 3.25　卧辊中的茎秆运动分析

若不考虑摘辊表面形状对速度的影响，令茎秆沿轴向移过 L 段的时间与茎秆被拉伸 L_g 段时间相等，则可推得摘辊工作段最小长度 L。

有

$$t = \frac{L}{v_1} = \frac{L_g}{v_2}$$

$$\frac{L}{v\tan\beta} = \frac{L_g}{\dfrac{v}{\cos\beta}}$$

则得

$$L = L_g\sin\beta$$

式中　L——摘辊工作段的最小长度；

β——摘辊倾角，一般为 30°～40°；

L_g——果穗最低结穗与最高结穗的高度差，一般 L_g=0.4～0.6 m(个别品种，L_g 可达 1 m)。

2. 茎秆在立式摘辊中的运动及摘辊长度分析

当茎秆被喂入链从根部喂入摘穗辊后，迅速由摘辊的下段过渡到摘辊的上段，此后茎秆按上段的运动规律运动。

摘辊的圆周速度可分解为摘辊的轴向移动速度 v_1、茎秆的拉伸速度 v_2，如图 3.26 所示。

$$v_1 = v\cot\beta_0$$

$$v_2 = v\cot\beta_0$$

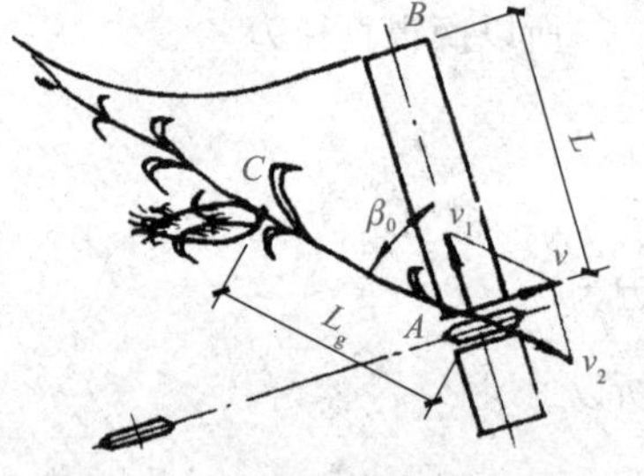

图 3.26　立辊中茎秆运动分析

式中　$v\cot$——摘辊圆周速度；

β_0——由于挡禾板的作用，茎秆在上段始端 A 位置时的倾角(茎秆与摘辊轴线的夹角)。

β_0 是一变值。当茎秆向上移动到摘辊末端 B 时，$\beta_0=\pi/2$。因 v_1 及 v_2 的平均值可由下式推得

$$v_{1p} = \frac{\int_{\beta_0}^{\frac{\pi}{2}} v\cot\beta \mathrm{d}\beta}{\dfrac{\pi}{2}-\beta_0} = v\frac{\ln\csc\beta_0}{\dfrac{\pi}{2}-\beta_0}$$

$$v_{2p} = \frac{\int_{\beta_0}^{\frac{\pi}{2}} v\csc\beta \mathrm{d}\beta}{\dfrac{\pi}{2}-\beta_0} = v\frac{\ln\cot\dfrac{\beta_0}{2}}{\dfrac{\pi}{2}-\beta_0}$$

若令茎秆由 A 移动到 B 的时间 t 与茎秆由 A 点拉伸到 C 点的时间相等，则可得摘辊的最小工作长度 L_0

由于

$$t=\frac{L}{v_{1p}}=\frac{L_g}{v_{2p}}$$

$$\frac{L}{v\dfrac{\ln\csc\beta_0}{\dfrac{\pi}{2}-\beta_0}}=\frac{L_g}{\dfrac{v\ln\cot\dfrac{\beta_0}{2}}{\dfrac{\pi}{2}-\beta_0}}$$

所以，$L=L_g\dfrac{\ln\csc\beta_0}{\ln\cot\dfrac{\beta_0}{2}}$

三、摘辊速度的选择

摘辊圆周速度是影响摘穗器性能的重要因素之一，其大小应根据摘穗质量和生产率要求确定。现按摘辊配置不同分别讨论。

1. 纵卧式摘辊的速度选择

试验指出：纵卧式摘辊在摘穗中，茎秆处于直立或少许向后倾斜时，摘穗损失最小。建议采用下述数据范围：

K——比例系数；　　　　v_m——机器前进速度；

v——摘辊圆周速度；　　　β——摘辊倾角。

机器前进速度 v_m 及摘辊圆周速度 v 分别与摘穗损失和生产率有着直接关系，其变化曲线如图 3.27、图 3.28 所示。

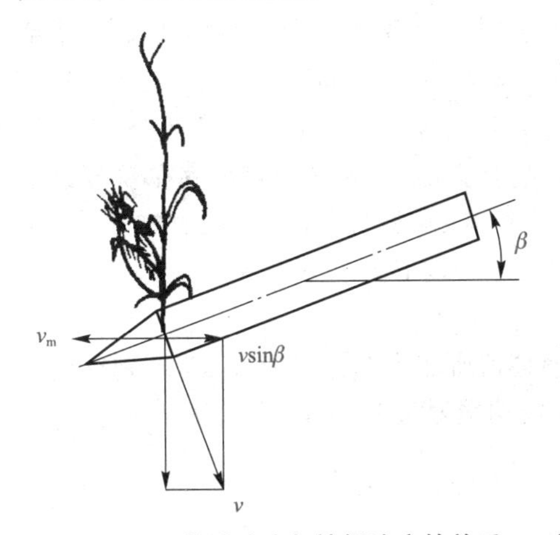

图 3.27　前进速度与摘辊速度的关系

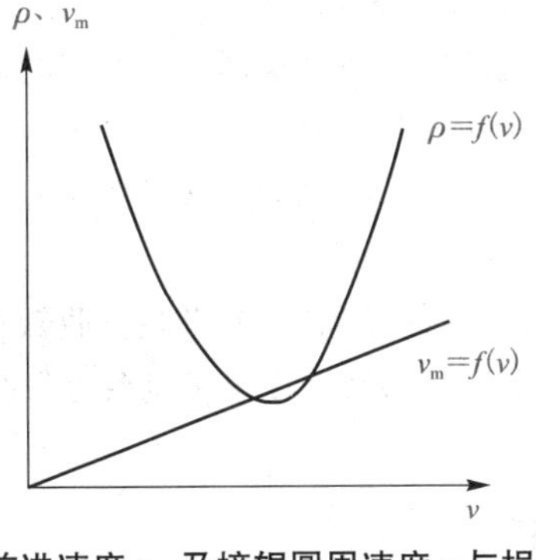

ρ、v_m

$\rho=f(v)$

$v_m=f(v)$

v

图 3.28　前进速度 v_m 及摘辊圆周速度 v 与损失 ρ 的关系

当机器前进速度增加时，摘辊速度应相应增加，而摘辊速度与摘辊损失为一曲线关系。当摘辊速度过大时，由于摘辊对果穗的冲击力加大而落粒损失增大；但如摘辊速度过低时，由于摘穗中果穗与摘辊接触时间较长，也增加了咬伤果穗和剥落籽粒的概率。为此，考虑两者关系，建议在机器作业速度为 6～8 km/h，取摘辊圆周速度为 3～4 m/s 时作业。

2. 立式摘辊的速度选择

立式摘辊的工作长度较小，生产率受到限制，且果穗被摘掉后能迅速脱离摘辊，而不易咬伤。为了提高生产率，一般取其圆周速度较卧辊稍高，为 4～5.5 m/s。

3. 拉茎辊的速度选择

在纵向倾斜摘穗板的下方设有拉茎辊，其长度较卧式摘辊为短。为了提高该辊生产率以适应联合收获机作业速度的要求，取拉茎辊的速度为 4.5～5.1 m/s。

四、剥皮装置的参数选择

1. 剥皮辊直径

根据剥辊不能抓取果穗的条件而确定。在现有机器上，剥辊直径为 68～103 mm。

2. 剥皮辊轴心高度差

根据果穗在两剥辊中的稳定性而确定，如图 3.29 所示，剥辊轴心高度差即

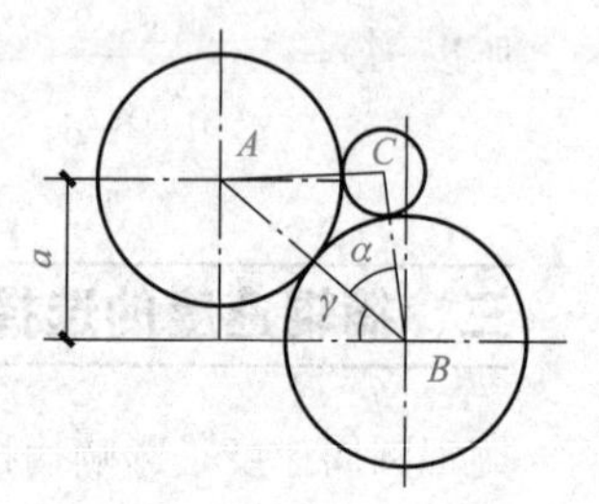

图 3.29　剥辊轴心高度差

$$\alpha+\gamma<90^{\circ}$$

式中　α——果穗轴心到下辊中心连线 CB 与上、下辊中心连线 AB 的夹角；

γ——AB 与水平线的夹角。

在现有剥辊直径为 70～100 mm、果穗直径为 20～32 mm 的情况下，一般取 $a\leqslant40$ mm。

3. 剥皮辊的转速

试验指出：剥皮辊的转速范围为 200～400 r/min 较适宜。转速过高，将影响苞叶剥净率；过低，则生产率降低。

4. 剥皮辊长度

根据试验资料：剥皮辊以 1 m 左右长度为适宜。过长时，剥净率无明显增加，但破碎率增大；过短时，则剥净率降低。现有机器上的剥皮辊长度为 800～1 100 mm。

5. 剥皮辊的生产率

每对剥皮辊的生产率，根据对剥净率的要求不同，差别较大。一般要求剥净率在 80%以上时，生产率为 400～700 kg/h，即 0.11～ 0.2 kg/s。在玉米联合收获机上，摘穗辊对数与剥皮辊的对数比为 1∶2～1∶3。近来新型机器上，为提高生产率，一般取 1∶3 的比例。

6. 功率耗用

根据试验资料(匈牙利)：玉米联合收获机的每行摘穗器所需功率为 2.6～3 kW，剥皮机构所需功率为 1.8～2.2 kW。在玉米割台上每行摘穗器所需功率为 5.9～7.4 kW。

拓展知识

茎秆粉碎装置

茎秆粉碎装置一般由机架部分、变速箱、压轮部分、悬挂部分、切碎部分、罩壳等组成，如图 3.30 所示。目前茎秆粉碎装置按动刀的形式区分有甩刀式、锤爪式和动定刀组合式三种机型。茎秆粉碎装置在玉米联合收获机上一般有三种安装位置：一种是位于收获机后轮后部；一种是位于摘穗辊和前轮之间；还有一种位于前后两轮之间，用液压方式提升。茎秆粉碎装置通过支撑辊在地面行走。工

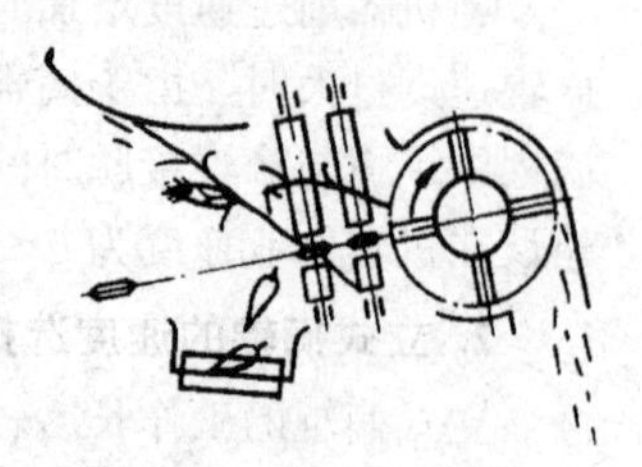
图 3.30　茎秆切碎器

作过程：玉米收获机通过动力输出轴经过万向节将动力传至茎秆粉碎装置的变速箱，经过两级加速后带动切碎部分的刀轴高速旋转，均匀分布。

任务小结

1. 玉米割台的收获行数，根据谷物联合收获机的生产能力而定，一般有四行、六行和八行几种。

2. 常见摘穗器可分为纵卧式摘辊、立式摘辊、横卧式摘辊和纵向板式摘穗器四种。

3. 玉米收获机剥皮装置多为辊式，它由若干对相对向里侧回转的剥皮辊和压送器等组成。

思考与练习

1. 简述玉米收获机摘穗装置的基本构造与工作过程。
2. 简述玉米剥皮装置的基本构造与工作过程。
3. 分析玉米摘辊直径的确定过程。

任务 3.4 玉米收获机械的使用调整与维护保养

学习目标

1. 熟悉玉米收获机械的使用调整方法。
2. 掌握玉米收获机械的使用调整具体过程。
3. 熟悉玉米收获机械的维护保养内容和方法。

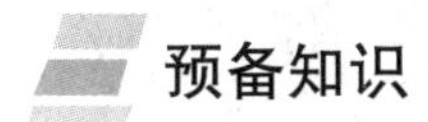

预备知识

知识点 1 倾斜输送器

倾斜输送器又称过桥，起到连接割台和升运器的作用。倾斜输送器围绕上部传动轴旋转来提升割台，确保机器在公路运输和田间作业时割台离地面能够调整到合适的间隙。

作物从过桥刮板上方向后输送。观察盖用于检查链耙的松紧。在中部提起刮板，刮板与下部隔板的间隙应为(60±15)mm。两侧链条松紧一致。出厂时两侧的螺杆长度为(52±5)mm，作业一段时间后，链节可能伸长，需要及时调整。

知识点2　剥皮搅龙

剥皮搅龙简称剥皮机，是将玉米果穗的苞叶剥除的装置，同时将果穗输送到果穗箱。剥皮机由星轮和剥皮辊组成，五组星轮，五组剥皮辊，每组剥皮辊有四根剥皮辊，铁辊是固定辊，橡胶辊是摆动辊。剥皮搅龙工作过程：果穗从升运器落入剥皮机，经过星轮压送和剥皮辊的相对转动剥除苞叶，并去除残余的断茎秆及穗头，然后经抛送辊将去皮果穗抛送到粮箱。

任务实施

[任务要求]

某农机公司三包车间正在承接一台玉米收获机维修任务。用户自述，收获机在作业时，出现了拉茎辊间隙过大问题，且伴随穗被啃断、籽粒掉落损失等现象，产生了很大的收获损失。为了能够准确地找出故障的发生点，完成这项修理任务，维修人员就必须正确进行玉米收获机的使用调整与维护保养。

[实施步骤]

一、割台的调整

割台的调整主要包括分禾器、摘穗板、拉茎辊、拨禾链、齿轮箱、中央搅龙、橡胶挡板等装置的调整。

1. 分禾器的调节

作业状态时，分禾器应平行地面，离地面10～30 cm；收割倒伏作物时，分禾器要贴附地面仿形；收割地面土壤松软或雪地时，分禾器要尽量抬高防止石头或杂物进入机体。收割机公路行走时，需将分禾器向后折叠固定，或拆卸固定，可防止分禾器意外损坏。分禾器通过开口销(B)与护罩连接，将开口销(B)、销轴(A)拆除，即可拆下分禾器，如图3.31所示。

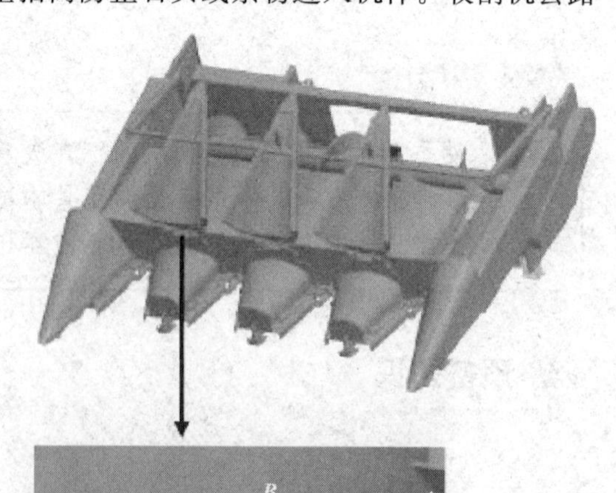

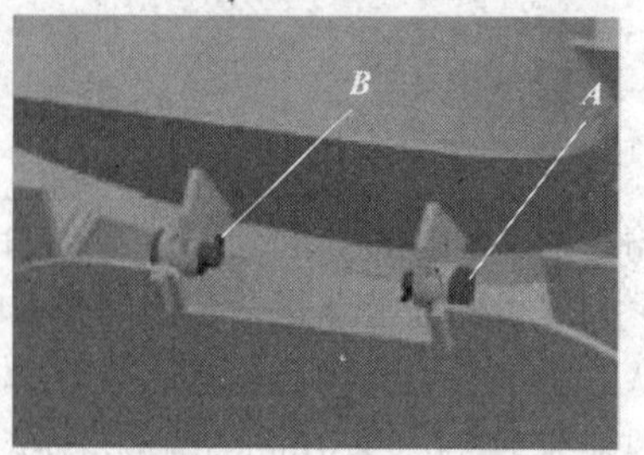

图3.31　分禾器的调整

2. 挡板的调节

橡胶挡板(A)的作用是防止玉米穗从拨禾链内向外滑落，造成损失。当收割倒伏玉米或在此处出现拥堵时，要卸下挡板，防止推出玉米。卸下挡板后，与固定螺栓一起存放在可靠的地方保留。

3. 喂入链、摘穗板的调节

喂入链的张紧度是由弹簧自动张紧的。弹簧调节长度L为11.8～12.2 cm。摘穗板(B)的作用是把玉米穗从茎秆上摘下。安装间隙：前端为3 cm，后端为3.5～4 cm。摘穗板(B)开口尽量加宽，以减少杂草和断茎秆进入机器，如图3.32所示。

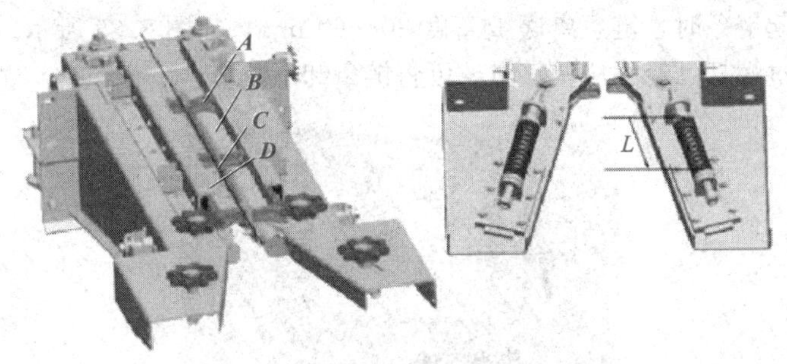

图 3.32 喂入链、摘穗板的调节

A—左侧橡胶挡板；*B*—左侧摘穗板；*C*—右侧橡胶挡板；*D*—右侧摘穗板；*L*—弹簧调节长度

4. 拉茎辊间隙调整

拉茎辊用来拉引玉米茎秆。拉茎辊位于摘穗架的下方，平行对中，中间距离 $L=8.5\sim9$ cm，可通过调节手柄(*A*)调节拉茎辊之间的间隙，如图 3.33 所示。

为保持对称，必须同时调整一组拉茎辊，调整后拧紧锁紧螺母。拉茎辊间隙过小，摘穗时容易掐断茎秆，拉茎辊间隙过大，易造成拨禾链堵塞。

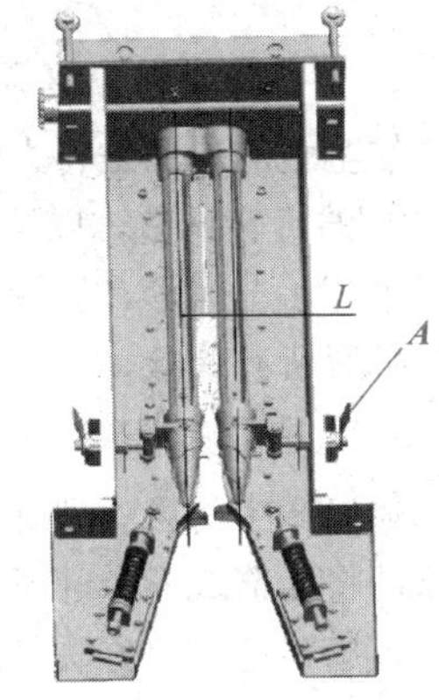

图 3.33 拉茎辊间隙调整

5. 中央搅龙的调整

为了顺利、完整地输送，搅龙叶片应尽可能地接近搅龙底壳，此间隙应小于 10 mm，过大易造成果穗被啃断、掉粒等损失。过小刮碰底板。

二、倾斜输送器的调整

用扳手将紧固于固定板(*C*)两侧的螺母(*B*)旋入或旋出以改变 *X* 值的数值，如图 3.34 所示。

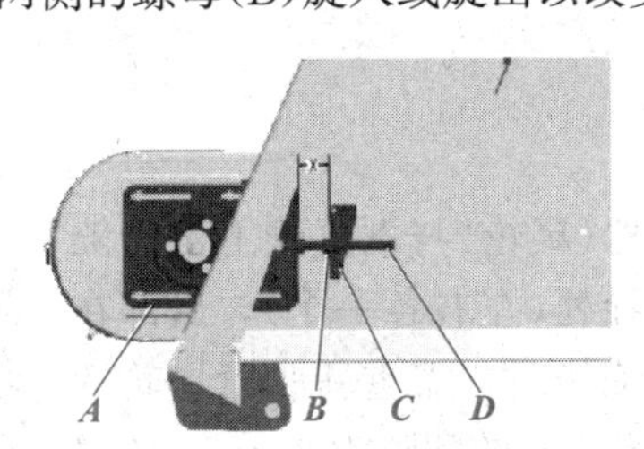

图 3.34 倾斜输送器的调整

A—观察盖；*B*—调整螺母；*C*—固定板；*D*—调整螺栓

三、升运器的调整

升运器的作用是从倾斜输送器得到作物，然后将玉米输送到剥皮机。升运器中部和上部有活门，用于观察和清理。

1. 升运器链条调整

升运器链条松紧是通过调整升运器主动轴两端的调节板的调整螺栓而实现的，拧松 5 个六角螺母，拧动张紧螺母，改变调节板的位置，使得升运器两链条张紧度保持一致，正常张紧度应该用手在中部提起链条时，链条离底板高度30～60 mm，如图3.35所示。使用一段时间后，由于链节拉长，通过螺杆已经无法调整时，可将链条卸下几节。

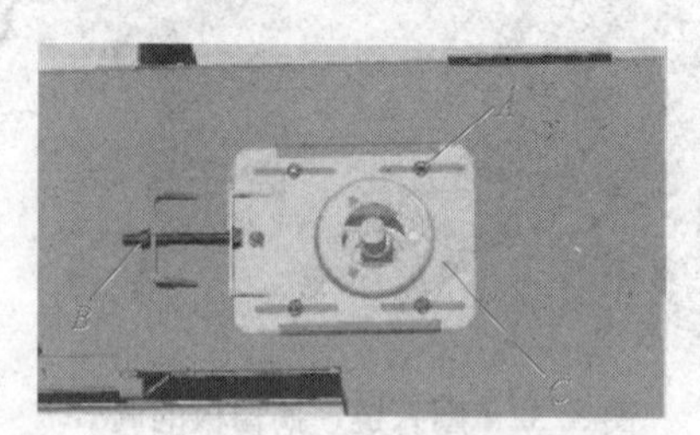

图3.35　升运器链条的调整

A—六角螺母；B—张紧螺母；C—调节板

2. 拉茎辊上轴角度调整

拉茎辊的作用是将大的茎秆夹持到机外，拉茎辊的上轴位置可调，可在侧壁上的弧形孔做5°～10°的旋转调整，以达到理想的排茎效果。出厂前，拉茎辊轴承座在弧形孔中间位置，调整时，松开4个螺母，保持拉茎辊下轴不动，缓慢转动轴承座的位置，使上下轴达到合适的角度，然后拧紧所有螺栓。

3. 风扇转速调整

风扇产生的风吹到升运器的上端，将杂余吹出到机体外。该风扇是平板式的。如果采用流线型的将会造成玉米叶子抽到风扇中。

风扇转速调整方法是拆下升运器右侧护罩，松开链条，拆下二次拉茎辊主动链轮，更换成需要的链轮，然后连接链条，装好护罩。

风扇的转速有三种：1 211 r/min、1 292 r/min和1 384 r/min，它是通过更换排茎辊的输入链轮来完成的。当使用16齿链轮时，其转速为1 211 r/min；当使用15齿链轮时，其转速为1 292 r/min(出厂状态)，当使用14齿链轮时，其转速为1 384 r/min。

四、剥皮搅龙的调整

1. 星轮和剥皮辊间隙调整

根据果穗的粗细程度，压送器(星轮)与剥皮辊上下间隙可调。调整位置：前部在环首螺栓处(左右各一个)，后部在环首螺栓处(左右各一个)，调整完毕后，需重新张紧星轮的传动链条。出厂时，星轮和剥皮辊之间的间隙为3 mm。压送器(星轮)最后一排后面有一个抛送辊，起到向后抛送玉米果穗作用。

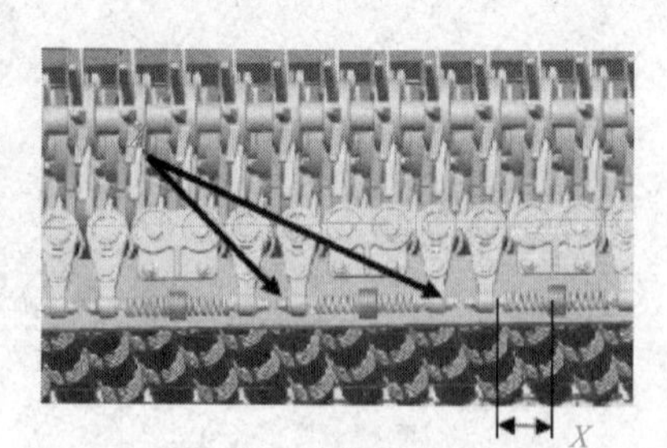

图3.36　剥皮辊间隙的调整

A—螺栓

2. 剥皮辊间隙调整

通过调整外侧一组螺栓，改变弹簧压缩量X，实现剥皮辊之间距离的调整。出厂时压缩量X为61 mm，如图3.36所示。

3. 动力输入链轮、链条的调节

调节张紧轮的位置，改变链条传动的张紧程度。对调组合链轮可获得不同的剥皮辊转速，如图3.37所示。将双排链轮反过来，会产生两种剥皮机速度，出厂时转速为420 r/min，链轮反转安装时，转速为470 r/min。齿轮箱的输入端配有安全离合器。

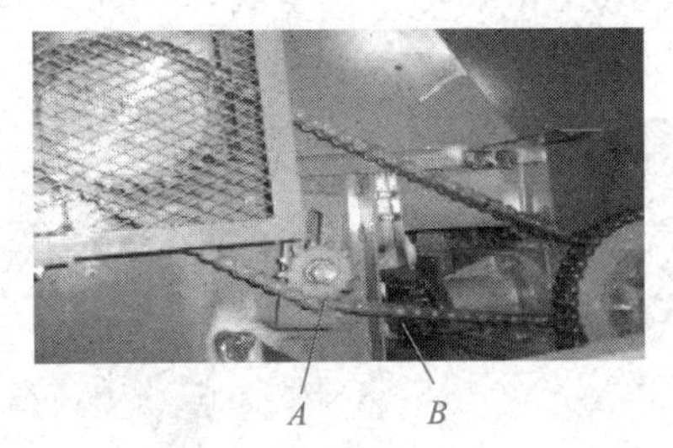

图 3.37　动力输入链轮、链条的调节

A—张紧轮；B—合链轮

五、籽粒回收装置的调整

籽粒回收装置由籽粒筛和籽粒箱组成，位于剥皮机正下方，用于回收输送剥皮过程中脱落的籽粒，籽粒经筛孔落入下部的籽粒箱，玉米苞叶和杂物经筛子前部排出。

籽粒筛角度调节籽粒筛角度可通过调整座调整，籽粒筛面略向下倾斜，是出厂状态，拆掉调整座籽粒筛向上倾斜，降低籽粒损失，如图 3.38 所示。

图 3.38　籽粒筛角度调节

A—调整座

六、茎秆切碎器的调整

茎秆切碎器的主要作用是将摘脱果穗的茎秆及剥皮装置排出的茎叶粉碎均匀抛撒还田。茎秆切碎器的主轴旋转方向与机器前进方向相反，即逆向切割茎秆。由于刀轴的高速逆行驶方向旋转，可将田间摘脱果穗的茎秆挑起，同时将散落在田间的苞叶吸起，随着刀轴的转动，动定刀将其打碎，碎茎秆沿壳体均匀抛至田间。茎秆切碎器包括转子、仿形辊、支架、甩刀、传动(齿轮箱换向)装置。

1. 割茬高度的调整

仿形辊的作用主要是完成对切茬高度的控制，工作时，仿形辊接地，使切碎器由于仿行辊的作用，随着地面的变化而起伏，达到留茬高度一致的目的。调整仿形辊的倾斜角度，以控制割茬高度，留茬太低，动刀打土现象严重，动刀(或锤爪)磨损，功率消耗增大；留茬太高，茎秆切碎质量差。调整时松开螺栓 B，拆下螺栓 C，使仿形辊 A 围绕螺栓 B 转动到恰当位置，然后固定螺栓 C。仿形辊向上旋转，割茬高度低；仿形辊向下旋转，割茬高度高，如图 3.39 所示。

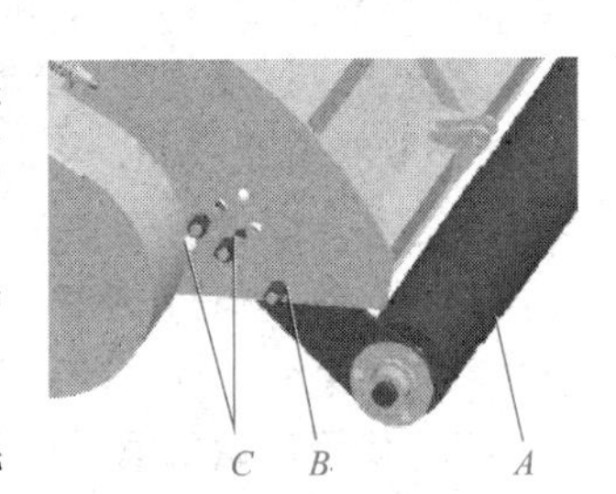

图 3.39　割茬高度调整

A—仿形辊；B、C—螺栓

2. 切碎器定刀的调整

调整定刀，松开螺栓向管轴方向推动定刀，茎秆粉碎长度短，反之，茎秆粉碎长。用户根据需要进行调整，如图 3.40 所示。

3. 切碎器传动带紧度调整

切碎器传动带由弹簧自动张紧，出厂时，弹簧长度为(84±2)mm，需要根据传动带的作业状态进行适当调整，调整后需将螺母锁紧。调整的基本要求：在正常的负荷下，传动带不能打滑和丢转，如图 3.41 所示，只有在调整传动带张紧时方可拆防护罩。

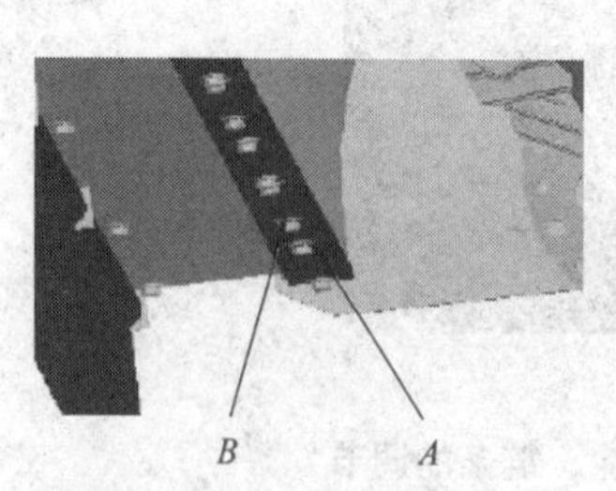

图 3.40 切碎器定刀调整

A—定刀；B—螺栓

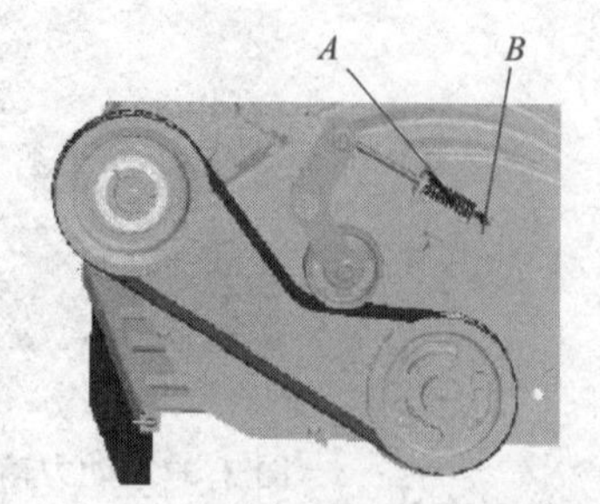

图 3.41 切碎器传动带紧度调整

A—弹簧；B—螺母

拓展知识

玉米果穗联合收获机的维护保养

一、收获机械总体构造认知

1. 保养

按照使用说明书，对机器进行日常保养，并加足燃油、冷却水和润滑油。以拖拉机为动力的，应按规定保养拖拉机。

2. 清洗

收获工作环境恶劣，草屑和灰尘多，容易引起散热器、空气滤清器堵塞，造成发动机散热不好、水箱开锅。因此必须经常清洗散热器和空气滤清器。

3. 检查

检查收割机各部件是否松动、脱落、裂缝、变形，各部位间隙、距离、松紧是否符合要求；启动柴油机，检查升降提升系统是否正常，各操纵机构、指示标志、仪表、照明、转向系统是否正常，轻轻松开离合器，检查各运动部件、工作部件是否正常，有无异常响声等。

4. 田间检查

(1)收获前 10～15 d，应做好田间调查，了解作业田里玉米的倒伏程度、种植密度和行距、最低结穗高度、地块的大小和长短等情况，制订好作业计划。

(2)收获前 3～5 d，将农田中的渠沟、大垄沟填平，并在水井、电杆拉线等不明显障碍物上设置警示标志，以利于安全作业。

(3)正确调整秸秆粉碎还田机的作业高度，一般根茬高度为 8 cm，调得太低，刀具易打土，会导致刀具磨损过快，动力消耗大，机具使用寿命低。

二、使用注意事项

1. 试运转前的检查

(1)检查各部位轴承及轴上高速转动件的安装情况是否正常。

(2)检查 V 带和链条的张紧度。

(3)检查是否有工具或无关物品留在工作部件上，防护罩是否到位。

(4)检查燃油、机油、润滑油是否到位。

2. 空载试运转

(1)分离发动机离合器，变速杆放在空挡位置。

(2)启动发动机，在低速时接合离合器。待所有工作部件和各种机构运转正常时，逐渐加大发动机转速，一直到额定转速为止，然后使收割机在额定转速下运转。

(3)运转时，进行下列各项检查：顺序开动液压系统的液压缸，检查液压系统的工作情况。检查液压油路和液压件的密封情况；检查收获机(行驶中)制动情况。每经20 min运转后，分离一次发动机离合器，检查轴承是否过热、带和链条的传动情况。检查各连接部位的紧固情况。用所有的挡位依次接合工作部件时，对收获机进行试运转，运行时注意各部分的情况。

注意：就地空转时间不少于3 h，行驶空转时间不少于1 h。

3. 作业试运转

在最初作业30 h内，建议收获机的速度比正常速度低20%～25%，正常作业速度可按说明书推荐的工作速度进行。试运转结束后，要彻底检查各部件的装配紧固程度、总成调整的正确性、电气设备的工作状态等。更换所有减速器、闭合齿轮箱的润滑油。

4. 作业时应注意的事项

(1)收获机在长距离运输过程中，应将割台和切碎机构放在悬挂架上，中速行驶，除驾驶员外，收获机上不准坐人。

(2)玉米收获机作业前应平稳接合工作部件离合器，油门由小到大，到稳定额定转速时，方可开始收获作业。

(3)玉米收获机在田间作业时，要定期检查切割粉碎质量和留茬高度，根据情况随时调整割茬高度。

(4)根据抛落到地上的籽粒数量来检查摘穗装置工作情况。籽粒的损失量不应超过玉米籽粒总量的0.5%。当损失大时，应检查摘穗板之间的工作间隙是否正确。

(5)应适当中断玉米收获机工作1～2 min。让工作部件空运转，以便从工作部件中排除所有玉米穗、籽粒等余留物，以免工作部件堵塞。当工作部件堵塞时，应及时停机清除堵塞物，否则将会导致玉米收获机负荷加大，使零部件损坏。

(6)当玉米收获机转弯或者沿玉米行作业遇到水洼时，应把割台升高到运输位置。在有水沟的田间作业时，玉米收获机只能沿着水沟方向作业。

注意：在有水沟田间作业时，收获机只能沿着水沟方向作业。

三、维护保养

1. 技术保养

(1)清理。经常清理收获机割台、输送器、还田机等部位的草屑、泥土及其他附着物。特别要做好拖拉机水箱散热器、除尘罩的清理，否则直接影响发动机正常工作。

(2)清洗。空气滤清器要经常清洗。

(3)检查。检查各焊接件是否开焊、变形，易损件(如锤爪、带、链条、齿轮等)是否磨损严重、损坏，各紧固件是否松动。

(4)调整。调整各部间隙，如摘穗辊间隙、切草刀间隙，使间隙保持正常；调整高低位置，使割台高度等符合作业要求。

(5)张紧。作业一段时间后，应检查各传动链、输送链、三角带、离合器弹簧等部件松紧度是否适当，按要求张紧。

(6)润滑。按说明书要求，根据作业时间，对传动齿轮箱加足齿轮油，轴承加足润滑脂，链条涂刷机油。

(7)观察。随时注意观察玉米收获机作业情况，如有异常，则及时停车，排除故障后，方可继续作业。

2. 机具的维护保养

(1)日常维护保养。

①每日工作前应清理玉米果穗联合收获机各部残存的尘土、茎叶及其他附着物。

②检查各组成部分连接情况，必要时加以紧固。特别要检查粉碎装置的刀片、输送器的刮板和板条的紧固，注意轮子对轮毂的固定。

③检查三角带、传动链条、喂入和输送链的张紧程度。必要时进行调整，损坏的则应更换。

④检查变速箱、封闭式齿轮传动箱的润滑油是否有泄漏和不足。

⑤检查液压系统液压油是否有漏油和不足。

⑥及时清理发动机水箱、除尘罩和空气滤清器。

⑦发动机按其说明书进行技术保养。

(2)收获机的润滑。玉米果穗联合收获机的一切摩擦部分，都要及时、仔细和正确地进行润滑，从而提高玉米联合收获机的可靠性，减少摩擦力及功率的消耗。为了减少润滑保养时间，提高玉米联合收获机的时间利用率，在玉米果穗联合收获机上广泛采用了两面带密封圈的单列向心球轴承、外球面单列向心球轴承，在一定时期内不需要加油。但是有些轴承和工作部件(如传动箱体等)，应按说明书的要求定期加注润滑油或更换润滑油。玉米联合收获机各润滑部位的润滑方式、润滑剂及润滑周期见表3.1。

表3.1　玉米果穗收获机润滑表

润滑部位	润滑周期	润滑油、润滑剂
前桥变速箱	1年	齿轮油HL－30
粉碎器齿轮箱	1年	齿轮油HL－30
拉茎辊	1年	钙基润滑油、钙钠基润滑油(黄油)
分动箱	1年	10%钙钠基润滑油(黄油)和50%齿轮油HL－30混合
茎秆导槽传动装置	60 h	钙基润滑油、钙钠基润滑油(黄油)
搅动输送器	60 h	
升运器	60 h	
秸秆粉碎装置	60 h	
动力装置	60 h	
行走中间轴总成	60 h	
工作中间总成	60 h	
三角带张紧轮	60 h	

(3)三角带传动维护和保养。

①在使用中必须经常保持三角带的正常张紧度。三角带过松或过紧都会缩短使用寿命。三角带过松会打滑，使工作机构失去效能；三角带过紧会使轴承过度磨损，增加功率消耗，甚至将轴拉弯。

②防止三角带沾油。

③防止三角带机械损伤。挂上或卸下三角带时，必须将张紧轮松开，如果新三角带不好上时，应卸下一个带轮，套上三角带后再把卸下的带轮装上。同一回路的带轮轮槽应在同一回转平面上。

④带轮轮缘有缺口或变形时，应及时修理或更换。

⑤同一回路用2条或3条三角带时，其长度应该一致。

(4)链条传动维护和保养。

①同一回路中的链轮应在同一回转平面上。

②链条应保持适当的张紧度，太紧易磨损，太松则链条跳动大。

③调节链条张紧度时，把改锥插在链条的滚子之间向链的运动方向扳动，如链条的张紧度

合适，应该能将链条转过 20°～30°。

(5)液压系统维护和保养。

①检查液压油箱内的油面时，应将割台放在最低位置，如液压油不足时，应予补充。

②新玉米联合收获机工作 30 h 后，应更换液压油箱里的液压油，以后每年更换 1 次。

③加油时应将油箱加油孔周围擦干净，拆下并清洗滤清器，将新油慢慢通过滤清器倒入。

④液压油倒入油箱前应沉淀，保证液压油干净，不允许油里含水、沙、铁屑、灰尘或其他杂质。

(6)入库保养。

①清除泥土杂草和污物，打开机器的所有观察孔、盖板、护罩，清理各处的草屑、秸秆、籽粒、尘土和污物，保证机内外清洁。

②保管场地要符合要求，农闲期收获机应存放在平坦、干燥、通风良好、不受雨淋日晒的库房内。放下割台，割台下垫上木板，不能悬空；前后轮支起并垫上垫木，使轮胎悬空，要确保支架平稳牢固，放出轮胎内部的气体。卸下所有传动链，用柴油清洗后擦干，涂防锈油后装复原位。

③放松张紧轮，松弛传动带。检查传动带是否完好，能使用的，要擦干净，涂上滑石粉，系上标签，放在室内的架子上，用纸盖好，并保持通风、干燥及不受阳光直射。若挂在墙上，则应尽量不让传动带打卷。

④更换和加注各部轴承、油箱、行走轮等部件润滑油；轴承运转不灵活的要拆下检查，必要时换新的。对涂层磨损的外露件，应先除锈，涂上防锈油漆。卸下蓄电池，按保管要求单独存放。

⑤每个月要转动一次发动机曲轴，还要将操纵阀、操纵杆在各个位置上扳动十几次，将活塞推到油缸底部，以免锈蚀。

任务小结

1. 玉米果穗联合收获机割台的调整主要包括分禾器的调整，挡板的调整，喂入链、摘穗板的调整，拉茎辊间隙的调整，中央搅龙的调整等。

2. 升运器的调整主要包括升运器链条调整、拉茎辊上轴角度调整、风扇转速调整等。

3. 剥皮装置的调整主要包括星轮和剥皮辊间隙调整、剥皮辊间隙调整、动力输入链轮、链条的调整等。

思考与练习

1. 玉米果穗联合收获机割台的调整主要包括哪些方面？
2. 剥皮装置的调整有哪些注意事项？
3. 玉米果穗联合收获机的维护保养有哪些内容？

项目4　收获机械行走系统的构造与维修

任务4.1　轮式联合收获机行走系统的构造与维修

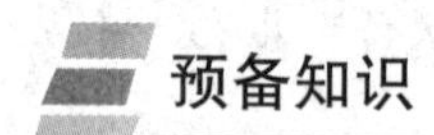

1. 熟悉收获机械行走系统的类型和功用。
2. 熟悉轮式联合收割机行走系统的基本构造。
3. 熟悉行走无级变速器的工作原理。

预备知识

知识点1　行走无级变速器

1. 行走无级变速器的基本构造

联合收获机上的行走无级变速器大多采用V带式无级变速器，可在不停车的情况下变速，这样可适应收割各种不同产量的作物，从而保证脱粒机在额定喂入量下工作。

中间变速轮式行走无级变速器由主动轮、中间带轮和从动轮(与行走离合器相连)等组成，如图4.1所示。

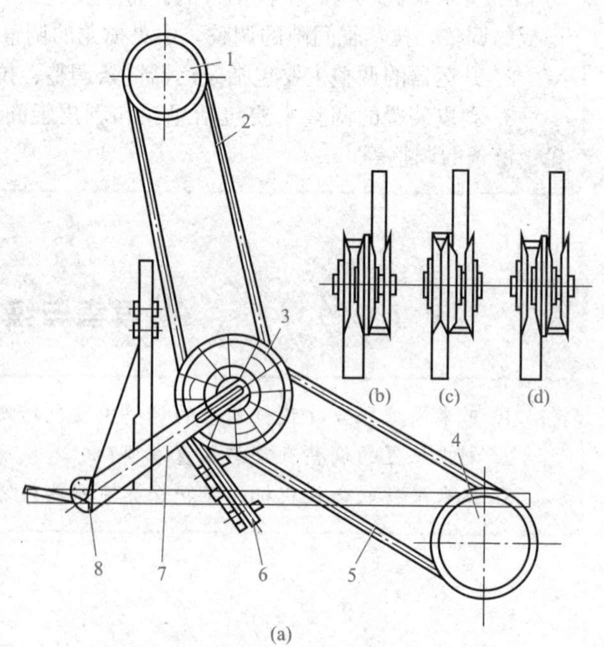

图4.1　中间变速轮式行走无级变速器

(a)变速器；(b)、(c)、(d)中间带轮的状态

1—主动轮；2、5—V带；3—中间变速轮；4—从动轮；6—双作用液压缸；7—叉架；8—叉架轴

中间带轮由三个圆盘构成两个带轮槽，两侧的两个圆盘固定在轴上，而中间的圆盘可在轴上滑动，当双面圆盘沿轴向滑动时，一个带轮槽的直径减小，另一个带轮槽的直径增大。中间带轮安装在可摆动的叉架上，通过双作用液压缸的操纵，使叉架绕固定轴摆动。当叉架向下摆动时，中间带轮和主动轮之间的距离增加，中间带轮和从动轮之间的距离减小，由于胶带长不变，迫使中间带轮上的双面圆盘向左移

动，机器前进速度随变速器传动比的增大而增加。当叉架向上摆动时则机器减速。

双变速轮式行走无级变速器，如图 4.2 所示，目前在大多数联合收获机上应用较多。它由双联液压缸、主动轮和从动轮(离合器带轮)等组成。

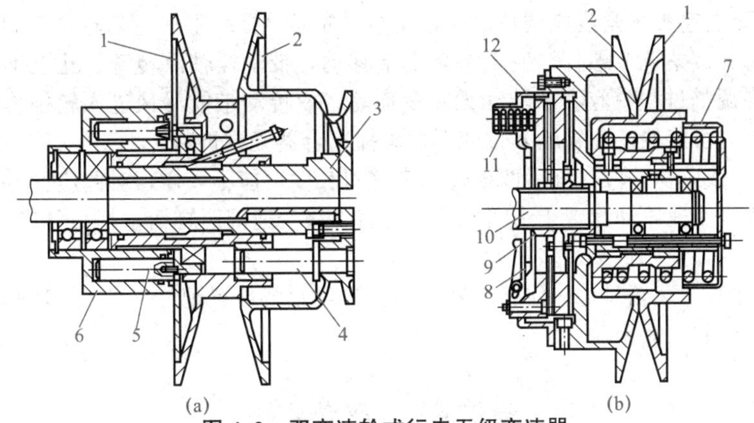

图 4.2　双变速轮式行走无级变速器

(a)主动轴；(b) 从动轴

1—动盘；2—定盘；3—导套；4—导向销；5—液压缸柱塞；6—液压缸轴承座；7—弹簧；8—分离杠杆；9—摩擦片总成；10—离合器轴；11—压紧弹簧；12—外压盘

在驾驶室内扳动无级变速器操纵杆，主动轮的动盘在双联液压缸柱塞作用下向右移动，主动轮有效直径增大，通过胶带的拉力，迫使从动轮的动盘克服弹簧压力而右移，有效直径变小，从而加大传动比使速度增加。

在无级变速器传动中，脱粒滚筒和行走装置的传递功率较大而不太稳定，为了适应 V 带在工作中遇到突然增加传递功率的情况，有的联合收获机设计时在从动轮部分采用了瞬时自动增扭变速器。当扭矩突然增加时，带轮动盘靠连接杆，如图 4.3 所示，或一对滑块机构自动移动动盘，如图 4.4 所示，使 V 带盘与胶带间增加摩擦力而避免打滑，从而保证机器正常工作，并起到保护胶带的作用。

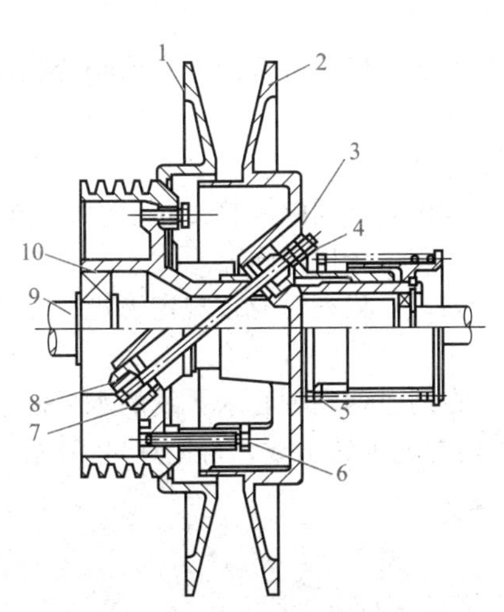

图 4.3　连杆式增扭无级变速器

1—定盘；2—动盘；3—连接杆；4—螺母；5—弹簧；6—限位螺杆；7—轴承套；8—球体；9—轴；10—轴套

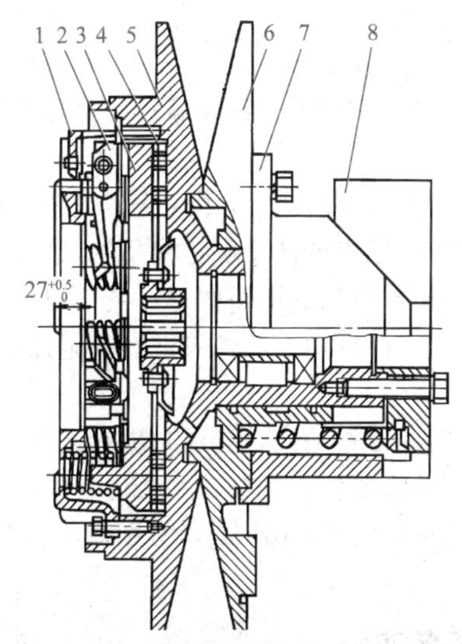

图 4.4　滑块式增扭无级变速器

1—离合器壳体；2—分离杠杆；3—离合器压盘；4—离合器片铆合；5—定盘；6—动盘；7—动盘凸轮；8—定盘凸轮

2. 使用和调整应注意的问题

(1)操纵变速液压缸手柄必须轻轻点动，使液压缸活塞杆缓慢伸缩，变速平稳过渡。严禁猛动操纵杆，以免拉断变速箱输入轴，拉坏动力输出轴带轮，或引起无级带翻滚跑带。

(2)两根无级变速带张紧度应调整适度，调整时先通过操纵手柄将动轮置于中间位置，然后松开栓轴和螺母，调整调节螺杆，使调节架上下移动，带动栓轴沿转臂长孔上下移动，达到调整要求为准。在调整过程中应不断转动无级变速轮，使传动带能尽快进入轮槽工作直径，严禁张紧过度，否则有可能使变速箱输入轴变形而碰撞离合器壳或折断。

(3)试车完毕或工作一段时间后两根传动带绝对长度可能不一样，对此应调整单根带的松紧度。方法：将无级变速轮动盘置于中间位置，再将无级变速液压缸活塞杆吊耳螺母拧进或拧出，达到单根调整目的，但调整量最多不大于 15 mm。

(4)在拆装无级变速轮时，应注意定轮和动轮轮毂原装位置记号“O”，严禁调位，否则将影响带轮的平衡，引起较大振动。

知识点 2　驱动轮桥

驱动轮桥由带离合器和差速器的变速箱、边减速器等组成。

1. 离合器

离合器为干式单片常压式摩擦离合器。一般在工作一段时间后应调整离合器分离杠杆和分离轴承之间的自由间隙。调整时可通过离合器拉杆两端和中间螺纹长度的调整，达到 2～3 mm 正常间隙，同时保证离合器脚踏板自由行程在 20～30 mm 范围。

2. 变速箱和边减速器

变速箱又名中央传动箱，置于离合器之后，将变速齿轮和差速器合二为一。变速箱设有三个前进挡和一个倒退挡，由两对三个滑动齿轮在变速杆和推拉软轴作用下完成变速。边减速器由半浮式左半轴和右半轴、左右边减速内啮合齿轮传动副、驱动轮等组成。

知识点 3　转向轮桥

转向轮桥用销轴铰接在脱粒机体后管梁上，在不同地形和道路条件下支承联合收获机后部质量。

转向轮桥的使用过程中应注意以下事项：

(1)转向轴上的两个圆锥滚子轴承应定期检查轴向间隙，此间隙调整为 0.1～0.5 mm。调整时可通过螺母进行，即将螺母拧紧后退 1/15～1/10 圈，并用开口销固定。

(2)转向拉杆两端的球铰链必须定期检查螺母是否紧固，松动时应按规定力矩拧紧，并用开口销锁住。

(3)定期检查前束，必要时进行调整。调整方法：在通过两轮轴心水平线的水平面上检查轮胎两个位置收敛值，即检查一个位置的前束后，再将转向轮前转 180°，再检查另一位置的前束，应确保前束值为 6～10 mm，否则调整转向横拉杆长度。

任务实施

[任务要求]

某收获机公司维修网点承接一台收获机维修任务。车主自述，收获机作业时，操纵无级变速箱手柄，动盘在两个柱塞式油缸的作用下，达不到增速目的，对液压分配器安全阀压力是否过低、行走无级变速箱的控制滑阀内部是否泄漏等分别做了检查，发现上述部位工作正常。最后卸下行走无级变速箱，检查发现衬套与动盘配合孔失去过盈量，造成衬套与动盘脱离，使衬套在动盘和定盘之间变成间隔套。用户要求对这台收获机行走系统进行检测并维修，如要对收获机的行走系统进行检测并维修，就必须熟悉轮式联合收获机行走系统的基本构造，并能进行行走无级变速器等方面的检测和调整。

[实施步骤]

一、4LZ-2.5联合收获机行走无级变速器检测与调整

4LZ-2.5联合收获机行走无级变速轮主要由动轮、定轮、油缸等部件组成，工作时驾驶员操纵油缸手柄，使油缸工作，带动调节支架转动，从而使动轮被无级变速带挤压导致横向滑动，这样改变了动轮和定轮之间带槽的工作直径，达到变速的目的，如图4.5所示。

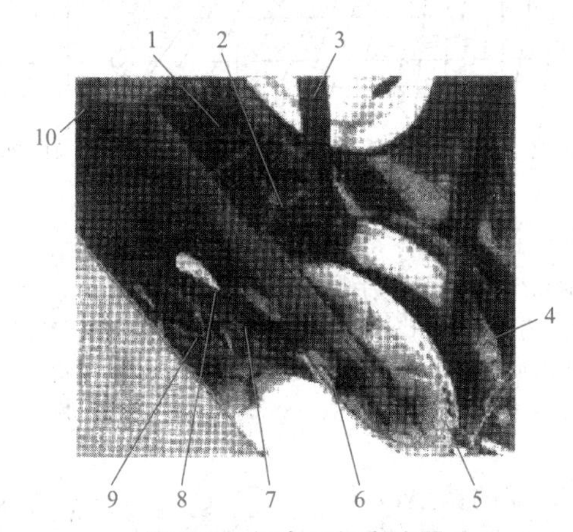

图4.5 行走无级变速器

1—调节螺栓；2—调节支架焊合；3—V带；4—动轮组合；
5—定轮；6—栓轴；7—调节螺母；8—油缸；9—变速带；10—调整垫

1. 张紧度的检测

两根无级变速带(图4.5中的序号3和序号9)张紧度要调整适度，一般检测时用约125 N的压力压任意一根带的中部，带的挠度在16～24 mm范围为宜。

2. 张紧度的调整

调整时先通过操纵手柄将动轮组合置于中间位置，然后松开栓轴，调整调节螺栓，使调节支架上下移动，带动栓轴沿转臂长孔上下移动，达到调整要求后，将无级变速轮固定。在调整过程中用手不断地转动无级变速轮，同时检验张紧程度，防止调整太紧超过限度。

如果仅调整其中的一根变速带，首先将无级变速轮盘置于中间位置，调整无级变速油缸活塞杆调节螺母，拧进时调紧带，同时放松带；拧出时放松带，同时张紧带。调整量一般在15 mm以内。单根带调整完以后，应按前面所述的带的张紧方法重新进行张紧度调整。

二、驱动轮桥的调整

驱动轮桥主要由驱动轮、差速器、制动器、离合器等组成，如图4.6所示。

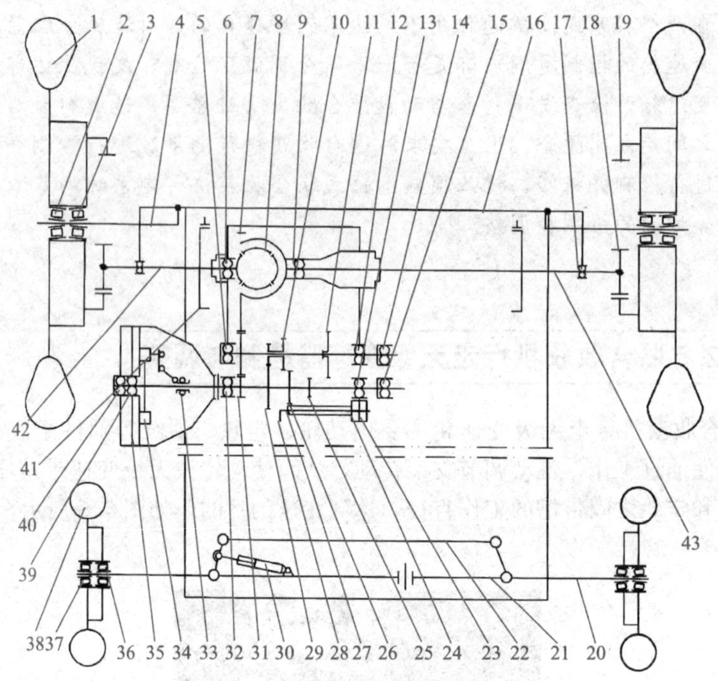

图 4.6　驱动轮桥

1—驱动轮；2、3、5、6、9、12、13、32、36、37、39、40—轴承；4—大轮轴；7—差速器大齿轮；8—差速器；10—Ⅱ、Ⅲ挡双联齿轮；11—Ⅰ、倒挡滑动齿轮；14—手制动器；15—小制动器；16—前桥管轴；17—紧定套外球面轴承；18—边减小齿轮；19—边减内齿圈；20—转向节焊合；21—后轴焊合；22—转向拉杆；23、27—滚针轴承；24、28—倒挡双联齿轮；25—Ⅰ挡主动齿轮；26—Ⅱ挡主动齿轮；29—Ⅲ挡主动齿轮；30—转向油缸；31—中间轴齿轮；33—分离轴承；34—离合器总成；35—输入带轮；38—转向轮；41—制动器；42—左半轴；43—右半轴

该机构中重点是行走离合器的调整，该机采用干式单片常压式摩擦离合器，如图 4.7 所示。

离合器膜片弹簧和分离轴承之间自由间隙为 1.5～3 mm。间隙过小会使分离轴承压在膜片弹簧上长期转动，非正常接触，导致离合器摩擦片磨损，因此必须定期检查调整该间隙。可通过调整离合器拉杆两端螺纹长度的方法进行调节，并同时保证离合器脚踏板自由行程在 20～30 mm 范围内。

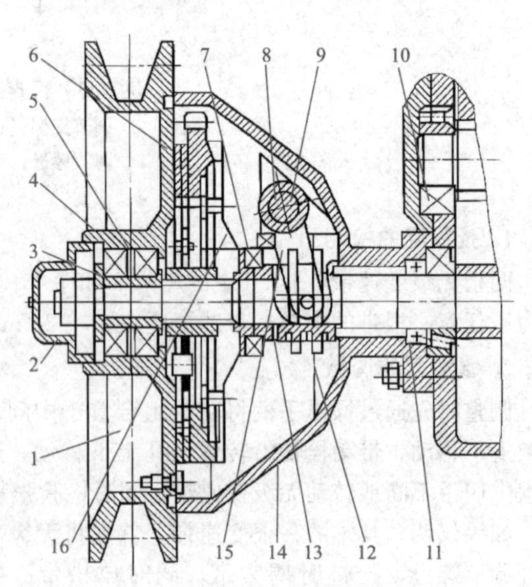

图 4.7　行走离合器

1—输入带轮；2—端盖；3—轴套；4、10—轴承；5—挡圈；6—离合器总成；7—分离轴承；8—分离杠杆焊合；9—键；11—油封；12—毡圈；13—分离轴承座；14—离合器壳；15—分离拨叉装配；16—膜片弹簧

三、变速箱与换挡机构的调整

变速箱置于离合器之后，将变速器齿轮和差速器合二为一。该机变速箱设有三个前进挡和一个倒车挡。变速箱使用一段时间后，换挡软轴可能会出现伸长现象，导致换挡困难，此时应对换挡软轴进行调整，如图 4.8 所示。

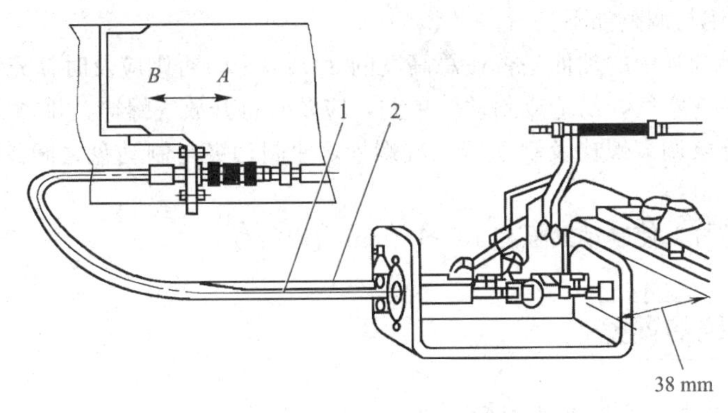

图 4.8　换挡软轴的调整方法

1—Ⅱ、Ⅲ挡换挡软轴；2—Ⅰ、倒挡换挡软轴；*A*、*B*—移动方向

换挡软轴的调整方法如下：

在停车空挡状态下，松开驾驶台下换挡软轴外管锁紧螺母，调整换挡外管锁定位置，保证图 4.8 中所示距离 38 mm，并向各挡位扳动变速操纵手柄，检查是否到位，直至各挡位换挡自如，结合方便，然后锁紧螺母。

调整时注意：对Ⅰ、倒挡来说，如果Ⅰ挡到位，倒挡不到位，换挡软轴外管应向 *A* 移动，反之应向 *B* 移动；对Ⅱ、Ⅲ挡来说，若Ⅲ挡到位，Ⅱ挡不到位，换挡软轴外管应向 *A* 移动，反之，应向 *B* 移动。

四、制动系统的调整

该收获机制动系统采用机械、液压一体化装置，通过分泵二次增力作用于盘式制动器，达到机器的制动目的，如图 4.9 所示。

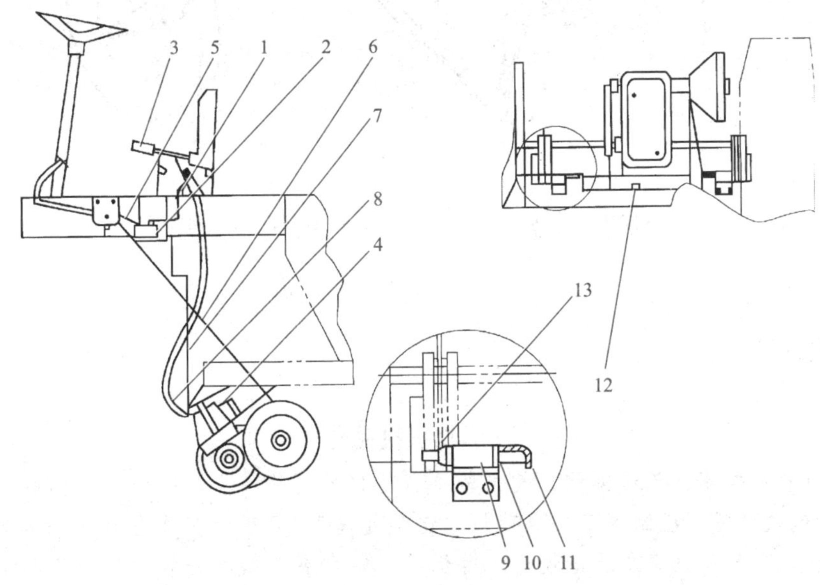

图 4.9　制动系统

1—储油杯；2—制动泵；3—手刹柄；4—手制动钢丝绳；5—离合器踏板回位拉簧；6—离合器拉杆；7—制动油管；8—手制动拉线总成；9—制动分泵；10—放气螺栓；11—制动软管总成；12—三通接头；13—制动分泵调节螺栓

制动系统的使用与调整如下：

(1)经常检查储油杯中的油面是否在总高度的80%以上，否则应及时补充制动液 HZY3。

(2)如果管路中有空气，易造成制动效果差，应及时打开放气螺栓，排掉空气。

(3)调整制动分泵调节螺栓及制动器总成螺栓，使制动夹与制动盘之间的间隙保持为 0.5～1 mm。

(4)调整制动拉杆，使制动踏板有 10～15 mm 自由行程。

五、转向系统的调整

轮式联合收获机械常见的转向系统结构，如图 4.10 所示。

使用过程中应该注意两点：

(1)定期检查转向轴上的两只轴承的轴向间隙，保证为 0.1～0.2 mm 内，可通过调节螺母进行调整，调整时先将螺母拧紧后再退回 1/15～1/7 圈，间隙大致在上述范围内，并用开口销锁紧。

(2)转向拉杆两端的球铰链必须定期检查螺母是否紧固，松动时应按规定拧紧，并用开口销锁住。

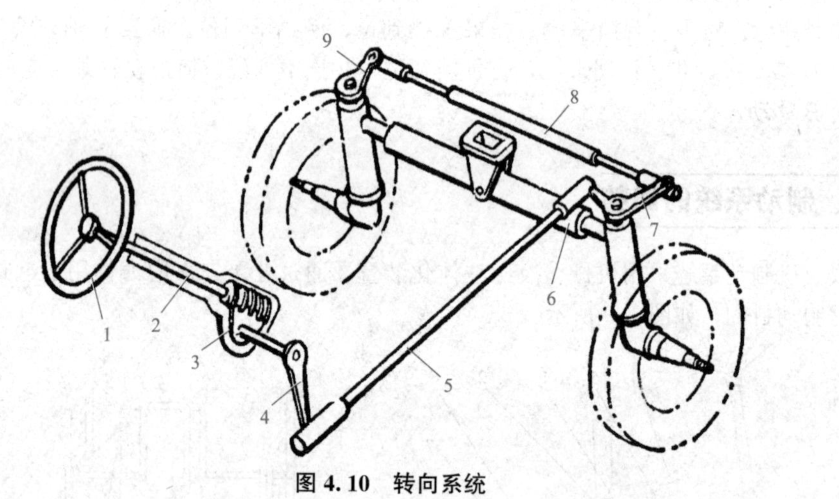

图 4.10　转向系统

1—转向盘；2—转向轴；3—转向器；4—转向摇臂；
5—纵拉杆；6—前梁；7—转向节臂；8—横拉杆；9—梯形臂

拓展知识

牧草收获机械化

牧草具有营养丰富、色泽鲜绿、气味芳香、适口性好等特点，特别是经调制或加工处理后的牧草(如制成草粉、压制成草块或草粒、化学处理等)可以加工成各种配合饲料，用其代替精饲料。所以，利用牧草发展畜牧业，对于我国走发展节粮型畜牧业的道路具有非常重要的意义。

牧草收获是一项季节性强、劳动强度大的作业项目。由于我国的草原多数分布在北方高寒地带，牧草适时收获期短，所以要做到保质保量对牧草进行适时收获，改善劳动环境，降低劳动强度，提高劳动生产率，提高牧草的产量和质量，降低生产成本，实现牧草收获机械化具有极其重要的现实意义。

牧草收获实现机械化与人工收获相比，可提高劳动生产率25～50倍，降低作业成本40%～60%，减少牧草中的营养损失60%～80%。

割草机的分类如下：

(1)按与动力的连接方式分为牵引式、悬挂式、半悬挂式和自走式。

(2)按切割器的类型分为往复切割器式割草机和旋转切割器式割草机。

(3)按用途分为普通割草机和割草压扁机。

任务小结

1. 联合收获机上的行走无级变速器大多采用V带式无级变速器，作业速度可在不停车的情况下变速，可适应收割各种不同产量的作物，从而保证脱粒机在额定喂入量下工作。

2. 轮式收获机的变速箱又名中央传动箱，置于离合器之后，将变速齿轮和差速器合二为一。

3. 单片常压式摩擦离合器膜片弹簧和分离轴承之间的自由间隙为1.5～3 mm。间隙过小会使分离轴承压在膜片弹簧上长期转动，非正常接触，导致离合器摩擦片磨损，因此必须定期检查。

4. 收获机制动系统采用机械、液压一体化装置，通过分泵二次增力作用于盘式制动器，达到机器的制动目的。

思考与练习

1. 简述4LZ-2.5行走机构中换挡软轴的调整方法。

2. 简述转向轮桥的调整注意要点。

任务4.2　履带式联合收获机行走系统的构造与维修

学习目标

1. 熟悉橡胶履带的性能和特点。

2. 掌握履带式联合收获机行走系统的基本构造和工作过程。

3. 熟悉履带行走机构的安装和调整过程。

预备知识

知识点1　橡胶履带

收获机的履带式行走装置由履带、驱动轮、支重轮、导向轮、托轮、支重台架、张紧装置、悬架等组成，如图4.11所示。联合收获机上应用的履带式行走装置多为整体台车式履带。小型联合收获机多采用结构较简单的刚性悬架，大中型联合收获机多采用半刚性悬架，以利于较平稳地越过田埂。有的小型联合收获机每侧履带有4个支重轮，中间2个支重轮合用1个弹性悬架，过田埂比较平稳，并可根据需要将这2个支重轮与机架刚性连接。

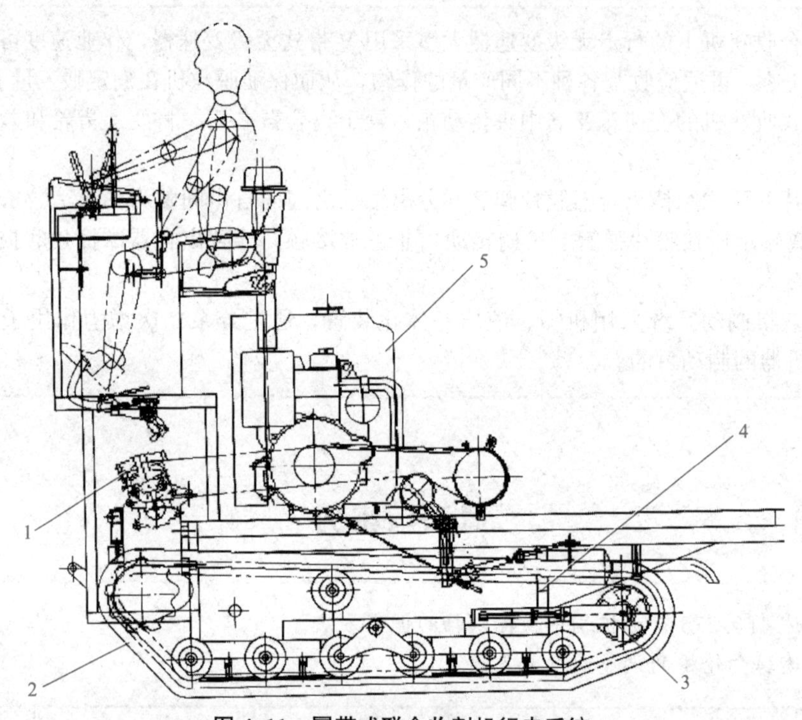

图4.11　履带式联合收割机行走系统

1—行走变速箱；2—橡胶履带；3—履带长度调节装置；4—行走轮系；5—发动机

自走式联合收获机行走机构上常用的履带，由铁齿、钢丝、帘布和橡胶组成，如图4.12所示。橡胶履带具有质量小、结构简单、通过性好、在稻田中行走不易下陷并能保护地表等特点。当前普遍采用的是400×90×45(宽×节距×节数)型号履带。

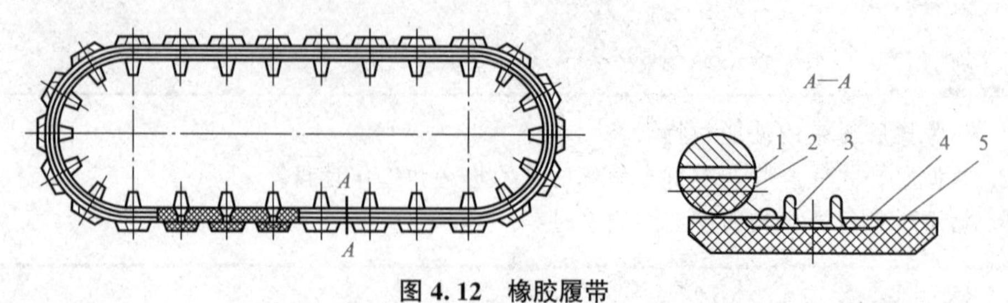

图4.12　橡胶履带

1—下层帆布带；2—多胶钢丝；3—刚性驱动齿；4—橡胶带；5—上层帆布带

1. 橡胶履带的性能

(1)对路面的不损伤性。橡胶履带对路面的不损伤性要优于钢质履带，因此橡胶履带机械作业不受路面限制，短途转场作业不需要运输工具搬运。

(2)接地比压小，湿地通过性能好。橡胶履带在湿地、沼泽地的通过性能比钢质履带与橡胶轮胎优越，扩展了机械作业的区间与范围，提高了机械设备的利用效率。由于橡胶履带接地比压小，一般为 0.014～0.03 MPa，而轮式车辆的橡胶轮胎接地比压一般为 0.11～0.14 MPa，所以橡胶履带机械在湿地作业适应性强，接地比压小。对于农业机械来说，更有利于农作物根部的扎根与生长，有利于吸收水分和营养。

(3)震动小，噪声低。橡胶履带与钢质履带相比，其行驶时各轮与履带的摩擦方式由钢件之间的摩擦改为钢件与橡胶之间的摩擦，使履带车辆的震动减小、噪声降低，从而减轻驾驶人员的疲劳程度，延长机械设备的使用寿命。

(4)油耗低。橡胶履带比钢质履带质量轻。钢质履带转动时履带销与孔产生摩擦，使消耗功率的现象发生；而橡胶履带柔性好、随动性好，有效降低了冲击震动功率的损耗。有资料证明，橡胶履带可以比钢质履带减少油耗 5%～10%。

(5)机械时速提高。履带车辆在行走机构相同的情况下，使用橡胶履带可以比钢质履带设计的时速提高 15%左右。一般芯铁式橡胶履带车辆时速为 15～20 km/h，摩擦式橡胶履带车辆时速可达 40～50 km/h。

(6)减轻机械质量，提高牵引力。履带式车辆装备橡胶履带后，在相同功率情况下，与装备钢质履带或装备橡胶轮胎的车辆相比车体质量要轻，车辆的牵引力提高。

(7)耐腐蚀性能好。

橡胶履带与钢质履带相比，更耐盐碱与酸腐蚀，因此在盐田、盐碱地，橡胶履带式车辆仍然可以作业。

橡胶履带与钢质履带相比，由于没有了履带板孔与履带销的相互配合和摩擦，而是呈一条整体橡胶带，因此在沙壤土地和盐田中比钢履带板更耐磨和耐腐蚀，使用时间更长。因此许多沙漠机械和盐田机械多使用橡胶履带。

(8)更换方便。

履带式车辆在使用钢质履带时，因为机械的负重轮、张紧轮、托轮与钢质履带是钢质零件之间高硬度、高强度的相互摩擦，履带板、履带销与各部件易磨损，在使用一段时间后需要维修并更换磨损元件。

橡胶履带是一整体，没有钢质履带的履带板、履带销，不存在需更换履带板或履带销的保修问题。在钢履带结构中由于负重轮、张紧轮、托轮与履带的相对摩擦是钢件之间的摩擦，磨损较快，因此以上三轮一板均为易损件。而改用橡胶履带后三轮均在橡胶跑道上运动，三轮的磨损减轻，因而降低了橡胶履带行走系统的维修费用。

2. 橡胶履带的正确使用

(1)橡胶履带应避免与机油、柴油、润滑脂等各种油类以及酸、碱、盐、农药等化学物品接触，如发生上述情况则应及时清洗。

(2)在行走中应尽量减少急转弯，同时不宜在台阶边缘摩擦行走，强行爬台阶或在坡路上倾斜行走等，不正常的行走都会造成履带的早期磨损。

(3)禁止在混凝土地面或硬路面上急转弯，否则将引起橡胶履带芯铁磨损，带体扭曲。

(4)跨越田埂时，须与田埂成直角且低速前进，跨越高 10 cm 以上的田埂时必须使用跳板，否则会造成履带脱落、损坏，如图 4.13 所示。

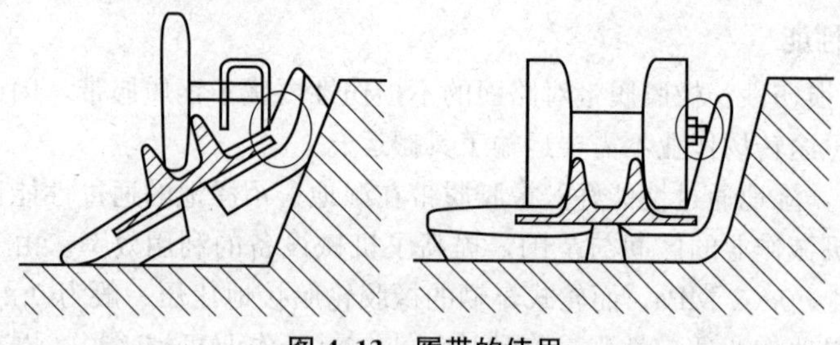

图 4.13 履带的使用

(5)禁止在砂石路上长时间行走和急转弯，否则会加快履带磨损，造成履带龟裂。

(6)禁止在起伏大的凹凸不平(过桥式行走)的路面行走。

(7)橡胶履带不得已一定要在锐利突起的石块、砂砾、碎石路面上通过，应铺设木板或其他平软物体；路程较长时应采用车辆装载转移。否则，会导致花纹裂纹、表面开裂，严重时芯铁脱落、钢丝断裂。

知识点2 行走变速箱

半喂入联合收获机的行走变速箱采用了组合式结构，由液压变速与齿轮变速两部分组成，如图 4.14 所示。

图 4.14 行走变速箱

主变速箱是前置式高速液压电动机(HST)。通过控制液压电动机的转速和转向达到控制行走速度及行走方向(前进、后退)的目的，如图 4.15 所示。该主变速箱的变速形式为无级变速。

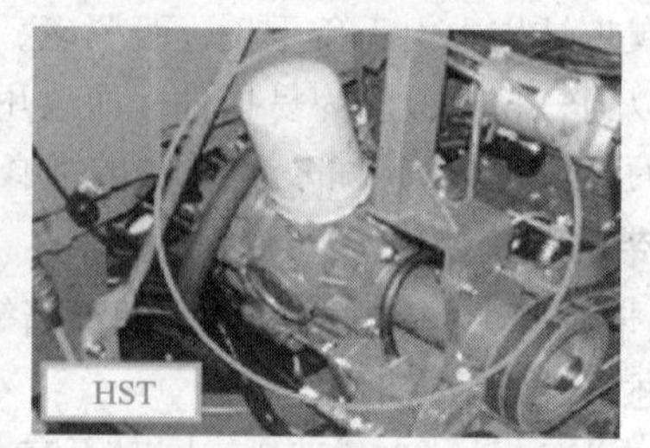

图 4.15 HST 主变速箱

副变速箱是剖分式机械变速箱，内装变速机构、转向离合器、最终传动机构等。其变速形式是滑移齿轮式，共有三个挡位：低速作业挡、高速作业挡和行走挡。转向制动器是多片湿式离合器，由变速箱外面的转向阀控制转向臂的动作。

1. 主变速箱(HST 变速箱)

主变速箱是液压电动机，其转速和转向是与液压油在机构中的流量和流向相关的。在操纵杆动作过程中，不必切断输入动力，所以操纵主变速杆时，不必使用行走离合器，如图 4.16 所示。液压无级变速器是驱动收获机行走的装置，由行走驱动带传递动力。

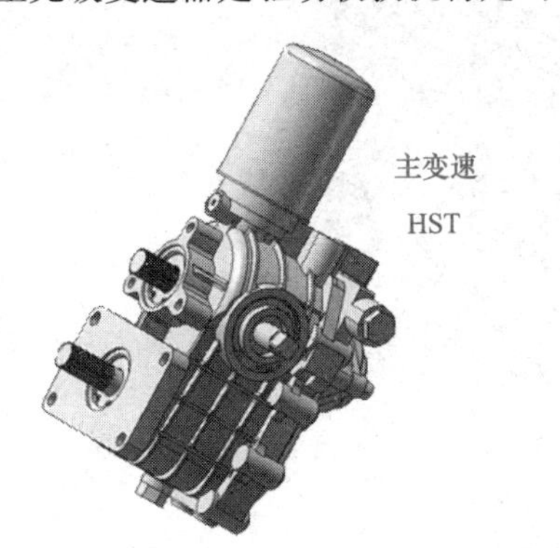

图 4.16 HST 变速箱

2. 副变速箱

副变速箱是机械变速箱，在换挡时必须切断动力，由于副变速箱的动力从主变速箱输入，所以只要断开主、副变速箱之间的动力传递，副变速箱就可以任意换挡。因此副变速操纵杆动作时，不必使用行走离合器，而只需将主变速操纵杆置“空挡”位置(“中立”位置)，就可达到切断副变速箱动力输入的目的。

知识点 3 行走机构

1. 行走机构的功用

(1)支承整台联合收获机的质量。

(2)驱动联合收获机行驶。

2. 行走机构的组成

半喂入式联合收获机的行走机构为橡胶履带式，其结构原理与一般履带式拖拉机的行走装置类似。行走机构主要由机架、驱动链轮、支重轮、平衡轮、托轮、导向轮、张紧机构、导轨及橡胶履带组成，如图 4.17 所示。

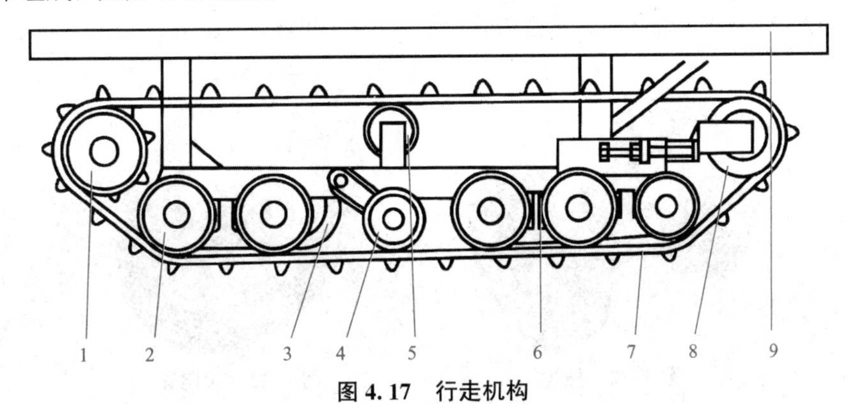

图 4.17 行走机构

1—驱动轮；2—支重轮；3—前导轨；4—平衡轮；5—托轮；6—后导轨；7—橡胶履带；8—导向轮；9—机架

3. 行走机构各装置

(1)机架(又称悬架)。机架用以支承收割机的重量，并连接行走机构各部件，如图 4.18 所示。

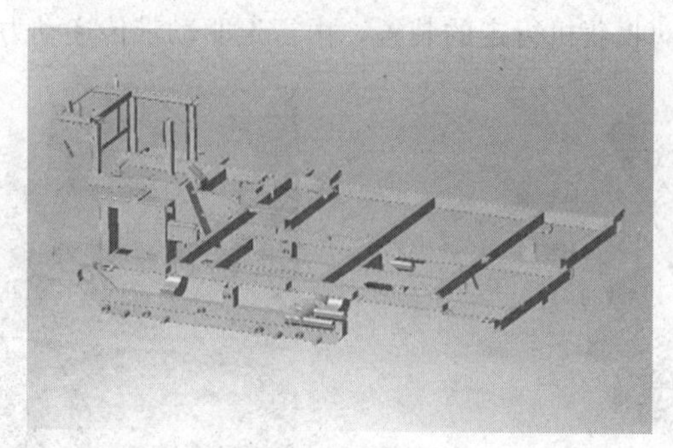

图 4.18　机架

(2)驱动链轮。该链轮为七齿精铸链轮，齿形为渐开线齿廓，与半轴连接的内孔是渐开线花键，如图 4.19 所示。它的主要作用是卷绕履带，传递功率。

图 4.19　驱动链轮

(3)支重轮。支重轮用以支承机体质量，如图 4.20 所示。

(4)平衡轮。平衡轮用来支承机体的部分重量，并自动调节机体的重心位置，使收割机在跨越田埂和装卸时不会有剧烈震荡，保证安全作业，如图 4.21所示。

图 4.20　支重轮

图 4.21　平衡轮

(5)托轮。托住履带，防止履带下垂，如图 4.22 所示。

(6)导向轮。导向轮引导履带在正常的轨道中运转，如图 4.23 所示。

图 4.22　托轮

图 4.23　导向轮

(7)张紧机构。履带张紧是由张紧螺杆和张紧板的配合使用实现的，如图 4.24 所示。张紧机构的主要作用是张紧履带，使履带保持一定的张紧度。在使用的过程中应经常注意检查履带的张紧量，一旦松动，应立即调整。

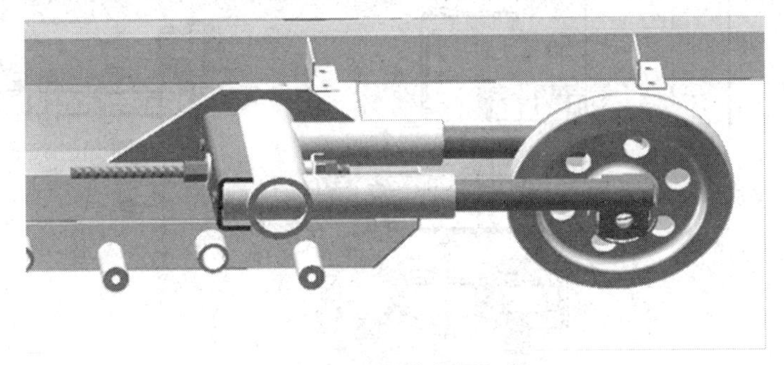

图 4.24　履带张紧机构

(8)导轨。保证履带的正常运转并与导向轮协调，如图 4.25 所示。

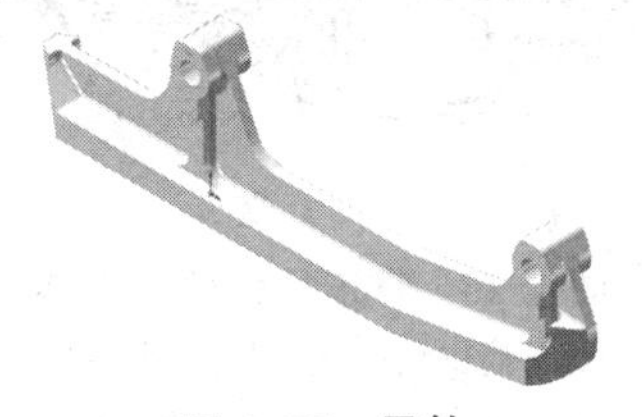

图 4.25　导轨

任务实施

[任务要求]

某收获机代理店正在承接一台收获机维修任务。用户自述，收获机在作业时，直线行走时出现跑偏，经初步排查故障现象，判断是两条履带松紧不一所引起。为了能够准确找出故障的发生点，完成这项修理任务，维修人员就必须熟悉履带式联合收获机行走系统的基本构造，能正确进行履带式收获机行走系统的故障检测，并根据故障现象给予排除。

[实施步骤]

一、动力传递分析

发动机的动力被传递到 HST，再由 HST 被传递到变速箱。因此，可在静止与最大速度之间进行最佳作业车速调节。动力传递路线：发动机—行走变速箱—驱动链轮—履带行走机构。

动力通过轴 1 的副变速齿轮被传递到中间轴，轴 1 与中间轴上的齿轮组合决定低速、标准、行走的车速。操作时，齿轮通过爪型离合器与单边离合器轴上的单边离合器齿轮啮合，再经由单边离合器拨叉(通过转向手柄产生的油压而动作)进行滑动，以切断动力传递。因此，驱动链轮变为自由状态(方向修正)。如果单边离合器拨叉继续滑动，则刹车将动作，中间轴和车轴被锁定。这样，驱动链轮便完全停止履带的动作(旋转)，如图 4.26 所示。

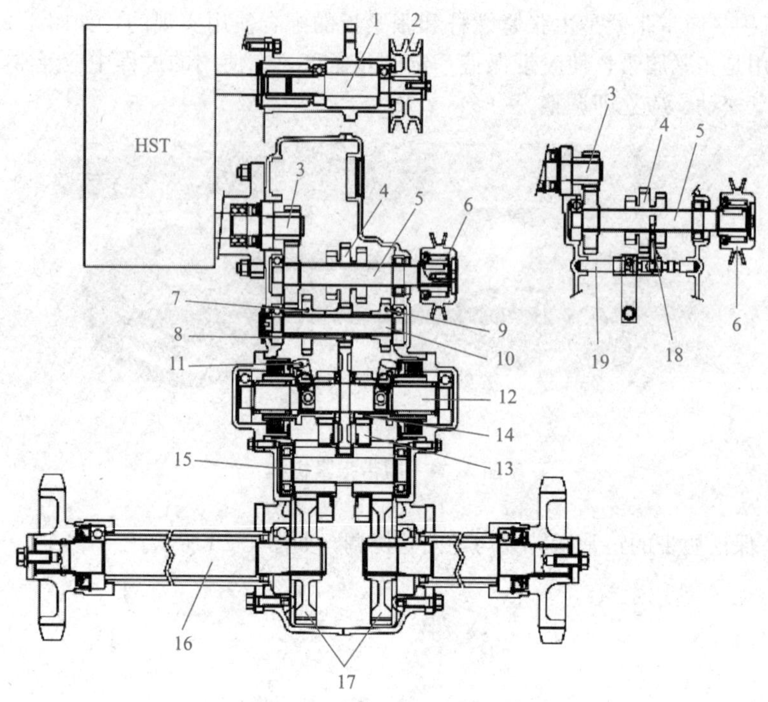

图 4.26　行走机构动力传递

1—HST 输入轴；2—HST 驱动带轮；3—HST 输出轴；4—副变速齿轮(18—24—21)；5—轴 1；6—收割驱动带轮；7—23T 齿轮；8—16T 齿轮；9—19T 齿轮；10—轴 2；11—单边离合器拨叉；12—单边离合器轴；13—16T/35T 齿轮；14—单边离合器齿轮；15—中间轴；16—车轴；17—39T 齿轮；18—副变速拨叉；19—副变速拨叉轴

二、行走系统的检查与调整

1. 履带的张紧

(1)用千斤顶顶起机架后部和变速箱下部，使履带悬空，离地面的距离 a 为 10 cm 左右。用木材、垫块或千斤顶固定机架后部和变速箱的车轴。

(2)测量从履带张紧轮起第 3 个滚轮下端和履带下侧上面的间隙 b，如图 4.27 所示。

(3)滚轮和履带的间隙 b 的基准值为 13～18 mm，与基准值不符时，用履带张紧螺栓进行调整，如图 4.28 所示。

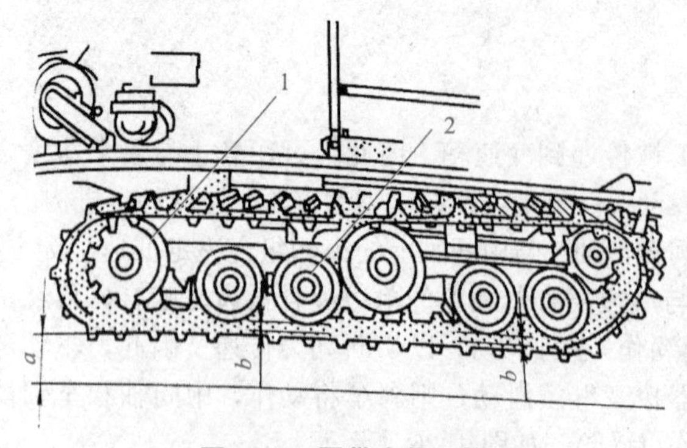

图 4.27　履带张紧调整

1—履带张紧轮；2—滚轮；a—间隙；b—间隙

图 4.28　调整滚轮和履带的间隙

1—履带张紧轮；2—履带张紧螺栓

(4)必须以同样的方式调整左右履带的张力。

专家提示

将发动机停放在平坦的场所。

2. 滚轮的检查

检查滚轮的磨损，如图 4.29 所示，滚轮的厚度 t 基准值为8 mm，与基准值不符时，更换为新品。

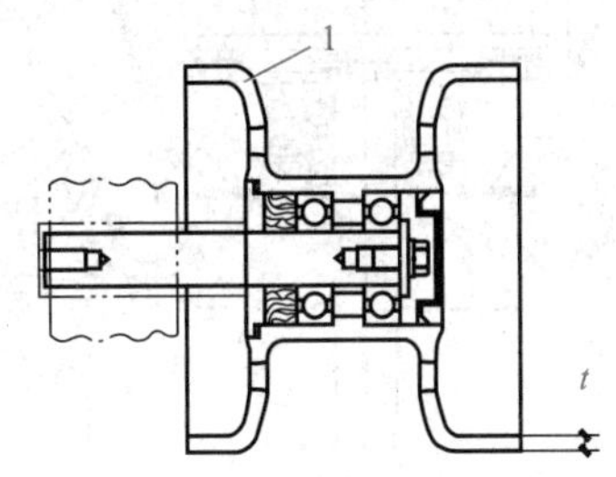

图 4.29　滚轮的磨损检查

1—滚轮；t—厚度

3. 履带导轨的检查

检查履带导轨底部的磨损，如图 4.30 所示，履带导轨底部的厚度 t 基准值为 8 mm，与基准值不符时，更换为新品。

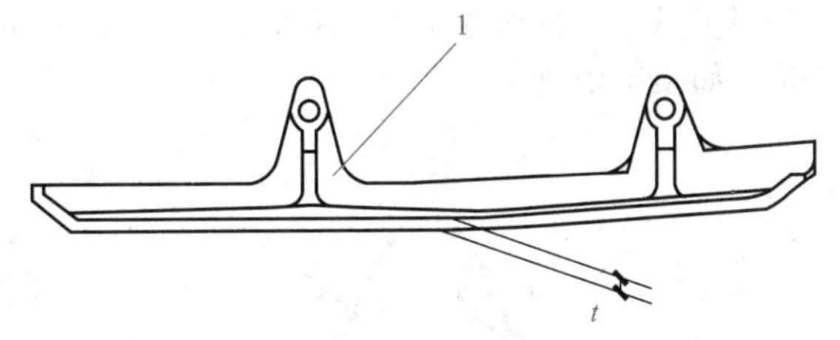

图 4.30　履带导轨的检查

1—履带导轨；t—厚度

4. 停车制动踏板的游隙调整

测量停车制动踏板的游隙 A，停车制动踏板的游隙 A 基准值为 3～10 mm，若与基准值不符，则用调整螺母进行调整，如图 4.31 所示。

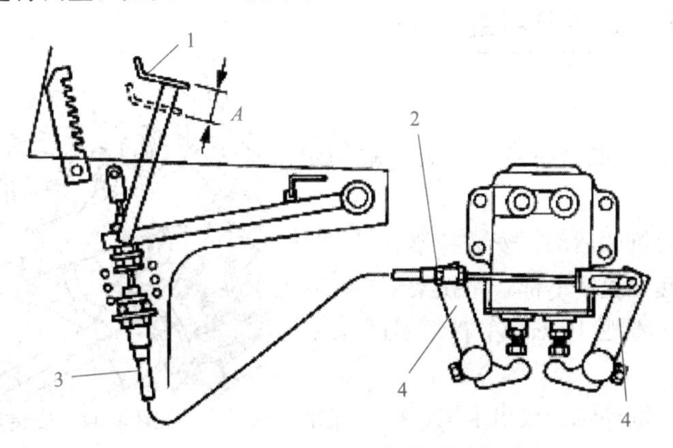

图 4.31　停车制动踏板的游隙调整

1—停车制动踏板；2—调整螺母；3—停车制动绳；4—单边离合器臂；A—游隙

5. 制动螺栓的调整

(1)压住单边离合器臂，在此状态下测量制动螺栓前端和单边离合器臂的间隙 A，按箭头方向操作，如图 4.32 所示。

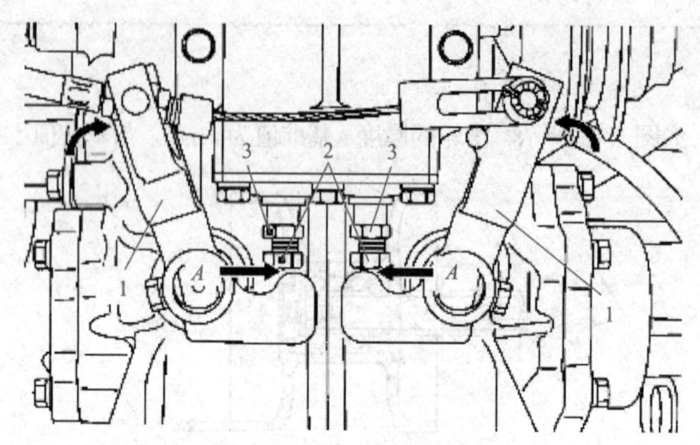

图 4.32　刹车螺栓的调整

1—单边离合器臂；2—制动螺栓；3—锁紧螺母；A—间隙

(2)制动螺栓前端和单边离合器臂的间隙 A 的基准值为 1.5～2.5 mm，与基准值不符时，旋松锁紧螺母，利用制动螺栓进行调整。

6. 驱动链轮的检查

检查驱动链轮齿部的磨损量 A，当驱动链轮的磨损量 A 超过 5 mm 时，换装左、右驱动链轮。或更换为新的驱动链轮，如图 4.33 所示。

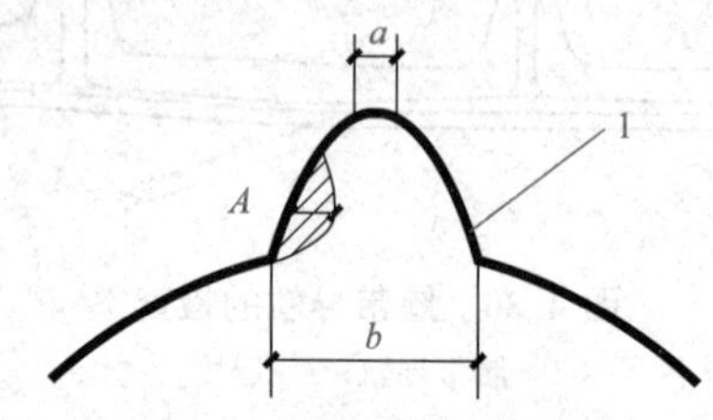

图 4.33　驱动链轮的检查

1—驱动链轮的齿部；A—磨损量；a—8 mm；b—38 mm

三、行走系统的分解与组装

1. 履带的拆装

(1)将收割部上升至最高位置，安装油缸锁定件，如图 4.34 所示。

(2)用千斤顶顶起机架后部，安装托架。

(3)用千斤顶顶起变速箱下部，用托架支撑左右车轴，使履带悬空，离地 10 cm 左右，如图 4.35 所示。

(4)拆下后方的履带导轨，拔出卡销，拆下固定件，充分旋松张紧螺栓，如图 4.36 所示。

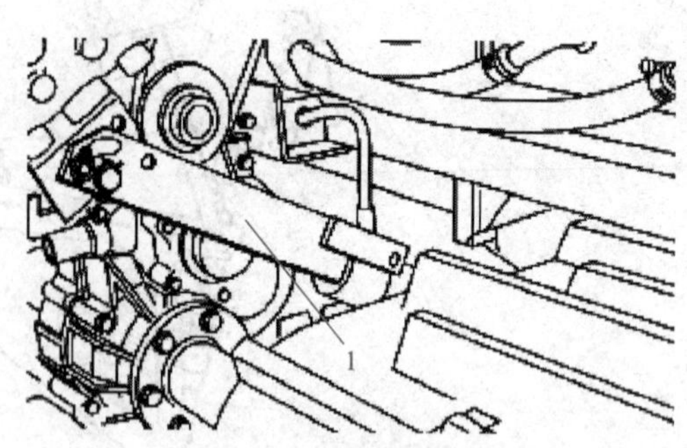

图 4.34　安装油缸锁定件

1—油缸锁定件

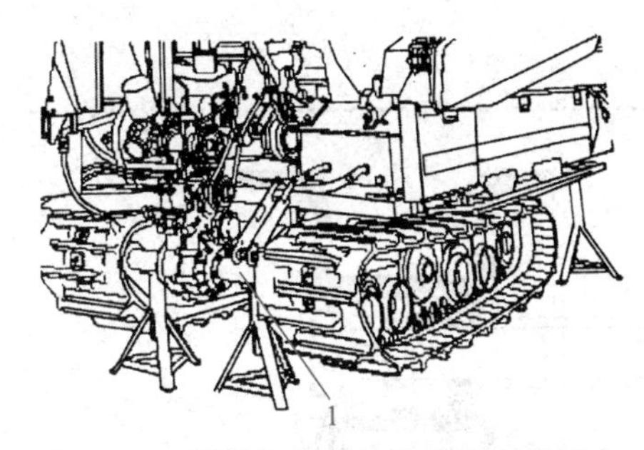

图 4.35　用托架支撑车轴并使履带悬空

1—左右车轴

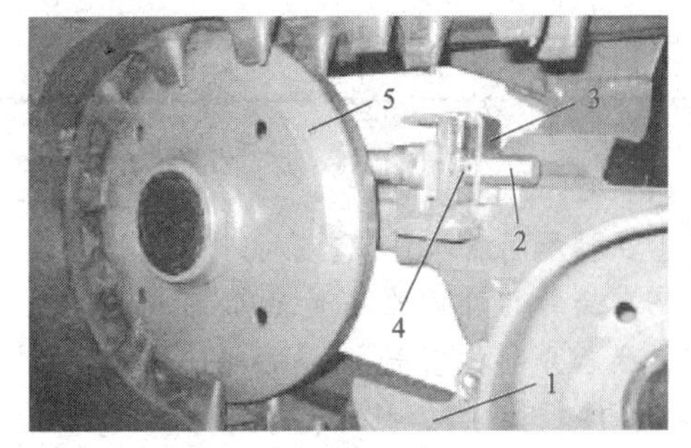

图 4.36　拆下后方的履带导轨

1—履带导轨；2—张紧螺栓；3—固定件；4—卡销；5—张紧轮

(5)用撬棒等工具从张紧轮的后部拆下滚轮。此时，注意不要让托链轮卡住，如图 4.37 所示。

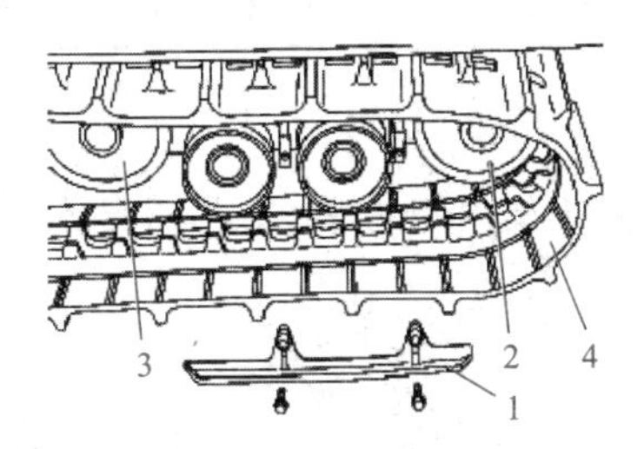

图 4.37　拆下滚轮

1—履带导轨；2—张紧轮；3—托链轮；4—履带

专家提示

①必须先拆下履带导轨，然后拆下履带。

②右转并松开张紧螺栓。

③左转并拉紧张紧螺栓。

组装时，在履带导轨安装螺栓上涂抹螺纹密封胶。

2. 滚轮的拆装

(1)拆下履带、履带导轨（前后）。

(2)拆下履带架内的螺栓，然后整体拆下滚轮，如图 4.38 所示。

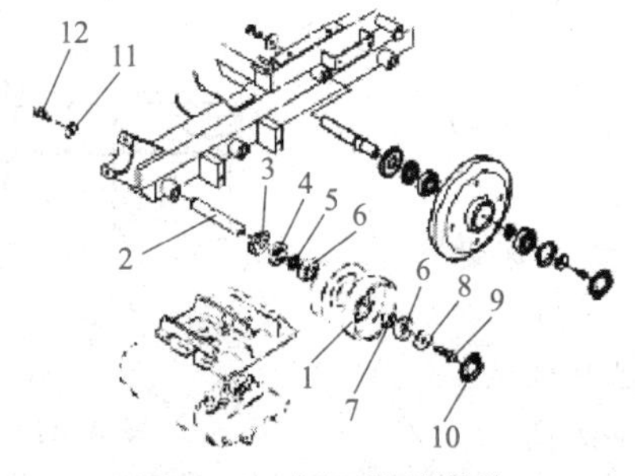

图 4.38　拆下滚轮整体

1—滚轮；2—滚轮轴；3、5—轴环；4—油封；6—轴承；

7—车轴轴环；8、11—垫圈；9、12—螺栓；10—旋塞

专家提示

组装时：

①在轴承间注入黄油。

②在油封的外周涂抹黄油后装入滚轮部，然后分别将密封部和轴部切实敲入(密封部：至内部、轴部：水平)。

③在螺栓上涂抹螺纹密封胶并紧固。

④在斜线部涂抹黄油后进行组装。

⑤必须切实将旋塞敲入至端面，如图 4.39 所示。

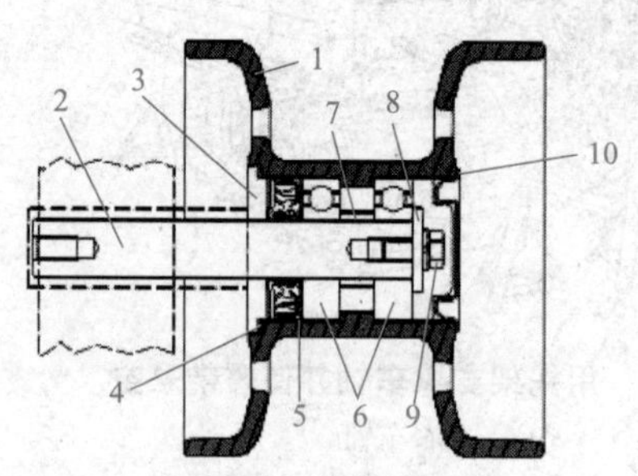

图 4.39 滚轮的组装

1—滚轮；2—滚轮轴；3、5—轴环；4—油封；6—轴承；7—车轴轴环；8—垫圈；9—螺栓；10—旋塞

3. 托轮的拆装

旋松履带的张紧螺栓，拆下履带架内侧的螺栓，然后整体拆下托轮，如图 4.40 所示。

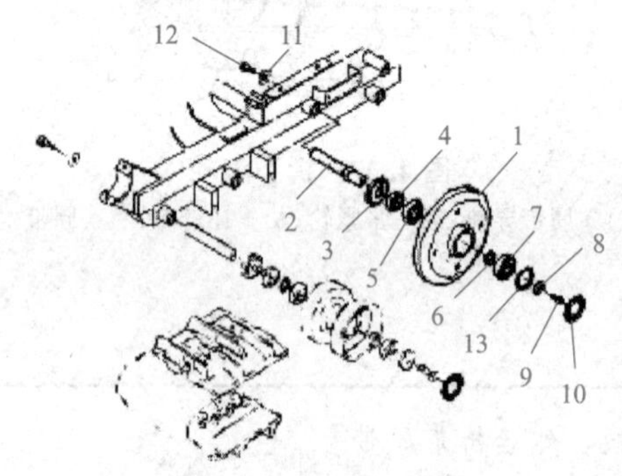

图 4.40 托轮的拆卸

1—托轮；2—滚轮轴；3、6—轴环；4—油封；5、7—轴承；8、11—垫圈；9、12—螺栓；10—旋塞；13—扣环

专家提示

如图 4.41 所示，组装时需注意：

①在轴承之间注入黄油。

②在油封的外周涂抹黄油，并切实装入。

③在螺栓上涂抹螺纹密封胶并紧固。

④在斜线部涂抹黄油后进行组装。

⑤必须切实将旋塞敲入至端面。

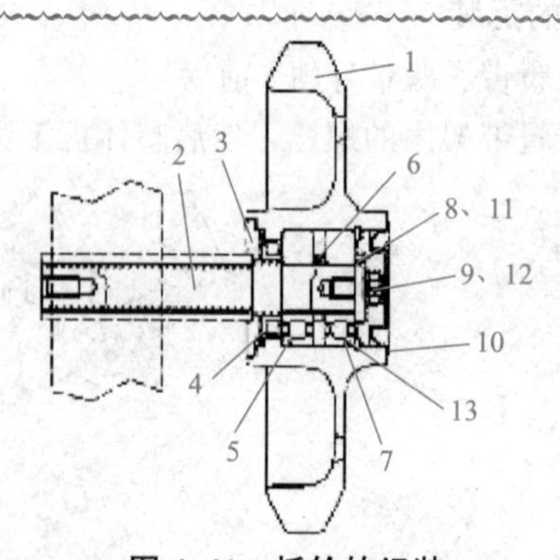

图 4.41 托轮的组装

1—托轮；2—滚轮轴；3、6—轴环；4—油封；5、7—轴承；8、11—垫圈；9、12—螺栓；10—旋塞；13—扣环

4. 张紧轮的拆装

(1)拆下履带、履带导轨(后)。

(2)旋松张紧螺栓，然后整体拆下张紧轮和张紧轮轴，如图 4.42 所示。

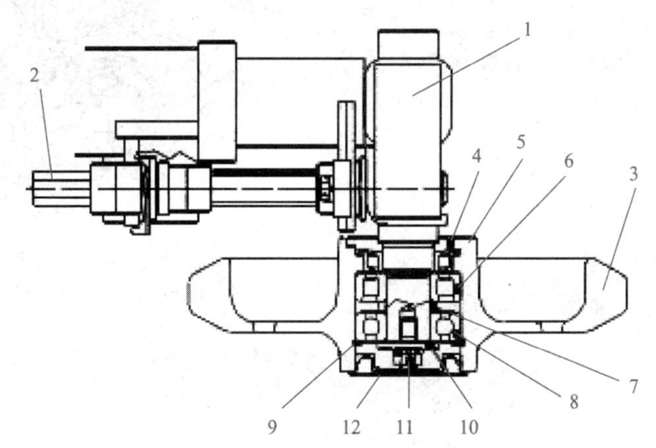

图 4.42　张紧轮的拆卸

1—张紧轮轴；2—张紧螺栓；3—张紧轮；4—轴环；5—油封；6—滚轮轴承；7—车轴轴环；8—轴承；9—扣环；10—垫圈；11—螺栓；12—旋塞

组装时：

①在轴承之间注入黄油。

②在油封的外周涂抹黄油后装入滚轮部，然后分别将密封部和轴部切实装入。

③在螺栓上涂抹螺纹密封胶并组装。

④在斜线部涂抹黄油后进行组装。

⑤必须切实将旋塞敲入至端面。

⑥在※部端面接触部涂抹黄油后进行组装，如图 4.43 所示。

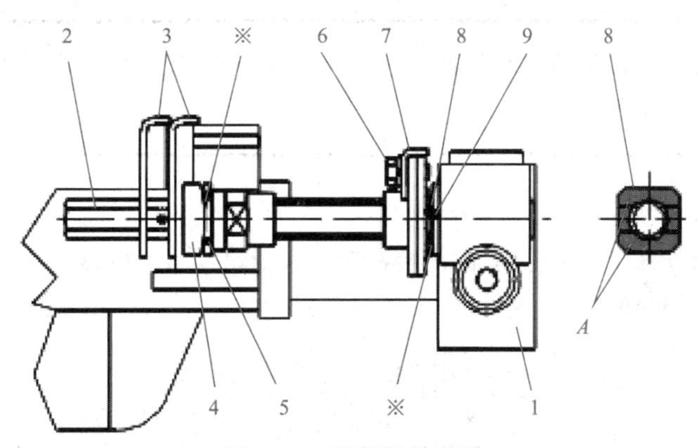

图 4.43　张紧轮的组装

1—张紧轮轴；2—张紧螺栓；3—固定件；4—张紧螺栓隔片；5、9—垫圈；6—螺栓；7—支架；8—螺母；*A*—倾斜面部

专家提示

组装螺母的倾斜面时，确认相对于张紧轮轴，上下都有倾斜面。

5. 变速箱的分解与组装

(1)将割台与本体分离。

(2)拆下左侧履带。

(3)排出变速箱机油。

加油时拆下检油螺栓，然后确认机油流出，如图 4.44 所示。

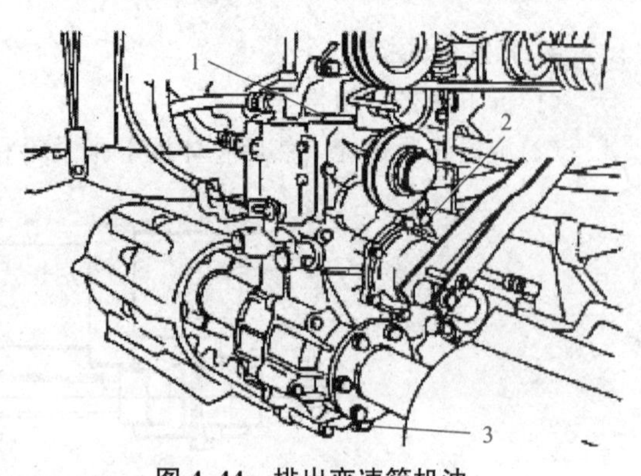

图 4.44　排出变速箱机油

1—加油旋塞；2—检油螺栓；3—排油旋塞

(4)拆下收割升降油缸。

(5)从变速箱侧拆下停车制动绳。

(6)拆下方向操作离合器油缸。

(7)拆下变速箱驱动带。

(8)拆下车轴支架，如图 4.45 所示。

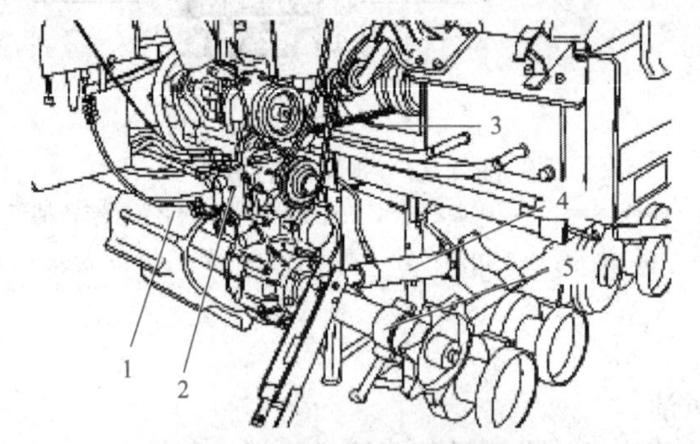

图 4.45　拆下车轴支架

1—停车制动绳；2—方向操作离合器油缸；

3—变速箱驱动带；4—收割油缸；5—车轴支架

专家提示

在方向操作离合器油缸的安装螺栓上涂抹螺纹密封胶并紧固，在车轴支架的安装螺栓上涂抹螺纹密封胶并紧固。

(9)拆下橡胶盖，然后拆下螺栓。

(10)从轴部拉出收割驱动带轮(单向离合器被压入带轮)，如图 4.46 所示。

(11)连同制动箱一起拆下。

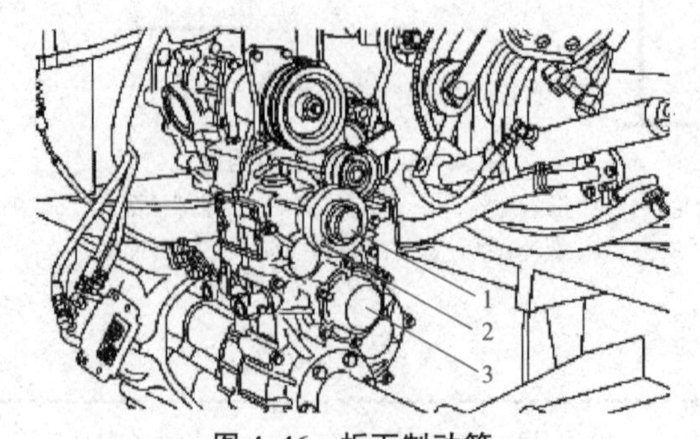

图 4.46　拆下制动箱

1—橡胶盖；2—收割驱动带轮；3—制动箱

专家提示

组装时需注意：

①在橡胶盖上涂抹胶粘剂。

②在收割驱动带轮的安装螺栓上涂抹螺纹密封胶。

③必须在制动箱的垫圈两面涂抹一层薄薄的液态垫圈后进行组装。

④组装制动箱时，启动驻车制动，压出制动花键，然后在此状态下组装制动箱。组装时，切勿用锤子等工具敲击。

(12)安装单边离合器弹簧组装夹具，然后拆下扣环。

(13)拆下夹具，然后拆下外轴环(内径较小的)和单边离合器复位弹簧、中轴环(内径较大的)，如图 4.47 所示。

组装时装上夹具并压入弹簧后组装扣环。

(14)拆下 A 部的 2 个法兰螺栓。

(15)拆下变速箱的安装螺栓。

(16)敲击收割驱动轴，同时拆下变速箱(左)，如图 4.48 所示。

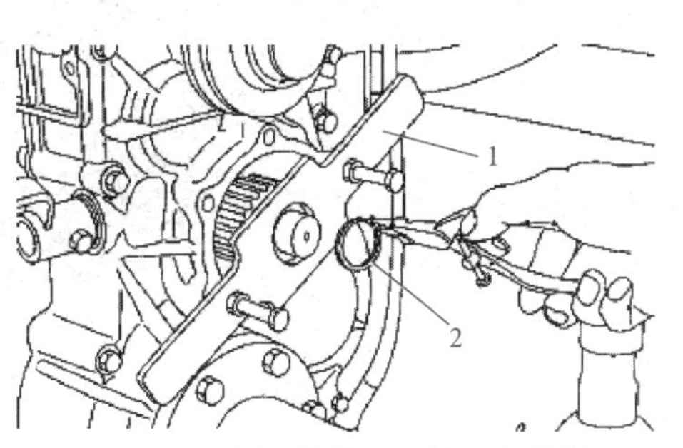

图 4.47 拆下外轴环、单边离合器复位弹簧、中轴环

1—组装夹具；2—扣环

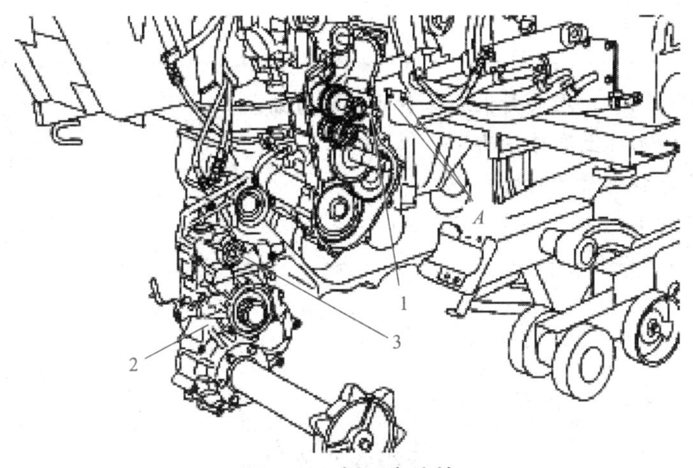

图 4.48 拆下变速箱

1—收割驱动轴；2—左变速箱；3—油封；A—法兰螺栓安装部

专家提示

组装时：

①在垫圈或变速箱接合面上涂抹一层薄薄的液态垫圈。

②在油封的唇部涂抹机油后进行组装。

③必须安装平垫圈、垫片。

④在变速箱的安装螺栓上涂抹螺纹密封胶。

6. 车轴油封的拆装

(1)拆下链轮安装螺栓。

(2)从车轴上拆下链轮。

(3)拆下油封，如图4.49所示。

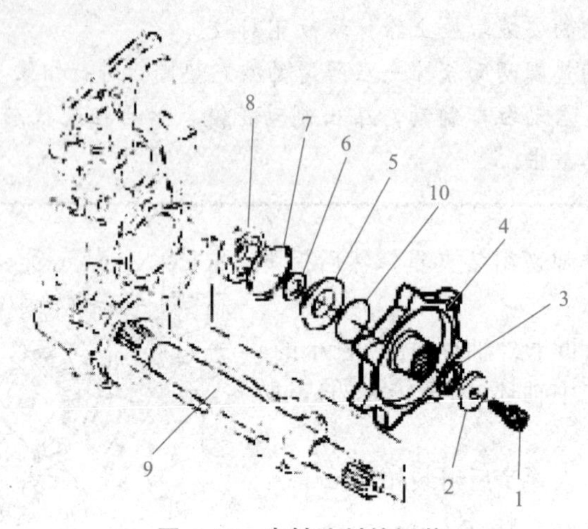

图4.49 车轴油封的拆装

1—螺栓；2、3—垫圈；4—驱动链轮；5—油封；
6—调整轴环；7—扣环；8—轴承；9—车轴；10—O形环

①更换为新的油封，在油封上涂抹黄油后进行组装。

②在垫圈、O形环上涂抹黄油。

③在螺栓上涂抹螺纹密封胶。

④车轴箱内注有约150 ml的机油UDT，必须防止泄漏。

拓展知识

无级变速装置

联合收获机无级变速器HST集油泵、电动机和各种控制阀于一体，结构紧凑，系统管路少，便于机器结构布置。操纵单手柄即可实现机器的前进—停车—后退，行驶平稳。联合收获机采用无级变速装置，大大提高了收获机的效率，延长使用寿命。

HST主变速箱主要由输油泵、变量柱塞油泵、液压电动机、油冷器、HST滤芯、高低压溢流阀及单向溢流阀等组成。变量柱塞油泵、液压电动机是HST的主要部件。变量柱塞油泵在柴油发动机飞轮端带轮的驱动下工作，其流量压力随配流盘角度的变化而改变。而配流盘角度的变化由主变速控制。柱塞油泵吸入低压油，排出高压油，将机械能转化为液压油，柱塞液压电动机则吸入高压油，排出低压油，将液压能还原为机械能后通过输出轴将扭矩传递给行走系统。

HST与齿轮、带等变速方法相比，HST变速不受速比的限制，且操作方便灵活，换挡迅速。根据作物的条件，可不受机械变速挡数的限制，随意选择最佳的收割速度，大大提高工作效率，减轻劳动强度。变速手柄在中立位置时(停车位置)，可同时起制动作用，故不需操作机械式制动(手刹或脚刹)就可使机器停车。内设高压溢流阀，当超负荷工作时，可防止 HST 自身损坏。内设中立保持阀，中立位置范围宽，停车可靠。

任务小结

1. 联合收获机上应用的履带式行走装置多为整体台车式履带。小型联合收获机多采用结构较简单的刚性悬架，大中型联合收获机多采用半刚性悬架，以利于较平稳地越过田埂。

2. 橡胶履带具有质量小、结构简单、通过性好、在稻田中行走不易下陷并能保护地表等特点。

3. 履带禁止在混凝土地面或硬路面上急转弯，否则将引起橡胶履带芯铁磨损，带体扭曲。

4. 半喂入联合收获机的行走变速箱采用了组合式结构，由液压变速与齿轮变速两部分组成。

5. 履带式联合收获机的动力传递路线：发动机—行走变速箱—驱动链轮—履带行走机构。

思考与练习

1. 简述橡胶履带的结构组成和性能特点。如何正确使用橡胶履带?
2. 半喂入联合收获机的行走变速箱采用了什么结构? 简述各自的工作原理。
3. 简述行走机构的功用及基本组成。
4. 查阅资料和维修手册，简述履带的拆装步骤。

项目5　收获机械液压和电气系统的构造与维修

任务5.1　收获机械液压系统的构造与维修

1. 了解收获机械液压系统的组成和功用。
2. 了解收获机械液压元件的基本构造，熟悉液压元件的工作原理。
3. 掌握液压操纵系统，熟悉液压驱动系统的基本原理，能对收获机械液压系统的常见故障进行正确诊断与排除。

预备知识

知识点1　液压系统的组成和作用

液压传动在联合收获机中已经得到广泛的应用。与其他传动方式相比，液压传动具有结构紧凑、操作省力、反应灵敏和动作平稳等优点，并且便于远距离操纵和实现自动控制。目前，国内外的自走式联合收获机广泛采用了液压系统实现一些主要机构的控制。

联合收获机的液压系统由液压操纵、液压转向和液压驱动三部分组成。液压操纵部分的作用是控制某些工作部件的位置和速度的转换，如割台的升降和拨禾轮的升降、无级变速器V带带轮直径的改变、集草箱的卸载及其他控制。液压转向部分的作用是驱动某些工作部件，如拨禾轮和捡拾器等，并控制其转速和转矩。

液压系统由液压泵、液压缸、液压电动机和各种阀等主要元件，以及油管、油箱、接头、过滤器等辅助部件组成。各形式联合收获机的液压系统的工作原理基本相同，但由于工作要求和系统中所选元件的不同，各机型液压系统的组成略有差别。

知识点2　JL-1075型谷物联合收获机的液压系统

1. JL-1075液压系统概述

JL-1075型谷物联合收获机的液压系统包括液压操纵系统、全液压转向系统、割台仿形自动控制系统、拨禾轮液压驱动系统、行走液压驱动系统。

液压操纵系统用于割台升降、拨禾轮升降、拨禾轮水平调节、卸粮搅龙回转、脱粒滚筒无级变速等工作机构的操纵，如图5.1所示。

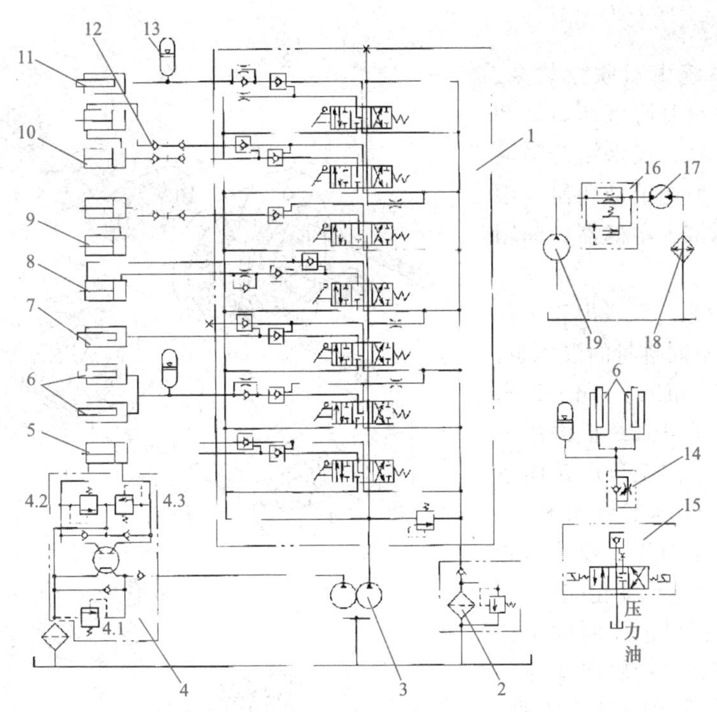

图 5.1　JL-1075 联合收获机液压操纵系统

1—多路换向阀；2—过滤器组件；3—双联齿轮泵；4—全液压转向器(4.1、4.2、4.3—溢流阀)；5—转向液压缸；6—割台升降液压缸；7—行走无级变速液压缸；8—卸粮搅龙回转液压缸；9—拨禾轮升降液压缸；10—拨禾轮水平调节液压缸；11—脱粒滚筒无级变速液压缸；12—快速接头；13—蓄能器；14—下降速度调节阀；15—电磁阀；16—调速阀；17—摆线电动机；18—冷却器；19—齿轮泵

全液压转向系统用于控制收获机的动力转向和人力转向。

割台仿形自动控制系统用于低茬收割时割台随地面仿形的自动控制，保证收割质量。

拨禾轮液压驱动系统用于控制拨禾轮的驱动和无级变速。

行走液压驱动系统用于控制前轮驱动、转向轮辅助驱动和行走无级变速，如图 5.2 所示。

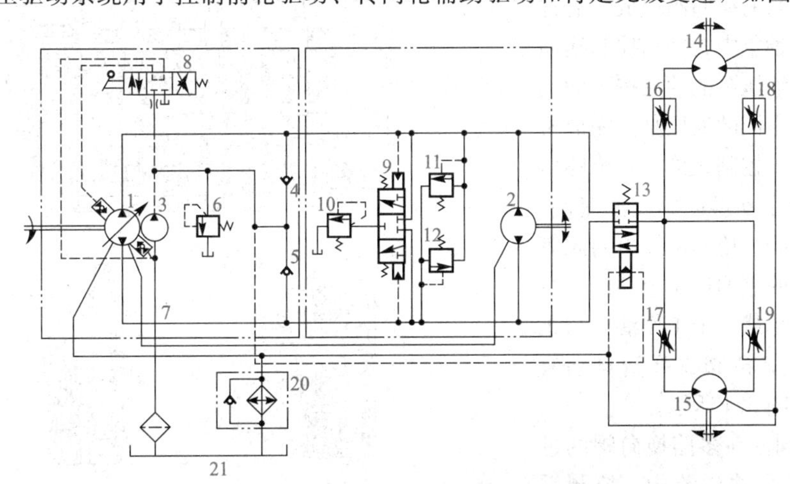

图 5.2　JL-1075 联合收获机液压驱动系统

1—变量泵；2—定量电动机；3—补油泵；4、5—补油单向阀；6—补油溢油阀；7—过滤器；8—手动伺服阀；9—梭形阀；10—低压溢流阀；11、12—高压溢流阀；13—电液换向阀；14、15—后轮驱动电动机；16、17、18、19—限速阀；20—冷却器及旁通阀；21—油箱

2. 液压操纵系统

液压操纵系统由双联齿轮泵、多路换向阀、割台升降液压缸、卸粮搅龙回转液压缸、拨禾轮升降液压缸、拨禾轮水平调节液压缸、滚筒无级变速液压缸、蓄能器、油箱等元件组成。

(1)双联齿轮泵。双联齿轮泵是同轴驱动的两个不同排量的液压泵，排量分别为13.78 mL/r、5.4 mL/r。大排量液压泵向操纵系统提供压力油。小排量液压泵向全液压转向系统提供压力油。双联齿轮泵如图5.3所示，它的工作原理与一般的齿轮泵一样，是靠密封容积变化完成吸、排油过程。为了提供液压泵的工作压力和容积效率，采用轴向间隙补偿措施。结构上采用隔膜等零件，在压力油的作用下补偿轴向间隙，安装时一定要注意它们的方向。在隔膜上开有卸荷槽，可消除困油现象的不良影响。轴承润滑采用高压节流减压润滑。

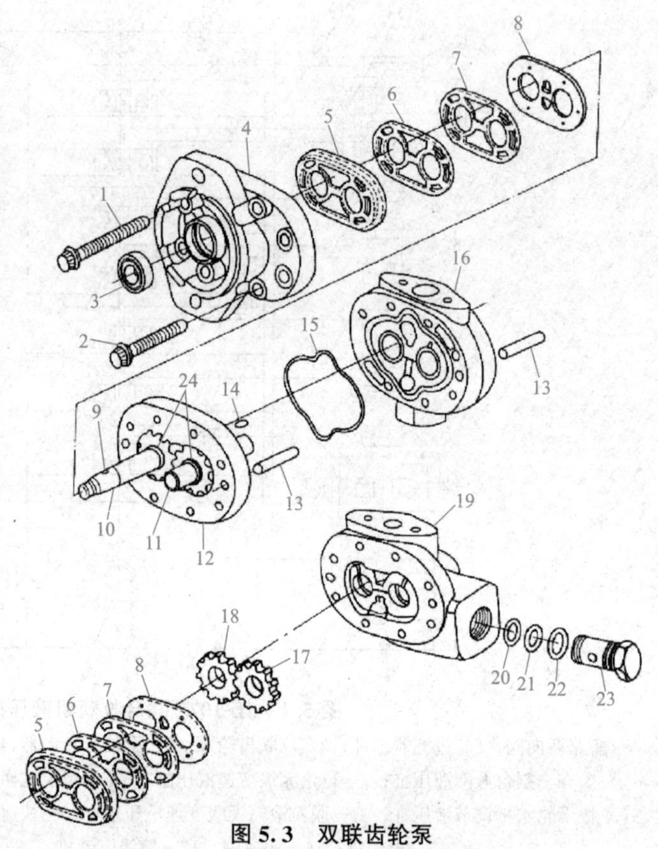

图5.3 双联齿轮泵

1、2—螺栓；3—油封；4—泵盖；5—密封橡胶垫；6—保护垫；7—支撑垫；8—侧板；9、14—键；10—主动轴；11—从动轴；12、16—壳体；13—定位销；15—密封圈；17、18—小排量齿轮；19—后盖；20、22—密封圈；21—垫圈；23—螺塞；24—大排量齿轮

(2)多路换向阀。多路换向阀用来控制工作机构的运动方向和系统工作压力，保护系统安全。它由七个独立而又相互关联的换向阀组成，简称七路阀，是一种集中式手动控制换向阀的组合。使液压泵的油液按不同的需要分别流进不同的液压缸，完成不同动作，故属于控制元件。整个阀由七个三位六通手动换向阀及溢流阀、双向液控单向阀、单向液控单向阀等组成。七路阀的进油口是公共的，每个换向阀有两个或一个工作油口与工作液压缸相连，滑阀靠弹簧自动复位，其结构如图5.4所示。

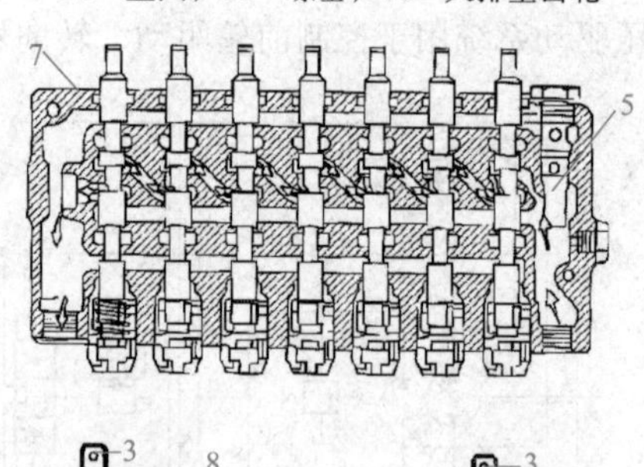

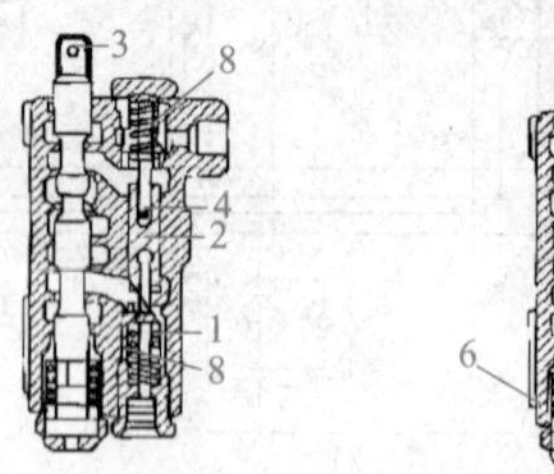

图5.4 多路换向阀

1、4—单向阀；2—液控活塞；3—滑阀；5—先导式压力阀；6、8—弹簧；7—阀体

(3)溢流阀。在多路换向阀的进油盖上装有先导式溢流阀，控制系统的安全压力为13.8～14.51 MPa，先导式溢流阀的结构如图5.5所示。

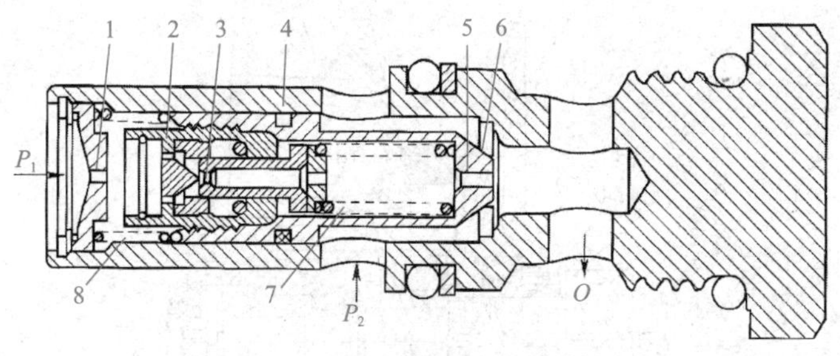

图 5.5 先导式溢流阀的结构

1—节流孔；2—先导阀座；3—先导阀芯；4—O 形密封圈；5—主阀芯上油孔；6—主阀芯；7—阀体；8—弹簧

当系统压力不超过溢流阀调整值时，先导阀芯在弹簧的作用下压在先导阀座上，先导阀芯关闭，主阀芯也关闭，压力油被堵截，压力油进入系统。

当系统压力超过调整值时压力油 P_1 经节流孔作用在先导阀芯上，将其开启，压力油经主阀芯上的油孔经回油孔 O 返回油箱。由于压力油经节流孔产生压力损失，主阀芯右端的油压大于左端的油压力，在压力差的作用下主阀芯克服弹簧的弹力而向左移动，打开 P_2 与 O 之间的油道，压力油 P_2 经打开的油道及回油孔 O 返回油箱。直到系统中的油压下降到调整值时，弹簧使阀芯复位，维持系统压力在调整值的范围内。

(4)液压缸。液压缸是液压系统中的执行元件。工作中，它是将液压油的压力转换成机械能的能量转换装置，使液压缸中的活(柱)塞做直线往返运动，以操纵工作部件的运动满足收获机对运动的要求。

1)液压缸的种类和结构。按其作用来分，液压缸有单作用式和双作用式两种。

①单作用式液压缸。收割台升降液压缸、拨禾轮升降液压缸(割台右侧)和行走无级变速液压缸均属于单作用式液压缸，其结构分别如图 5.6～图 5.8 所示。

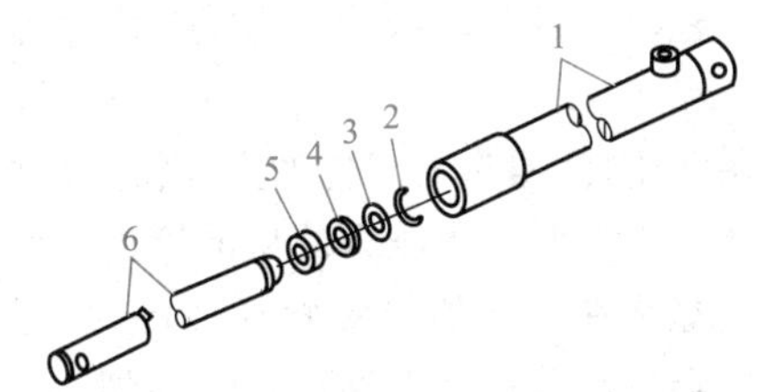

图 5.6 收割台升降液压缸的结构

1—缸筒；2—卡簧；3—O 形密封圈；4—挡圈；5—防尘圈；6—柱塞

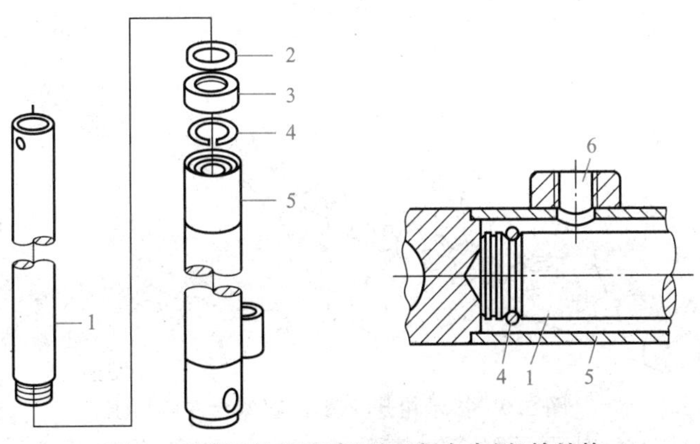

图 5.7 拨禾轮升降液压缸(割台右侧)的结构

1—柱塞；2—防尘圈；3—专用密封圈；4—卡簧；5—缸筒；6—油孔

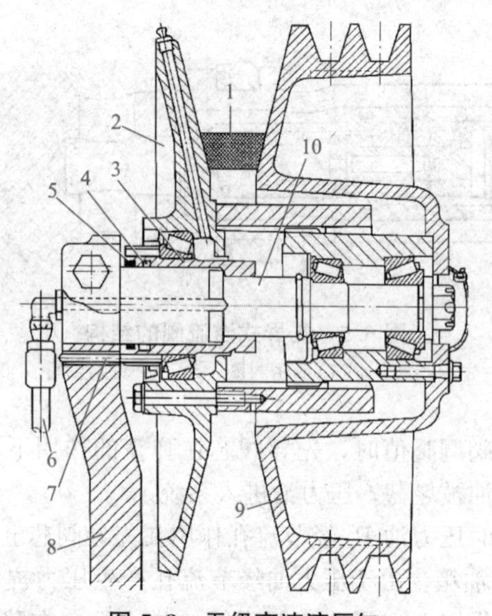

图 5.8　无级变速液压缸

1—带；2—活动带盘；3—液压缸活塞；4—密封圈；5—挡圈；
6—油管；7—导向销；8—支架；9—带固定盘；10—带轮轴

单作用式液压缸只有一个工作油腔，油从同一端进入或流出。压力油进入工作油腔，则推动柱塞伸出，顶起工作部件。当停止压力油进出时，柱塞就停止运动，保持工作部件在一定位置，工作部件保持静止，液压缸油腔内的油液保持一定压力。当将液压缸油腔和回油路相通时，柱塞在工作部件重力作用下缩回液压缸，油腔内的油液被压送回油箱，工作部件随即下降。

为了限制柱塞伸出的行程，在柱塞的尾部槽内装有卡簧。当要拆卸柱塞时，可用螺钉旋具通过缸筒上的接头孔，将卡簧从柱塞尾部的浅槽中向右拨到深槽中，即可卸下柱塞。重新安装柱塞时，其顺序与拆卸相反。

行走无级变速液压缸为专用液压缸(图 5.8)。它的主要特点是环形液压缸活塞与活动带盘固定连接，液压缸与带轮轴为一体。工作时，当压力油从油管进入液压缸后，推动环形液压缸活塞且带动活动带盘右移。带固定盘装在带轮轴的两个轴承上。活动带盘左右移动时，改变带在槽内的位置，从而改变带轮作用半径，即调节两个带轮的传动比，达到无级变速的目的。

②双作用式液压缸。拨禾轮升降液压缸(割台左侧)、卸粮筒回转液压缸和转向液压缸均为双作用式液压缸。其结构如图 5.9～图 5.11 所示。

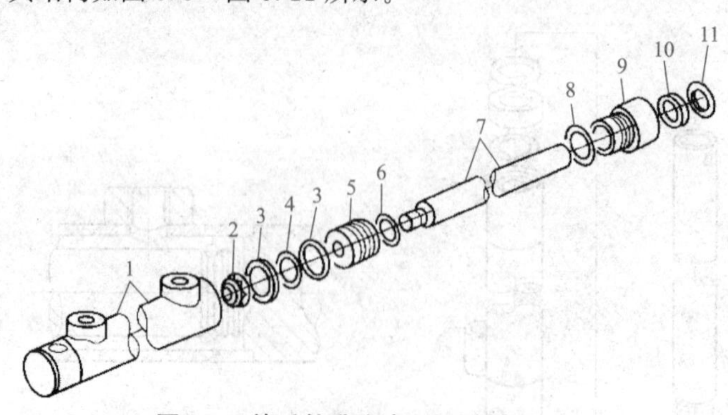

图 5.9　拨禾轮升降液压缸(割台左侧)

1—缸筒；2—锁紧螺母；3—挡圈；4、6、8—O 形密封圈；5—活塞；
7—活塞杆；9—活塞杆导套；10—密封圈；11—防尘密封圈

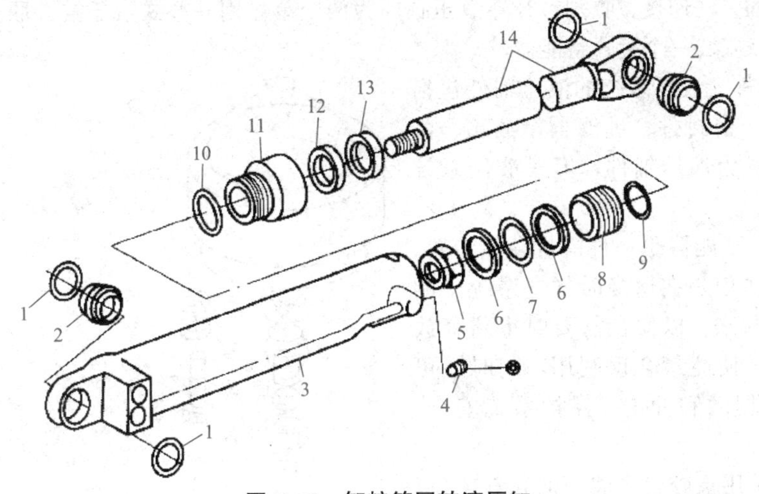

图 5.10　卸粮筒回转液压缸

1—卡簧；2—衬套；3—缸筒；4—塞；5—活塞杆螺母；6—挡圈；7、9、10—O 形密封圈；8—活塞；11—活塞杆导套；12—活塞杆密封件；13—防尘密封圈；14—活塞杆

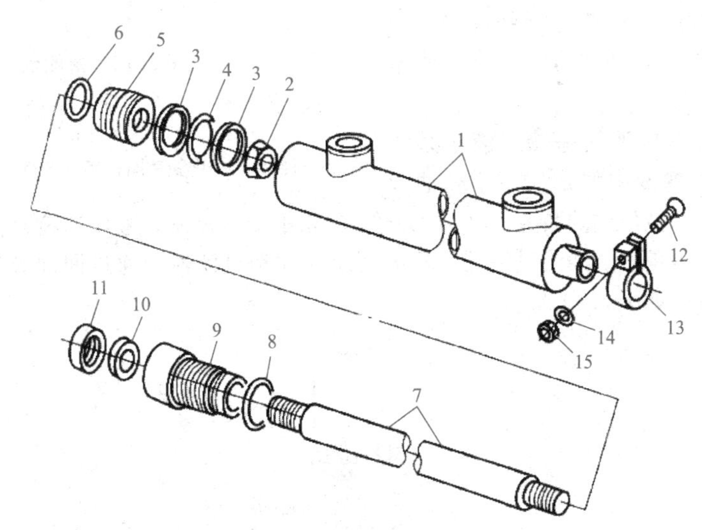

图 5.11　转向液压缸

1—缸筒；2—锁紧螺母；3—挡圈；4、6、8—O 形密封圈；5—活塞；7—活塞杆；9—活塞杆导套；10—活塞杆密封件；11—防尘密封件；12—螺钉；13—夹紧装置；14—弹簧垫圈；15—螺母

双作用式液压缸内有一活塞，活塞将液压缸分成两个互不相通的工作腔。当压力油从无杆腔油口进入油腔时，推动活塞和活塞杆从液压缸中伸出，有杆腔油液被压送回油箱，实现工作部件的提升；当压力油从有杆腔油口进入油腔时，推动活塞和活塞杆缩回，无杆腔油液被压送回油箱，实现工作部件的下降。

2)液压缸的连接方式。

①液压缸的串联连接。拨禾轮左侧的升降液压缸是双作用活塞式液压缸，而右侧的升降液压缸是单作用柱塞式液压缸，两个缸是串联同步回路，同步精度高。当出现两个缸升起高度不一致时，用手操纵换向阀，使拨禾轮升到极限位置，在向封闭油路充油的同时，拧松右侧从动缸的放气螺塞，直到流出没有气泡的压力油为止，然后拧紧螺塞，即可恢复同步动作。

②液压缸的并联连接。收割台升降液压缸即为两个单作用柱塞式液压缸并联连接的同步回路。油路中并联安装一个囊式蓄能器。

(5)液压辅件。液压系统的液压辅件包括油管、管接头、密封件、过滤器、油箱、蓄能器等，虽然称为液压辅件，但对液压系统有着重要作用。

1)蓄能器。蓄能器是一种能量存储装置。它在系统中的作用是在适当时候把系统中的部分能量储存起来，以便在需要时重新释放出去供给系统，使能量合理利用，同时还可以吸收系统的振动和冲击，保护系统安全，如图 5.12 所示。

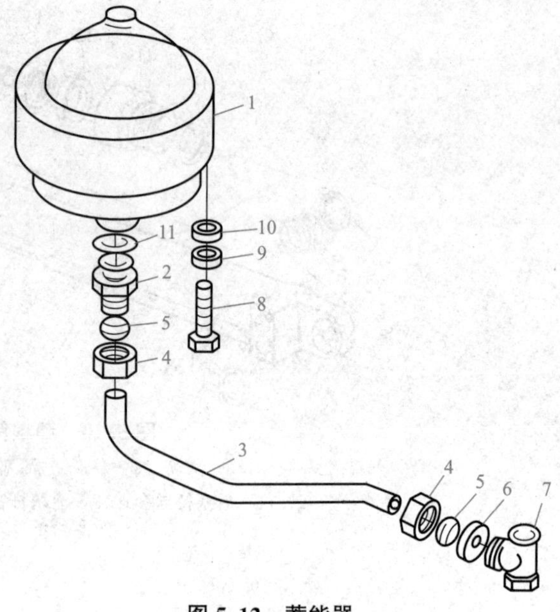

图 5.12　蓄能器

1—蓄能器；2—接头；3—压力油管；4—螺母；5—卡套；6—节流片；7—三通接头；8—螺栓；9—弹簧垫圈；10—垫圈；11—密封垫圈

蓄能器是采用橡胶膜将液压油和气体(氮气)分隔开的囊式充气蓄能器，安装在收获机右侧壁上，其外观呈球形，容积为 2.5 L，充气压力为 3.5 MPa。使用中不需要保养和维护。但要注意：对压力油管进行修理时，要注意节流片的安装，不正确的安装会造成蓄能器损坏。

2)液压油箱。液压油箱是储存液压系统所需的油液，沉淀油液中的杂质，分离油液中的空气和散热冷却液压油的装置，其结构分解图如图 5.13 所示，液压油箱容积为 20 L。在液压油箱上部有一个可更换的油液过滤器，提升系统回油经过滤器后通过回油管流回油箱，过滤器的结构及油液流向如图 5.14 所示。

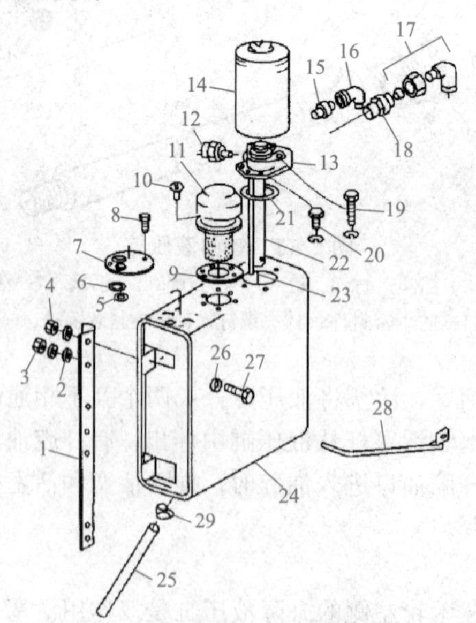

图 5.13　液压油箱结构分解图

1、28—支架；2、26—垫圈；3、4—六角螺母；5、6、21—O 形密封圈；7—法兰盘；8、19、20、27—螺钉；9—垫片；10—开槽螺钉；11—带网的盖；12—堵塞指示器接触开关；13—过滤器底座；14—过滤器；15、18—接头；16、17—直角接头；22—提升系统回油管；23—转向系统回油管；24—油箱体；25—放油管；29—夹子

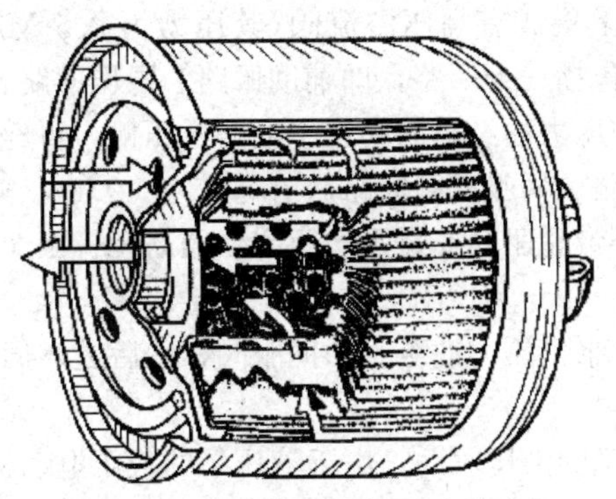

图 5.14　过滤器的结构及油液流向

过滤器内装有旁通阀，其开启压力为 0.012 MPa。当过滤器堵塞时，回油阻力升高，推开旁通阀，回油不经过滤直接流回油箱。当过滤器堵塞严重时，安装在过滤器底座上的堵塞指示器接触开关(电感塞)在油压作用下自行接通电路，驾驶室内仪表盘上的声光报警系统报警，此时应及时更换过滤器滤芯。

3)油管和管接头。液压系统元件之间的油路连接采用各种形式和材料的油管。除一般的油管连接方法，收获机上油管连接广泛用卡套式连接形式，卡套式油管的连接如图 5.15 所示。卡套式连接具有结构先进、性能良好、质量小、体积小、使用方便、不用焊接等优点。

油管连接安装时，步骤如下：

①把紧固螺母及卡套装到油管上，注意卡套的正确安装。

②用冲头插入带卡套的油管端部，用锤子敲一下，使管子口销外翻，形成喇叭口。

③把油管压入连接部件并用手拧紧紧固螺母。

④把紧固螺母拧紧 1/2 圈(卡套接触连接部件的锥面)。

⑤慢慢放松紧固螺母，从连接件上把油管拉出 2～3 mm，否则当拧紧螺母时，卡套的内部密封不好。

⑥拧紧螺母 3/4～1 圈，标准转矩为 1.4～2 N·m，如果转矩太大，会使油管损坏。

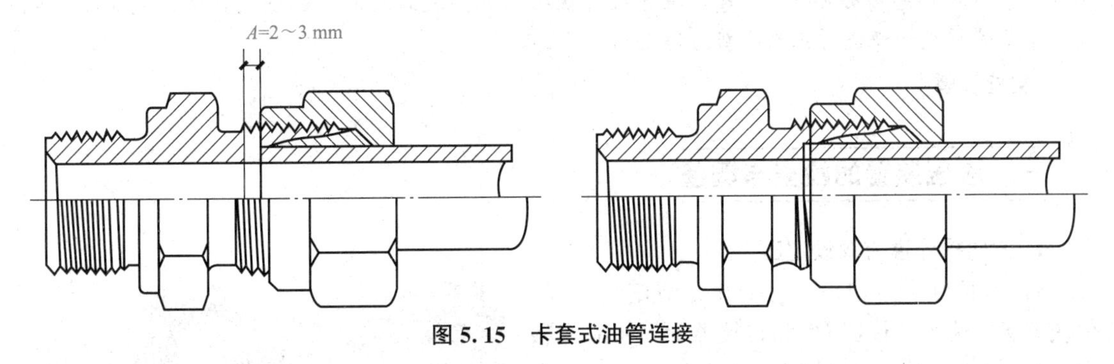

图 5.15　卡套式油管连接

知识点 3　液压驱动系统的工作原理

JL-1075 型联合收获机采用桥驱动型液压传动系统，其系统工作原理如图 5.2 所示。该系统采用通轴式轴向柱塞变量泵(排量为 69.8 mL/r)与定量电动机(排量为 89 mL/r)组成闭式回路。通轴泵中集成有补油泵(排量为 12 mL/r)、补油单向阀、补油溢流阀(压力为 0.15～0.18 MPa)

及手动伺服阀。定量电动机上集成有高压溢流阀(其压力为 3.5 MPa)、梭行阀及低压溢流阀。此系统为恒转矩调速系统，包括三个回路，即辅助回路、限压回路、伺服控制回路。

(1)辅助回路。补油泵的压力油经单向阀至主油路低压侧，再经梭行阀、低压溢流阀，流回油箱，置换主油路、限压回路、伺服控制回路。

(2)限压回路。发动机经带轮驱动变量泵，压力油经高压管驱动电动机，其高压管的压力由高压溢流阀限制。

(3)伺服控制回路。补油泵供压力油至手动伺服阀，然后进入伺服液压缸操纵斜盘转动，改变变量泵的排量。

本系统特别适合行走车辆的液压驱动，由于液压泵的液压电动机上集成各种阀，结构紧凑，系统管路少，便于布置。又由于是闭式回路，因而油箱容积小，上述系统油箱容积仅 15 L。油箱封闭可减少污染。变量泵调整方便，仅用一根操纵杆即可实现前进、后退和无级变速的控制。液压泵与液压电动机组成的闭式系统，还可实现双向可逆传动，适合车辆使用要求。

联合收获机在泥泞土壤上工作时，需采用四轮驱动以增加牵引力，改善车辆行驶性能，系统中增加了两个电动机驱动导向轮。变量泵除供油给主驱动轮定量电动机以外，同时通过电液换向阀，供油到后轮驱动电动机，电动机转速可以用限速阀控制，防止打滑时车轮转速过高。控制流量为 79 L/min。后轮驱动电动机为内曲线型低速大转矩电动机，直接驱动车轮，不用减速器。

任务实施

[任务要求]

某联合收获机企业三包车间承接一台收获机的维修任务。用户自述，收获机在田里本来行驶正常，却突然发生转向轮不能转向的故障，估计不是转向阻力过大导致。经判断分析，可能是收获机的液压转向系统出了故障，检查发现有异物进入缓冲阀内并卡在阀芯与阀座之间，这就使缓冲阀处于常开状态，造成卸压，轮不能转向。用户要求对这台收获机的液压系统进行检测并维修，如要完成此项维修任务，维修人员就必须熟悉收获机的液压操纵系统，能对收获机液压系统的常见故障进行正确诊断与排除。

[实施步骤]

一、液压装置的检查与调整

1. 方向操作溢流阀设定压力

(1)拆下阀单元 PD 口(方向操作液压泵口)的液压软管，使用转接器 C1 和转接器 D，在配管和 PD 口之间接上压力表(量程 150 kgf/cm^2)，如图 5.16 所示。

(2)将副变速手柄置于中立，启动发动机进行暖机运转后，将发动机转速设定为约 2 700 r/min。

(3)将动力转向杆向左或向右推到底，使方向操作溢流阀动作，并测量此时的压力，如图 5.17 所示。

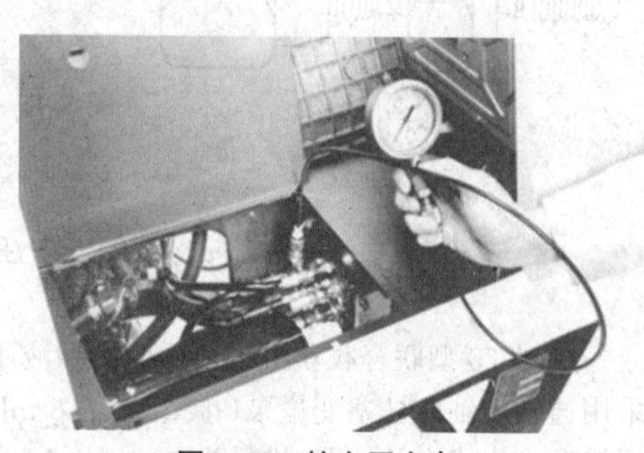

图 5.16　接上压力表

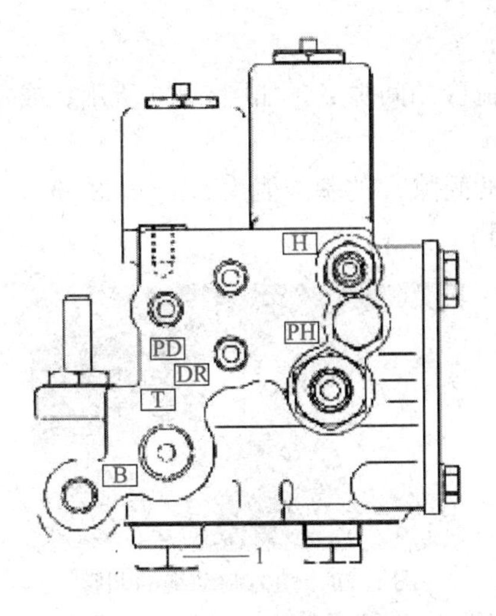

图 5.17 调整方向操作溢流阀

1—方向操作溢流阀

(4)方向操作溢流阀设定压力基准值 73～77 kgf/cm^2，溢流压力与基准值不符时，利用溢流阀内的溢流弹簧长度调节垫片进行调节。

2. 收割溢流阀设定压力

收割溢流阀如图 5.18 所示。

(1)拆下阀单元 PH 口(收割高度液压泵口)的液压软管，使用转接器 C2 和转接器 D(参照 G-35)，在配管和 PH 口之间接上压力表(量程 250～300 kgf/cm^2)，如图 5.19 所示。

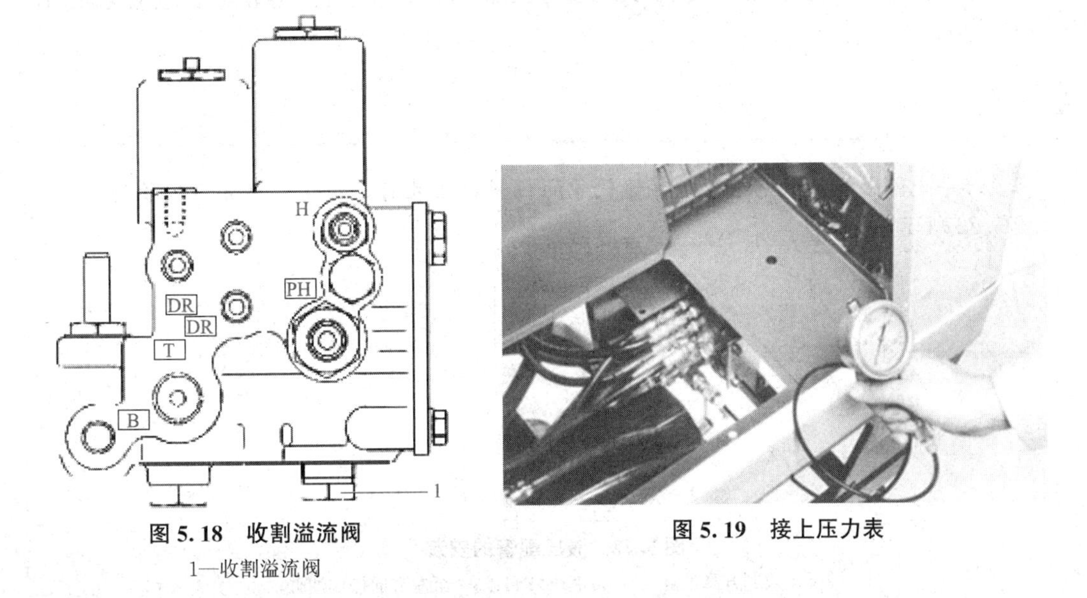

图 5.18 收割溢流阀

1—收割溢流阀

图 5.19 接上压力表

(2)将副变速手柄置于中立，启动发动机进行暖机运转后，将发动机转速设定为约2 700 r/min。

(3)操作动力转向杆，将收割部上升至最高位置，使溢流阀动作，并测量此时的压力。

(4)收割溢流阀设定压力基准值为 150～160 kgf/cm^2，溢流压力与基准值不符时，利用溢流阀内的溢流弹簧长度调节垫片进行调节。

3. 动力制动绳的调整

(1)检查制动臂和可调溢流阀的间隙 A，如图 5.20 所示。或在制动臂的动力制动绳端部检查制动臂的游隙。

(2)制动臂和可调溢流阀的间隙 A 的基准值为 0.1～0.3 mm，测量值与基准值不符时，旋松动力制动绳的锁紧螺母进行调节。

图 5.20 动力制动绳的调整

1—制动臂；2—可调溢流阀；3—动力制动绳；4—锁紧螺母

二、液压单元的拆装

1. 液压配管的拆装

(1)将机体停放在水平场所，提升收割部，并在收割油缸上安装防落件。或降低收割部，在收割部塞入木片等以免收割部下降，如图 5.21 所示。

(2)从阀单元上拆下所有液压软管。此时应避免配管内或阀内的机油泄漏。

图 5.21 在收割油缸上安装防落件

专家提示

最好事先做上标记以免组装时弄错软管的位置，组装时，注意不要弄错软管的位置，如图 5.22 所示。

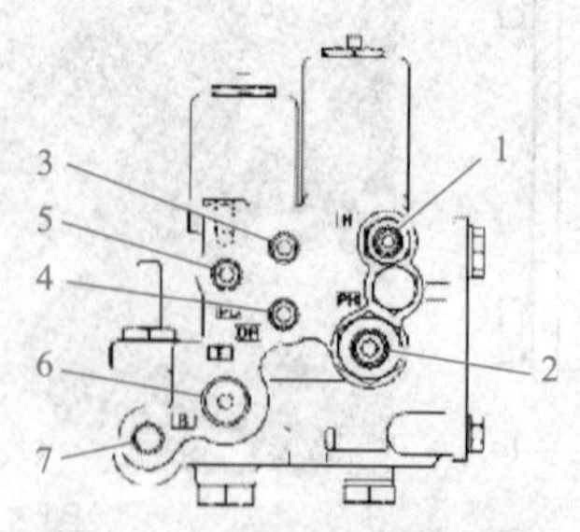

图 5.22 液压配管的安装

1—至收割升降油缸；2—自液压泵 H；3—至左方向操作油缸；
4—至右方向操作油缸；5—自液压泵 D；6—至油箱；7—方向操作油缸返回（制动口）

2. 连接器、动力制动绳的拆装

(1)拆下动力制动绳，如图 5.23 所示。

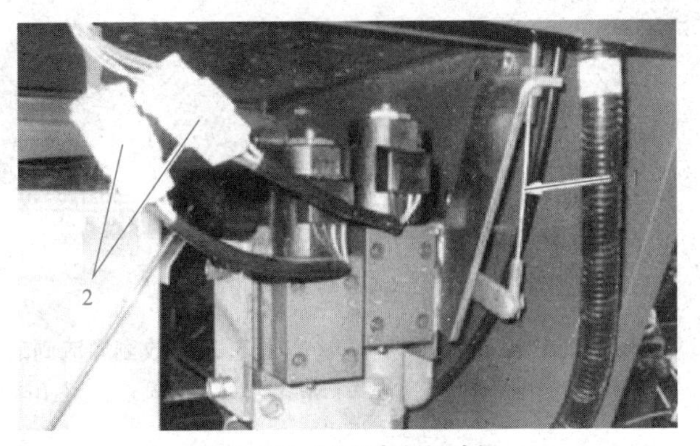

图 5.23　拆下动力制动绳

1—动力制动绳；2—连接器

(2)拆下电磁阀的连接器。

(3)从主机侧拆下阀门安装件，然后取出阀单元。

 专家提示

①收割升降电磁阀的配线上缠有红色胶带。

②组装后必须对动力制动绳进行调整。

三、阀门的分解

1. 方向操作溢流阀的分解

方向操作溢流阀的分解如图 5.24 所示。

2. 可调溢流阀的分解

可调溢流阀的分解如图 5.25 所示

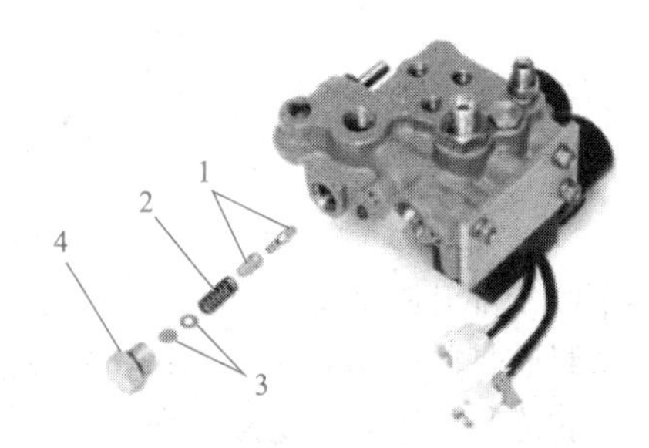

图 5.24　方向操作溢流阀的分解

1—溢流阀；2—弹簧；3—调节垫片；4—旋塞

图 5.25　可调溢流阀的分解

1—旋塞；2—连杆；3—弹簧

3. 电磁阀(方向操作、收割)的分解

电磁阀的分解如图 5.26 所示。

4. 收割溢流阀的分解

收割溢流阀的分解如图 5.27 所示。

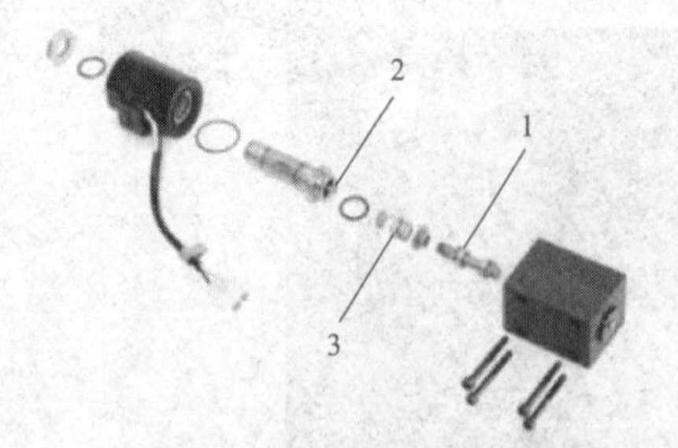

图 5.26 电磁阀的分解

1—阀柱；2—推杆；3—弹簧

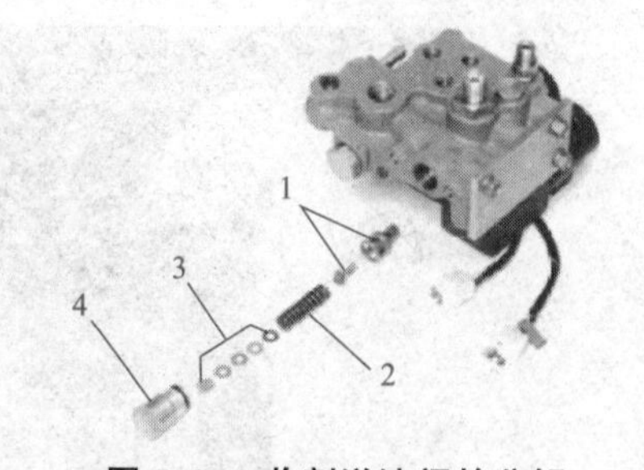

图 5.27 收割溢流阀的分解

1—溢流阀；2—弹簧；3—调节垫片；4—旋塞

5. 收割高度单向阀的分解

收割高度单向阀的分解如图 5.28 所示。

6. 节流阀的分解

节流阀的分解如图 5.29 所示。

图 5.28 收割高度单向阀的分解

1—提升阀；2—弹簧；3—旋塞

图 5.29 节流阀的分解

1—节流阀；2—弹簧

四、收割部升降油缸的拆装

1. 油缸的分离

(1)从联合收获机主体上拆下割台。

(2)从油缸上拆下液压软管。

(3)从油缸上拆下连杆(油缸)及液压管接头。

(4)拆下油缸转动支点的带头销，然后从主体上拆下收割部升降油缸。

(5)拆下液压管接头后，油缸主体的螺纹部黏附有密封胶带的遗留物，在不损伤螺纹的前提下用头部锐利的工具将其剔除干净(从中间向外逆时针旋转进行剔除，可清除干净)。

(6)将油缸内的机油从液压口排出，如图 5.30 所示。

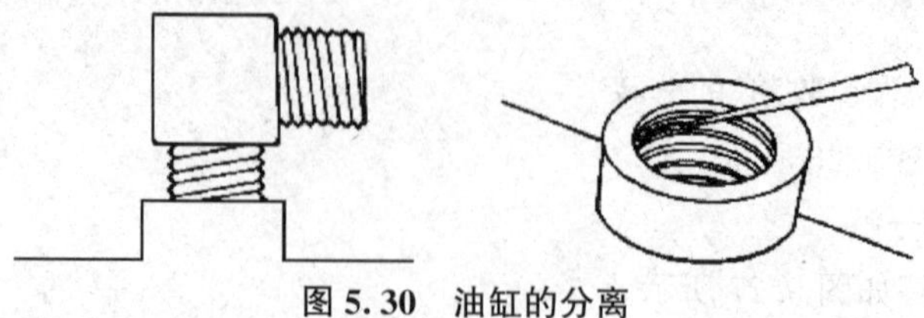

图 5.30 油缸的分离

2. 油缸的分解

(1)用虎头钳等固定油缸体，使其液压孔的螺纹部处于正上方。

(2)将连杆拉到从液压口可以看到扣环的位置。

(3)旋转连杆，使扣环的开口处于液压口的正下方，如图 5.31 所示。

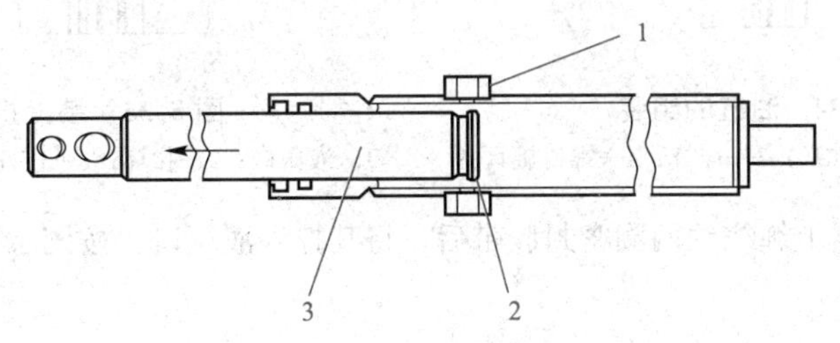

图 5.31　油缸的分解

1—液压口；2—扣环；3—连杆

(4)将一字螺钉旋具插入扣环开口的前端位置，移动开口的前端，如图 5.32 所示。

(5)旋转连杆，拆下扣环，如图 5.33 所示。

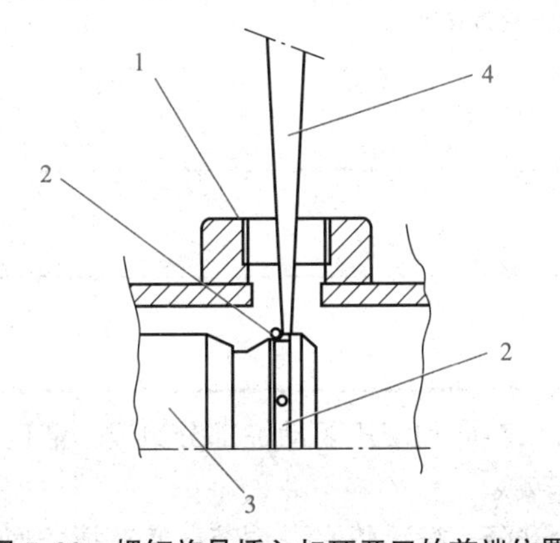

图 5.32　螺钉旋具插入扣环开口的前端位置

1—液压口；2—扣环；3—连杆；4—螺钉旋具

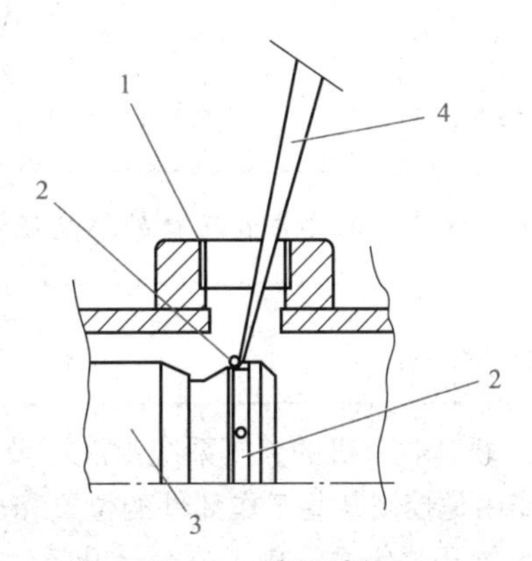

图 5.33　拆下扣环

1—液压口；2—扣环；3—连杆；4—螺钉旋具

(6)拉出连杆，拆下刮板、密封垫。

专家提示

①不要将液压口的螺纹压坏。

②从油缸体拉出连杆时，将会导致刮板和密封垫破损，所以必须更换为新品。

③必须在清洁的环境下更换零件。如果油缸内混入杂物，将会导致液压系统产生故障。

3. 油缸的组装

(1)组装密封垫、刮板，在与连杆的接合面上涂抹机油。

(2)在连杆根部的较细部分装上扣环，将连杆插入油缸，使扣环处于液压口的正下方。

(3)旋转连杆，使扣环的开口处于液压口的正下方。

(4)将一字螺钉旋具刀插入扣环的开口前端，移动开口的前端，如图 5.34 所示。

(5)旋转连杆，装上扣环，如图 5.35 所示。

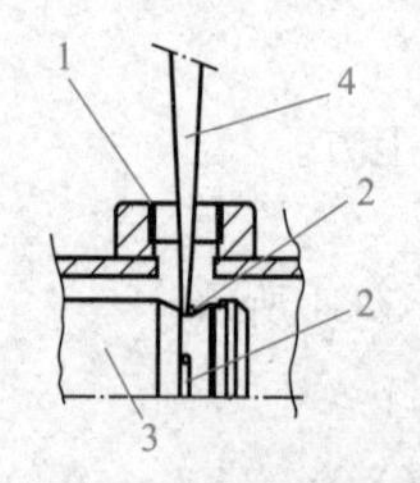

图 5.34　油缸的组装

1—液压口；2—扣环；3—连杆；4—螺钉旋具

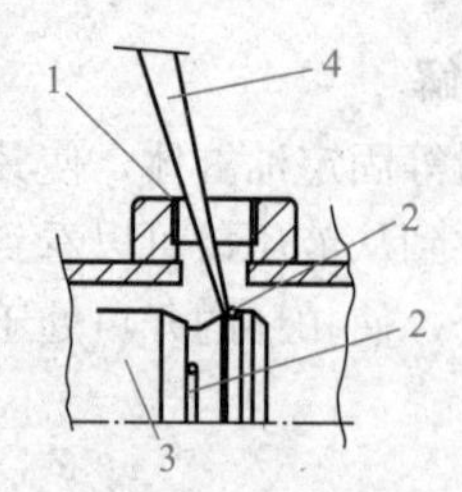

图 5.35　装上扣环

1—液压口；2—扣环；3—连杆；4—螺钉旋具

(6)在液压转接器上缠绕约两圈密封胶带后，将其拧入液压口，按图示箭头方向缠绕密封胶带，如图 5.36 所示。

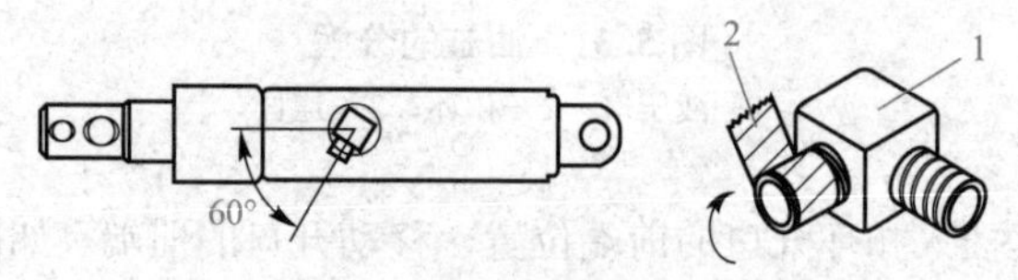

图 5.36　缠绕密封胶带

1—转接器；2—密封胶带

专家提示

必须注意，不要将液压口的螺纹压坏。

任务小结

1. 联合收获机的液压系统由液压操纵、液压转向和液压驱动三部分组成。液压操纵部分的作用是控制某些工作部件的位置和速度的转换。

2. 液压操纵系统用于收割台升降、拨禾轮升降、拨禾轮水平调节、卸粮搅龙回转、脱离滚筒无级变速等工作机构的操纵。

3. 拨禾轮左侧的升降液压缸是双作用活塞式液压缸，而右侧的升降液压缸是单作用柱塞式液压缸，两个缸是串联同步回路，同步精度高。

4. 联合收获机在泥泞土壤上工作时，需采用四轮驱动以增加牵引力，改善车辆行驶性能，系统中增加了两个电动机驱动导向轮。

思考与练习

1. 简述收获机液压系统的组成和作用。
2. 简述 JL-1075 型谷物联合收获机液压系统的构造，并说明各系统的功能。
3. 收获机的液压辅件有哪些？至少列举三种。
4. 简述联合收获机液压驱动系统的工作原理。
5. 查阅资料，简述收割溢流阀的分解步骤。

任务 5.2 收获机械电气系统的构造与维修

学习目标

1. 了解收获机械电气系统的组成和功用。
2. 了解收获机械电气系统的基本构造，熟悉电气系统的工作原理。
3. 熟悉收获机械电气系统的常见故障，能进行正确诊断与排除。

预备知识

知识点1 电气系统主要元件

电气系统是自走式联合收获机的主要组成部分之一，它担负着启动发动机、夜间照明、发出音响和灯光信号的任务，有的机型还设置了工作监视、故障报警及自动控制等功能。电气系统一般由蓄电池、发电机、调节器、启动机和启动预热器、各种开关、传感装置、灯光、音响信号等组成。

1. 蓄电池

蓄电池是联合收获机的直流电源之一，它靠其内部的化学反应来储存电能和向外供电。其功用是在发电机不工作或发电机工作电压低于蓄电池电压时，由蓄电池向各个用电设备供电，如启动、照明、信号等；在负载过大，超过发电机供电能力时，由蓄电池和发电机共同供电；在用电负载小时，发电机向蓄电池充电，蓄电池将电能储存起来。

(1)蓄电池的组成。蓄电池一般由正极板、负极板、隔板、外壳和电解液等基本部分组成，如图5.37所示。

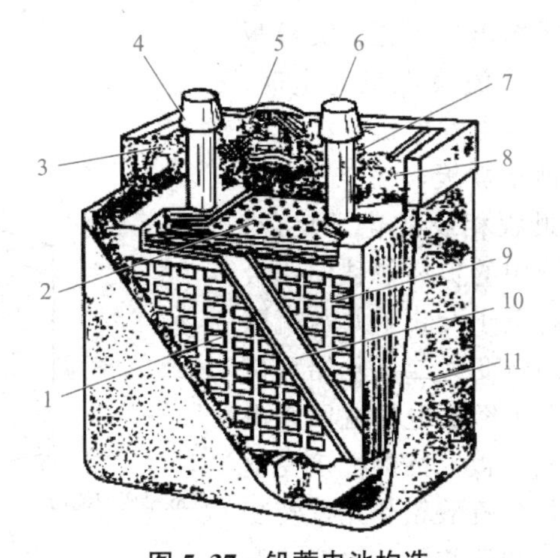

图5.37 铅蓄电池构造

1—负极板；2—挡板；3—上盖；4—负极接线柱；5—塞子；6—正极接线柱；7—铅柱；8—填料；9—正极板；10—隔板；11—外壳

蓄电池的充、放电是靠正、负极板上的工作物质与电解液中的硫酸起反应来实现的。

①极板。极板由栅架和活性物质组成。栅架是极板的骨架，用来承载活性物质和传导电流。活性物质由铅的氧化物和硫酸调和而成，充填在栅架的空格处。经处理后的正极板变为二氧化铅，呈棕红色；负极板变为海绵状纯铅，呈灰色。

每个单格电池由数片正、负极板分别焊成极板组，负极板组的片数比正极板组的片数多一片。一个单格电池内，不论正、负极片数是多少，其平均电压均为2 V，片数越多或面积越大，容积就越大。

②隔板和护板。隔板放置在正、负极板之间，使正、负极不致短路，隔板一般由微孔橡胶、微孔塑料、木材或玻璃纤维制成。护板的作用是防止落入电池内的杂质附在极板上造成短路。

③壳体。壳体用来盛装极板、隔板和电解液，常用耐酸塑料或硬橡胶制成，内有隔壁，构成若干单格，互不相通。盖板上有极板孔，中间有加液孔，盖板与壳体间用沥青封口剂密封。

④电解液。电解液是由纯硫酸和蒸馏水按一定比例配置而成的，其相对密度一般为 1.26～1.29g/mL。

(2)蓄电池工作原理。

①放电。当蓄电池接上用电设备后，带负电的离子移向负极板，并与铅板上的铅起化学反应后变成硫酸铅留在铅板上。铅板上得到的电子从铅板传出，经导线、用电设备后回流到正极板上。与此同时，电解液中带正电的离子移向正极板，接受从负极板上传来的电子。带正电的离子与正极板上的二氧化铅和电解液中的硫酸共同产生化学反应，变成硫酸铅，完成放电过程。在放电过程中，电解液浓度变小，相对密度下降。铅蓄电池的放电过程，如图 5.38 所示。

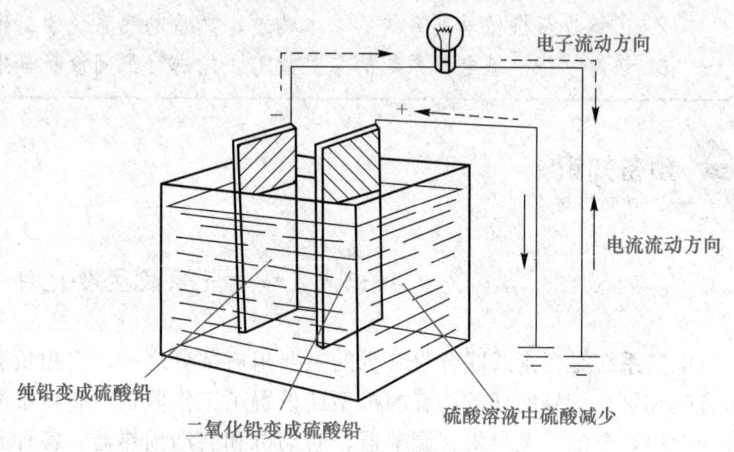

图 5.38　铅蓄电池的放电过程

②充电。当正、负极板上接上直流发电机充电时，充电电流由发电机正极进入蓄电池正极板，就会发生与放电过程相反的化学反应，电解液中的负离子移向正极板，将电子交出，并与硫酸铅作用转变为二氧化铅和硫酸。电子经发电机流回蓄电池的负极板，负极板接受电子，并与硫酸铅作用，转变为纯铅和硫酸。电解液相对密度加大，完成充电过程。铅蓄电池的充电过程，如图 5.39 所示。

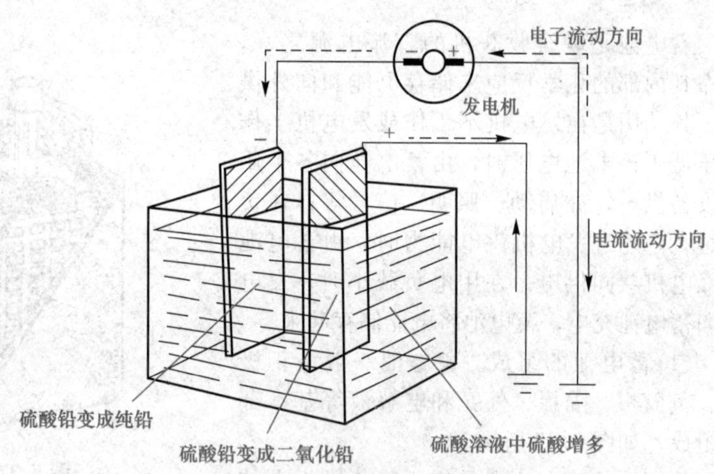

图 5.39　铅蓄电池的充电过程

蓄电池电压随放电程度变化，当单格电池电压降到 1.7 V 时，应进行充电。用启动机启动时，电池大电流放电，由于极板内层来不及起化学反应，电池电压很快降到 1.7 V，此时应稍停 2～3 min 后再启动，使电池内部有一定的化学反应时间，电压得到恢复，要求每次启动时间不超过 5 s。

收获机械电气发电机动画

2. 硅整流交流发电机

硅整流交流发电机产生的交流电，通过集体内部的硅整流管整流，输出来的是直流电，与并励直流发电机相比，具有质量小、体积小、结构简单、维修方便等优点，目前联合收获机上这种发电机应用得比较多。

(1)硅整流交流发电机的组成。硅整流交流发电机主要由定子、转子、整流器和机壳等组成，其结构如图 5.40 所示。

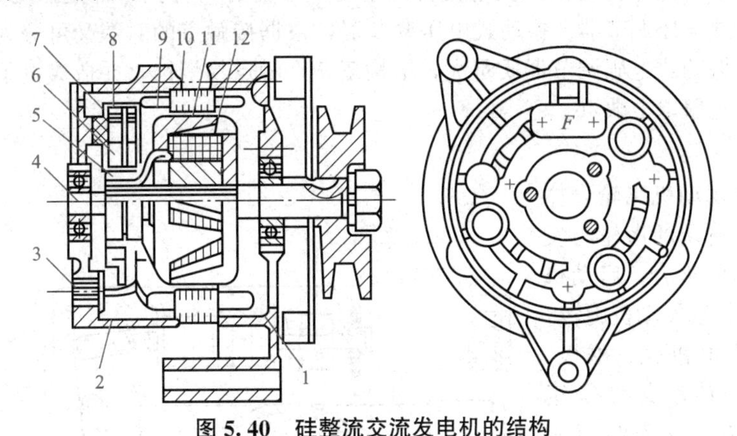

图 5.40　硅整流交流发电机的结构

1—前盖；2—后盖；3—硅整流管；4—轴；5—集电环；6—电刷；
7—电刷架；8—电刷弹簧；9—定子绕组；10—定子铁芯；11—磁极；12—励磁绕组

①定子。定子铁芯由内带圆槽的硅钢片叠制而成，圆槽内安放三相绕组，定子槽的开口处用玻璃布和竹子制的槽楔固定。其接法为星形接法，三相绕组的首端分别与元件板和后端上的硅二极管相接。

②整流器。整流器由六只硅二极管构成，三只外壳为负极的管子装在后端盖上，另外三只外壳为正极的管子装在元件板上，元件板的一根引线接到发电机电枢接线柱上，为发电机正极。

③转子。转子是发电机磁场部分，主要由励磁绕组、磁极、滑环和转子轴组成。磁极压装在轴上，励磁绕组的两条引线分别接在与轴绝缘的两个滑环上。滑环是两个彼此绝缘的铜环，与装在端盖上的两电刷接触，并用导线引到发电机外部。

④整流端盖。在电刷端盖内装有电刷架，电刷架内装有压力弹簧，使电刷与滑环可靠地接触。整流端盖内装有三个二极管。

(2)硅整流交流发电机的工作原理。

硅整流交流发电机的工作原理如图 5.41 所示。三相定子绕组 AX、BY、CZ 在铁芯内以相隔 120°排列，当转子旋转时，通入直流电的转子绕圈产生磁感应线，切割定子的三相绕组，在绕组中产生大小和方向按一定规律变化的感应电动势。通过硅整流二极管时，正极电位高于负极电位，硅整流二极管导通，而当正极电位低于负极电位时，二极管截止，即不通电，这样发电机输出的电流只有一个方向，使交流电变为直流电。

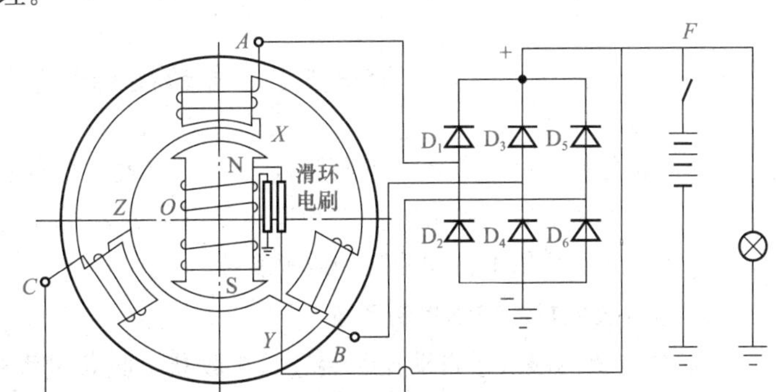

图 5.41　硅整流交流发电机的工作原理

硅整流交流发电机在启动和低速运转时，励磁线圈的电流是靠蓄电池供应的，随着转速的升高，发电机输出的电压也升高，当发电机电压高于或等于蓄电池电压时，发电机便开始向励磁线圈供电，实现自励。

3. 调节器

目前联合收获机上硅整流交流发电机所使用的调节器有两种：一种是振动式电压调节器；另一种是晶体管式电压调节器。振动式电压调节器，根据接触点的对数又可分为单极式和双极式调节器两种。振动式电压调节器质量大，结构复杂，触点易烧蚀，并造成电干扰，而晶体管电压调节器可以克服以上缺点。

4. 启动机

启动机装在发动机飞轮壳体的前端面上，其前端的齿轮与发动机飞轮上的齿圈啮合，启动机通入直流电后，带动发动机旋转。

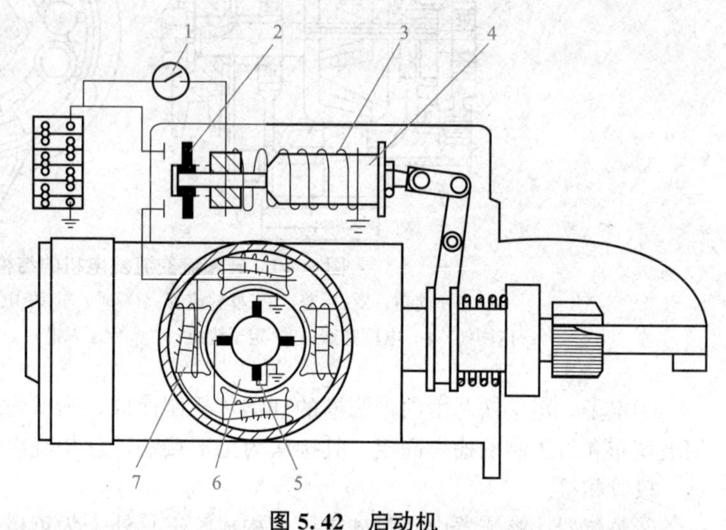

图 5.42 启动机

1—启动开关；2—电磁开关；3—电磁开关线圈；4—铁芯；5—电刷；6—电枢；7—磁极

启动机主要由机壳、磁极、电枢、换向器和传动部件等组成。磁极由铁芯及励磁绕组构成，固定在机壳内壁上，启动机一般有四个磁极。启动机的电枢线圈和发电机的电枢线圈基本相同，其区别在于启动机采用较粗的导线，如图 5.42 所示。

启动时闭合启动开关，蓄电池的电流通过电磁开关线圈时，线圈内产生磁场，将铁芯吸向左边。铁芯在移动时先后完成两项工作：一是通过杠杆将电枢轴右端的小齿轮推向右边，使它与飞轮上的齿圈啮合；二是铁芯左端头上的电磁开关接通蓄电池与启动机内的励磁线圈和电枢线圈的电路，于是电枢旋转，带动发动机飞轮一起旋转。

启动完毕，断开启动开关，由于没有电流通过，磁场消失了，铁芯在弹簧作用下，向右退回原位。此时，断开了电磁开关，电枢右端小齿轮左移，退出与发动机飞轮的啮合。

知识点 2　自动控制和监视系统

随着联合收获机生产率的不断提高，为了使收获机保持在最佳工作状态，保证收获质量，减少损失，单纯依靠驾驶员的技术和经验是不够的，而且会增加驾驶员的劳动强度。因此，联合收获机上逐步采用了自动控制和监视系统。

1. 联合收获机的自动控制系统

(1)收获机的喂入量自动控制装置。在收获机收获过程中，由于田间作物的生长状况不同，必然引起收获机各工作部件荷载的变化，当喂入量超过规定量后，谷物损失增大，尤其由于逐稿器分离不清而造成的损失更为严重。目前，收获机喂入量控制通常以控制收获机的前进速度来实现。

液压式喂入量自动控制装置，如图 5.43 所示。它通过倾斜输送器链耙的浮动，自动控制行走无级变速器，改变收获机前进速度，达到自动控制收获机喂入量的目的。谷物流厚度传感器是一个弯曲的滑板，压在倾斜输送器的下链条上。滑板上端通过钢丝与弹簧缓冲器相连。弹簧缓冲器与滑阀相连，液压缸则与行走无级变速器的支臂铰接。

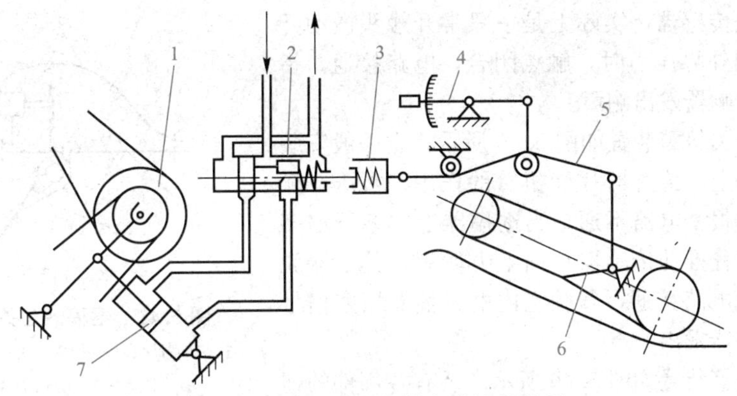

图 5.43　液压式喂入量自动控制装置

1—行走无级变速器；2—滑阀；3—弹簧缓冲器；4—手杆；5—钢丝；6—谷物流厚度传感器；7—液压缸

收获机作业时，当喂入量增大、谷物厚度加大时，传感器滑板被顶起，拉起滑阀向右移动，打开液压缸下腔的油路，高压油推动柱塞，使无级变速器支臂向上方摆动，降低收获机的行走速度。相反，当喂入量减小时，传感器滑板下降低于正常位置，在弹簧的作用下，分配滑阀向相反方向移动，高压油进入液压缸上腔，无级变速器支臂向下摆动，提高收获机行走速度。利用手杆可以调节需要控制的喂入量。

(2)收获机的自动转向装置。为了降低收获机驾驶员的劳动强度，一些收获机采用了自动转向装置。工作时，驾驶员不必转动转向盘，收获机便可沿着作物边缘前进，利用侧面未收割作物的边缘，作为预先给定的转向控制线。

联合收获机的自动转向装置如图5.44所示。在割台的左分禾器处安装一个悬臂，在悬臂上固定着转向用的传感器和与传感器相连的触杆，触杆沿未割作物一侧移动。由于未割作物能承受的负载小，因此，只要触杆受到很小的力，便可以作用到传感器，起到控制作用。因此，一般都是把传感器信号放大以后控制电磁阀，进而控制转向液压缸的自动转向。

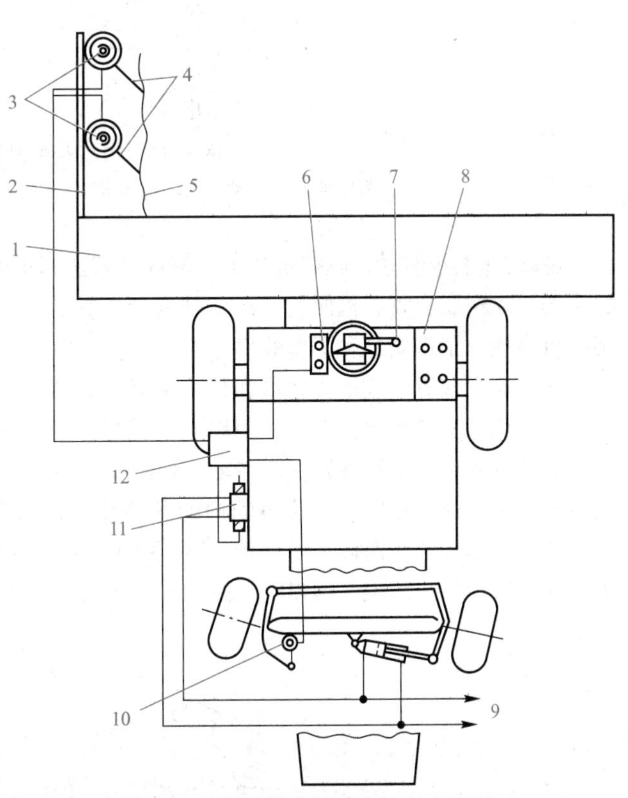

图 5.44　联合收获机的自动转向装置

1—割台；2—悬臂；3—传感器；4—触杆；5—未割作物侧边；6—反馈传感器；7—电磁阀；8—放大调节器；9—油管接头；10—悬臂升降调节器；11—手动转向和自动转向转换手杆；12—触杆和未割侧边距离的调节器

2. 联合收获机的监视装置

现代大型联合收获机都设有监视装置，使驾驶员与各工作部件之间保持联系，以保证收获机在最佳的工作状态下工作，减少收获损失，避免收获机发生故障，提高收获机的工作质量和工作效率。

(1)开关报警装置。开关报警装置的

主要工作部件是传感器，实际上是一只常开触头微动开关，当开关受到外界压力时，触点闭合，电路接通，指示灯亮，同时音响器发出响声。

逐稿器的开关报警装置如图 5.45 所示，它一般安装在脱粒机构顶盖上，传感器片受扭簧的作用，常压在触点开关上，此时报警电路不通。当逐稿器上方茎秆增多至超负载时，茎秆推动传感器片向上方倾斜，其上端脱离触点开关而使电路接通，驾驶室内的逐稿器堵塞信号灯亮，同时音响器发出响声。

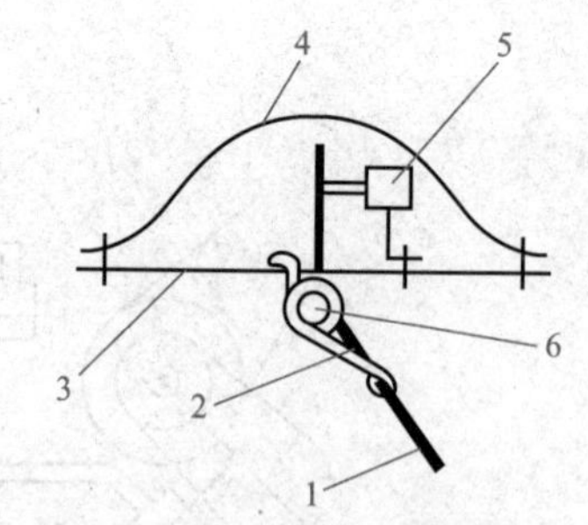

图 5.45　逐稿器开关报警装置

1—传感片；2—扭簧；3—脱粒机顶盖；4—罩盖；5—触点开关；6—轴

粮箱开关报警装置如图 5.46 所示。装有各部件的塑料罩壳安装在粮箱侧壁上方，传感片一端露出罩壳之外，当粮箱满到规定高度时，传感器片受到谷粒的压力，使动触点和定触点接触，电路接通，驾驶室内的信号灯亮，同时发出报警音响。

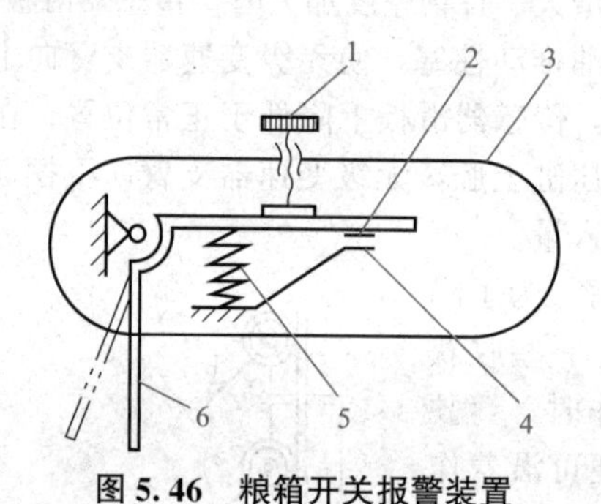

图 5.46　粮箱开关报警装置

1—调节螺钉；2—动触点；3—罩壳；4—固定触点；5—弹簧；6—传感片

(2)转速监视装置。收获机各工作部件是否达到正确的转速，是保证收获机质量和工作效率的关键。现在联合收获机的关键部位都安装了转速监视器，以防止部件的堵塞和损坏，提高使用的可靠性、工作质量和工作效率。

转速监视装置一般由传感器和仪表两部分组成。传感器装在需要监视的传动轴上，用于获取信号；仪表安装在驾驶室内，用以显示信号，供驾驶员观察。缺口圆盘式转速监视器，开有缺口的圆盘固定在轴端随轴一起转动，如图 5.47 所示，固定在机架上不动的感应线圈产生脉冲信号，记录和处理每转和单位时间内的脉冲数目即可得到转速数值或相应的信号。根据需要，可以在工作部件的转速低于设计值 10%～20%时发出声光信号，提醒操作人员做适当的处理，因而转速监视器是减少谷物损失、提高工作质量和防止部件堵塞和受损的有效保障。

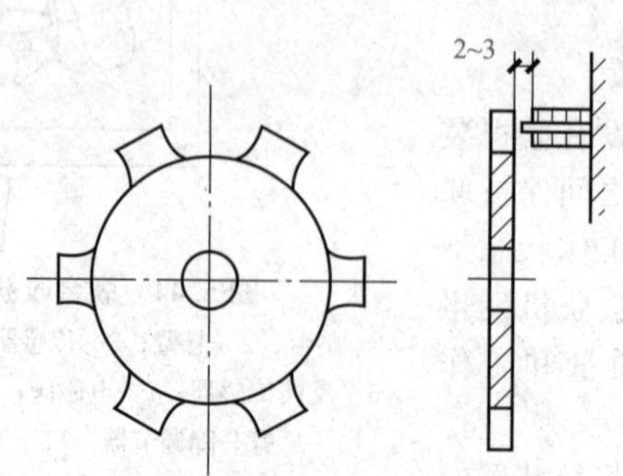

图 5.47　缺口圆盘式转速监视器

转速监视器也可装在逐稿器、推运器、升运器的轴上，监视其转速是否正常或是否有堵塞故障。

(3)谷粒损失监视装置。谷粒损失监视装置由传感器和仪表两部分组成，传感器安装在逐稿器和筛子的出口，仪表安装在驾驶员便于观察的位置。

压电式传感器如图 5.48 所示，传感器的感受元件是塑料膜片，膜片安装在传感器体内的阻尼垫上，在膜片下方专门的圆形凹入部分粘贴压电晶体片。当谷粒冲击膜片时，膜片传播声波，声波对压电晶体起作用，电压信号通过导线传给仪表盒，通过系统的分辨对比，即可在仪表上显示出单位时间内的谷粒损失。

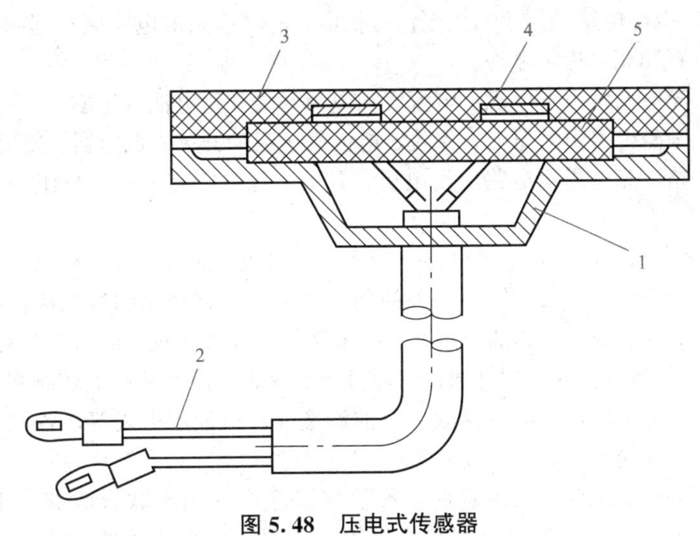

图 5.48　压电式传感器

1—传感器体；2—导线；3—塑料膜片；4—压电晶体片；5—阻尼垫

知识点 3　联合收获机的总体电路

联合收获机的总体线路比较复杂，在分析电路时，应抓住其内在的规律，按照电路连接的基本原则，进行故障的分析、判断和排除。

1. 电路连接的基本原则

(1)采用单线制。用电设备用一根导线与电源的同一极性相连，而另一条线路通过机体搭铁与电源相连。

(2)用电设备一般从电源开关处开始分开，与电源采用并联连接。

(3)开关、保险和仪表串联在电路中。

(4)由蓄电池向用电设备供应的回路，要经过电源开关和电流表，启动机主电路不经过电流表。

(5)调节器连接在发电机和蓄电池的充电电路中，电流表串联在充电电路中。

(6)多数用电设备采用两级开关控制，用时需先接通电源开关，然后接分支开关。

(7)蓄电池搭铁极性与发电机搭铁极性应一致，以发电机搭铁极性为主。硅整流发电机一般为负极搭铁。

2. 总体电路分析

联合收获机的总体电路可分解为启动电路、电源电路、照明及信号装置、工作监视和故障报警电路等。

(1)启动电路。启动电路用来控制启动机的启动和发动机的预热。一般包括启动主电路、控制电路和预热电路，主要由蓄电池、启动机、电源开关、启动预热开关和预热器组成。

①启动主电路。蓄电池通往启动机的电路，由蓄电池、启动机和启动指示灯等组成。

②启动控制线路。控制主电路接通或断开的电路，由启动开关、启动继电器和启动机电磁开关等组成。

③预热电路。蓄电池通往发动机进气管中预热器的电路，由蓄电池、启动预热开关和预热器等组成。

(2)电源电路。电源电路是用于向用电设备供电，并将多余的电能储存起来的电路，可分为充电电路、励磁电路和充电指示电路。

①充电电路。充电电路由发电机、电流表、电源开关和蓄电池等组成。

②励磁电路。励磁电路由蓄电池、保险、电流表、启动开关、调节器、励磁线圈等组成。

③充电指示电路。充电指示电路由发电机、开关、保险、充电指示灯组成，发电机充电时指示灯不亮。

(3)照明及信号电路。照明及信号电路是为联合收获机夜间作业及公路行驶而设置的，它们的配置原则：同时使用的灯光接在同一开关的同一挡上，交替使用的灯光接在同一开关的不同挡位上。收获机的灯光、信号电路的控制开关一般都设置在转向盘下的组合开关上。

(4)仪表电路。仪表电路的作用是通过驾驶台上的仪表，使驾驶员能随时观察发动机的工作情况。联合收获机上常用的仪表有水温表、机油温度表、机油压力表等，各仪表与相应的传感器采用串联连接，其火线经电源开关接电源。

(5)工作监视和报警电路。工作监视和报警装置已广泛用于联合收获机上，除仪表显示(监测转速)外，大部分采用声响结合指示灯报警。监视仪表盒传感器均采用一个多线插头相连接。

任务实施

[任务要求]

某农机有限公司维修网点正在承接一台收获机的维修任务。用户自述，收获机作业时，2号搅龙处出现报警，并伴随有异响，电气控制面板指示按钮一直在闪烁，经检查判断是2号搅龙报警装置出现故障，或电气线路出现故障。用户要求对这台收获机的报警装置进行检测并维修，如要对收获机的报警装置进行检测并维修，维修人员就必须熟悉收获机电气系统的基本构造，了解收获机自动控制和监视系统的工作原理，掌握收获机电气系统主要元件的工作原理，会分析收获机总体电路图。

[实施步骤]

一、警报装置

1. 2号搅龙警报(指示灯点亮、喇叭鸣响)

(1)如果在脱粒离合器处于“合”(脱粒开关ON)的状态下，2号搅龙的转速在300 r/min以下达1 s以上，则喇叭将一直鸣响，仪表盘的2号搅龙警报指示灯1也同时点亮，如图5.49所示。

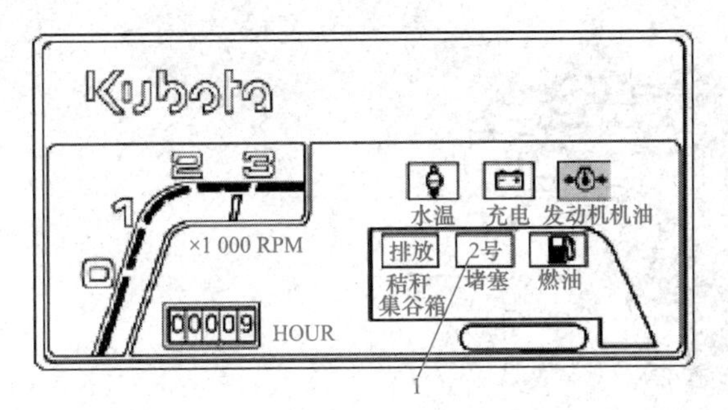

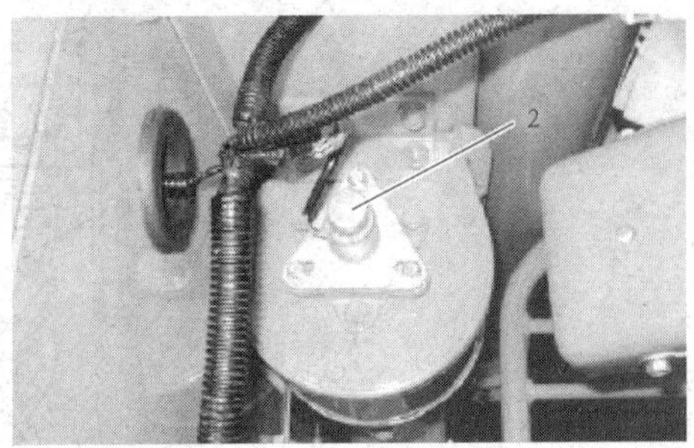

图 5.49　2 号搅龙警报指示灯

1—2 号搅龙指示灯；2—2 号搅龙旋转传感器

(2)2 号搅龙的转速在 400 r/min 以上或脱粒离合器置于“离”(脱粒开关 OFF)，则喇叭停止鸣响，2 号搅龙警报指示灯也同时熄灭。2 号搅龙旋转传感器安装在 2 号搅龙的上端，2 号搅龙旋转 1 圈便重复 4 次 OFF→ON→OFF，如图 5.50 所示。

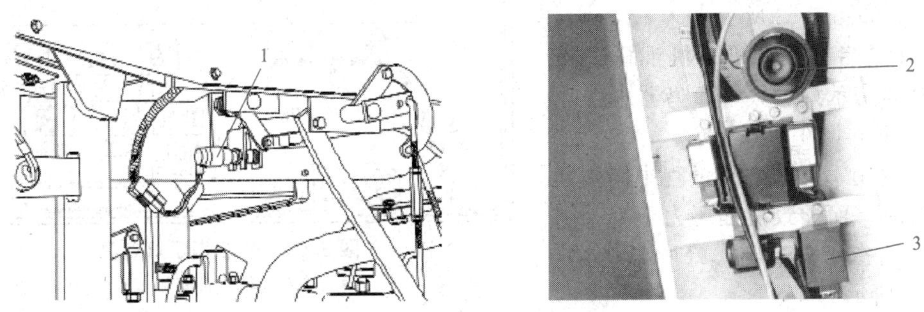

图 5.50　2 号搅龙的转速调整

1—脱粒开关；2—喇叭；3—警报装置

2. 充电警报

(1)如果在发动机停止状态下将钥匙开关置于“开”，则充电指示灯点亮，如图 5.51 所示。

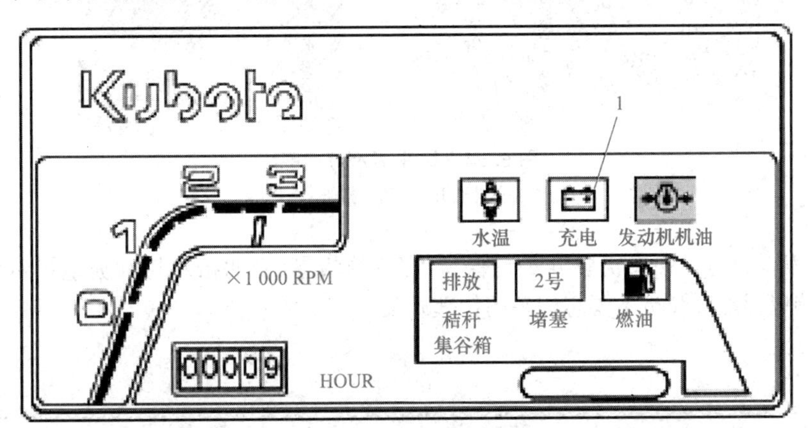

图 5.51　充电指示灯点亮

1—充电指示灯

(2)启动发动机时，如果充电系统正常，则充电指示灯熄灭。

(3)在发动机运转过程中，调节器将判定交流发电机的端子(B、S)脱落或电池过度放电等，在充电系统出现异常时，充电指示灯点亮，如图 5.52 所示。

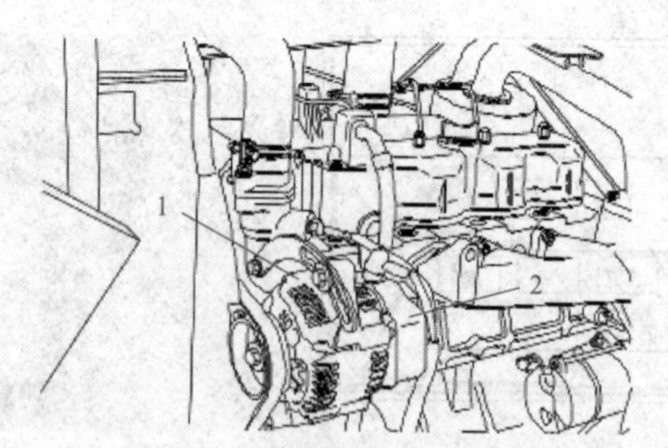

图 5.52　充电指示灯点亮位置

1—交流发电机；2—调节器

3. 机油警报

(1)如果在发动机停止状态下将钥匙开关置于“开”，则机油指示灯点亮，蜂鸣器鸣响，如图 5.53 所示。

(2)如果启动发动机时机油压力正常，则机油指示灯熄灭，蜂鸣器也停止鸣响。

(3)如果在发动机运转过程中因机油泵产生故障等而导致机油压力下降，则发动机机油指示灯点亮，蜂鸣器鸣响，如图 5.54 所示。

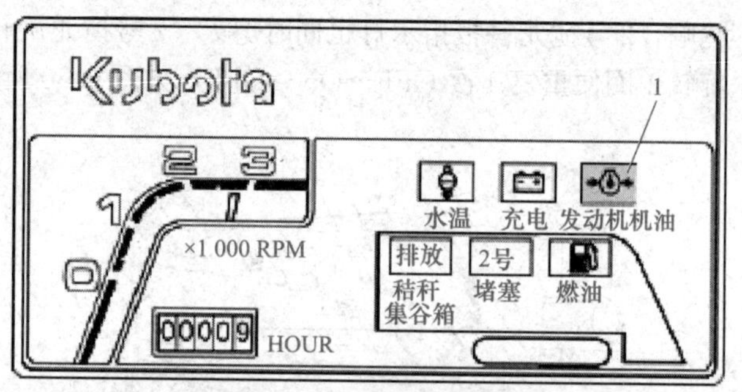

图 5.53　机油指示灯点亮

1—发动机机油指示灯

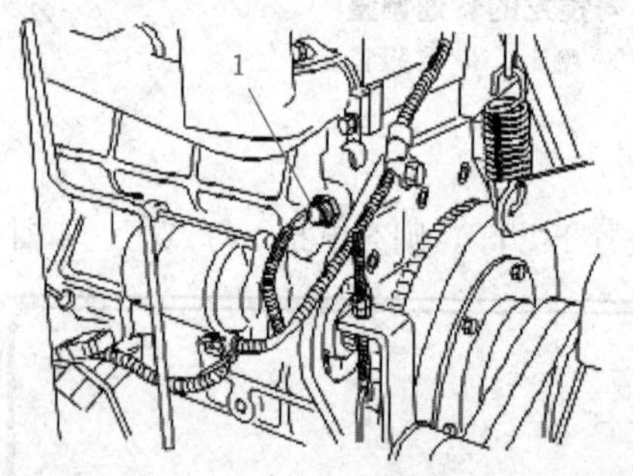

图 5.54　机油指示灯点亮

1—机油开头；2—蜂鸣器

(4)停止发动机时，如果钥匙开关仍保持“开”的状态(机油指示灯和充电指示灯点亮时)，则蜂鸣器鸣响以提醒驾驶员不要忘记关闭钥匙开关。

专家提示

①机油指示灯并非对机油量减少发出警告的指示灯。

②无论机油指示灯点亮或熄灭，都必须在作业之前检查机油量。

4. 水温(过热)警报

(1)水温传感器用来检测发动机的冷却水温度。如果在脱粒离合器处于“合”状态下冷却水温度达到 115 ℃以上，则喇叭鸣响，水温指示灯也同时点亮，如图 5.55 所示。

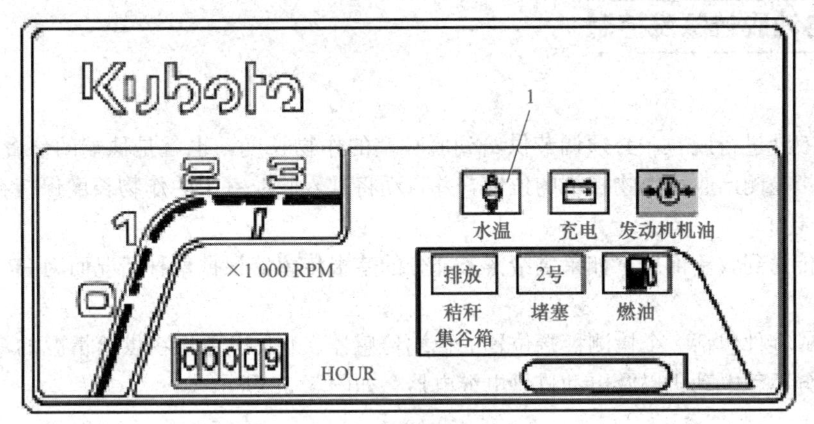

图 5.55　水温指示灯点亮

1—水温指示灯

(2)脱粒离合器为"离"时，喇叭停止鸣响。

(3)如果冷却水温度达到 108 ℃以下，则喇叭停止鸣响，水温指示灯也同时熄灭。

5. 燃料警报

(1)在燃料剩余量减少时，燃料指示灯点亮，如图 5.56 所示。

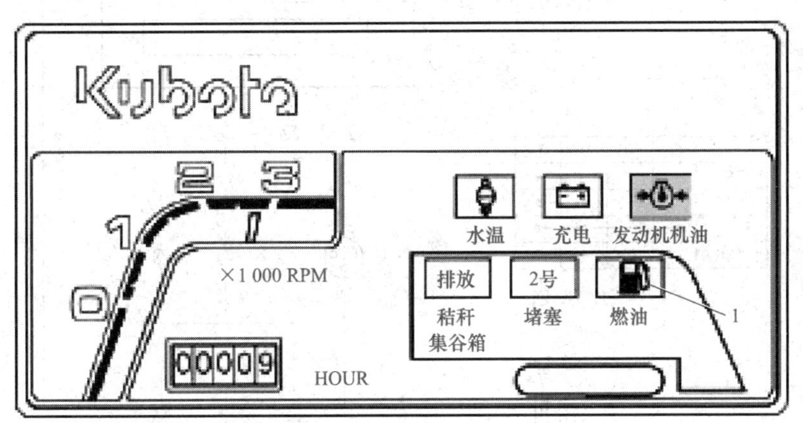

图 5.56　燃料指示灯点亮

1—燃料指示灯

(2)燃料传感器的位置如图 5.57 所示。

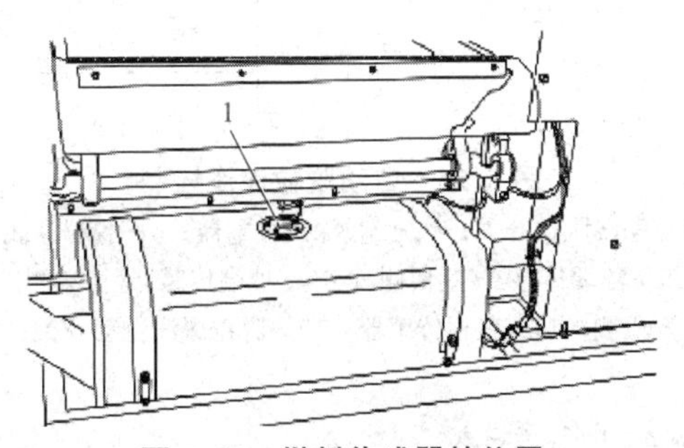

图 5.57　燃料传感器的位置

1—燃料传感器

二、自动脱粒深浅控制

1. 概要

为了有效地进行脱粒，必须调节供给到脱粒室的作物长度，也就是穗端的位置。自动脱粒深浅控制是指检测已收割作物穗端的位置，并自动将进入脱粒室中的作物长度保持在最佳状态，以提高脱粒能力。

作物被传送到收割部后，如果供给链条部分的茎根传感器根据草秆情况而为 ON，则开始进行控制。

主要构成零件包括 2 个检测穗端位置的穗端传感器、1 个识别作物供给情况的茎根传感器、脱粒深浅部分驱动电动机以及电动机供电继电器，如图 5.58 所示。

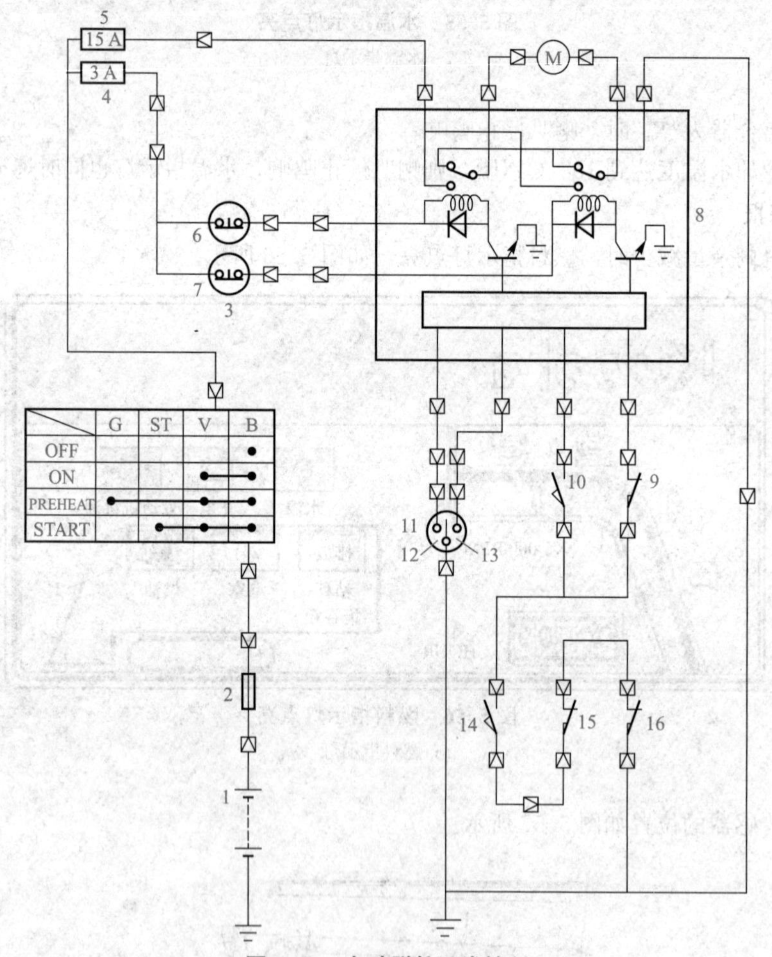

图 5.58　自动脱粒深浅控制

1—蓄电池；2—慢熔熔丝；3—脱粒深浅限位开关；4—脱粒深浅继电器；5—脱粒深浅电动机；6—浅开关；7—深开关；8—脱粒深浅继电器单元；9—穗端传感器(茎根侧)；10—穗端传感器(穗端侧)；11—脱粒深浅手动开关；12—深侧；13—浅侧；14—茎根传感器；15—脱粒深浅自动开关；16—脱粒开关

2. 构成零件和自动控制的工作条件

以下条件全部成立时，自动脱粒深浅控制开始工作：

(1)脱粒深度自动切换开关："开"位置。

(2)脱粒离合器："合"(脱粒开关：ON)。

(3)茎根传感器：ON。

(4)没有进行手动操作。

(5)穗端传感器：S2 传感器 ON，S1 传感器 OFF，如图 5.59 所示。

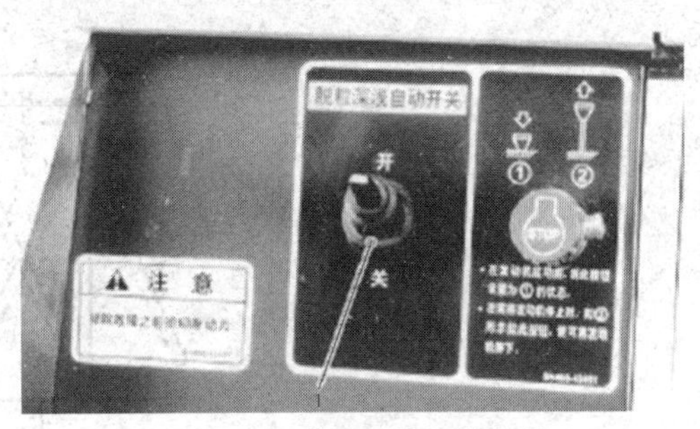

图 5.59　自动控制的工作条件

1—脱粒深浅自动切换开关

3. 穗端传感器和脱粒深浅电机

为使作物的穗端位置处于脱粒深浅传感器 S1 茎根侧和 S2 穗端侧之间，通过脱粒深浅电动机进行调整，如图 5.60 所示。

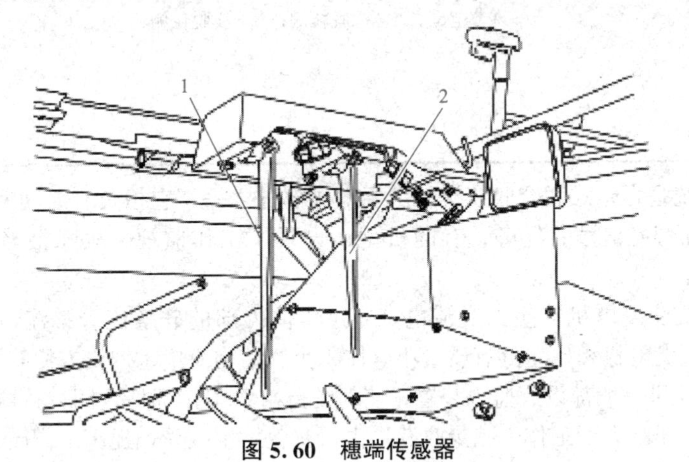

图 5.60　穗端传感器

1—穗端传感器 S1(茎根侧)；2—穗端传感器 S2(穗端侧)

脱粒深浅链条部通过脱粒深浅电动机驱动而达到最浅脱粒位置、最深脱粒位置时，通过限位开关使脱粒深浅电动机停止输出，如图 5.61 所示。

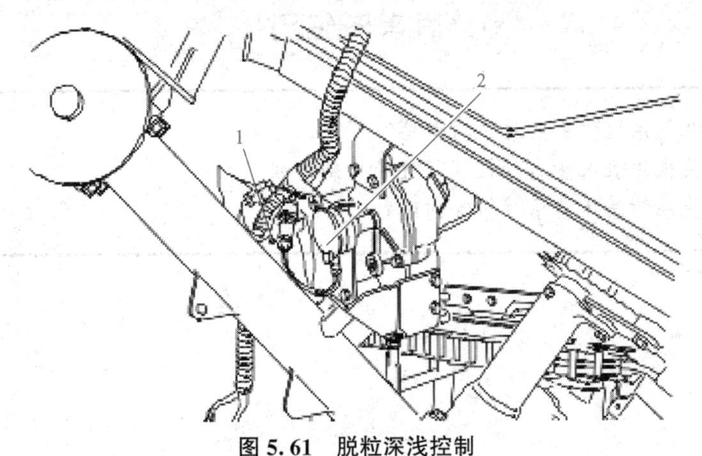

图 5.61　脱粒深浅控制

1—脱粒深浅电动机；2—脱粒深浅限位开关

4. 自动脱粒深浅调节杆

自动脱粒深浅调节杆，可调整穗端传感器 S1(茎根侧)和 S2(穗端侧)的位置，如图 5.62 所示。

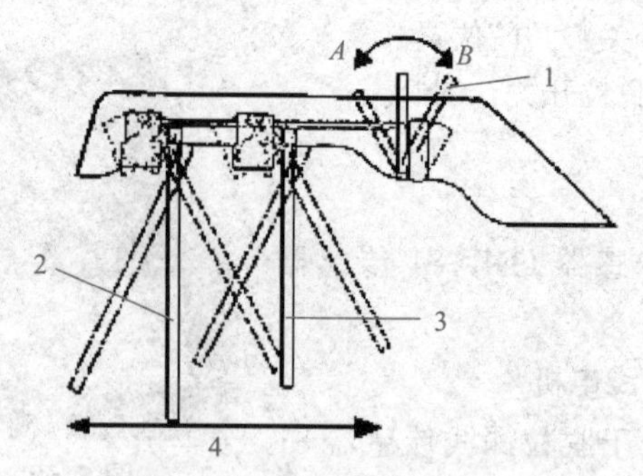

图 5.62　自动脱粒深浅调节杆

1—自动脱粒深浅调节杆；2—穗端传感器 S1(茎根侧)；3—穗端传感器 S2(穗端侧)；4—调节范围；*A*—深脱粒侧；*B*—浅脱粒侧

任务小结

1. 电气系统是自走式联合收获机的主要组成部分之一，它担负着启动发动机、夜间照明、发出音响和灯光信号的任务，有的机型还设置了工作监视、故障报警及自动控制等功能。

2. 硅整流交流发电机产生的交流电，通过集体内部的硅整流管整流，输出的是直流电，与并励直流发电机相比，具有质量小、体积小、结构简单、维修方便等优点。

3. 联合收获机一般都设有监视装置，使驾驶员与各工作部件之间保持联系，以保证收获机在最佳的工作状态下工作，减少收获损失，避免发生故障，提高工作质量和工作效率。

4. 收获机的转速监视装置一般由传感器和仪表两部分组成。

思考与练习

1. 收割机电气系统的主要元件有哪些？
2. 简述收获机的喂入量自动控制装置的控制过程。
3. 联合收获机的总体电路分析如何进行？

项目6　联合收获机械的操作与保养

任务6.1　联合收获机的操作与驾驶

学习目标

1. 了解联合收获机操纵机构的基本组成和功用。
2. 掌握联合收获机基本驾驶要领，熟悉田间收割作业的基本技能。
3. 掌握常见联合收获机操纵机构的操作和调整。

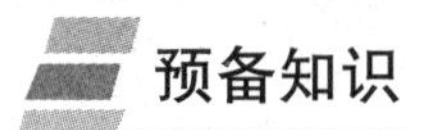

预备知识

知识点1　收获机操纵机构的识别

1. 联合收获机的方向

联合收获机的方向如图6.1～图6.4所示。

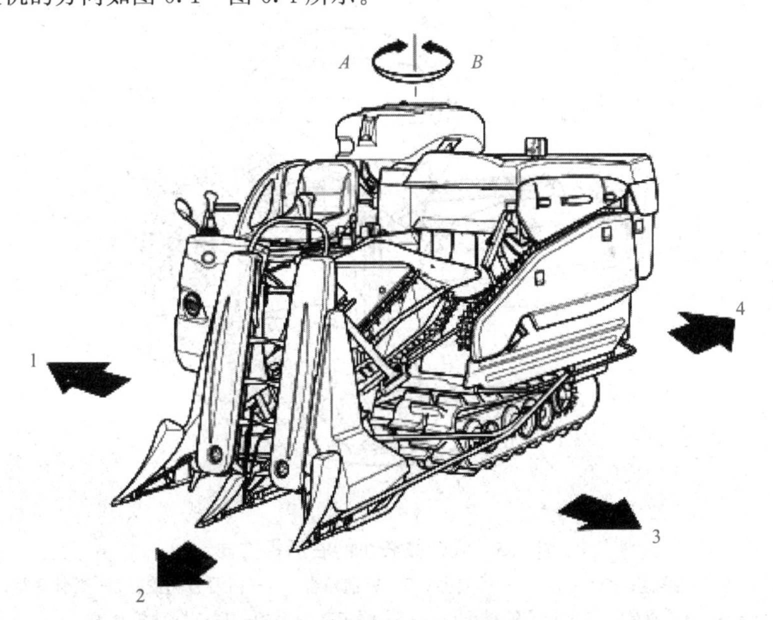

图6.1　联合收获机的行驶方向

1—右侧；2—前方；3—左侧；4—后方；*A*—右转(顺时针方向)；*B*—左转(逆时针方向)

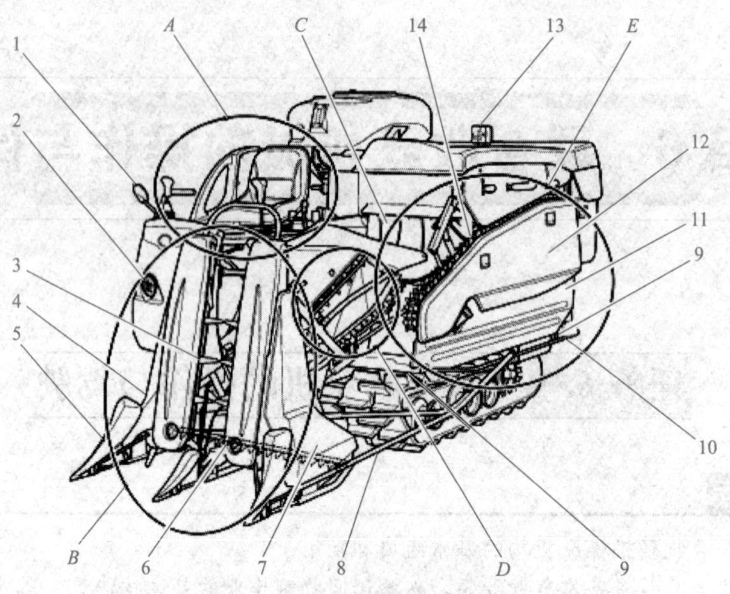

图 6.2　联合收获机的主视方向

1—后望镜；2—前照灯；3—扶禾爪；4—扶禾爪右侧盖；5—分禾器；6—割刀；7—扶禾爪左侧盖；8—左前侧分草杆；9—绳索挂钩；10—左后侧分草杆；11—脱粒部左侧下盖；12—脱粒部左侧上盖；13—方向指示器；14—输送链条；*A*—驾驶操作部；*B*—割台；*C*—脱粒装置入口；*D*—供给传送部；*E*—脱粒部

A——驾驶操作部：启动、停止发动机或使机器移动行走、进行收割作业的驾驶操作部分。

B——割台：扶起和收割作物的部分。

C——脱粒装置入口：将作物从割台传送到脱粒部的入口处。

D——供给传送部：将作物传送到脱粒部的部分。

E——脱粒部：对作物进行脱粒的部分。

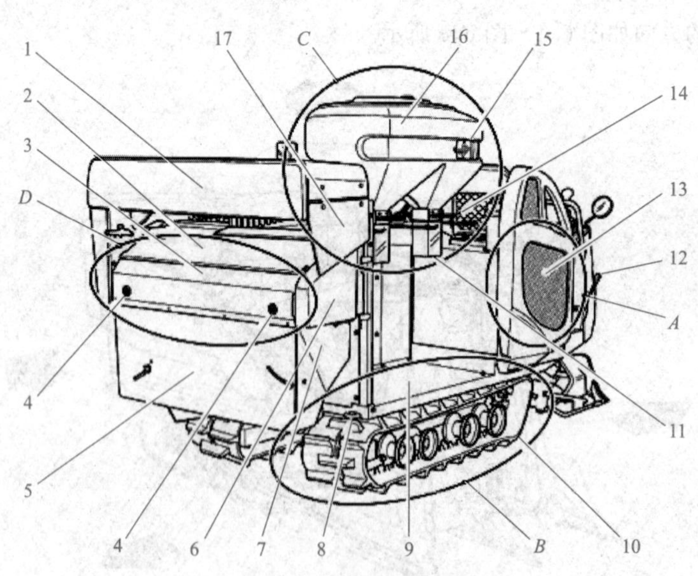

图 6.3　联合收获机的右后视方向

1—切刀上盖；2—切刀切换盖；3—切刀；4—反射器；5—后泄草器；6—切刀右侧盖；7—侧泄草器；8—绳索挂钩；9—装谷袋平台；10—履带；11—集谷箱排出口；12—停车制动手柄；13—发动机仓盖；14—出谷口挡板；15—方向指示器；16—集谷箱；17—穗端盖；*A*—发动机部；*B*—行走装置部；*C*—集谷箱部；*D*—排草部

A——发动机部：位于驾驶座下部的动力装置。

B——行走装置部：利用履带行走的部分。

C——集谷箱部：临时贮藏脱粒精选后的谷粒，并将其装入口袋的部位。

D——排草部：切断稻草后将其泄出的排草部分。

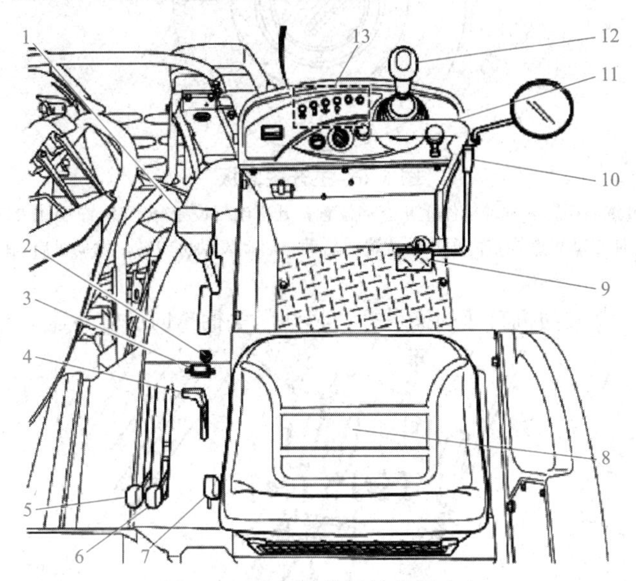

图 6.4　联合收获机的俯视方向

1—变速手柄；2—脱粒深浅切换开关；3—脱粒深浅手动开关；4—油门手柄；5—脱粒离合器手柄；6—收割离合器手柄；7—收割变速切换手柄；8—驾驶座；9—制动踏板(驻车制动)；10—停车制动手柄；11—扶手；12—动力转向手柄；13—警报显示仪表盘

2. 联合收获机仪表装置

联合收获机仪表装置如图 6.5 所示。

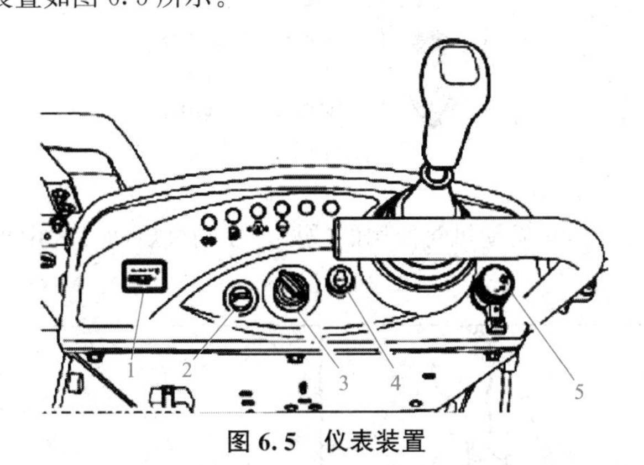

图 6.5　仪表装置

1—小时表；2—喇叭开关；3—主开关；4—发动机熄火拉杆；5—照明开关

知识点 2　操纵装置的功能

1. 发动机操作面板

(1)主开关。开/关收获机的电源、启动发动机的开关，如图 6.6 所示。

图 6.6　主开关面板

关—可拔插钥匙的发动机停止状态的位置；开—电气设备(电气装置)工作的位置；
预热—使发动机燃烧室内预热的位置；启动—启动发动机旋转，发动机启动的位置

(2)油门手柄。控制发动机转速的操纵杆，将油门手柄拉向后方转速上升，如图 6.7 所示。

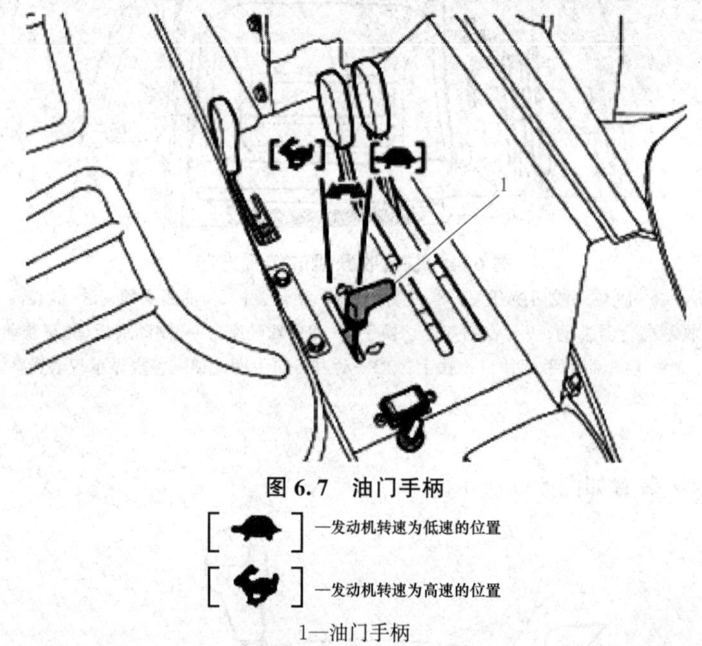

图 6.7　油门手柄

[　]—发动机转速为低速的位置

[　]—发动机转速为高速的位置

1—油门手柄

(3)发动机熄火拉杆。停止发动机时使用的拉杆，发动机启动过程中将拉杆拉到底，发动机则停止，如图 6.8 所示。

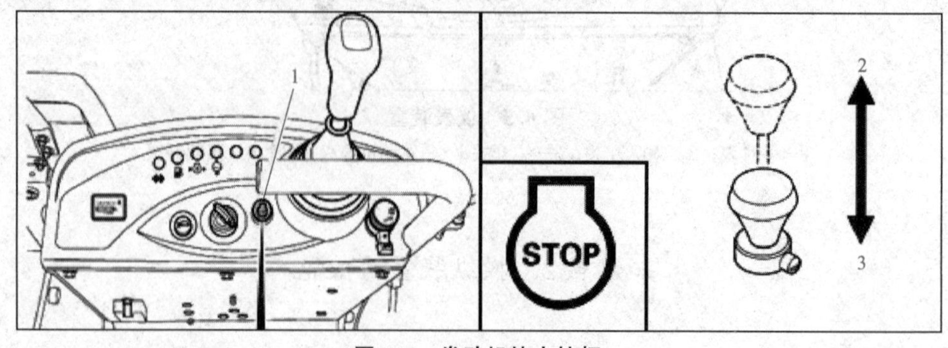

图 6.8　发动机熄火拉杆

1—发动机熄火拉杆；2—停止位置；3—启动位置

2. 行走操作手柄

(1)变速手柄。操作联合收获机前进、后退的操纵手柄，也能在联合收获机移动行走或收割作业时调整车速，如图 6.9 所示。

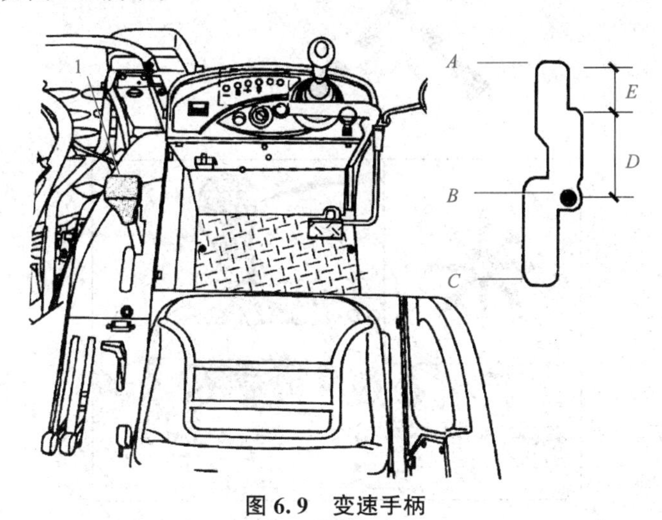

图 6.9　变速手柄

1—变速手柄；*A*—前进；*B*—停止；*C*—后退；*D*—收割作业范围；*E*—收割作业禁止范围

(2)制动踏板(停车制动)。按下制动手柄则进行制动；将驻车制动锁定手柄挂在停车制动手柄上，则进行驻车制动。解除驻车制动时，请用力踩下制动踏板，或按下驻车制动锁定手柄，如图 6.10 所示。

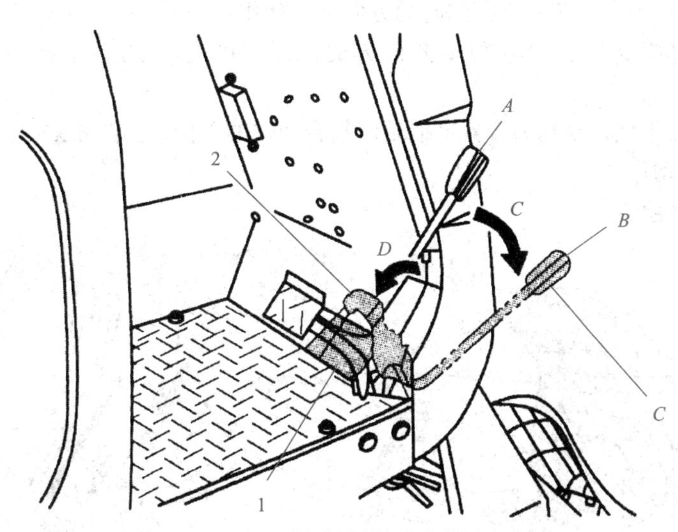

图 6.10　制动踏板(驻车制动)

1—制动踏板；2—驻车制动锁定手柄；*A*—解除位置；*B*—驻车制动位置；*C*—按下；D—挂上

(3)动力转向手柄。动力转向手柄是收获机行走时改变行走方向和操作割台升降的手柄。收获机行走的方向根据转向手柄倒向的方向而变化，同时，割台上下动作，如图 6.11 所示。

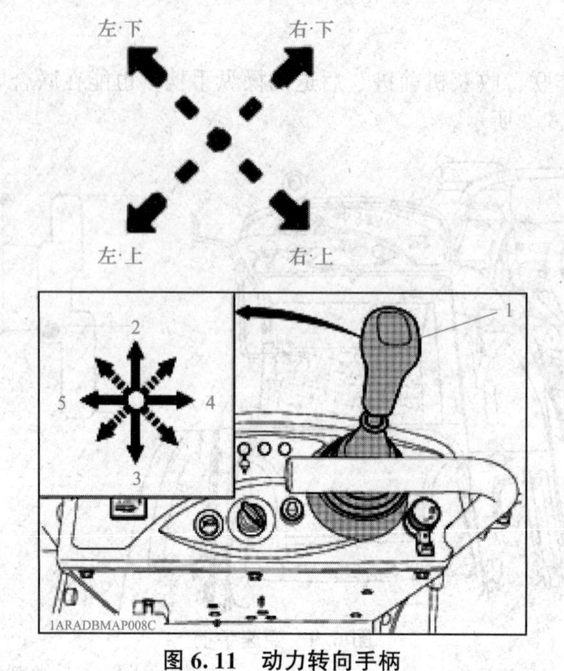

图 6.11　动力转向手柄

1—动力转向手柄；2—割台下降；3—割台上升；4—右转弯；5—左转弯

[左]-[右]收获机行走的方向根据转向手柄倒向的方向而变化。根据扳倒的角度大小，可进行方向变更和转弯。

[下降]-[上升]割台在转向手柄倒向的方向上下动作。

(4)驾驶座。在将驾驶座(座椅)倒向前方的同时，可进行前/后位置的调节，如图 6.12 所示。

(5)收割离合器手柄。收割离合器手柄是使割台动作的手柄，如图 6.13 所示。

[合]——割台动作。

[离]——割台停止。

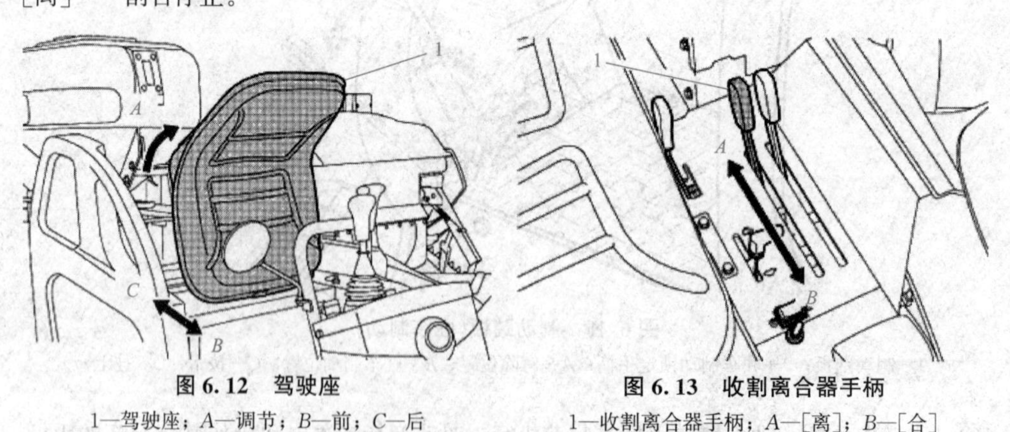

图 6.12　驾驶座

1—驾驶座；*A*—调节；*B*—前；*C*—后

图 6.13　收割离合器手柄

1—收割离合器手柄；*A*—[离]；*B*—[合]

(6)脱粒离合器手柄。这是使脱粒部动作的手柄，如图 6.14 所示。

[合]——脱粒部动作。[离]——脱粒部停止。

(7)收割变速手柄。这是改变割台速度的手柄。根据作物和作业的状态，可进行[高](高速)和[低](低速)2 挡变速，如图 6.15 所示。

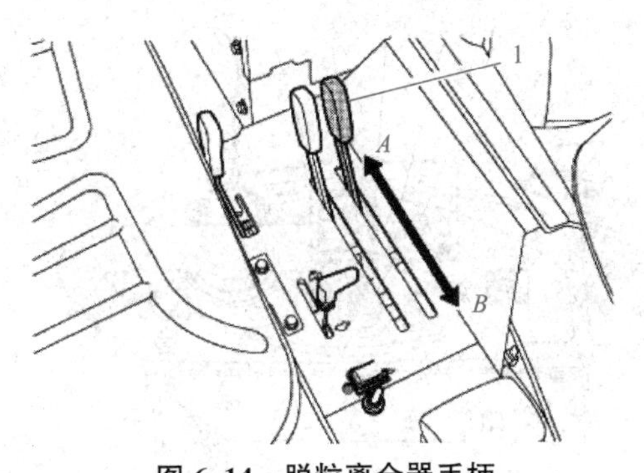

图 6.14　脱粒离合器手柄

1—脱粒离合器手柄；A—[离]；B—[合]

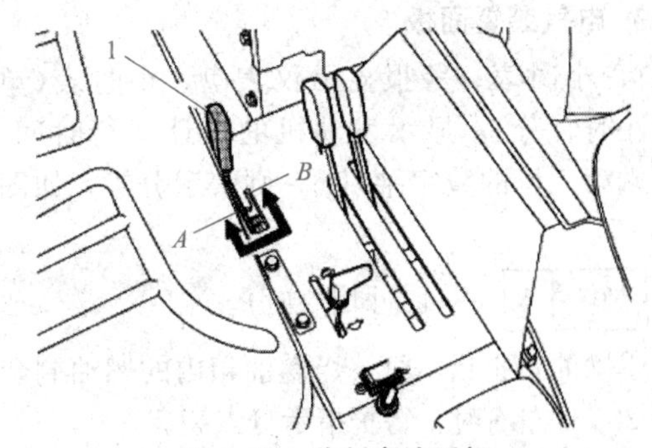

图 6.15　收割变速手柄

1—收割变速手柄；A—[高](高速)；B—[低](低速)

(8)振动筛筛选板调节手柄 1。调节振动筛上的筛选板间隙(开度)的手柄，如图 6.16 所示。

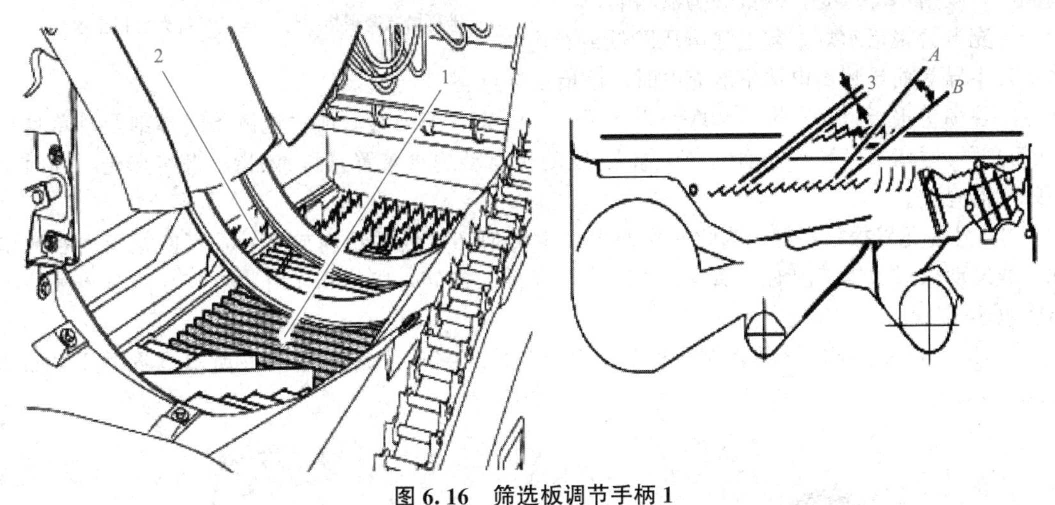

图 6.16　筛选板调节手柄 1

1—筛选板；2—振动筛；3—间隙(开度)；A—开(全开)；B—关(全关)

(9)振动筛筛选板调节手柄 2。拆下脱粒部左侧盖和脱粒部左侧清扫口盖板，即可看见筛选板调节手柄。利用筛选板调节手柄，可对筛选板的间隙(开度)进行 5 挡调节，如图 6.17 所示。

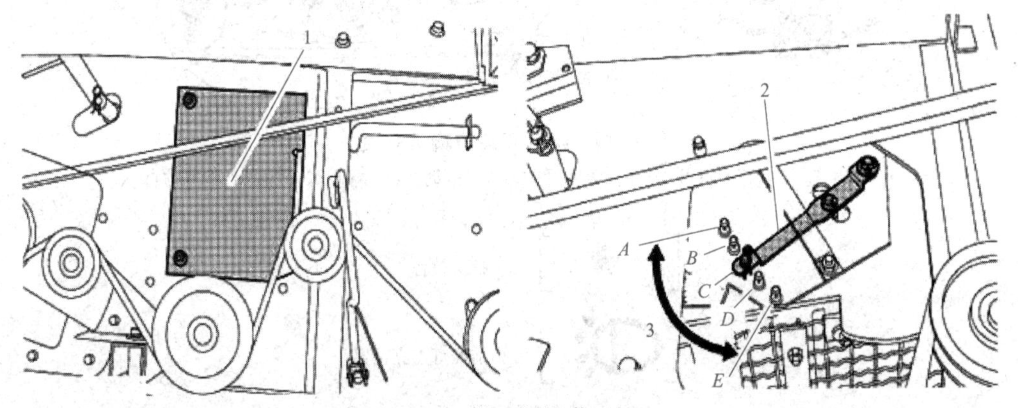

图 6.17　筛选板调节手柄 2

1—清扫口盖板；2—筛选板调节手柄；3—调节；

A—第 1 挡(关)；B—第 2 挡；C—第 3 挡(出厂设定)；D—第 4 挡；E—第 5 挡(开)

3. 电气装置面板

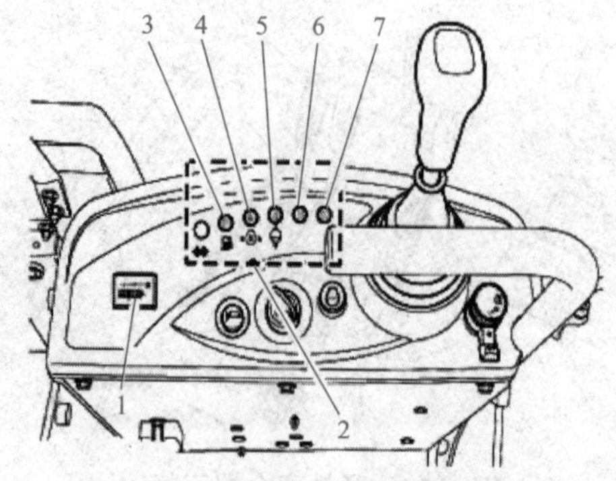

图 6.18　小时表、警报显示仪表盘

1—小时表；2—警报显示仪表盘；3—燃油警报指示灯；4—油压警报指示灯；5—水温警报指示灯；6—谷满警报指示灯、排草堵塞警报指示灯；7—2 号搅龙警报指示灯

(1)小时表、警报显示仪表盘。小时表(单位：小时、分)，显示发动机的累计运行时间。将右端第 5 位的数字乘以 6，则表示分钟，如图 6.18 所示。

0012	4

——12 小时 24 分。

①燃油警报指示灯。当燃油箱内的燃油剩余量在 2.5 L 左右时，警报指示灯点亮。

②油压警报指示灯。发动机机油的压力异常下降时，该指示灯点亮。

③水温警报指示灯。发动机冷却水的温度为高温时，该指示灯点亮，警报蜂鸣器鸣响。

④充电警报指示灯。蓄电池电压降低或充电系统发生异常而导致蓄电池不能充电时，该指示灯点亮。

⑤谷满警报指示灯、排草堵塞警报指示灯。因集谷箱内谷满或输送链条终端部及排草处理(切刀)部发生堵塞而导致发动机自动熄火(发动机自动熄火装置)时，该指示灯将点亮，同时警报蜂鸣器鸣响。

⑥2 号搅龙警报指示灯。当收割作业中发生类似 2 号处理箱内或 2 号垂直搅龙箱内谷粒堵塞，或发动机过载等情况时，如果 2 号垂直搅龙停止旋转，则该指示灯将点亮，同时警报蜂鸣器将鸣响。

(2)组合开关、喇叭开关。收获机上的组合开关与喇叭开关如图 6.19 所示。照明开关如图 6.20 所示。

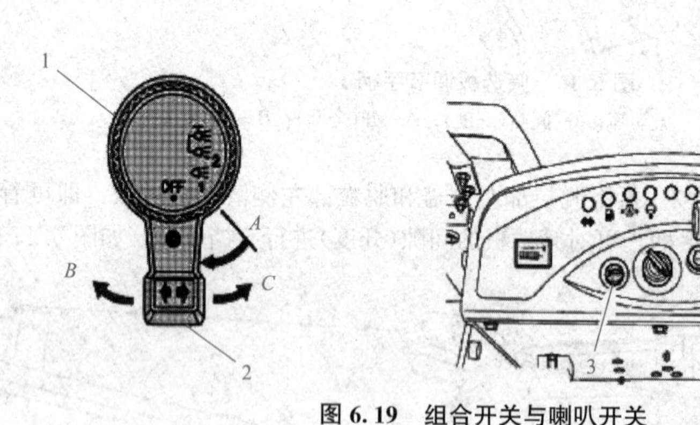

图 6.19　组合开关与喇叭开关

1—照明开关；2—转向灯开关；3—喇叭开关；*A*—扳动；*B*—右侧灯闪烁；*C*—左侧灯闪烁

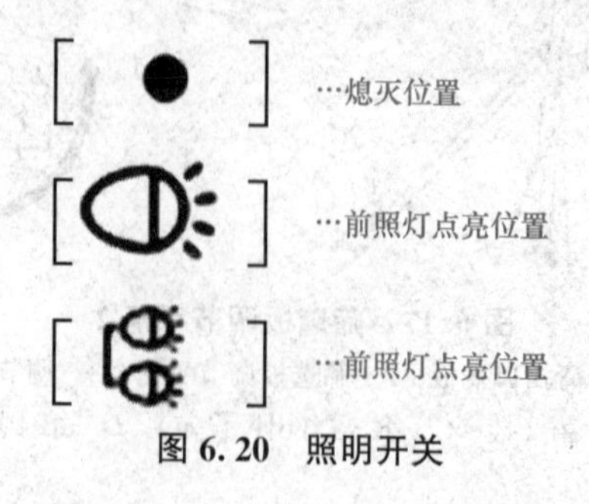

图 6.20　照明开关

4. 自动控制装置

(1)脱粒深浅自动控制装置。脱粒深浅自动控制装置是根据作物的长度，自动保持适当脱粒深度的装置。

(2)脱粒深浅自动切换开关是对脱粒深浅自动控制进行开/关切换的开关，如图 6.21 所示。

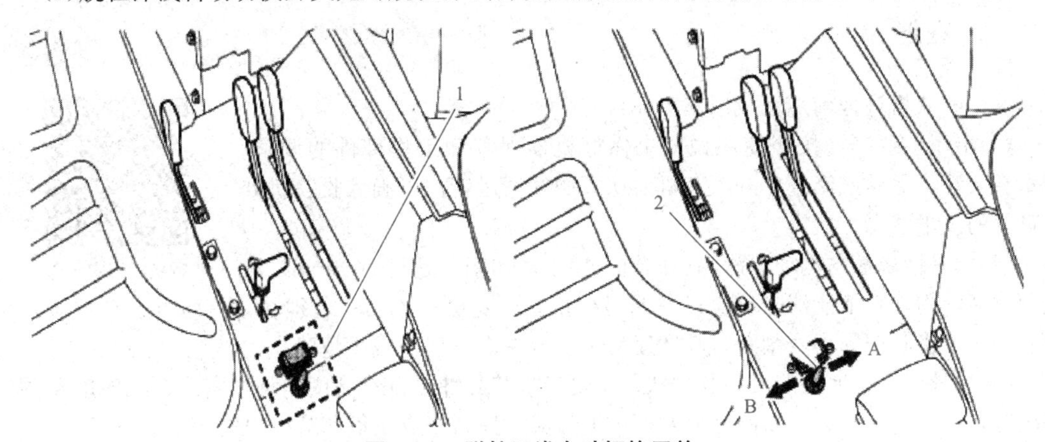

图 6.21　脱粒深浅自动切换开关

1—脱粒深浅自动控制装置；2—脱粒深浅自动切换开关；

A—开；*B*—关

脱粒深浅自动控制[开]——脱粒深浅自动控制启动。

脱粒深浅自动控制[关]——脱粒深浅自动控制被解除。

(3)脱粒深浅手动控制装置。手动进行脱粒深浅控制时，请将脱粒深浅自动切换开关置为[关]，如图 6.22 所示。

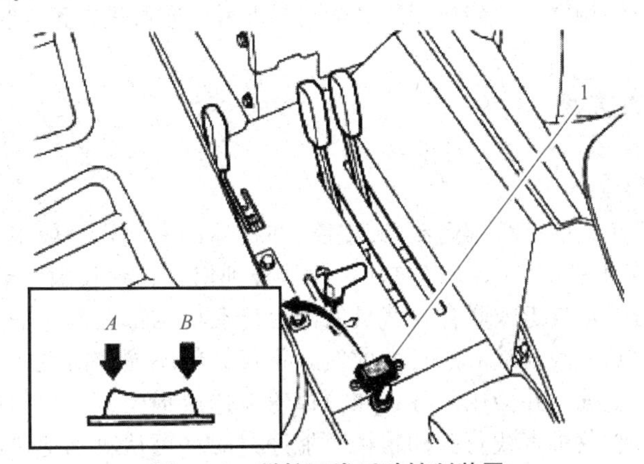

图 6.22　脱粒深浅手动控制装置

1—脱粒深浅手动开关；*A*—[浅](浅脱粒)；*B*—[深](深脱粒)

任务实施

[任务要求]

一家农机有限公司农忙前接受一项维修任务。用户自述，收获机在试运转时，出现了收割操纵手柄和脱粒操纵手柄等不能正常转换，其前进/后退的操纵手柄不能够操纵，经检查判断，是收割变速手柄出了故障。用户要求对这台收获机操纵机构进行检测并维修，如要对收获机操纵机构进行检测并维修，就必须熟悉收获机操纵机构的基本构造，并熟悉其调整方法。

[实施步骤]

一、进地

联合收获机进地前应完成以下工作：

收割机模拟农场作业

(1)出车前要严格按照使用说明书做好机器保养和工作部件的调整。经重新安装、保养或修理后的收获机要认真做好试运转，以确保收获机处于良好的技术状态。

(2)填平地块横向沟埂、深沟、凹坑，使平地洼陷不超过200 mm；清除田间障碍物，若不能清除，应设立明显标记，以免碰坏割刀；若地块中有水井、深坑等，必须事先人工将其四周小麦割净，其宽度为1.5 m左右，以免发生危险。

(3)查看待作业地块的大小和形状、小麦产量和品种、自然高度、种植密度、成熟度及倒伏情况等，做到心中有数，以便充分发挥机械效能、提高作业质量和减少损失。

当联合收获机到进地前几米的距离时，在发动机低转速下平稳地结合工作部件的离合器，使工作部件转动起来，扳动液压操纵阀手柄，用行走无级调速器调整前进速度，避免更换挡位，并把收割台降到要求的割茬高度，然后逐渐加大油门，使发动机在额定(最大油门)转速下进地收割。

进地收割50～100 m后，应停车检查联合收获机的作业质量，检查脱净率、稿草中夹带籽粒和断穗的多少、清选室后的清选损失、收割台的丢穗、漏割和冲击落粒情况、粮箱中籽粒的破碎率和清洁程度等，并进行针对调整。再运行50～100 m后，在正常机速运行的区段内再次检查作业质量并做相应的调整，直到作业质量达到要求后，方可进入正常收割。

二、作业路线的选择

1. 入地和回转方向选择

由于自走式联合收获机的卸粮推运器(卸粮筒)在机器的左侧，一般采用顺时针回转法收割(从收割地块的左边开始收割，到地头向右转弯，从外到里，直到收割完毕)，这样，机器空行程少，且便于卸粮。另外，自走式联合收获机的割台传动机构都在割台的左侧，这也要求收获机从地块的左边入地收割。假若从右边开始收割，不仅卸粮不便，而且在左侧的割台传动机构就会缠绕和拖挂麦秆、麦穗，并会压倒谷场和拉掉麦粒造成损失。当收割地块的四周有树木或电线杆等障碍物，联合收获机直线行驶卸粮筒不能通过时，可从收割地块的右边入地收割，到地头向左转弯，用逆时针回转法收割。

当第一圈收割未转出一圈粮箱就已满的情况下，可使收获机倒退一段距离，再朝前走并向右边未割地插入一刀，在卸粮筒的一边为运粮车留出接粮的位置，待卸完粮运输车退出后，收获机前行，在收割中拐向地边的第一个割幅。注意：这样卸粮时，机后会排出一个草堆(尤其是作物成熟度低或潮湿时)，下一圈收割到此草堆时，应尽量避开，以免将稿草推运上割台，造成割台搅龙或脱粒滚筒的堵塞。收到最后一两圈在地头转弯时，可适当倒车帮助转过小弯，以免压倒未割谷物或漏割。

2. 开割道

正确地开割道是减少收割损失、提高生产效率的关键。由于地块的大小不同、形状各异，所以开割道的方法也各有不同。

一个熟练的驾驶员应该掌握好正确开道的方法，以便使机器在工作中可走最少的空行程。开割道的方法是从地的一角开始，自走式联合收获机和卸粮台在左侧的悬挂式联合收获机从左角开始，如图 6.23 所示。沿着地的左侧割出一刀，割到地头后倒退十几米，然后斜着割出第二刀、第三刀。这样，机器就可以转弯。用同样的方法开出横向的割道。把地块四周的割道开好后，机器就可以顺利地进行工作了。

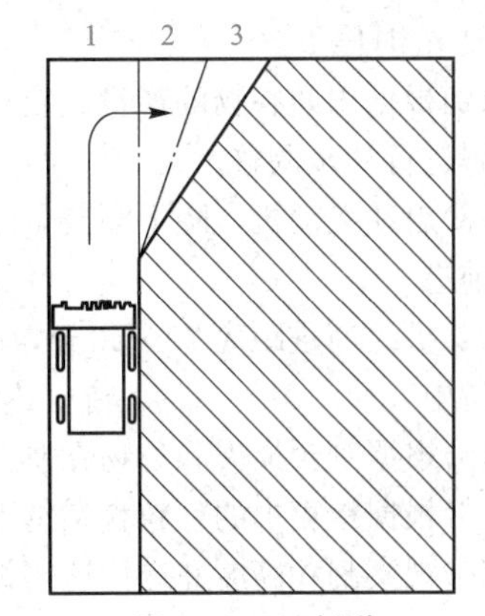

图 6.23　开割道

3. 行走路线

在进行收割作业时，卸粮筒和卸粮台在机器左侧的联合收获机，一般情况下是沿麦田的左侧入地收割，收割过程中便于运粮车接粮或便于把粮袋卸在已割区。为了适应不同型号联合收获机不同的结构特点，收获机的收割行走路线可以有不同的形式，最常用的有四边收割法和纵向两边收割法两种。

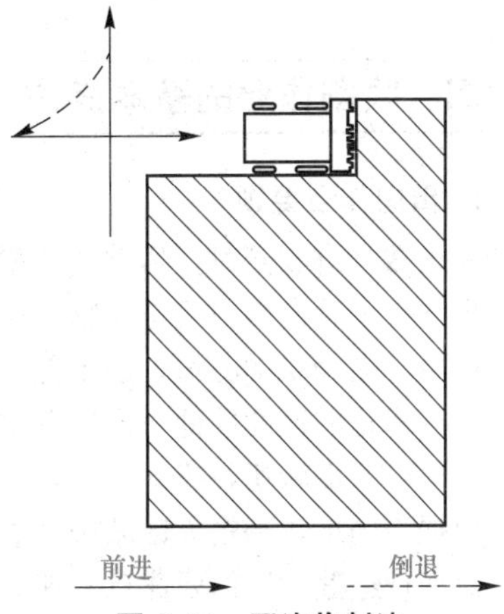

图 6.24　四边收割法

(1)四边收割法。四边收割法如图 6.24 所示。对于比较宽大的地块，开出割道后，可以采取四边收割的方法。当一刀收割到头后，升起割台，前进几米后，边倒车边向左打转向盘，使机器调转 90°。当割台刚好对正割区后停车时，挂上前进挡，放下割台，再继续收割，到剩留地块较小的时候，改为两边收割。对于较方正的大地块，用这样的方法收割效率高。

(2)纵向两边收割法。

纵向两边收割法如图 6.25 所示。

这是一种常用的方法，对于地块长而宽度不大的地块，采取纵向两边收割法较好。先将地的两头开出两刀宽的割道，以后沿长度方向割到地头后，不用倒车，右转弯绕到割区另一边进行收割。用这种方法作业，机组虽然走了横向空行程，但不用倒车。因而，对于狭长的地块，这样收割能发挥最高的效率。

在实际使用中，有时在同一地块上，联合采用两种收割法能发挥最高效率。因此，驾驶员要善于总结，提高操作水平，根据地块的大小和形状，拟订出切合实际的高效的作业行走路线。

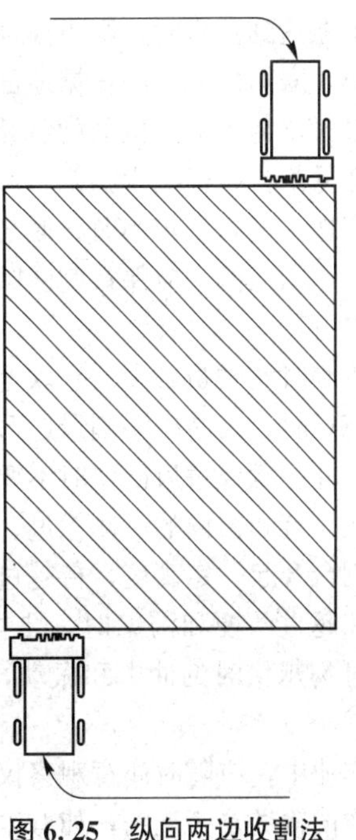
图 6.25　纵向两边收割法

三、收获机的试割

New Holland
收获机田间作业

收获机作业前必须试割，目的是对调整后的机器的技术状态进行全面检查，并根据结果进行再调整。试割的步骤如下：

(1)机组进入地头空地后，应使割台在距前方谷物

0.5～1 m时停下。

(2)根据田间谷物的产量、自然高度、倒伏情况、谷物湿度等情况，对割台、脱粒装置和清选装置进行初步调整。

(3)启动发动机，降下割台，结合动力，加大油门，使机器达到额定转速后，放松离合器使机组前进。

(4)机组前进距离20～50 m，踏下行走离合器，脱开变速挡，使机组停止前进，但此时应继续保持中大油门10～30 s，待机内部谷物处理完毕后，脱开动力输出，停机熄火。

(5)根据割台损失和谷物在割台上的输送情况，适当调整拨禾轮高度和前后位置。

(6)根据粮箱中的籽粒含杂情况和排杂口的籽粒损失情况，适当调整风量的大小。

(7)观察割茬高度并进行适当调整。

(8)观察各部件运转情况，看有无异常。

按上述步骤进行调整后再进行试割，直到符合要求为止。

四、收割作业的基本操作

1. 田间作业要领

在正常行进收割时，驾驶员应根据作物高度、倒伏情况通过操纵手柄调整拨禾轮的高度。

根据拨禾轮向割刀拨送作物的效果和机车行驶速度的变化，调整拨禾轮的转速，要想增大拨禾作用和提高扶倒能力，拨禾轮转速应适当提高，但不能出现茎秆回弹现象。机器前进速度低时，拨禾轮的速度要低；机器前进速度高，拨禾轮的转速也要随之提高。操纵液压手柄或电气按钮即可改变转速，拨禾轮的转速必须在运转时进行调节。

根据不同地块和较大区域中作物生长的稀密度、产量高低、青杂草多少、成熟度和干湿度及时改变行进速度，但要注意不能以加减油门的方法来变速，也不可频繁地操纵无级变速来改变行进速度。因为若以减油门来降速，会使工作部件的工作速度达不到设计最佳值而影响作业质量，且容易堵塞滚筒，应将液压操纵阀手柄拨到减速位置，使机器行驶速度降低，当用操纵阀还不能达到要求时，则更换低挡，并调节无级变速；若频繁变动无级调速，会使变速处的V带过热，磨损加剧。应根据地面情况、作物长势和割茬的要求高度，调整收割台的高度，当杂草太多时，为了减小机器的负载，在不漏割的情况下适当提高割台高度；收倒伏的作物时，应尽量降低割台，以减少漏割。

当地头准备区较小时，联合收获机可以低速转弯同时收割，不能漏割，也不能转弯过急，以免将作物压倒，应保持割区圆角。在一个地块的最后2～3圈收割时，采用“梨”形或“8”字形转弯空行。

收割时驾驶员必须注意联合收获机作业的前方是否有障碍物，如有电线杆、树木等高障碍物要绕行时，为减少漏割量，可先割到接近障碍物处，再退回绕行收割。绕行收割时，要避免碰撞，并注意绕过后回位时不要扫住机尾。对于卸粮筒不能液压自动收回的联合收获机，绕行时要从没有卸粮筒的一侧擦过。越过凸起障碍物时，则应事先减慢行驶速度，在接近障碍物时，将收割台升起一定高度，待越过障碍物后，再把收割台降下。

在越过凸埂和沟渠时，要把住转向盘，最好不要在此时调整方向，若此时转动转向盘，加上过沟越坎时的冲击和振动，会使割台产生较大的摆动，不仅对机件不利，还可能会造成漏割。

作业中，应随时注意观察仪表和注意声光信号，观察收割台各工作部件的运转情况和被割下作物的输送是否流畅，如有堆积现象，可踏离合踏板暂停前进，待堆积现象消除后，再继续前进收割；还应仔细倾听各工作部件的声音，当听到安全离合器的打滑声、故障信号的鸣叫声和其他异常声音时，应立即停车检查，找出原因，排除故障。除注意声光信号的故障报警外，驾驶人员还要不时地注意传输件和回转件是否正常运转，观看机后是否正常吐草，注视粮箱中的上粮口是否正常出粮，看到异常情况，立即停车排除故障。

2. 卸粮作业要领

当粮箱接近满箱时，应及时给运输车发信号，准备卸粮。行走卸粮作业时，联合收获机要保持直线行驶并且将前进速度减慢，待运输车走到合适位置，与联合收获机并排并以相同速度行驶时，联合收获机和运输车互通信号后，即可结合联合收获机卸粮离合器，进行卸粮。卸完后，先分离卸粮离合器，等卸粮搅龙停止转动后，再给运输车发送卸完的信号，等运输车驶离联合收获机后，联合收获机恢复原行驶速度进行收割。

运输车在进入卸粮的预定位置时，运输车司机应注意不要碰到联合收获机的割台和卸粮搅龙。卸粮过程中，司机应注意运输车与联合收获机的前后左右的相对位置，并保持同速，避免粮食抛撒到车厢以外。粮箱卸完粮以后，不要忘记分离卸粮离合器。

停车卸粮时，停车，分离行走离合器，工作部件再正常运转 20～30 s，待机器内部的谷物处理完毕后，减小发动机油门。在运粮车进入合适位置后，结合卸粮离合器，随着增大油门至中高速度，卸完后，减小油门，分离卸粮离合器，给运粮车发信号开走，联合收获机再起步收割。

某些小型联合收获机可在收割中将粮食直接装袋，这类机器上有一卸粮台，需两人站在卸粮台上轮番夹袋、摘袋、扎袋，装满扎好后由卸粮台上推放到地上。出粮处有两个接粮口，由活门或插板控制两个接粮口交替出粮。通常接满一袋粮不超过 60 s。在收获作业中，接粮扎袋和卸粮应按生产节拍连续进行，严禁因装袋滞后导致暂储箱或接斗盛满堵住卸粮出口，引起籽粒输送系统堵塞。田间转移和远距离运行时应折起卸粮台板，以防与其他物体相干涉或伤人。

五、特殊条件下收获作业的操作

1. 干、湿作物收获及夜间收割的相应措施

联合收获机作业时，机组人员应根据作物生长情况和气候的变化，来调整联合收获机的作业技法和主要工作机构，如改变作业速度，改变收割幅宽，调整拨禾轮的位置和转速、滚筒与凹板的间隙、风扇的进风量和出风方向、筛子的倾角和筛孔开度的大小等。

(1)湿作物的收割。收割低洼潮湿田块的潮湿作物时应减小脱粒间隙，适当提高滚筒转速，清选筛的筛孔适当放大，风扇的风量要调大。而且，机器应有合适的作业速度，使作物借助惯性推上割台，若作业速度小，谷物在割台上的流动性差，容易堆积造成堵塞。为了减小喂入量，可适当减小收获机的实际割幅(一段刀空割)，这样机组保持一定速度，既保证作物有较好的流动性，机器又不会超负载。在雨季，要利用有利时间(如阳光充足、有风的时候)进行收割。对于青湿多草的作物，可采用两阶段联合收获法，即先用割晒机割倒，将作物成条地铺放到割茬上，经 3～5 d 的晾晒后，再用装有拾禾器的联合收获机进行拾禾、脱粒和清选。

(2)夜间收割。一般情况下，联合收获机都可工作到晚上 11 点左右。在无露水和有风的夜晚，可整夜收割，这样可提高机器的利用率，尤其在谷物完全成熟的情况下，可加速收割工作。

为了夜间收割顺利进行，必须在白天做好准备。

①天黑前，机组人员必须对收获机进行全面检查，该调整的调整，该紧固的紧固，并对关键部位进行保养。

②夜间作业要配备技术水平高的操作人员，白天要充分休息，并对田块进行充分了解，看

好地头地界、障碍物的状况与位置。

③夜间作业最好选择地块大、作物生长状态好、成熟度一致、杂草少、地表平坦、沟坎少、无障碍物的地块进行收割。

④要保证照明系统和用具完好，并备手电筒。

⑤天黑前最好把夜晚要收割的地头和割道开好。

⑥与卸粮车的驾驶员拟订好晚上卸粮要用的声光信号。

(3)过干作物的收割。到收获的中后期，一些谷物的成熟度到了过熟期，易断穗掉粒，秸秆干脆。收获时，为了减小落粒损失，拨禾轮的转速不能过高。为减少籽粒和茎秆的破碎，脱粒滚筒的转速要降低，凹板间隙要放大，收获机以较高的前进速度进行满割幅收割。每块地的收割剩到最后一圈时，来回行程中的实际割幅最好均分所剩的地，不要留下很窄的一条地块最后收割。假若收割很小的一条地块，经过凹板间隙的作物很少，形不成搓擦和撕拉作用，谷物会整穗地被抛出，造成脱不净，增加损失。

2. 高产或低产谷物的收割技法

(1)高产谷物的收获。当收获密度大、产量高的谷物时，要特别注意联合收获机的脱粒能力，应该将凹板间隙、筛子振幅和风扇风量调大一些。若调整后不能保证正常和无损失地工作，则必须降低前进速度或减小割幅以减小喂入量。在进行秸秆处理和不影响下茬耕种，以及不漏割的情况下，可适当留高一些的割茬，以减小联合收获机的喂入量，提高生产率。

(2)低产谷物的收获。

产量低的谷物一般生长密度小，植株矮，收割时割茬要低，机器前进速度稍快，同时增大拨禾轮的转速，放低拨禾轮的位置。低割茬快速收割时，要特别注意收割台的高低控制，以防止割台撞地而损坏割刀。

对于谷草比小的谷物(秸秆茂密而籽粒瘪瘦不饱满的谷物)，收获时与上述情况正好相反，即需要提高割茬，减慢前进速度，并做相应工作部件的调整。否则，稿草中和颖壳中可能会出现较多的夹带籽粒，造成损失。

3. 倒伏作物的收割

当收割倒伏的作物时，最重要的是根据倒伏作物的方向，正确地选择收割方向。当作物倒伏不严重和地面平坦时，逆向、顺向和侧向收割均可以；但当谷物严重倒伏时，联合收获机只能从作物倒伏的逆向和侧向收割，不能顺向收割，否则顺倒的谷物绝大多数上不了割台，造成漏割。

收割倒伏谷物时，还要特别注意收割台的调整，应把割台降低，拨禾轮相对于割刀应下调并前移，搂齿前倾。搂齿上装有压板的拨禾轮，要把压板拆掉，以免下压作物。

六、收割作业的质量检查

1. 质量检查的准备

(1)工具。用 8 号铁丝制作一个 2 m×0.25 m 的长方形检查框，并配备必要的用具，如尺、秤、检查框、垫布等。

(2)田间调查。

在未割地段进行田间调查，通过调查确定以下主要指标。

①确定谷草比 k。

$$k=\frac{m_{谷}}{m_{茎}}$$

式中　$m_{谷}$——取样籽粒质量(g)；

$m_{茎}$——取样中除籽粒以外的物料(含杂草)质量(g)。

注意：取样的留茬高度应与规定割茬高度相同。

②预测质量。割 1 m^2 作物，搓下籽粒，测其质量，再选取整个检测点，分别测出质量，取其平均值，即为每平方米的籽粒质量，进一步能大概算出单位面积产量。

③检查自然损失。将检查框轻轻平放在未割地面上，捡起框内的落粒、落穗，并将落穗搓成籽粒，称其质量，再选取整个检测点分别求出质量，取平均值即为每平方米的自然损失。

(3)选择检查点。选择的检查点应有代表性，10 hm^2(1 hm^2＝15 亩)以上的地块，检查点不得少于 5 个。小型地块选点可适当减少。

2. 质量检查内容与方法

(1)检查割茬高度。实测不同割幅内的割茬高度，取平均值(同一割幅内也应取左、中、右三点的平均值)。

(2)检查割台损失。按检测点实测作业幅宽，从割幅的一端放置检查框，捡出框内籽粒与谷穗，算出其每平方米籽粒总质量再减去自然损失，即为每平方米割台损失($m_{割}$)。实测几个检测点，取其平均值，算出割台损失率($S_{割}$)：

$$S_{割}=(m_{割}/m_{籽})\times100\%$$

(3)检查脱粒清选损失。作业中用垫布接取收获机尾部 1 m 长度上的全部排出物，清理捡出颖壳、茎秆中的夹带籽粒与未脱净籽粒，分别求出其质量，除以割幅面积，再与 $m_{籽}$ 相比算出清选损失率($S_{清}$)与未脱净损失率($S_{未}$)。

(4)计算收获总损失率($S_{总}$)：

$$S_{总}=S_{割}+S_{清}+S_{未}$$

(5)检查脱粒质量。

1)抽取小样。在不同时间和地段，从粮箱随机取样 5～10 个(每次取样要混合均匀)，每个小样的质量约 100 g。

2)处理小样。从小样中分出破碎籽粒、包壳籽粒(小麦取下颖壳及穗梗，水稻摘下枝梗)、水稻脱壳籽粒、完整籽粒，分别称其质量，得 $m_{破}$、$m_{包}$、$m_{壳}$、$m_{整}$。小样的全部籽粒质量($m_{籽}$)为

$$m_{籽}=m_{破}+m_{包}+m_{壳}+m_{整}$$

3)算出小样中杂质质量($m_{杂}$)。

$$m_{杂}=m_{总}-m_{籽}$$

式中　$m_{总}$——小样总质量(g)。

4)计算脱粒质量指标

①破碎率：$z_{破}=(m_{破}/m_{籽})\times100\%$

②包壳率：$z_{包}=(m_{包}/m_{籽})\times100\%$

③谷物脱壳率：$z_{脱}=(m_{壳}/m_{籽})\times100\%$

④含杂率：$z_{杂}=(m_{杂}/m_{总})\times100\%$

(6)检查其他收割质量。

1)目测全部地块有无漏割。

2)检查渠埂边有无操作不当造成的损失。

3)检查转弯处有无被压倒的作物。

4)检查有无因卸粮造成的抛撒损失。

七、作业质量验收

1. 作业质量要求

(1)割茬高度。联合收获机的割茬高度一般为 150～200 mm，有特殊要求时最高不超过 400 mm。

(2)收获作业粮食总损失率应小于 2.5%。

(3)破碎率小于 2.5%。

(4)包壳率(水稻带柄率)小于 1.5%。

(5)水稻籽粒脱壳率小于 4%。

(6)含杂率小于 5%。

2. 作业质量验收记录

根据作业中的各项检测结果填写作业质量检查登记表，由农户和机组人员共同综合评定作业质量，各方在收获作业质量检查表上签字验收。收割作业质量检查表见表 6.1。

表 6.1 收割作业质量检查表(参考)

<table>
<tr><td colspan="2">收获机组型号</td><td colspan="3"></td><td colspan="4">地　号</td><td colspan="4"></td></tr>
<tr><td colspan="2">收获机组长</td><td colspan="3">收割日期</td><td colspan="4"></td><td colspan="4"></td></tr>
<tr><td colspan="2">收割单位</td><td colspan="3"></td><td colspan="4">收割面积</td><td colspan="4"></td></tr>
<tr><td colspan="2">样点序号</td><td>单位</td><td>1</td><td>2</td><td>3</td><td>4</td><td>5</td><td>6</td><td>7</td><td>8</td><td>合计</td><td>平均</td></tr>
<tr><td rowspan="4">田间调查</td><td>预测单位面积产量</td><td>kg/m²</td><td></td><td></td><td></td><td></td><td></td><td></td><td></td><td></td><td></td><td></td></tr>
<tr><td>草谷比</td><td>%</td><td></td><td></td><td></td><td></td><td></td><td></td><td></td><td></td><td></td><td></td></tr>
<tr><td>每平方米粮食质量</td><td>g/m²</td><td></td><td></td><td></td><td></td><td></td><td></td><td></td><td></td><td></td><td></td></tr>
<tr><td>每平方米自然损失</td><td>g/m²</td><td></td><td></td><td></td><td></td><td></td><td></td><td></td><td></td><td></td><td></td></tr>
<tr><td rowspan="8">收割损失</td><td>割台损失</td><td>g/m²</td><td></td><td></td><td></td><td></td><td></td><td></td><td></td><td></td><td></td><td></td></tr>
<tr><td>割台损失率</td><td>%</td><td></td><td></td><td></td><td></td><td></td><td></td><td></td><td></td><td></td><td></td></tr>
<tr><td>实际工作幅宽</td><td>m</td><td></td><td></td><td></td><td></td><td></td><td></td><td></td><td></td><td></td><td></td></tr>
<tr><td>茎秆夹杂籽粒质量</td><td>g</td><td></td><td></td><td></td><td></td><td></td><td></td><td></td><td></td><td></td><td></td></tr>
<tr><td>清选损失率</td><td>%</td><td></td><td></td><td></td><td></td><td></td><td></td><td></td><td></td><td></td><td></td></tr>
<tr><td>未脱净质量</td><td>g</td><td></td><td></td><td></td><td></td><td></td><td></td><td></td><td></td><td></td><td></td></tr>
<tr><td>未脱净损失率</td><td>%</td><td></td><td></td><td></td><td></td><td></td><td></td><td></td><td></td><td></td><td></td></tr>
<tr><td>总损失率</td><td>%</td><td></td><td></td><td></td><td></td><td></td><td></td><td></td><td></td><td></td><td></td></tr>
<tr><td rowspan="4">脱粒质量</td><td>破碎率</td><td>%</td><td></td><td></td><td></td><td></td><td></td><td></td><td></td><td></td><td></td><td></td></tr>
<tr><td>包壳率</td><td>%</td><td></td><td></td><td></td><td></td><td></td><td></td><td></td><td></td><td></td><td></td></tr>
<tr><td>脱壳率(水稻)</td><td>%</td><td></td><td></td><td></td><td></td><td></td><td></td><td></td><td></td><td></td><td></td></tr>
<tr><td>含杂率</td><td>%</td><td></td><td></td><td></td><td></td><td></td><td></td><td></td><td></td><td></td><td></td></tr>
<tr><td colspan="2">割茬高度</td><td>mm</td><td></td><td></td><td></td><td></td><td></td><td></td><td></td><td></td><td></td><td></td></tr>
<tr><td colspan="3">其他质量说明</td><td colspan="10"></td></tr>
<tr><td colspan="3">用户(签字)：</td><td colspan="10">收获机组长(签字)：</td></tr>
</table>

拓展知识

蔬菜收获机械

蔬菜收获机械是收割、采摘或挖掘蔬菜的食用部分，并进行装运、清理、分级和包装等作业的机械。根据收获蔬菜部位的不同，可以分为根菜类收获机、果菜类收获机和叶菜类收获机等。根菜类收获机是收获胡萝卜、萝卜等根菜的机械，有挖掘式和联合作业式两种类型。果菜类收获机包括番茄、黄瓜、青椒等各种果菜的收获机。叶菜类主要有甘蓝、菠菜、芹菜、大白菜等。相对来说，此类蔬菜比较容易实现机械化收获。

1. 马铃薯挖掘机

马铃薯挖掘机是我国使用比较广泛的一种抖动链式马铃薯挖掘机，由限深轮、挖掘铲、抖动输送链、集条器、传动机构和行走轮等组成。与 29.4 kW 以上的拖拉机配套使用，适合在地势平坦、种植面积较大的沙壤土地上作业，如图 6.26 所示。

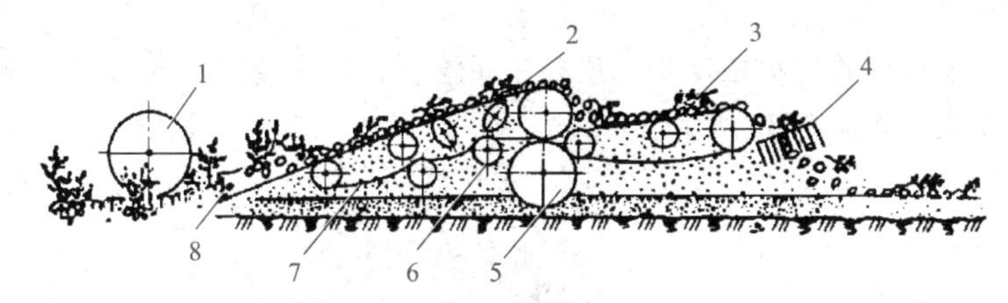

图 6.26　马铃薯挖掘机

1—限深轮；2—抖动轮；3—第二输送链；4—集条器；5—行走轮；6—托链轮；7—第一输送链；8—挖掘铲

2. 马铃薯联合收获机

马铃薯联合收获机一次作业可以完成挖掘、分离、初选和装箱等作业。其主要工作部件有挖掘铲、分离输送机构和清选台等，如图 6.27 所示。

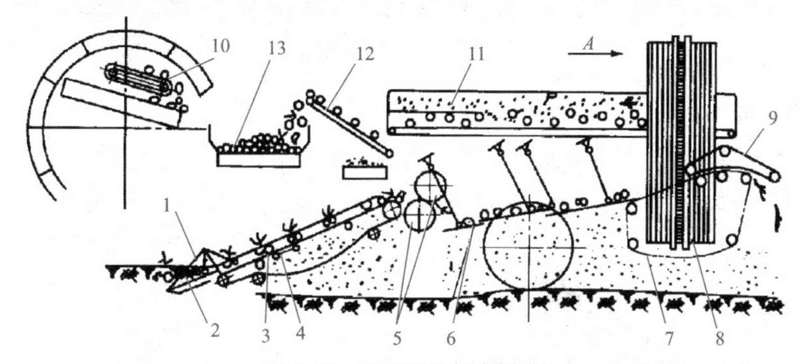

图 6.27　马铃薯联合收获机

1—侧刀盘；2—挖掘铲；3—主输送器；4—抖动器；5—土块压碎辊；6—摆动筛；7—茎叶分离器；8—滚筒筛；9—带式输送器；10—重力清选器；11—分选台；12—马铃薯升运器；13—薯箱

3. 胡萝卜收获机

用机械收获胡萝卜和萝卜等有两种方法：一种是将块根和茎叶从土壤内拔出，然后分离茎叶和土壤，按这种原理工作的机械称为拔取式收获机，如图 6.28 所示；另一种是在块根从土壤内被拔出之前，先切去块根的茎叶，然后把块根从土壤内挖出，并清除土壤和其他杂物，按这种方法工作的机械被称为挖掘式收获机。

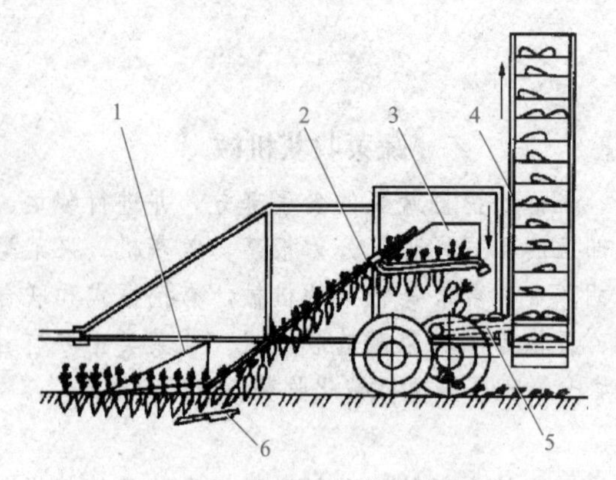

图 6.28　拔取式胡萝卜收获机

1—扶茎器；2—夹持拔取带；3—茎叶切除器；4—横向输送器；5—纵向输送器；6—挖掘铲

4. 甘蓝收获机

甘蓝收获机主要由回转式拔取装置、顶部压紧装置、切根装置、夹持链、杂质出口、甘蓝箱和输送装置等组成，如图 6.29 所示。

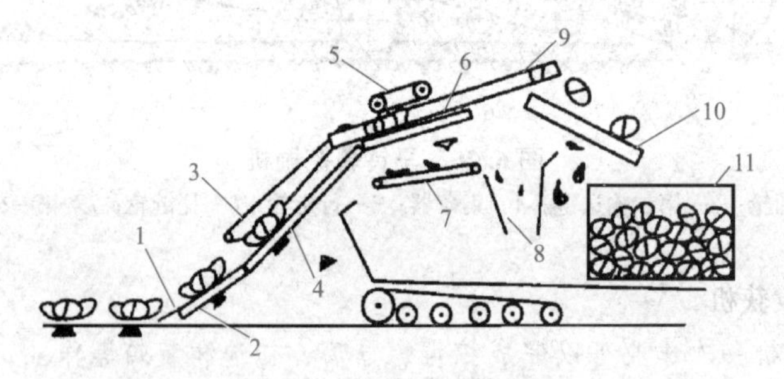

图 6.29　甘蓝联合收获机

1—拔取装置；2—输送装置；3—顶部压紧装置；4—切根器；5—压顶器；6—根部复切器；
7—杂质输送带；8—杂质出口；9—夹持链；10—斜板；11—甘蓝箱

5. 黄瓜收获机

黄瓜收获机根据所完成的收获工艺可以分为选择式收获机和一次性收获机两种类型。目前多采用一次性收获机进行作业，如图 6.30 所示。

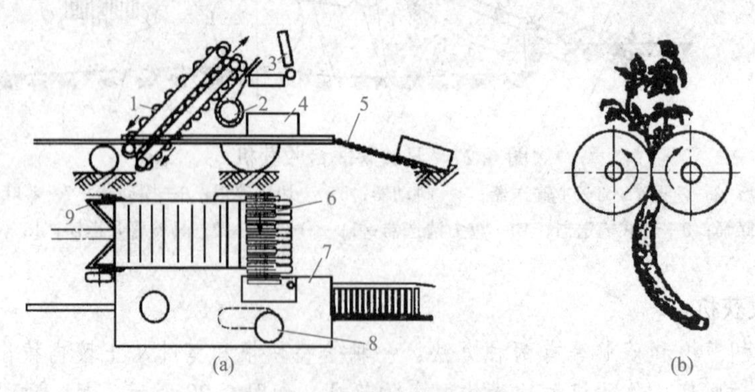

图 6.30　一次性黄瓜收获机

(a)整机工作示意；(b)摘果工作示意

1—波纹捡拾器；2—风扇；3—摘果辊轴；4—黄瓜收集箱；5—滚道；6—果实收集输送器；7—装箱台；8—座位；9—割刀

任务小结

1. 脱粒深浅自动控制装置是根据作物的长度，自动保持适当脱粒深度的装置。

2. 自走式联合收获机的卸粮推运器(卸粮筒)在机器的左侧，一般采用顺时针回转法收割，即从收割地块的左边开始收割，到地头向右转弯，从外到里，直到收割完毕。

3. 正确地开出割道是减少收割损失、提高生产效率的关键。由于地块的大小、形状各异，所以开割道的方法也各有不同。

4. 收获机作业前必须试割，目的是对调整后的机器的技术状态进行全面检查，并根据结果进行再调整。

5. 收获机粮箱卸完后，先分离卸粮离合器，等卸粮搅龙停止转动后，再给运输车发送卸完的信号，等运输车驶离联合收获机后，联合收获机恢复原行驶速度进行收割。

思考与练习

1. 简述联合收获机的试割步骤。
2. 收割作业质量检查的内容有哪些？
3. 简述湿作物收割的注意事项。
4. 简述夜间收割应做的准备工作。
5. 联合收获机操纵装置主要有哪些？各有什么功能？

任务 6.2 联合收获机的技术保养

学习目标

1. 熟悉联合收获机常规保养和日常保养的具体内容和工作过程。
2. 掌握收获机田间收割作业的基本技能，进行基本作业条件下的收割作业。

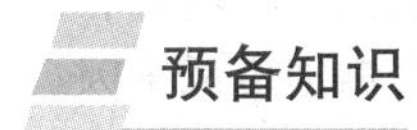

预备知识

知识点 1 柴油

1. 柴油的类型和规格

柴油分为轻柴油、重柴油、军用柴油和农用柴油等。

(1)轻柴油。轻柴油是 1 000 r/min 以上的高速柴油机的燃料。使用轻柴油的农业机械主要有拖拉机、联合收获机、农用柴油汽车、柴油发电机组、排灌用高速柴油机。

(2)重柴油。重柴油是1 000 r/min以下的中、低速柴油机的燃料。按凝点分为10号、20号、30号三个牌号，分别表示凝点不高于10 ℃、20 ℃、30 ℃。

2. 柴油的主要使用性能

柴油的使用性能主要有燃烧性能(着火性)、供给性能(低温流动性)、喷雾性能(雾化性和蒸发性)和腐蚀性。

(1)燃烧性能。柴油的燃烧性是指柴油喷入气缸后的自燃能力。评定柴油燃烧性能的主要质量指标是十六烷值。

十六烷值高的柴油易形成过氧化物，着火延迟期短，燃烧性能好，速燃期内压力升高率正常，启动性好，柴油发动机工作平稳；反之，燃烧性能不好，柴油发动机工作粗暴，积炭多，不易启动，气缸磨损增加。经试验，十六烷值从39升到56时，油耗增大7%～9%，排烟量增加12%～24%。

一般来说，1 000 r/min以上高速柴油机使用十六烷值为40～50的轻柴油，500～1 000 r/min的中速柴油机使用十六烷值为30～40的轻柴油，500 r/min以下低速柴油机油使用重柴油。

(2)供给和喷雾性能。供给和喷雾性能实际上是指柴油的低温流动性、雾化性和蒸发性，它们直接影响供油和喷雾状况，而决定这个性能的主要指标是柴油的黏度、浊点、凝点、冷滤点、馏程、闪点等。

1)黏度。表示柴油的流动难易程度和稀稠程度，它直接影响喷雾性能和燃烧性能。一般高速柴油机使用黏度较小的柴油，低速柴油机使用黏度较大的柴油。

2)浊点、凝点和冷滤点。浊点、凝点和冷滤点是反映柴油低温流动性能的指标。

①浊点。由于柴油中含有水分和石蜡，当温度降低时，水分和石蜡就会析出、结晶，使柴油出现浑浊现象，这一最初温度叫浊点。柴油在浊点时开始变成糊状，使柴油的流动和过滤困难。

②凝点。柴油出现浊点后继续降温，即开始凝固而失去流动性，这时的初始温度叫作凝固点。我国的轻柴油按凝点划分牌号。

③冷滤点。它是指在规定条件下，在1 960 Pa真空压力下进行抽吸，使试油通过过滤器1 min不足20 mL的最高温度。冷滤点与柴油实际使用的最低温度有良好的对应关系，即冷滤点可作为根据气温选用柴油的依据。

3)馏程。馏程是油品在规定条件下，蒸馏所得到的以初馏点和终馏点表示其蒸发特征的温度范围。馏分轻的柴油蒸发性好，启动性能好，燃烧完全。但馏分过轻，十六烷值过低，柴油机工作粗暴。馏分过重的柴油，十六烷值过高，蒸发慢，黏度也大，雾化不良，所以馏分要适当。轻柴油的馏程采用50%、90%、95%馏出温度来衡量。一般用300 ℃的馏出量来评定柴油的蒸发性。

4)闪点。闪点是评定油料的蒸发性和安全性的指标。油料在规定条件下加热蒸发，蒸气和空气的混合气遇明火发生短促闪燃的最低温度称为闪点。储运时，油料受热的最高温度应低于闪点20 ℃～30 ℃。一般冬季用柴油的闪点要求大于50 ℃，而夏季用柴油的闪点必须大于65 ℃。

5)水分和机械杂质。水分和机械杂质也是评定柴油供给性能的指标。柴油中的水分在0 ℃以下时容易结冰或生成小颗粒的冰晶，会冻结油管或堵塞过滤口，造成供油中断或供油不畅。同时，水分与柴油燃烧形成的硫化物生成硫酸，会腐蚀机器。此外，还会加剧燃油系统精密件的磨损或引起卡塞，导致供油压力降低，雾化性能变差或不能正常供油。在国家标准中，对油品生产所含的水分和机械杂质做了严格规定。

(3)腐蚀性。柴油中含有的硫分、酸、碱、水分、灰分和残炭等杂物，都对发动机的零件产生腐蚀作用，其中以硫分影响最大。使用硫分较多的柴油，不但会增大对发动机的腐蚀，而且由于含硫油料燃烧后生成硬质积炭，还会剧烈增加机械磨损。经试验，当含硫量超过1%时，磨损将剧烈增加，同时含硫的废气进入曲轴箱，会增加润滑油的沉淀和促使润滑油老化变质。

3. 轻柴油的选用

原则上要求柴油的凝点略低于当地的气温，以保证在最低气温时不致凝固。各号轻柴油适用的气温范围见表6.2。

表6.2 各号轻柴油适用的气温范围

轻柴油牌号	10号	0号	−10号	−20号	−35号	−50号
凝点不高于/℃	10	0	−10	−20	−35	−50
适用地区的最低气温/℃	15	5	−5	−15	−30	−45
风险率为10%的适用地区最低气温/℃	—	4	−5	−14～−5	−2～−14	−44～−29

不同牌号的轻柴油，可以调和使用改变其凝点。当缺乏低凝点轻柴油时，可以用凝点稍高的柴油掺入适量煤油使用，但柴油中不能加入汽油。如只能使用较高凝点的柴油时，可采用预热及加温等措施。

知识点2 润滑油

1. 内燃机润滑油

(1)内燃机油的分类。我国石油产品及润滑剂按国家标准规定，参照国际标准进行分类。内燃机油属L类(润滑剂和有关产品)中的E组。内燃机油按特性和使用场合分为汽油机油和柴油机油。

(2)内燃机油的牌号和规格。内燃机油的牌号和规格由质量等级和黏度等级两部分组成，质量等级用字母表示，黏度等级用数字表示。

1)汽油机油质量等级。汽油机油按质量等级分为SE、SF、SG、SH、GF-1、SJ、GF-2、SL、GF-3九个汽油机油品种。其中常用的有以下几种：SE用于轿车和某些货车的汽油机，具有防止高温氧化、低温锈蚀和高温沉积的能力；SF用于轿车和某些货车的汽油机，氧化稳定性较佳，同时改进了抗磨性；SG用于轿车、货车和轻型卡车的汽油机，可抑制发动机沉积、机油氧化，减少发动机磨损，减少低温油泥生成；SH用于轿车和轻型卡车的汽油机，防挥发性和过滤性更佳。

2)柴油机油质量等级。柴油机油按质量等级分为CC、CD、CF、CF-4、CH-4和CI-4六个柴油机油品种。其中常用的有以下几种：CC用于燃料质量较低，中及重荷载的柴油机，可防止低温或高温沉积，防止锈蚀和腐蚀；CD用于高硫燃料柴油机，可有效减少磨损和防止沉积物生成；CF可用于各种类型发动机，尤其是间接喷油柴油发动机。

3)内燃机油黏度分级。冬用机油按−18 ℃时的黏度分为0W、5W、10W、15W、20W、25W(W指低温黏度)，春季、夏季机油按100 ℃时的黏度分为20、30、40、50、60五个等级。对−18 ℃和100 ℃所测的黏度值只能满足其中之一者，称为单级油，同时能满足两温度下黏度要求的机油为多级油。如5W/20、10W/30、15W/30、20W/30等，分母表示100 ℃黏度等级，分子表示低温黏度等级。

(3)内燃机油的主要使用性能。内燃机油的主要使用性能指标有黏度、黏温性、黏度比、氧化安定性和腐蚀性等。

1)黏度。黏度表示润滑油黏稠程度，是评价润滑油流动性的指标。黏度大，流动性能差，润滑油不能及时进入润滑部位，往往形成半干摩擦和干摩擦。反之，油的黏度太小，润滑表面不易形成油膜或油膜易破坏，润滑不可靠，也将加剧机器的磨损和损坏。

2)黏温性。油品黏度随温度变化的特性称为黏温性。润滑油的黏度随温度变化的程度越小，则油品的黏温性越好。农业机械的工作环境温度变化较大，要求润滑油在工作条件下的黏度随温度变化的程度尽量小一些。

3)氧化安定性。氧化安定性表示润滑油抵抗氧化的能力。一般润滑油在常温下，氧化安定性很好，在高温下却迅速变差。在高温氧化和金属催化作用下，会生成大量的胶质和酸性物质，使润滑油品质恶化，在发动机各部位形成沉积物。

4)腐蚀性。腐蚀性指润滑油对金属的腐蚀能力。控制润滑油腐蚀性的指标有酸值、水溶性酸或碱及腐蚀度等。

5)水分和机械杂质。油品中的水分和机械杂质主要是在运输、储存和使用过程中混入的。油中含有水分，将使润滑油加速氧化或乳化变质(变白)，使油品中的添加剂失效。

(4)内燃机油的选用。

1)在保证液体润滑的条件下，尽量选用黏度小的润滑油，这样能减轻摩擦和磨损节油、冷却和清洁效果好。黏度等级的选择原则如下：

①发动机负载大、转速低(如大型推土机、起重机、挖掘机、履带式牵引车和船用内燃机)时，应选用黏度大的润滑油，反之应选用黏度小的润滑油。

②冬季寒冷地区，如东北、西北地区，应选用黏度小、低温流动性好的内燃机机油，最好选用多级油。多级油有良好的黏温性和低温流动性，既能满足高负载条件下的润滑，又能满足低温顺利启动的要求，还可以节约燃料、降低机油的消耗，而且多级油可以四季不换油。

2)油品质量等级的选用原则。

①根据发动机的机械负载和热负载，以及是否增压。机械负载和热负载大，以及增压发动机一般选用质量等级高的润滑油。

②根据使用条件。若发动机长期在负载大、道路条件差和气候恶劣的条件下工作，长期处于低温、低速状态下工作或长期处于高温、高速情况下工作，选润滑油时要提高一个质量等级。

③根据发动机情况。对于旧发动机，技术状况恶化，工作中机油循环系统耗油量大，没有必要使用质量等级过高的润滑油。

3)汽油机油的选用。汽油机油的选用主要考虑其黏度、当地气温及发动机磨损情况。气温高时，选用黏度大的润滑油；气温低时，选用黏度小的润滑油；磨损严重的发动机可选用黏度大的润滑油；新发动机应选用黏度小的润滑油；南方比北方选用的机油黏度要大；用于拖拉机比用于汽车的机油黏度要大；发动机转速低、轴承负载大比转速高、负荷小时机油黏度要大。此外，还应考虑发动机轴承合金的抗腐蚀性，如抗腐蚀性好的锡基巴氏合金轴承，可选用一般的车用机油，而抗腐蚀性差的铅轴承等，就应选用加有抗腐蚀添加剂的车用机油。

4)柴油机油的选用。柴油机油的选用原则与汽油机油的选用原则基本是一致的，所不同的是一般汽油机因负载较小，都用锡基巴氏合金轴承或铅基巴氏合金轴承；而高速柴油机由于负载较大、温度较高，常采用铅青铜或锡基合金等，这类合金耐高压和耐磨，但耐腐蚀性都较差。因此，高速柴油机要求使用腐蚀性较低的柴油机油，即要求柴油机油的酸值要小，加入的抗氧、抗腐蚀添加剂要多一些，添加量一般为0.3%。选用时要注意，一般情况下汽油机油与柴油机油不能换用。

2. 车辆齿轮油

(1)车辆齿轮油的分类、牌号和规格。

1)车辆齿轮油的分类。参照《润滑剂和有关产品(L类)的分类　第7部分：C组(齿轮)》(GB/T 7631.7—1995)，我国的车辆齿轮油分为普通车辆齿轮油(CLC)、中负荷车辆齿轮油(CLD)和重负荷车辆齿轮油(CLE)三种，分别相当于按API使用性能分类的GL-3级、GL-4级和GL-5级。

2)车辆齿轮油的牌号。参照SAE黏度分类法，我国的车辆齿轮油分为70W、75W、80W、85W、90、140和250七个牌号。

3)车辆齿轮油的规格。车辆齿轮油的规格包括API使用性能和SAE黏度级号两部分内容。

①普通车辆齿轮油(CLC)，适用中速和负荷比较苛刻的手动变速器和螺旋锥齿轮驱动桥，主要有80W/90、85W/90和90三个牌号。

②中负荷车辆齿轮油(CLD)，适用低速高转矩、高速低转矩下操作的各种齿轮，特别是客车和其他各种车辆的准双曲面齿轮。

③重负荷车辆齿轮油(CLE)，适用高速冲击负荷，高速低转矩和低速低转矩下操作的各种齿轮，特别是轿车和其他各种车辆的双曲面齿轮，主要有75W、85W/90、80W/90和85W/140及90五个牌号。

(2)车辆齿轮油的主要使用性能。齿轮油的主要性能包括极压抗磨性能、抗腐蚀性能和消泡性能等。

(3)车辆齿轮油的选用。应按车辆使用说明书的规定选择与该车型相适应的车辆齿轮油品种和牌号，也可以根据下列原则选择：

1)根据齿轮类型和工作条件的苛刻程度选择齿轮油的使用性能级别。

2)根据当地季节气温选择车辆齿轮油的黏度级别。

知识点3　润滑脂

1. 润滑脂的代号

润滑脂(俗称黄油)由润滑油(基础油)中加入稠化剂、稳定剂、添加剂等制成，按加入稠化剂(皂基)的不同分为钙基、钠基、钙钠基、锂基以及二硫化钼润滑脂等。润滑脂实际上是一种稠化了的润滑油，常温下是黏稠的半固体油膏。其中，一般润滑油占80%～85%，它的黏度决定了润滑脂的润滑性；稠化剂是动植物油(如钙皂、钠皂等)，它的作用是增加油的稠度。用水和甘油将润滑油和金属皂基稳定在一起，便成为钙基润滑脂、钠基润滑脂、钙钠基润滑脂等。稠化剂构成骨架，润滑油吸附在骨架的空隙里。

我国润滑脂的整体代号由三部分组成，L＋一组(5个)大写字母＋稠度等级代号。

例如L—XEGHB00，其中每项的含义如下：

L——润滑剂和有关产品的类别代号。

X——润滑脂的组别代号。

E——最低的操作温度，A～E依次表示最低的操作温度为0 ℃、－20 ℃、－30 ℃、－40 ℃和小于－40 ℃。

G——最高的操作温度，A～G依次表示最高的操作温度为60 ℃、90 ℃、120 ℃、140 ℃、160 ℃、180 ℃和大于180 ℃。

H——在水污染的操作条件下，其抗水性能和防锈水平。对于环境条件，L表示干燥环境，M表示静态潮湿环境，H表示水洗；对于防锈性，L表示不防锈，M表示淡水存在下的防锈性，H表示盐水存在下的防锈性。用字母A～I分别表示各种环境条件和防锈性的组合，例如A表示干燥环境、不防锈(L+L)，B表示干燥环境、淡水防锈。

B——在高负载或低负载场合下的润滑性能，A表示非极压型脂，B表示极压性型脂。

00——表示润滑脂稠度等级代号(针入度)。

2. 润滑脂的用途

(1)钙基润滑脂。钙基润滑脂是一种使用广泛的通用润滑脂，其特点是抗水性较强，耐高温性差。其适用于拖拉机、汽车和各种农业机械的大部分滚动轴承，也适用于潮湿环境或与水接触的各种机械部件。其使用温度一般不超过70 ℃，转速在3 000 r/min以下。低温时，脂内所含水分容易结成冰，因而也不宜低温使用。

加注润滑脂时，不要过满，一般装1/3～1/2即可，否则会增加摩擦阻力，使轴承发热。

(2)钠基润滑脂。钠基润滑脂是由动植物油加烧碱制成的钠皂与稠化机油制成，以甘油做稳定剂。它的特点是耐高温性好，耐水性较差，遇水起乳化作用(因钠皂最易溶于水)。因此，不能在潮湿条件下工作，适用温度高、不遇水的润滑部位，如离合器前轴承、发电机轴承等。

(3)钙钠基润滑脂。钙钠基润滑脂是用钙皂和钠皂、稠化润滑油制成的，其性能介于钙基润滑脂与钠基润滑脂之间。它既有一定的耐水性(优于钠基)，又有一定的耐高温性(优于钙基)，广泛用于拖拉机、汽车和各类电动机轴承的润滑。

钙钠基润滑脂适用于潮湿环境，工作温度为80 ℃～100 ℃，其价格较高，要注意合理选用。

(4)锂基润滑脂。锂基润滑脂是由脂肪酸锂皂和稠化润滑油制成，外观呈发亮的奶油状。其特点是耐高温性较好，适应温度范围广，并具有良好的机械安定性、耐低温性、流动性、耐水性和较小的摩擦因数，性能上优于其他各种润滑脂。它可以代替钙基、钠基润滑脂等。

(5)二硫化钼润滑脂。二硫化钼润滑脂是用二硫化钼粉以3%～5%的比例加到各种润滑脂里制成的。其耐高温性、抗压性、耐腐蚀性等使用性能均有较大的改善。对高速、重负载、高温及有化学腐蚀的润滑部位，均有良好的润滑效果。将二硫化钼润滑脂用到拖拉机及各种农业机械轴承上，润滑效果良好，并可延长保养周期。

3. 润滑脂的主要使用性能指标

润滑脂的主要使用性能指标是针入度、滴点和胶体安定性等。

(1)针入度(锥入度)。针入度(锥入度)是润滑脂的软硬性(稠度)指标。

(2)滴点。滴点是使用温度指标。滴点越高，耐高低温性越好，润滑脂的使用温度一般要比滴点低20 ℃～30 ℃，甚至40 ℃～60 ℃。

(3)胶体安定性。胶体安定性(析油量)是表示润滑脂在储存和使用中，油、皂不分层的特性，也就是润滑油与稠化剂结合的稳定性。

知识点4　液压油

1. 液压油的规格及用途

油是液压系统传递动力的介质，也是相对运动零件的润滑剂，它除传递动力，还具有润滑、冷却、洗涤、密封和防锈等用途。

液压油分石油基液压油和难燃液压油两大类。石油基液压油可分为普通液压油、专用液压油、抗磨液压油和高黏度指数液压油等，难燃液压油可分为合成液压油和含水液压油，含水液压油可分水二元醇基液压油和乳化液，乳化液又分油包水乳化液和水包油乳化液。

目前，除大型锻压设备上应用难燃液压油外，一般液压设备都采用石油基液压油，农业机械的液压传动大多采用普通液压油。

根据《润滑剂、工业用油和相关产品(L类)的分类　第2部分：H组(液压系统)》(GB/T 7631.2—2003)，液压油分为HH液压油、HL液压油、HM液压油、HR液压油、HV液压油、HS液压油、HG液压油等。液压油代号中的L表示属润滑剂、工业用油和相关产品类，H表示液压系统。

2. 液压油的使用性能

液压油的使用性能指标有黏度、黏温性、氧化安定性、腐蚀性和低温流动性、润滑性等，这些指标本书已阐述过，这里只介绍液压油的抗乳化性、消泡性和可压缩性。

(1)抗乳化性。液压油遇水时能有效地抵抗乳化的性能和能迅速地与水分离的能力，叫抗乳化性。

(2)消泡性。液压油对油液的消泡性能要求很高，这是因为空气在常压下以6%～12%(体积)溶解在油中，当压力增高时，空气的溶解度也增加。若空气在油中溶解过多时，多余的空气则以气泡的形式存在并形成泡沫。含气泡的液压油进入液压系统，会出现工作不灵、振动、噪声及运动不平稳等现象。油中过多的空气还可加速油液的氧化。为防止这些现象发生，在油中加入消泡沫添加剂，可以提高油液自身的消泡性能。

(3)可压缩性。液压油在压力作用下，容积减小，密度增大。液体的可压缩性随温度和压力而变化。一般液压油的可压缩性很小，但油中有气泡时，可压缩性将大大增加，从而降低液压传动效率。

3. 液压油的选用

液压油选用时应考虑使用条件、液压泵类型、液压机构的结构、工作压力、工作温度和气温等因素。

(1)一般静液压传动要求黏度为2～3 °E50，50 ℃运动黏度为$(11.4\sim20.3)\times10^{-6}\ m^2/s$，动液压传动要求黏度为2～3.5 °E50，50 ℃运动黏度为$(20.5\sim24.6)\times10^{-6}\ m^2/s$。

(2)周围环境温度高，采用高黏度油；周围环境温度低，选用低黏度油。

(3)一般压力高时，选用高黏度油，反之选用低黏度油。如压力低于7 MPa，用50 ℃运动黏度为$(20\sim28)\times10^{-6}\ m^2/s$的油；压力为7～20 MPa时，用50 ℃运动黏度为$60\times10^{-6}\ m^2/s$的油($\leqslant110\times10^{-6}\ m^2/s$)。

(4)在低压往复运动的驱动中，当活塞速度很高(速度大于或等于8 m/min)时，采用低黏度油；在旋转驱动中，用黏度较高的油。

(5)在高温、高压、需要密封处，以及间隙大、运动速度不高、漏油损失又很大时，可采用黏度高的油。当转速或运动速度很高时，油液流速也高，液压损失急剧增加，宜用黏度低的油。

(6)稠化液压油是我国近年生产的一种专用液压油，性能良好，适合在要求比较高的情况下工作。工作时泡沫少，噪声小，可用于建筑、工程和起重机械等液压系统。

(7)农业机械上常用液压油的选用：拖拉机液压传动两用油主要用于传动与液压系统同用一个油箱的大、中型拖拉机及工程机械；HM液压油用于拖拉机、汽车及工程机械的液压系统；HV液压油用于严寒地区的拖拉机、汽车及工程机械的液压系统。

任务实施

[任务要求]

某收获机三包车间农忙前正在接受一项维修任务。用户自述，收获机在库里存放时间过久，其各种传动带出现松动、传动链的张紧度不够等问题，为了不影响农忙的作业进度，确保收割作业安全可靠，用户要求对这台收获机进行一个全面的技术保养。如要完成此项任务，维修人员就必须熟悉收获机的日常保养和常规保养，能正确进行收获机的技术保养。

[实施步骤]

一、收获机的保养

收获机的保养分为日常保养(又称班次保养)和定期保养。

日常保养是在每班工作开始前或结束后进行的保养。一般说来，日常保养以清洁空气滤清器、散热防尘装置的清扫、外部零件检查紧固、消除“三漏”、各部位润滑及添加柴油和冷却液为主。

定期保养是在收获机工作了规定的时间后进行的保养。定期保养除要完成班次保养的全部内容外，还要根据零件磨损规律，按说明书的要求增加部分保养项目。定期保养一般以柴油滤清器、机油滤清器的清洁、重要部位的检查调整、易损零部件的拆装更换为主。

1. 保养的主要内容

尽管各种型号的收获机由于结构、材料和制造工艺上的差异，保养规程各不相同，但其保养的内容大致相同，一般包括以下几个方面：

(1)清洁。收获机不清洁会加快锈蚀，掩盖故障隐患，影响水、油、气流通，阻碍籽粒、秸秆顺畅移动。保持小麦收获机各部分的清洁十分重要，它是最基础的保养项目。日常和定期的清洁工作内容如下：

①清扫收获机内外黏附的尘土、颖壳、茎秆及其他附着物，特别注意清理拨禾轮、割台搅龙(全喂入联合收获机)、扶禾器(半喂入联合收获机)、切割器、滚筒、凹板筛、抖动板、清选筛、发动机机座(尤其是发电机附近)、履带行走装置(履带式收获机)等处的附着物。

②清理各传动皮带和传动链条等处的泥块、秸秆。泥块多会影响轮子的平衡，秸秆可能因摩擦而引燃起火。

③清理发动机冷却水箱散热器、液压油散热器、空气滤清器等处的草屑、秸秆等污物。

④按规定定期清洗柴油滤清器、机油滤清器滤芯(或机油滤清器)；定期清洗或清扫空气滤清器(注意：部分收获机的空气滤清器只能清扫，不能清洗)。

⑤定期放出柴油箱、柴油滤清器内的水和机械杂质等沉淀物。

(2)检查、紧固和调整。

收获机在工作过程中，由于震动及各种力的作用，原先已紧固、调整好的部位会发生松动和失调，还有不少零件由于磨损、变形等原因，导致配合间隙变大或传动带(链)变形，传动失效。因此，检查、紧固和调整是收获机日常维护的重要内容。

①检查各紧固螺钉有无松动情况，特别是检查各传动轴的轴承座、过桥轴输出带轮、割刀传动轴带轮、筛箱驱动臂等处固定螺钉。

②检查割刀刀片的磨损情况，有无松动和损坏；检查动刀片与定刀片的间隙。

③检查各传动皮带、传动链的张紧度，必要时进行调整。

④检查脱粒、清选装置的密封橡胶板等处密封状态，是否有漏粮现象。

⑤检查制动系统、转向系统功能是否可靠，自由行程是否符合规定。

⑥检查驾驶室中各仪表、操纵机构是否正常。

⑦检查电气线路的连接和绝缘情况，有无损坏和短路。

⑧半喂入收获机还要检查滚筒弓齿、凹板筛、切禾刀、切草刀(切草机)、履带驱动轮的磨损程度，检查喂入链与压草板的间隙及履带的张紧度等，必要时进行调整。

(3)更换。在收割作业中，有些零件属于易损件，必须按规定检查和更换，如“三滤”的滤芯、传动链、传动带、割刀刀片或割刀总成、拨指、脱粒齿，切禾刀、切草刀、履带驱动轮等。

(4)加添与润滑。

①及时加添柴油。最重要的是加添柴油的品种和牌号应合格，并沉淀 48 h 以上，不含机械杂质和水分。

②加添干净的软水(或纯净水)，不要添加脏污的硬水(钙盐、镁盐含量较多的水)等。

③定期检查蓄电池电解液，不足时及时补充。

④按规定给收获机各运动部位，如割刀、扶禾链、输送链、各铰链连接点、轴承、各黄油嘴、发动机、传动箱、液压油箱等加添润滑剂。加填润滑剂最重要的是要做到“四定”，即定质、定量、定时、定点。定质就是要保证润滑剂的质量，润滑剂应选用规定的油品和牌号，保证润滑剂的清洁。定量就是按规定的量给各油箱、润滑点加油，不能多，也不能少。定时就是按规定的加油间隔期给各润滑部位加油。定点就是要明确收获机的润滑部位。

2. 日常保养(班次保养)

日常保养(班次保养)的主要工作是清理、清洗、检查、润滑收获机，见表 6.3。

表 6.3　收获机械班次保养的主要项目

保养方式	工作项目
清理	每天工作前将收获机各部位上的颖壳、麦芒、碎茎秆等附着物清理干净。特别是彻底清除滚筒、凹板、抖动板、精选筛上的颖壳、麦芒等附着物，清理拨禾轮、切割器、喂入搅龙、传动带和传动链各转动部位的缠绕和堵塞物，清理发动机冷却水箱、散热器孔处的麦糠、杂草等堵塞物
清洗	收获季节气温很高，必须保证发动机散热器具有良好的通风性能，起到散热作用。散热器经清理后，还应用具有一定压力的水冲洗干净，或用毛刷清洗干净。要保证散热器格子间无杂物和附着物。若出现水温过高的情况，应随时停车清理和清洗
检查	①检查切割器有无损坏，刀片间隙是否合适，及时进行更换和调整； ②检查输送槽、倾斜输送器链耙是否松动，张紧度是否适当，及时调整紧固； ③检查机架、轮系各连接紧固部位、各拉杆备紧螺母或防松销轴是否松动或脱落，应及时紧固和更换； ④检查并调整伸缩拨指的位置，校正已变形的搅龙叶片； ⑤检查 V 带和链的张紧度是否适宜，带轮、链轮是否松动，及时调整张紧轮、紧固带轮、链轮； ⑥检查液压系统油箱的油位，油路各连接接头是否渗漏，法兰盘连接与固定是否松动。若液压油不足，应及时添加，发现渗漏、松动，应及时焊接、紧固或更换； ⑦检查发动机水箱、燃油箱、发动机油底壳液位高度，不足时，应及时添加； ⑧检查电气线路的连接和绝缘情况，发现损坏和接触不良，及时修复； ⑨检查滚筒入口处密封板、抖动板、前端板、脱谷部分各密封橡胶板及各孔盖等处密封状态，不得有漏粮观象； ⑩检查转向和制动系统的可靠性，清理发动机空气滤清器的滤芯和内腔通气道。检查驾驶室内各仪表、操纵机构是否正常；启动发动机，使机组低速运转，仔细听有无异常响声，及时排除故障
润滑	①收获机械的润滑部位主要是各种轴承、轴套、滑动块等，由于相对运动速度不同，承受的力度不同，工作环境不同，对润滑的时间要求也不同。如切割器的运动部位、传动链等部位要求 1 h 润滑一次，拨禾轮偏心滑轮、风扇轴承、脱粒滚筒轴承等部位要求每班次润滑一次。动力传动齿轮箱、各传动张紧轮等部位要求一个季节润滑一次。 ②根据收获机械各部件相对摩擦性质的区别，各部位使用润滑油的种类也不相同，如动力传动齿轮箱要求用齿轮油，输粮搅龙轴承要求用润滑脂，拨禾轮偏心轮要求用机油。

续表

保养方式	工作项目
润滑	③严格按照说明书要求的时间周期、油脂型号、部位进行润滑，一般每周检查一次，发现漏油、油位不足时立即添加。 ④加注润滑油所用器具要洁净，润滑前应擦净油嘴、加油口、润滑部位的油污和尘土。 ⑤经常检查轴套、轴承等摩擦部位的工作温度，如发现油封漏油、工作温度过高，应随时修复、润滑。 ⑥链条、链轮的润滑要在停车状态下进行，润滑时应除去链条上的油泥，抹刷均匀。 ⑦行走离合器分离轴承和轴套必须拆卸后进行润滑，一般每年一次。 ⑧小麦收获机试运转结束后或经较长时间的运行，应将齿轮油、发动机油底壳机油更换或过滤后再用，使用中要经常检查油位。 ⑨拨禾轮等部位的木轴瓦应在使用前在机油中浸煮 2 h，然后抹上润滑脂。 ⑩润滑脂一定要加足，加注不进去时，可转动润滑部位后再加，直至加满。各润滑部位，可拆卸的轴承、轴套、滑块等应结合维修保养，用机油清洗干净，装配后加注润滑油。各润滑部位润滑周期应按照其说明书要求润滑。所有含油轴承，每季作业结束后应卸下，在热机油中浸泡 2 h 补油

3. 季度保养

收获机经一个收获季节的作业后，长时间不用，必须及时进行全面清理、检查、维护和保养，排除存在的故障及故障隐患，科学封存，以保证它的正常技术状态，以备下一个收获季节使用，同时也可提高其使用寿命，见表 6.4。

表 6.4　收获机械季度保养的主要方式与工作内容

保养方式	工作内容
清理	清理机组各部位的杂草、尘土、油污，有必要时用水冲洗，使机组各部位干净、无尘
拆卸机组（仅对悬挂式收获机）	①选好收获机械的存放地点(最好存放在车库中，无车库时应用篷布等盖好)，用砖垒成坚硬的方座(与脱粒机体底座适合)，倒车对准底座，垫平脱粒机体。 ②松动所有传动带、传动链张紧轮，使传动带、传动链松弛。拆下动力传动总轴至输送槽主动轴带轮的传动带、输送槽中间轴右带轮到割台主轴左带轮的传动带、动力输出总成与动力传动总轴的传动链。 ③操纵液压升降手柄，降下割台，抬下输送槽。 ④拆下斜拉杆与脱粒清洗装置的连接螺栓，拆下脱粒机架上卡住后支架的两个压板螺栓。启动发动机，升起割台，使收获机械缓缓向前移动，卸下脱粒机部分。 ⑤将收获机械开到割台的存放位置降下割台，用两根平行的木板顺搅龙方向垫在割台底板弧形角铁上，放置平稳。拆下钢丝绳上的卡紧螺栓，抽出钢丝绳，即可卸下割台。 ⑥拆下前、后支架，钢丝绳及动力输出总成
检查与修复	①分禾器由薄钢板经加工成型、焊接而成，作业中稍加碰撞即会变形、断裂或脱焊，应拆下检查，必要时整形修复。 ②重点检查拨禾轮、拨齿偏心滑轮机构有无变形，检查机车电气的磨损情况，进行必要的校正、修复和更换。 ③切割器是收获机的关键部件，其动刀片、定刀片、刀杆、护刃器、摩擦片等极易磨损和损坏。检查时需拆下所有压刃器、刀杆压板、摩擦片等，再对所有零部件进行检查和修复。定刀片刃口厚度超过 0.3 mm，刀片宽度窄于护刃器宽度的应更换，松动的应铆紧。护刃器不得有裂纹、弯曲和扭曲。所有定刀片工作平面应在同一平面内，偏差不得超过 0.5 mm。 动刀片齿纹应完整，刀片有缺口、磨损严重或有裂纹的应报废，松动的应铆紧。 刀杆弯曲量不得超过 0.5 mm，有裂纹的应更换。 摩擦片工作面磨损超过 1.5 mm 的应更换。

续表

保养方式	工作内容
检查与修复	切割器的所有零件整形、修复和更换后，按要求装配并调整。 ④搅龙叶片、滚筒体有变形、开焊的应校正和焊合。伸缩拨指工作面磨损超过 4.5 mm 的应更换，拨指导套与伸缩拨指齿隙超过 3 mm 的应更换拨指导套。 ⑤放松输送带，更换变形严重的拨指。 ⑥滚筒钉齿磨损不大于 4.5 mm，螺旋导向板变形或开焊时应修整焊合。导向板磨损量超过 2 mm 的应更换。 ⑦凹板筛钢丝工作面磨损超过 2 mm 的应更换。 ⑧输粮搅龙叶片变形或开焊的应整形焊接。叶片高度磨损超过 2.5 mm 的应更换。 安全离合器钢球脱落的应补齐。弹簧压力不够时应调整或更换。 ⑨所有罩壳、机架是否变形、脱焊、断裂，根据具体情况进行修复。 ⑩轴上的键槽、键磨损严重时应修复或更换。轴承滚珠、轴承滚道磨损严重时应更换。 ⑪传动带磨损或拉长严重的应更换。放尽柴油、冷却液及传动系统中的润滑油。 拆下三角带并擦拭干净。清洗空气滤清器和机油滤清器，并装回。 ⑫自走式小麦收获机的发动机严格按使用说明书规定进行保养。使离合器踏板及制动踏板处于自由状态，变速操纵手柄置于空挡位置。车上若有蓄电池，应将蓄电池拆下，按使用说明书规定的方法存放。用塞子堵住各零部件孔口(如排气管口等)，水箱加水口用清洁盖板盖好
防锈	磨损掉漆的部位，应除锈后重新涂漆；各润滑脂加注点加注润滑脂；切割器、偏心轴、伸缩拨指、链条、钢丝绳等传动部位清洗后涂上防锈油脂
存放	①将车存放在通风良好、干燥清洁的场地，最好存入机库或棚内，并远离火源。机库应通风、干燥、不漏雨。露天存放时应盖严，防止风吹雨淋。 ②零部件应存放整齐，大部件集中存放，小部件打包或装箱存放，三角带挂起，各部件切勿丢失。 ③自走式小麦收获机最好用支架垫起，不让轮胎受压，以保护轮胎；要注意垫架平整，以防止车架变形，严禁在小麦收获机及部件上堆放杂物。 ④封存中每 3 个月应进行一次检查、防锈保养，并启动发动机，使小麦收获机运转，让各运动部件得到定期维护性运转

二、主要零部件的保养

1. 普通 V 带和变速 V 带的保养

(1)装卸 V 带时应将张紧轮固定螺栓松开，或将无级变速轮紧螺栓和栓轴螺母松开，不得硬将 V 带撬下或撬上，必要时，可转动带轮将 V 带逐步盘下或盘上。

(2)安装带轮时，同一回路中带轮轮槽对称中心面位置度偏差不大于中心距的 0.3%，一般短中心距允许偏差 1～3 mm，长中心距允许偏差 3～4 mm；对于无级变速轮，从动轮应处于对称中心面位置。

(3)要经常检查 V 带的张紧程度。

(4)收获机在收割以外的季节 V 带应放松。

(5)V 带不要沾上油污，如果沾上油污，应及时用肥皂水进行清洗。

(6)V 带应以两侧面工作，如果 V 带底部和带轮槽底部有接触摩擦现象，说明 V 带或带轮已磨损，应更换。

(7)经常清理带轮槽中的杂物，防锈蚀，减少 V 带和带轮的磨损。

(8)带轮转动时，不允许有过大的摆动现象，以免降低V带寿命。如果发现带轮转动时摇摆，则应及时检查轴和带轮毂是否磨损变形或安装不正确，轴承是否磨损严重等。

(9)带轮缘有缺口(铸件)或变形张口(冲压件)时，应及时修理或更换。

(10)V带存放时，不得堆放，应挂放在阴凉干燥的地方，不得打卷。

2. 传动链条的保养

收获机上常用的传动链条主要是套筒滚子链、齿形链和钩形链等。链传动的突出优点是传递动力能力强，传动比恒定和能在高温和较恶劣的条件下工作。

链传动的主要故障表现是链条、链轮疲劳破坏、磨损和链条铰链咬合等。为防止故障产生和延长其使用寿命，在使用和维护中应注意以下内容：

(1)在同一传动回路中的链轮应安装在同一平面上，其轮齿对称中心面位置度偏差不大于中心距的0.2%，一般短中心距1.2～2 mm，长中心距1.8～2.5 mm。

(2)链条的张紧度应适度，否则应及时调整。

(3)安装链条时，可将链条绕在链轮上，便于连接链节。连接链节应从链条内侧向外穿，以便从外侧装连接板和锁紧固件。

(4)链条经使用后会变长，如果张紧装置调整量不足，则可拆去两个链节继续使用。若链条在工作中经常出现脱齿或跳齿现象，则说明节距已伸长到不能继续使用的程度，应更换新链条。

(5)拆卸链节冲打链条的销轴时，应轮流冲打链节的两个销轴。销轴头部如已在使用中撞击变毛时，应先修磨整形。冲打时，链节下应垫金属块，金属块上应有供销轴通过的孔，避免打弯链板。

(6)链条应按时润滑，以提高使用寿命。其润滑方法如下：

第1步：卸下链条，先用柴油清洗干净。

第2步：将链条放到机油中或加有润滑脂的机油中，加热浸煮20～30 min，冷却后取出链条。

第3步：将链条挂起，让链条上多余的油滴下，并将表面擦干净。

第4步：如不热煮，可将链条放在机油中浸泡一夜再使用，但不如热煮处理效果好。

第5步：链轮齿磨损后，可以反过来使用，但必须保证传动副安装精度，否则应更换链轮。

第6步：新旧链条不要在同一根链条中混用，以免因新旧链节距的误差而产生冲击，拉断链条。

第7步：磨损严重的链轮不可配用新链条，以免因传动副节距差，导致链条加速磨损。

第8步：收获机存放时，应卸下链条，清洗涂油，最好用纸包起来，存放在干燥处。

3. 轮胎的保养

自走式轮式收获机所装配的充气轮胎，基本上都是低压胎。轮胎的正确使用和保养对提高其使用性能和延长其使用寿命十分重要。

(1)正确选择轮胎规格，更换新轮胎时，一定要与原配型号相同。

(2)换装新轮胎时，应尽可能同轴同换。安装或更换轮胎时，注意驱动轮不要装反，正确的装配应当是从后向前看，应当是“人”朝上。如果看压在地上的印痕，人站在前进方向，向后看应为倒“人”字。

(3)每天作业开始前，要按规定检查轮胎的气压，轮胎气压与规定不符时应补充至标准，否则禁止投入作业(允许左侧驱动轮比右侧高0.02 MPa)以克服工作中左侧偏重，测试轮胎气压应在冷状态下进行，用专用气压表测定。

(4)轮胎不准沾染油污和油漆，收获机每天作业结束后，应注意清理轮胎内侧面粘积泥土(以免撞挤变速箱输入带轮和半轴固定轴承密封圈)，检查轮胎有无夹杂物，如铁钉、玻璃、石块等。一旦发现，应及时清除。

(5)夏季作业因外胎受高温影响，气压易升高，此时禁止降低发热轮胎气压。

(6)当左右轮胎磨损不均匀时，可将左、右轮对调使用。

(7)安装轮胎时，应在干净平坦地面进行。安装前检查清理外胎内面和内胎外面的污物，最好撒上一些滑石粉，然后将稍充气的内胎装入轮胎，注意避免折叠。

(8)把压条放在外胎与内胎之间，装入轮辋内。为使胎边配合严密，可先将轮胎气压超注20%，然后降到规定的气压值。

(9)收获机长期停放时，必须将轮胎架离地面，并将轮胎遮盖好，避免阳光照射和适当放气降低轮胎气压。严禁在充气状态下拆卸轮胎、驱动轮毂与轮辋的连接螺栓。

任务小结

1. 柴油的使用性能主要有燃烧性能(着火性)、供给性能(低温流动性)、喷雾性能(雾化性和蒸发性)和腐蚀性。

2. 收获机的日常保养是在每班工作开始前或结束后进行的保养。一般说来，日常保养以清洁空气滤清器、散热防尘装置的清扫、外部零件检查紧固、消除“三漏”、各部位润滑及添加柴油和冷却液为主。

3. 收获机经一个收获季节的作业后，长时间不用，必须及时进行全面清理、检查、维护和保养，排除存在的故障及故障隐患。

4. 链传动的主要故障表现是链条、链轮疲劳破坏、磨损和链条铰链咬合等。

思考与练习

1. 简述收获机用柴油的类型和规格。
2. 收获机保养的主要内容有哪些？
3. 简述收获机季度保养的主要方式与工作内容。
4. 收获机传动链条的润滑方法有哪些？

项目 7　棉花收获机械的构造与维修

任务 7.1　棉花收获机械技术认知

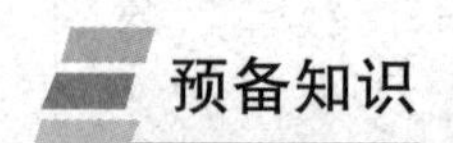

1. 了解棉花收获方法和性能特点。
2. 熟悉采棉收获机械化方法和农业技术要求。
3. 掌握常见采棉机采棉技术要点。

预备知识

知识点 1　采棉农业技术介绍

我国是世界上最大的棉花生产国。新疆是我国最大的优质商品棉基地和出口棉基地，棉花单产、总产和品质在全国一直名列前茅，棉花已成为新疆的支柱产业。随着机械化的不断发展，我们必须掌握机采棉花种植的农业技术。

棉花收获用工占总用工量的1/5～1/3且多在农忙季节。在长江流域，棉花收获又常值秋雨连绵，如不及时收花、烘干，将导致棉花变质降级。人工采摘棉花是需要弯腰和肢体屈伸的劳动，从劳动强度看，人工采花是棉花生产中一项劳动强度非常大的农事活动，然而令人遗憾的是，我国棉花收获机械的发展缓慢，棉花收获完全由人工完成，不仅劳动强度大，生产效率低，而且生产成本高。显而易见，人工采棉已不能适应棉花生产大发展的需要，加速发展机械化采棉技术，促进棉花生产向全程机械化迈进，是实现棉花生产向"低成本、高效益、外向型、大规模"发展的必由之路。

机采棉花种植行距必须是(10+66)cm，株高70～75 cm以上，结铃距地面18 cm以上。一膜六行(膜宽2.05 m)或一膜四行(膜宽1.3 m)，平均行距36.7～38 cm，穴距11.5 cm，666.7 m^2 理论株数在1.44万株左右。2.05 m膜一膜铺两条滴灌带，一条滴灌带管三行棉花。1.3 m膜一膜铺一条滴灌带，一条滴灌带管四行棉花。新陆中55号(晶华)、新陆中66号(晶华)、新陆中42号(国欣)等一膜六行(膜宽2.05 m)或一膜四行(膜宽1.3 m)。

在株行距配置中，既要考虑棉花株行分布时空的合理性，又要尽量缩小滴灌带供水、供肥的半径距离，以减少水、肥输送的不均匀性，减小边行与中行棉株发育的差异。由于机采棉要求株高在70 cm左右，密度在1.4万株左右比较理想。

知识点2　采棉技术现状

随着新疆棉花覆膜和高密度种植技术以及棉田机械化高效生产的大面积推广实施，新疆棉花种植面积和产量逐年增长，经济效益显著增加，棉花生产已成为新疆主要支柱产业之一。新疆作为全国特大商品棉基地和"十二五"建设国家优质棉基地的战略地位为新疆棉花的发展带来了更多的机遇。但近5年来，植棉成本不断增长，人工采摘棉花费用逐年呈快速上升趋势，近3年已高达每千克籽棉平均1.2～1.5元，占植棉成本近半，虽然现有引进和仿制生产国外大型棉花收获机械已近650台（购机费达2.2亿元），但因采棉机属于引进仿制国外技术，其结构复杂，价格很高，极不适应国情、区情。故近10年新疆棉花收获机械化技术一直推广较慢，截至2009年年底，新疆机采棉花仅为11.5万 hm^2，仅占植棉面积150万 hm^2 的8.18%。

棉花收获机械化已成为严重制约当前乃至今后新疆棉花生产的技术瓶颈，我国亟待加快研究和发展具有符合我国国情的技术可行、结构简单、价格低和实用性强的经济型棉花收获机械化技术及机具。

知识点3　常见棉花机械化收获技术

1. 水平摘锭式采棉机采棉技术

水平摘锭式采棉机采棉技术是用机械化手段对棉花主产品（籽棉与青僵棉桃）进行采收的综合技术。其核心技术是效能优良的采棉机和先进的机采棉成套清理加工设备。目前，机采棉每亩的价格为180元，如果以亩产600斤棉花和每斤1.1元的拾花费计算，每亩将节约拾花成本480元。并且机采棉可以大量减少拾花人工数，从根本上解决拾花劳动力紧缺的问题。据统计，一台采棉机年采收量相当于500个人工采摘量，大幅度降低了拾花人工数，避免由于每年雇佣大量民工而给本地区带来诸多社会问题。机械采棉的推广，将大量减少拾花成本，并大大提高生产效率、节约劳动力。

棉花收获机械化技术是涉及棉花育种、栽培、纺织等多学科的一项综合技术。该技术的推广和应用可极大地推动棉花育种、栽培和纺织等方面的技术进步，带动了相关产业的效益和产品的升级，这将对产业结构调整和社会经济协调发展产生积极影响。

2. 指杆式采棉机采棉技术

自走指杆式采棉机是针对棉花生产对收获机械化的需求，结合我国棉花生产区的经济水平研发的一种新型棉花采收机械，可适应不同的棉花种植模式，不对行收获，具有结构简单、性能优越、造价低的特点。其在农艺和生产的方式上适宜我国广大棉区中小种植规模及轻简型棉花栽培收获的需求。

指杆式采棉机改变了原有其他采棉机的采摘原理，采棉装置的加工制造简单，大大降低了在采棉装置制作上的生产成本，购机成本大概在30万元左右，适合现有农村的经济水平和购买能力。人工手采棉以每斤1.1元的拾花费及亩产600斤棉花计算采收成本，人工手采棉每亩的拾花费为660元，水平摘锭式采棉机采收每亩棉花的价格为180元，指杆式采棉机采棉每亩的价格为120元。指杆式采棉机比人工手采每亩节约拾花成本540元，比使用水平摘锭式采棉机每亩节约拾花成本60元。

任务实施

［任务要求］

某农场新进一批棉花联合收获机，要为此次麦收作业服务，作业前急需对驾驶员做一个系统、全面的培训，从而使他们尽快熟悉机器的操作和作业要领。如要完成此项任务，维修人员必须先熟悉棉花收获机的特点和总体构造，熟悉各装置的安装位置，学会正确操纵棉花联合收割机和田间作业。

［实施步骤］

一、水平摘锭式采棉机采棉技术要求认知

(1)机械采收时，采棉机行走路线要正确，严禁跨播种机播幅采收，做到不错行、不隔行、行距中心线应与采摘头中心线对齐。

(2)严格控制采收作业速度，在棉株正常高度(60～80 cm)时，作业速度5～5.5 km/h；当采收50 cm以下低高度棉花时，作业速度要放慢，不能超过3.5 km/h，若速度过快，下部棉花很容易漏采，增加损失率。

(3)在保证采收籽棉含杂率不超过10%的前提下，适度调整采棉工作部件，以提高采净率。

(4)及时掌握机采棉田棉花的成熟程度，合理安排采收时间，对已成熟的棉田调集采棉机集中采收。

二、指杆式采棉机采棉技术要求认知

(1)为了提高采棉机生产效率，一般要求采摘地块长度为100～200 m，面积为20亩以上就可进行机械作业。

(2)要求采收的棉株直径能通过指杆间隙，主茎基部直径不超过18 mm，采摘点直径不超过14 mm，否则会将棉株连根拔起，导致收获不畅。

(3)株高最好为90～100 cm，不超过110 cm；果枝短、含絮力紧、株型要紧凑；脱叶率和吐絮率大于90%。

(4)提高采摘效果，应适当选择采棉机进地收获角度，一般以机具与种植模式成90°或45°进地收获为最佳。

三、采棉机的使用技术

1. 采棉机的安全操作

(1)对田边地角机械难以采收但又必须通过的地段进行人工采收；机采前，把田间横埂、引渠破平，以免影响采摘质量。

(2)做好地膜清除或压盖工作。如果采前揭膜，就必须彻底清除田间残膜；如果采后揭膜，就必须把地膜压实、压好。

(3) 为了充分发挥采棉机的工作效率，采摘前必须对驾驶操作人进行全面的技术培训，使其能熟练掌握采棉机的技术性能和操作要领。

(4)作业前，按规定操作程序拉开加高棉箱到指定位置，插入保险销，调整、固定风道限位链条。

(5)检查各作业部件是否正常，清洗液是否充足，清洗剂管道开关是否打开，确认管道完全充满清洗剂后，方可连接清洗剂输送泵。

(6)机车行走运转前必须发出行走运转信号。

(7)采棉机的数控监测仪表是用来提供故障信息，监视、观察机器各部工作情况的，机组人员一定要熟悉、掌握仪表正常读数，发现异常及时停车，检查、排除故障。

(8)机车工作人员必须穿紧身工作服，采棉机卸棉作业期间，机组人员清理、检查机器，必须切断采摘头、风机动力，非机组人员不得接近机器。机械在运转情况下，不得排除故障。

(9)在作业区内任何人不得躺卧休息。

(10)采棉机作业、保养，地头、道路临时停车等，严禁非驾驶人员在收割台前和拖拉机前活动。

(11)采棉机夜间作业，应具有良好的照明设备，以及安全警示设备。

(12)任何人不许在作业区内吸烟，夜间不许用明火照明。

(13)采棉机、拉花拖车都必须配备合格有效的灭火器。

(14)采棉机卸棉时应选择地势平坦的地点卸棉，避免翻车事件发生。

(15)采棉机临时停车，要选择地势平整、宽阔、无高压及低压线路、四周无危险物品的地方，并进行车载制动，防止溜车。

(16)采棉机的临时转移和长距离运行，机组人员必须随机转移，随时观察前方、后方的情况，发现问题及时停车。

(17)采棉机在一个作业周期结束后，必须按照技术保养规程进行严格的技术保养、维护，使其达到良好的技术状态。

2. 采棉机的保管和停放

(1)作业期间的夜间停放，必须选择安全的场合，并派专职警卫进行安全保卫，任何人员不得接近机器，防止事故的发生。

(2)作业完毕后，由于停放时间较长，停放时必须入库，同时具有良好的停放条件和安全保卫措施。

(3)采摘台必须放置在垫木或平展的支垫物体之上；同时保证稳定不滑移、不倾斜。

(4)停放时必须用枕木将采棉机支撑牢固，使轮胎完全处于辅助支撑状态，保证安全不自动位移。

(5)清点随机的各种工具、用品，移交入库保管。

(6)采棉机入库后，库房应派专职警卫进行日夜安全保卫，签订保卫人员责任书，确保机器安全。

(7)采棉机作业完毕后，停放时间较长(10 月以上)应定期对采棉机的电瓶进行充电，1 个月充电时间在 2 h 以上。

3. 运花车辆的安全作业

(1)驾驶员必须取得驾驶执照和棉花运输上岗证后方可从事运花作业。

(2)拖拉机工作必须正常，达到“五净”“四不漏”标准。必须安装防火罩。

(3)运花车辆连接可靠，必须安装安全销及链，关闭机构灵活可靠。

(4)运花车辆必须配备灭火器。

(5)运花作业途中，不得随意停车、搭乘人员，拖车上不得坐人。

(6)运花车辆必须严格执行安全装载规定，不超限；同时做到包裹严密、不掉花。

(7)夜间拉运棉花作业，应具有良好的照明设备和齐全有效的安全设施及警示灯光。

(8)运花车辆必须服从采棉机手的统一指挥、调度，做到相互配合，协调一致，以确保采收质量及工作效率。

四、采棉机的保养技术

1. 田间作业期间检查保养内容

(1)每采摘一棉箱棉花，检查并清洁脱棉盘、摘锭和摘锭清洗刷的杂物。

(2)清洁散热器挡板外表杂物，保持风道畅通散热良好。

(3)检查各部有无杂物、棉花堆积并清除。

(4)检查、观察各部工作情况。

2. 班次保养内容

(1)清洁机油散热器和空调冷凝器。

(2)清洁摘锭清洗系统滤网。

(3)清洁空气滤清气滤网。

(4)清洁后棉箱油缸底座。

(5)清洁脱棉滚筒、摘锭清洗刷、吸入门、采棉头、采棉滚筒底座和摘锭座管后部。

(6)清洁发动机、发电机、风机、变速箱和制动器上的各种杂物。

(7)检查发动机机油是否充足。

(8)检查冷却液是否充足。

(9)检查液压油、静液压油油面。

(10)检查燃油滤清器是否有水或沉淀物，必要时排除。

(11)检查棉箱输送板链条的张紧度。

(12)润滑摘锭座管、太阳齿轮、上齿轮系统和凸轮轨道。

(13)润滑棉箱举升摇臂轴承。

(14)润滑棉箱摇臂卸载油缸轴承。

(15)润滑采摘头驱动万向节连轴节的上、下轴叉。

3. 每周保养内容

(1)清洁或者更换润滑系统滤清器。

(2)清除启动电动机区域的绵绒。

(3)检查、清洁电瓶连接器。

(4)检查采棉头齿轮箱润滑液液面，必要时添加。

(5)检查变速箱液面，必要时添加。

(6)检查、紧固导向轮轴拐角螺栓。

(7)检查最终传动的润滑油油量，必要时添加。

(8)润滑脱棉滚筒下轴承。

(9)润滑采棉头举升油缸和转轴销。

(10)润滑风机前、后轴承。

(11)润滑风机连轴节、曲轴和怠速轴销。

(12)润滑采棉头交叉轴。

(13)润滑车轴外部轴承。

(14)润滑静液压万向节。
(15)润滑采棉头升降螺套。
(16)润滑最终驱动轴连接器。
(17)润滑采棉头支撑框架滚筒。
(18)润滑导向轴和轴销。
(19)放净曲轴箱机油，更换曲轴箱和滤清器机油。
(20)更换液压系统油料和滤清器。
(21)紧固车轮螺钉。

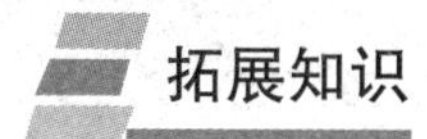

拓展知识

棉花加工流程简介

棉花加工也称籽棉加工或棉花初步加工，即通过机械作用使之成为皮棉、短绒和棉籽的过程。棉花加工工艺过程可分为三个阶段，即籽棉预处理阶段、加工阶段和成包阶段。预处理阶段采用烘干(或加湿)、清理工艺方法，为后续加工提供含水适宜、充分松懈且清除了大部分外附杂质和部分原生杂质的籽棉。加工阶段对籽棉、棉籽进行轧、剥，对皮棉、短绒进行清理，对不孕籽等下脚料进行清理回收，以获得棉花加工厂生产的各种产品。成包阶段将单位体积质量很小的松散而富有弹性的皮棉、短绒压缩成型、包装，便于运输、储存和保管。

棉花是吸湿性物质，在籽棉的加工生产中，其含水率的高低，对整个加工过程都会产生影响。籽棉的回潮率过高会导致清花效率降低，籽棉中棉结、索丝增多，棉籽毛头率增大，轧花衣分亏损增加。反之，籽棉回潮率过低，会造成带纤维籽屑增多、打包能耗增加、崩包现象增加，皮棉中短绒增多等问题。因此，只有籽棉的回潮率适中，才能保证良好的加工性能，加工出优质低耗的皮棉。实践证明，当籽棉的回潮率控制为6.95%～8.70%(含水率控制为6.5%～8.5%)时，锯齿轧花机运转最正常，纤维断裂率最低，产量最高，品质最好。

任务小结

1. 棉花收获机械化技术是涉及棉花育种、栽培、纺织等多学科的一项综合技术。
2. 机械采收时，采棉机行走路线要正确，严禁跨播种机播幅采收，做到不错行、不隔行、行距中心线应与采摘头中心线对齐。
3. 采棉机临时停车，要选择地势平整、宽阔、无高压和低压线路、四周无危险物品的地方，并进行车载制动，防止溜车。

思考与练习

1. 简述棉花收获机械技术要点和要求。
2. 简述常见棉花收获机械方法。
3. 列举你所熟悉的其他棉花收获技术。

任务 7.2 棉花收获机械的基本构造与工作过程

学习目标

1. 掌握采棉机的类型和结构。
2. 熟悉水平摘锭采棉机的构造和工作过程。
3. 掌握常见采棉机的工作过程。
4. 掌握采棉机的籽棉清理机的构造和工作过程。

预备知识

知识点 1 采棉机的类型和结构

在国外，棉花收获机分为选收机和统收机，从采棉机采摘部件的工作原理及结构上看，棉花选收机可分为两大类：一是美国约翰迪尔公司、凯斯公司的水平摘锭自走式采棉机；二是苏联(现乌兹别克斯坦)塔什干棉花机械局(联合体)设计制造的垂直摘锭自走式采棉机。至今两种类型的采棉机在生产中均有多年的应用时间。其中水平摘锭式采棉机应用的地域较广，覆盖了以色列、澳大利亚、巴西及美国等世界主要产棉区，垂直摘锭自走式采棉机仅在苏联棉区应用，新疆生产建设兵团引进垂直摘锭采棉机试验结果表明：与水平摘锭采棉机相比，其作业效率低(一次收两等行距棉株)、采净率较低(一次收两等行距棉株)、含杂率高。目前，该类型采棉机在乌兹别克斯坦已停止生产。现代采棉机发展方向为水平摘锭自走式(行)大型机，采收工艺也以一次采收为主。

1. 水平摘锭采棉机

水平摘锭采棉机可分次或一次(视棉花吐絮率高低)采收吐絮棉花，该机主要结构有采摘头、自走底盘、静液压系统、驾驶室(含室内操纵系统)、气力输棉系统、棉箱、电子监控系统、电气系统、淋润系统、自动润滑系统、机具外围防尘系统等构成。水平摘锭式采摘部件结构如图 7.1 所示。

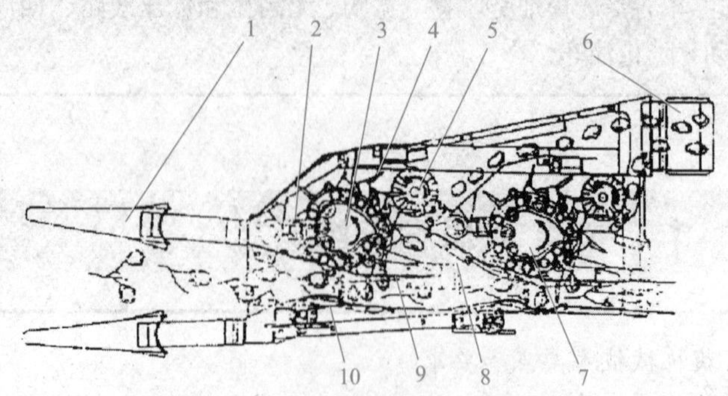

图 7.1 水平摘锭式采摘部件结构

1—棉株扶导器；2—摘锭清洗器；3—前置滚筒；4—水平摘锭；5—脱棉盘；
6—集棉管道；7—后置滚筒；8—排杂口；9—栅板；10—棉株压紧板

目前，在新疆生产建设兵团引进的水平摘锭式采棉机共有 5 种型号：JD9965、JD9970、CASE2555、CASE2155、JD990，迪尔公司与凯斯公司在采摘头的分布与排列上有所不同，迪尔公司采用 PRO-12 或 PRO-16 型采摘头，其排列方式为前后同侧，从棉株的一侧采收籽棉，而凯斯公司的采摘头为前后左右排列，从棉株的两侧采收籽棉。从近几年的试验结果看，这种排列方式的不同，对采净率影响不大。

以上五种型号的采棉机采收每单行棉株的前后采摘头摘锭座管数相同，均为 12 根。而每根座管上的摘锭数有所不同，JD9965、CASE2555、CASE2155 均为 18 个/根，JD9970、JD990 为 14 个/根，也可配备 18 个/根摘锭的采摘头，摘锭间距＞45 mm，这样采收每行棉株的总摘锭数相差 96 个，5 行机总的相差 480 个。配备低采摘头每根座管上的摘锭数为 14 的采棉机，在采收高度大于 85 cm 的棉株时，与高采摘头采棉机相比，棉株上部吐絮棉的遗留、挂枝损失明显较大。

采棉机的主要性能指标是采净率、总损失率、籽棉含杂率、班次生产率、亩耗油等。在实际生产中，前三项指标是相互关联的，通过调整挤压棉株压力板的不同压力效果可获得不同的采摘率，增大压力时，采净率较高，损失率较低，但籽棉的含杂率随之也会有较大增长，给后续的籽棉清理加工带来麻烦，有时会直接影响皮棉的加工质量。经验表明：当采净率控制在 96%时，籽棉含杂率可维持在 10%以下，损失率也在可接受的范围内，籽棉清理加工质量较好。

2020 年我国采棉机的销量达到了 1 215 台，2021 年更是达到了 1 400 台，同比增长了 15.32%，国内涌现出了多个畅销的国产采棉机品牌。2021 年新疆棉花总产量为 520.06 万吨，较上年增加了 3.96 万吨，并且北疆地区棉花机采率接近 100%，南疆地区棉花生产由小农分散经营向集约机械化经营快速转变，棉花机采率稳步提升。

2. 梳齿式采棉机

梳齿式采棉机具有不受棉花种植模式限制，可在各类模式下作业，采摘部件结构简单，生产、使用成本低等特点。近年来，国际上开展了新一轮对梳齿式采棉机的研究。在我国也将其作为经济型采棉机首选机型进行研究，期望通过研究使其适应新疆的高密度种植模式，成为解决新疆棉花机械化收获的一种新选择。梳齿式采棉机工作时把棉株上的棉花、棉叶、铃壳、未开放的棉桃等全部梳脱下来，在前级输送中，容易形成堵塞，现针对此问题，对梳齿式采棉机输送部件进行优化分析。

齿式采棉机主要由限深轮叉子焊合、机架焊合、压棉秤管轴装配、梳齿组装配、压棉花弧板、拨轮装配和螺旋输送装配组成，常见的型号是 4MZ-5 型梳齿式采棉机采摘头，如图 7.2 所示。

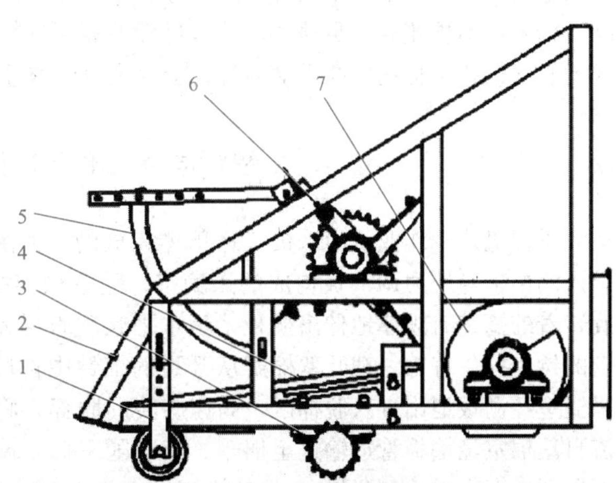

图 7.2　4MZ-5 采棉机采摘头结构示意

1—限深轮叉子焊合；2—机架焊合；
3—压棉杆管轴装配；4—梳齿组装配；5—压棉花弧板；
6—拨轮装配；7—螺旋输送装配

梳齿组装配位于机具的最前方，主要用于将棉花喂入，防止棉花的掉落并与拨轮装配相配合，实现机具的棉花采收功能；机架焊合是梳齿式采棉机的支撑部件，主要作用是防止棉花被拨轮拨到地上，同时还限制了棉花的喂入量；拨轮装配的主要作用是将采摘在梳齿组上的棉花拨到后级的螺旋输送中；螺旋输送装配的主要作用是将棉花集合到风机口，在风力的作用下把棉花输送到棉箱中。在设计制造中，要充分考虑各组件之间的相互装配关系，根据实际情况，对齿间距、齿材料、压棉辊位置做出相应的调节，使棉花在梳齿间能够顺利地输送。现根据设计要求，对影响采摘头堵塞现象进行分析。

知识点2　采棉机水平摘锭的工作原理

棉花纤维着生在种子上，由种子表皮细胞生长形成带状，有天然的扭曲。其纤维具有很大的缠卷性，即相互之间缠绕以及向凸出物及粗糙表面缠挂的特性。如果把纤维之间彼此压紧，则由于纤维的扭曲处相互缠结，纤维间的连接就加强了。棉花纤维的这一特性，最初应用于纺织工业，目前在水平摘锭式采棉机中也有应用。

水平摘锭式采棉机工作时，扶导器将棉株扶起导入采摘室，采棉滚筒中水平安装的摘锭在转动过程中有规律地伸出栅板，与前进方向垂直地插入被挤压在采摘室中的棉株里。当遇到开裂的棉铃时，高速旋转的摘锭把籽棉从开裂的棉铃中扯出来，并将其缠绕在自己的工作表面上，摘锭开始先扯出少部分纤维，然后依靠这部分纤维把其余纤维全部带出，在其表面缠卷成棉条状。采摘后的摘锭经栅板退出采摘室，并由滚筒送入脱棉区，高速旋转的脱棉盘将摘锭上的籽棉反旋向脱下，之后摘锭从相对静止的淋润板下通过，其表面上的泥污和黏附物被清理掉，同时又被涂上薄层液体，再重新进入采棉室采棉。

总结摘锭的工作过程如下：

(1)摘锭进入采摘工作区。

(2)个别棉花纤维被摘锭表面抓住并缠绕起来。

(3)从一个或几个铃瓣中摘取整瓣籽棉。

(4)摘锭带着缠绕在它上面的籽棉旋转。

(5)从工作区退出来。

(6)脱棉和清洗。

通过分析以上水平摘锭工作原理可知，所谓摘锭把籽棉从棉铃中扯出来，实质上就是摘锭在与它接触的棉花纤维中间产生足够大的摩擦力而把纤维带出。从受力情况分析，摘锭把与它相接触的棉花纤维带出来的力必须足够大，以便拉出并缠绕那些与摘出的纤维相缠结的其余纤维。如果带出棉花的力足够大，摘取过程就顺利进行；如果已经摘取的棉花纤维在摘锭上打滑，或者它跟棉铃中棉花的联系被破坏，会导致缠绕终止，致使摘取过程失败。

知识点3　采棉机的工作过程

采棉机采棉作业是由采棉工作单体完成的，如图 7.3 所示，工作过程：扶导器将棉株扶持导入隔栅板与压力调节板构成的采摘室，随着采棉机向前运动棉株宽度被挤压至 80～90 mm，旋转着的摘锭有规律地伸出栅板，呈水平状垂直插入被挤压的棉株，与吐絮的棉铃相遇，摘锭上的钩齿挂住籽棉，把吐絮棉瓣从开裂的棉铃中拉出，并缠在摘锭上，同时摘锭随滚筒旋转由采摘室经栅板退出进入脱棉区，高速旋转的脱棉盘将摘锭上的籽棉反向脱下。脱下的籽棉被气流自集棉室经输棉管道输送至棉箱。摘锭随采摘头旋转至淋润刷板下部，淋洗去植物汁液和泥垢以利于下次采棉和脱棉)，然后重新进入采棉室采棉。

为提高采摘质量，采棉机作业前进速度与摘锭转速的比为常量(指在限定的挡位时)。即采摘头座管在采摘区内向后旋转的线速度与采棉机前进速度值相等、方向相反，摘锭在采摘时相对于棉株在纵向无相对位移，并由凸轮机构的运动轨迹控制座管使摘锭垂直插入和退出棉株，提高了采净率，减少了摘锭对棉杆的伤害及植物汁液对籽棉的污染。

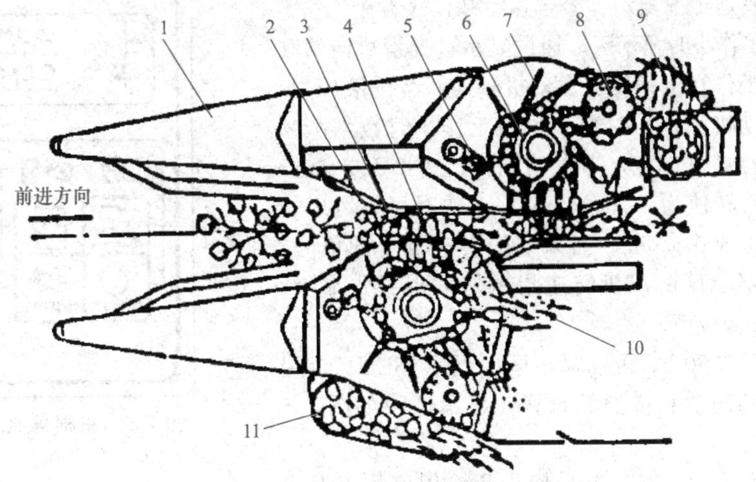

图 7.3　水平摘锭工作单体示意

1—扶导器；2—栅板；3—挤压板；4—采摘室；5—淋洗器；
6—摘锭滚筒；7—水平摘锭；8—脱棉器；9—空气补给窗；10—排杂口；11—集棉室

知识点 4　采棉机的辅助装置

1. 传动系统

采棉机功率一般消耗在行走、采棉和输送三大部位，其中采棉、风力输送部分功率消耗较大。该机具行走动力从发动机输出后，一改常规的机械传动方式，采用静液压驱动。发动机直接驱动变量泵，变量泵输入、输出油口通过管路与定量液压电动机油口相接，该液压电动机动力输出轴也是行走、采棉头变速箱输入轴，实现了发动机与行走变速箱之间的柔性动力传递；此外，可在行走变速箱各挡位之间实现无级变速，在保证发动机额定转速不变的情况下，通过调整变量泵的输出油量及方向而改变液压电动机的转速和旋转方向，并保证了行走速度和工作部件速比的同步协调。

2. 采棉机工况监视及报警系统

为及时了解采棉机发动机、工作部件、采棉工况等技术状态，驾驶员右前方设有采棉机工况监视及报警显示面板，并附有触摸键，调整方便。以 JD9970 型采棉机为例，其监视显示面板如图 7.4 所示。

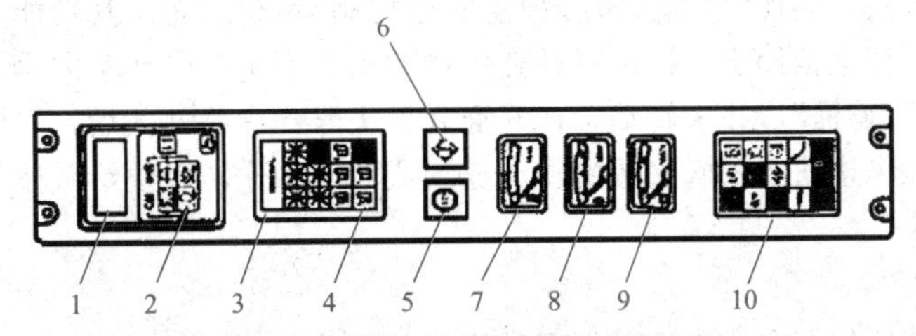

图 7.4　采棉机工况监视及报警系统

1—显示盘；2—转速表(地面速度、水压、发动机转速、风扇转速、发动机小时、风扇小时、显示选择)；
3—正常指示器；4—监视显示盘；5—关机指示灯；6—警告指示灯；7—燃油油位；
8—发动机冷却液温度；9—电瓶充电(电压表)；10—指示器显示盘

整个显示面板可分为转速表及工作小时显示、采摘头监视显示、其他工况显示、警告显示和读表五个区块。

在转速及工作小时显示区，通过显示选择键可向驾驶员显示采棉机工作行走速度、发动机转速、清洗液压力、风扇转速、发动机工作小时数、风扇工作小时数六个参数，其中风扇转速可设定，当发动机转速为 2 200 r/min 时，风扇的正常转速为 3 700 r/min，工作时可将风扇的转速值设定为 3 500 r/min。当风扇的转速低于此值时，位于其他工况显示区的风机转速指示灯发出警告显示，报警器鸣响 3 s 警报声。

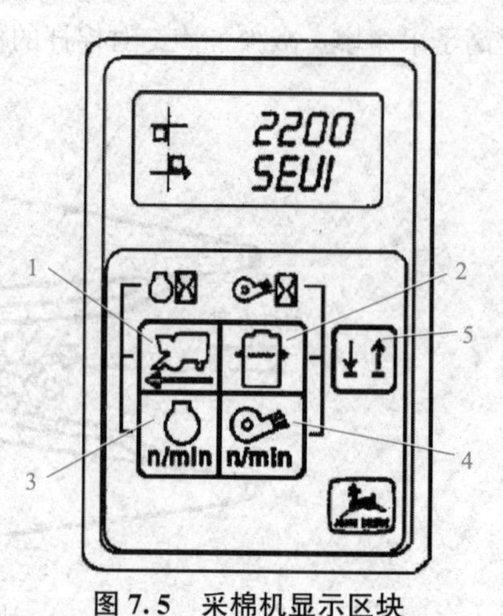

图 7.5　采棉机显示区块

1—地面速度；2—水压；3—发动机转速；4—风扇转速；5—当前有效行选择

采棉机每工作 50 h，可在显示区内显示“SEU1”，用来帮助确定定期润滑和维护的日程，显示区块如图 7.5 所示。

采摘头监视显示区对每个采摘头和输棉道的工况进行即时显示，当某个采摘头停止转动或转速低于其他采摘头时，相应的采摘头指示器和警告显示就会闪烁并发出警告声；当某个输棉道堵塞时，相应的指示器和警报显示也会闪烁并发出警告声，提醒驾驶员立刻切断采摘头的动力，停机检查发生故障的采摘头。显示区块如图 7.6 所示。

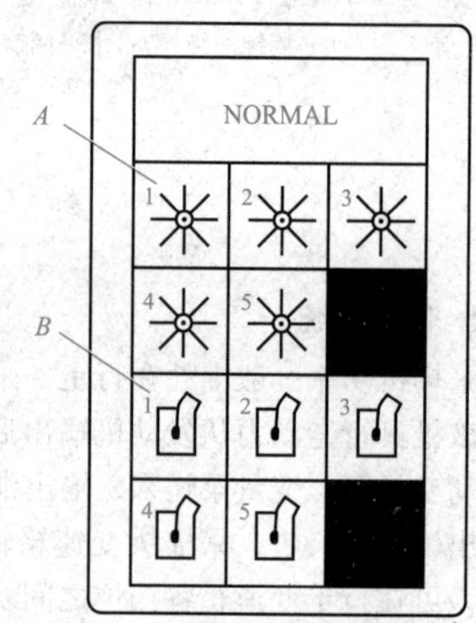

图 7.6　采摘头监视显示区

A—采棉滚筒；*B*—吸入门

其他工况显示区块主要显示液压油温度、风扇转速、发动机空气滤芯状况、机油压力、冷却液温度是否正常。当出现异常时，相应的指示器和警告显示就会闪烁并发出警告声。

同时，此区块还向驾驶员显示制动器、摘锭润滑开关、棉箱输送链板、液压控制杆锁定四种控制工作部件的工况。

位于监视显示面板中下部的燃油油位、发动机冷却液温度、电压三个读表，指针指示其值的大小。

3. 驾驶员在位系统

在变速箱处于挂挡状态时，驾驶员在位系统将不会影响采棉机的正常功能；当变速箱处于中立位置且驾驶员离开驾驶室时，系统会使采棉头停止转动。另外，此系统可以通过采棉头服务支路和手动按钮开关，实现“采棉头室外独立安全控制”系统状态。其功能：单个驾驶员在限定的发动机转速内、变速挡处于空挡位置并在手动制动状态下，先在室内设置采摘头结合工作状态，此时滚筒处于“待命”，并未转动，在开通采摘头服务支路开关后，驾驶员可在室外进行采摘头检查，按动操纵按钮使采摘头缓慢转动连续或断续动作，以便给采摘头各润滑部位加注润滑脂或冲洗采摘头。

4. 压力换向输棉系统

为克服常规气流输棉存在的籽棉必须通过风机从而使籽棉混杂、棉籽破碎、风机叶片磨损大等弊端，美国采棉机近年推出“压力换向系统”，这实际上是气流涡流发生装置。此种装置是在鼓风机的“正压”气流工作状态下，利用该气流在输棉管另一侧造成“涡流真空区”形成负压吸棉，籽棉越过喷嘴后变为正压吹棉，使整个输棉系统简单，如图 7.7 所示。

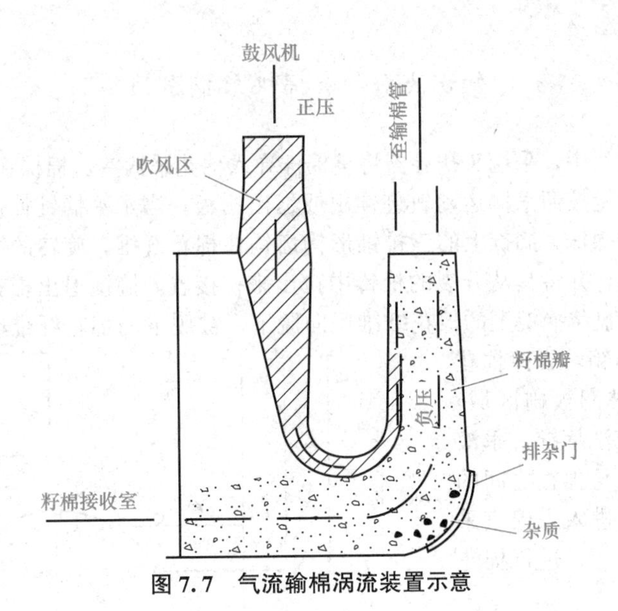

图 7.7　气流输棉涡流装置示意

5. 采摘头高度自动控制系统

为保证采棉滚筒在工作过程中实现纵向仿形和避让障碍物，提高机器采棉工作质量和保护采棉部件不受损伤，采棉机的采摘滚筒组必须装备高度自动控制系统。该系统的工作原理：与地面始终接触的感应板依据地面高度变化而经传递连杆机构控制液压阀阀芯上下运动，实现滚筒高度自动控制。当感应板遇到障碍物上升时，连杆机构带动阀芯上移，压力油路与提升油缸接通，高压油进入油缸，推动活塞杆使采摘头迅速上升。当感应板悬空时，在自重及弹簧作用下下行时，带动阀芯下移，此时油缸与回油油路接通，采摘头依靠自重下降。阀芯处于中间位置时，采摘头的高度保持在正常工作位置。

6. 棉箱籽棉压实装置

为增加采棉机棉箱装载籽棉的质量，延长采棉行程，提高作业生产率，采棉机配备籽棉液压压实装置，由液压电动机驱动三个变径螺旋输送器，旋转压实棉箱内的籽棉，可以在棉箱容积不变的情况下，增大装棉量，减少卸棉次数。

7. 压力淋洗装置

压力淋洗装置用来淋洗水平摘锭齿槽内的叶浆、杂质等，以利于摘锭再次钩取吐絮棉瓣、减少籽棉污染和易于脱棉，同时还可降低摘锭表面温度，避免摘锭因反复摩擦产生发热现象。其工作过程：由水泵将淋洗液自喷嘴喷出，水溶液经分水盘分配到相应的塑料输水管，然后经淋润板刷作用到摘锭表面。淋洗溶液是用水稀释专用的淋洗剂配制而成的。

8. 快速润滑装置

由于采摘摘锭转速高达 4 125 r/min，且其数量又多，一般一根摘锭座管总成有 1 418 个摘锭，而每个滚筒又有 12 根座管，每个采收单体均配备 2 个滚筒。因此，每行棉花需 336 个摘锭工作，一台五行机约 2 000 个摘锭，加注润滑脂是相当烦琐的工作，为此，采棉机上安装一种润滑压力加注系统，利用滚筒润滑油电动机驱动的润滑脂泵，将一种专用耐高压的特殊润滑脂通过润滑管道系统对各润滑点进行快速加注润滑油，整个过程仅耗时约 5 min。

另外，采摘滚筒的齿轮传动系统配置了“集中润滑”装置。就是将一些条件允许统一集中的相关润滑点以润滑管按区域集中在若干集合板上，然后集中加注润滑脂，目的在于方便、安全、准确、不遗漏。

知识点5 采棉机采摘滚筒

采棉机在前进过程中，采摘头扶导器将整棉株导入棉花采摘室，棉株在棉花采摘室被挤压，高速旋转着的水平摘锭按照采摘运动轨迹伸出或退出栅板；当水平摘锭伸进栅板时，摘锭垂直插入被采摘室挤压的棉株，摘锭上的三排锥形钩齿钩住棉花纤维，旋转的摘锭将钩住的棉花纤维缠绕在摘锭锥面上，并将其从开裂的棉铃中拉出来；接着，摘锭退出棉花采摘室，进入脱棉区，高速旋转的脱棉盘将摘锭上的棉花纤维反向脱下，被脱下的棉花纤维经集棉室由高速的气流经输棉管道送入棉箱，脱掉棉花纤维的摘锭运动到淋润板刷区域，淋润板刷喷出水液清洗摘锭，水液清洗是为了增加摘锭与棉花之间的摩擦力；最后，摘锭进入采棉室采棉。如此反复循环工作，进行棉花的采摘工作。

当滚筒旋转运动时，摘锭座管总成不仅随滚筒回转，而且曲拐上的滚轮受到导向槽的运动限制。由于导向槽的轨迹复杂，导致摘锭座管总成中心轴线与滚轮中心轴线的运动不同步，从而实现摘锭座管的摆动与旋转运动。这就体现了研究导向槽的重要性，它是决定整个采摘效率的一个重要因素，同时对研究采摘规律有重要意义。采棉滚筒采摘过程原理如图7.8所示。

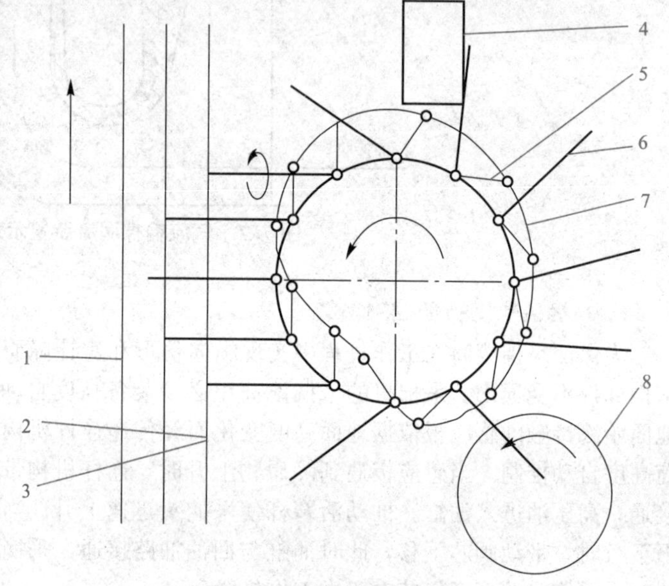

图7.8 采棉滚筒采棉原理

1—采棉滚筒；2—栅板；3—导棉板；4—淋润板刷；
5—曲拐；6—摘锭；7—导向槽轨；8—脱棉盘

知识点6 机采棉清理加工工艺及配套设备

1. 机采籽棉的含杂、含水特点

据测定，常规手工采收的籽棉含杂率在1%左右，含水率为8%～9%，杂质以叶片、尘土为主，在清理加工过程中，仅需两道籽棉清理工艺（沉降式重杂清理和刺钉滚筒籽棉清理）即可付轧，轧制的皮棉一般经一道锯齿皮棉清理直接输送至皮棉打包工序，从而完成整个清理加工过程。

自走式采棉机采收的籽棉含杂率为6%～9%，杂质种类以叶片居多，且含有铃壳、枝杆、僵桃、僵瓣、土块等。由于采棉机采收部件采用水平摘锭滚筒，采收过程中，需淋注清洗液清洗摘锭，机采籽棉含水率较手工采收籽棉一般高1%～2%。机械采收棉花时，棉株经过化学脱叶催熟作业后，棉花吐絮率在达到95%、脱叶率达到90%时，采棉机即可进行采收作业，在人工辅助的条件下，采收的籽棉卸入运棉拖车运至棉花加工厂等待付轧。所以对于机采籽棉的清理加工，需从采收籽棉含杂、含水等特点，在保证皮棉质量的前提下，尽量减少清理环节，确定清理加工流程和配套设备。

2. 机采棉清理加工工艺及配套设备

新疆生产建设兵团农一师八团引进美国拉默斯公司清理设备与国内轧花、打包等设备配套，组成机采棉清理加工生产线，工艺流程分为七个系统，它们按流程的顺序：籽棉喂入系统、一级籽棉烘干清理系统、二级籽棉烘干清理系统、输棉及轧花系统、皮棉清理系统、集棉和加湿系统、打包和棉包输送系统。

配套设备：外吸棉管道→定网式籽棉分离器→籽棉喂料控制箱→重杂沉积器→一级籽棉烘干塔→一级倾斜六辊籽棉清理机→提净式籽棉清理机→输棉管路内→二级倾斜六辊籽棉清理机→带回收装置的倾斜六辊籽棉清理机→输棉搅龙及溢流棉处理装置→锯齿轧花机→气流式皮棉清理机→锯齿皮棉清理机串联两台→集棉机→带加湿装置的皮棉滑道→打包机→棉包称重及输送装置。

人工快采棉清理加工流程及配套设备：

籽棉→通大气阀→重杂沉积器→定网式籽棉分离器→籽棉自动控制器→烘干塔→二级倾斜六辊籽棉清理机→闭风阀→带回收装置的倾斜六辊籽棉清理机→配棉搅龙→轧花机→气流式皮棉清理机→锯齿式皮棉清理机→集棉机→打包机。

手摘棉清理加工流程与快采棉工艺流程基本相同，通过调整阀板的位置，使籽棉不进入带回收装置的倾斜六辗籽棉清理机而直接进入配棉搅龙，即组成手摘棉清理加工工艺流程。

知识点 7　机采棉清理设备结构和工作原理

机采棉清理设备按其工作原理的不同可分为气流式、刺钉滚筒式和锯齿式三种基本形式。

1. 气流式重杂分离器

气流式重杂分离器结构简图如图 7.9 所示。

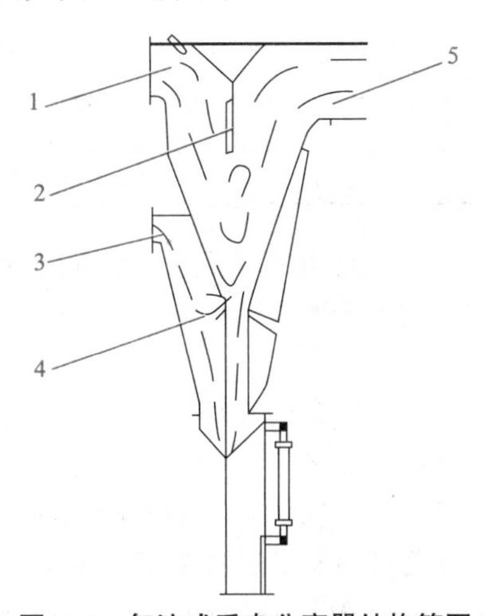

图 7.9　气流式重杂分离器结构简图

1—进口；2—导向板；3—热风补气口；4—补气口；5—出口

气流式籽棉清理设备的工作原理是利用籽棉与各种杂质的物理性质不同，即悬浮速度的不同来分离杂质。当籽棉进入分离器内部时，内部容积扩大，气流速度降低，在反射板的作用下，物料改变运动方向，由于气流速度小于重杂物的悬浮速度，在自重和惯性力的作用下，重杂物从籽棉中分离出，落入分离器下部。

调整气流导向板的倾斜度、补气口开口尺寸可获得不同的清理效果。

2. 刺钉滚筒式籽棉清理机

刺钉式籽棉清理机主要由籽棉、热空气进口、机体、六个刺钉滚筒、格条筛网、空气出口、籽棉闭风阀七部分组成，如图7.10所示。

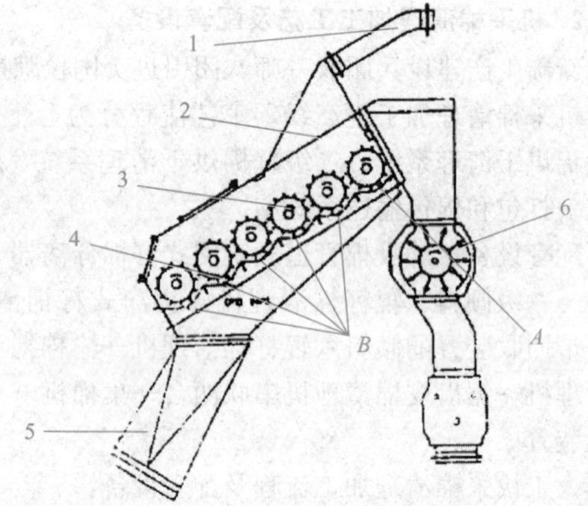

图7.10　刺钉式籽棉清理机结构及调整间隙简图

1—籽棉热空气进口；2—机体；3—刺钉滚筒；4—格条筛网；5—杂质热空气流出口；6—籽棉闭风阀；A、B—间隙

(1)刺钉式籽棉清理机工作原理。在机采棉清理加工工艺中，该机位于籽棉烘干机之后，提净式籽棉清理机之前，经烘干后的籽棉在引风机的作用下，由籽棉、热空气进口进入机内，刺钉滚筒的旋转方向为逆时针方向，籽棉在刺钉滚筒的作用下，进入滚筒与格条筛网组成的清理区间，逐级自下往上沿刺钉滚筒下部运动至籽棉出口通过闭风器进入下级清理设备，同时，籽棉在刺钉的打击和格条筛网的摩擦冲击作用下，混在籽棉中的细小杂质被清出，通过格条筛网落下，在风力的作用下进入尘塔。

刺钉式籽棉清理机主要性能参数及调整间隙，见表7.1。

表7.1　刺钉式籽棉清理机主要性能参数及调整间隙

项目	数值
刺钉滚筒转速/($r \cdot min^{-1}$)	465
间隙A/mm	9.52
间隙B/mm	12.7
安装角度/(°)	30
滚筒轴心距/mm	362
刺钉径向间隙/mm	6.35

(2)影响刺钉滚筒式籽棉清理机清杂效果的因素。刺钉滚筒式清理机的工作效能，除与籽棉的品质、含水有关外，还与清理机的生产率、滚筒转速、排杂筛网的结构形式、刺钉与筛网的间距、滚筒数量和刺钉排列方式及排杂网的清洁与否有密切的关系。

①籽棉含水含杂量。就同一台清花机来讲，对于含水量低的籽棉，由于籽棉和杂质的黏附力小，杂质容易清除，则清杂效率高；反之，籽棉含水量高，清杂效率低。对于含杂量高的籽棉，清花机的清杂效率高；反之，籽棉含杂量少，清杂效率就低。

②生产率。在一定条件下，清花机的技术规格及籽棉状况一致时，单位时间内清理籽棉的数量越多，清杂效能越低，反之，生产率低，清杂性能就高，但成本增加。

③滚筒转速及半径。刺钉滚筒的转速越高，其表面线速度越大。在生产率为4 t/h，其他条件一定时，刺钉滚筒的线速度为3～9 m/s时，清杂效能最好可达到35%，超过11 m/s时，就会击碎棉籽、损伤纤维，使皮棉内的疵点增多。因此，一般规定线速度为8～10 m/s，不超过11 m/s为宜。

④排杂筛网的形式。与刺钉滚筒相配合的筛网有下列几种：

a. 铁丝编织筛网——有方孔或矩形孔两孔。

b. 钢板冲孔筛网——有圆孔或长圆孔两种。

c. 格条栅筛网——由圆钢或扁钢组成。

⑤刺钉到网面的距离。刺钉尖端与网面的距离，必须根据籽棉瓣的大小及生产率来确定，间距过大，由于籽棉小，籽棉速度落后于刺钉速度太多，容易产生阻塞和揉搓现象，杂质不仅无法排出，而且易挤破棉籽产生新的杂质和疵点；间距过小，籽棉被阻滞在刺钉上，随着刺钉一起运动，在排杂网与刺钉间的冲击作用差，排杂效率也低。一般刺钉尖端到网面的间距控制为 9～20 mm。

⑥刺钉滚筒数量及刺钉排列方式。刺钉滚筒的刺钉直径、长度以及滚筒的直径等因清花机的不同而异。刺钉是用圆钢制成的，一般为圆柱形或锥形，刺钉的排列必须行与行之间错开，以增加刺钉对籽棉的冲击机会，便于对籽棉开松清杂。

为提高清杂效能，可在刺钉滚筒上加设适当的板条，这样既可增加对籽棉的冲击机会，又减少了籽棉被阻滞在刺钉上的机会。有的机型每隔两排刺钉加设一板条。如刺钉高为 50 mm 时，板条可采用与其相应的 50 mm×50 mm×4 mm 的角钢制成。

滚筒的类型多种多样，但最为常见的是全刺钉滚筒，即滚筒为圆柱形，滚筒表面全部装设刺钉。清花机上滚筒的数量对清杂效能的影响也比较大，一般地，对于一定结构的清花机滚筒，其清杂效率是相对稳定的。清花机的滚筒数目增加，对籽棉的打击次数也增加，清杂效能提高，皮棉的品级也会得到提高。但是，打击次数增加过度，就造成对棉纤维和棉籽的损伤，从而增加了疵点粒数，棉纱强度也会受到影响，一般为 5～7 个滚筒。

3. 锯齿滚筒式籽棉清理机

锯齿滚筒式籽棉清理机的形式很多，但根据杂质和籽棉分离的作用原理，可分为提净式籽棉清理机和离心式籽棉清理机两大类。在机采棉清理加工设备中，可以采取组合两类锯齿滚筒式籽棉清理机的做法，设计成上下两部分共同作用的锯齿滚筒式籽棉清理机。

(1)锯齿式籽棉清理机的结构。该机由上、下两部分组成，上部采用提净式籽棉清理机的结构，主要由换向阀板、三个螺旋推运器、大锯齿滚筒和毛刷滚筒构成，下部采用离心式籽棉清理机的结构，主要由两个锯齿滚筒和一个毛刷滚筒构成，如图 7.11 所示。

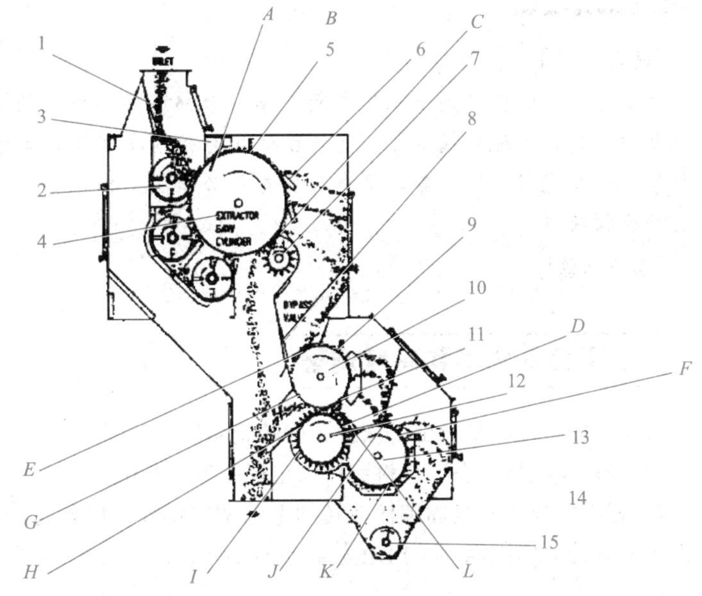

图 7.11 锯齿滚筒式籽棉清理机结构简图

1—换向阀板；2—螺旋推运器；3—阻壳板；4—大锯齿滚筒；5—钢丝刷；6—排杂板；7—毛刷滚筒；8—换向阀板；9—钢丝刷；10—锯齿滚筒；11—排杂棒；12—毛刷滚筒；13—锯齿滚筒；14—排杂棒；15—杂质绞；A、B、C、D、E、F、G、H、I、J、、K、L—籽棉闭风阀间隙

(2)工作原理。在机采棉清理加工工艺中，锯齿式籽棉清理机主要清除铃壳、枝杆和青铃等重杂质为主，也清除叶片等细小杂质。工作时，换向阀处于图示位置，籽棉落入上部搅龙，在第一级搅龙的输送和抛掷作用下，沿锯齿辗筒表面从一端向另一端输送，在此过程中，籽棉被锯齿滚筒表面的锯齿钩拉，随滚筒旋转至阻壳板处，一些较大的杂质如铃壳、枝杆等则被阻

挡，与搅龙中残留的籽棉一起被推运至二级搅龙，搅龙中的籽棉继续被锯齿滚筒钩拉，杂质被二级搅龙输送到三级搅龙直至排出。

被锯齿钩拉住的籽棉随滚筒旋转至钢丝刷处被钢刷拭平，籽棉紧紧地贴附在滚筒表面，混在棉层中的杂质经过排杂棒时，在排杂棒的冲击作用下，杂质与籽棉分离排出，籽棉在毛刷滚筒的作用下，被刷下后进入下级清理工序。

上部分离出的杂质和混入的部分籽棉落入下部一级锯齿滚筒上，经下部两级锯齿滚筒继续提取杂质中的籽棉，杂质经排杂棒排出，落入机器底部的杂质搅龙，位于两锯齿滚筒之间的毛刷滚筒将被清理后的籽棉刷下与上部机器清理后的籽棉汇合进入下级清理工序。

在机采棉清理加工工艺中，也可单用下部作为大杂质清理设备。

(3)影响锯齿式籽棉清理机清杂效能的因素。

①籽棉的含水和含杂。对于含水高的籽棉，由于杂质与水黏附力较大，不易清理，即清杂效能低。反之，清杂效率高。对含杂量高的籽棉，清杂效率高，反之较低。

②生产率。在锯齿滚筒的转速，籽棉抛掷速度等其他条件一定时，生产率越高，清杂效能越低，这是因为生产率高，说明锯齿钩取的籽棉多，负荷大，从而弹回的杂质少。

③锯齿滚筒速度。锯齿滚筒的速度越高，钩取的籽棉越少，籽棉损失少，但清杂效能越低。一般锯齿滚筒的线速度取 3～5 m/s。

任务实施

[任务要求]

某棉花联合收获机企业三包车间承接一台棉花采摘机的维修任务。车主自述，采棉机在进行采摘作业时，出现采摘不良、茎秆放铺和籽棉不净现象，车主要求对该棉花收获机进行检测并维修。如要完成此项任务，维修人员首先必须熟悉棉花收获机的结构与工作情况，正确调整棉花联合收获机。

[实施步骤]

一、采摘头水平和高度调整

确保采棉机停在平地上，保持正确的轮胎压力并固定采摘头。

(1)采摘头离地状态下，将液压锁定开关置于开位。

(2)根据需要松开紧固螺栓，转动上部调整螺栓，以致每个摘头都垂直而不是面对面倾斜。重新上紧悬挂架紧固螺栓，扭矩为 48～51 N·m。

二、采摘头倾斜度调整

采摘头倾斜度调整的目的是使前后采摘头的摘锭沿棉株高度交错均匀布置，这样向下的倾角可以减少杂质和脏物在采摘头上的堆积，以利于提高采净率。实际工作中，JD9970 型采棉机后采摘头较前采摘头高 19 mm，CASE 型采棉机一般为 25～51 mm。

调整方法：松开每个径向杆的锁定螺母。可根据需要旋转径向杆来升高或降低采摘头前部。重新上紧锁定螺母，扭矩为 108～122 N·m。通常的情况下，应调整前滚筒低于后滚筒，在泥泞地面工作时，应增加采摘头的倾斜度。

当采棉机停在平地上且采摘头落在工作位置时，应经常检查采摘头的倾斜度。

三、采摘头高度控制连接装置的调整

以 CASE2555 型采棉机为例，仿行连接装置将提升装置和采摘头仿行摇臂相连，当提升装置上下移动时，摆臂转动操纵仿行阀，按以下方法调整连接装置：

(1)旋松锁定环上的螺母。

(2)降低连接杆上上下滑动锁定环直到摆轴臂处于全上位和全下位中部。

(3)拧紧锁定环的螺栓。

(4)打开滚筒仿行开关与自动位进行田间操作采棉机。

(5)如仿行筏不能使采摘头保持正确高度。再次调整锁定环，将锁定环在底部连接杆架向上移动提升采摘头。在低位连接杆上将锁定环向下移，降低采摘头。

(6)调节压棉板压力及距摘锭顶端距离。

压棉板压力增加可提高采净率，但籽棉含杂也相应增加。

调整张紧弹簧压力方法如下：

取下植株压板张紧弹簧毂上的螺栓，按需要旋紧或放松，拧紧螺栓。二次采收压紧力可相应增加1～2个螺孔。JD9970 型采棉机压力板距摘锭顶端距离为 3～6 mm，CASE2555 型采棉机为 6.4 mm。

四、脱棉盘的调整

通过调整装置，使脱棉盘总成与摘锭之间在转动时有轻微阻力，如阻力较大，可造成脱棉盘和摘锭轴套磨损加快。如脱棉盘与摘锭的间隙过大，会造成脱棉不净。

具体的调整方法：取下固定脱棉盘调整锁定螺母，顺时针转动调整螺栓直至脱棉盘上的凸部与摘锭接触，继续顺时针旋转脱棉盘调整螺栓至下一个螺栓六方平面，可让扳手套进锁定位置，切勿倒回。如果脱棉盘调整过紧，倒回螺栓至脱棉盘与摘锭距离 6.4 mm，然后调整脱棉盘与摘锭相接触，安上蝶形螺母固定脱棉盘扳手。

五、清洗刷与摘锭及润湿器压力的调整

毛刷按下列步骤调整：

(1)旋松毛刷台架的固定螺栓。

(2)旋松调整架上部的锁定螺母。

(3)转动调整螺母，根据需要将毛刷总成上下移动，直至毛刷尖端与摘锭刚接触。仔细检查所有毛刷与摘锭接触，个别毛刷可能比其他的毛刷接触更多一些。

(4)在调整架上拧紧锁定螺母。

(5)将润湿台架上的固定螺栓拧至规定扭矩 109～116 N·m。

(6)润湿系统支承台对齐度调整。

松开在上部和下部的固定螺栓，根据需要调整支承台，重新拧紧支架固定螺栓至 23～29 N·m。

应有足够的水流可清洗摘锭上的棉铃杂质和棉枝汁液，根据棉花状况改变压力设置。推荐设置如下：一次采收时润湿器清洗液的压力应设置为 138～172 kPa，二次采收时为 83～103 kPa。

在工作和调整水流时，经常检查并保持摘锭清洁，在潮湿的天气建议降低至摘锭的水流，

过度的水流会引起杂质堆积在脱棉盘底部，并引起阻塞。

六、采摘头传动带的调整

在工作中，应经常检查传动带的张紧度，一般保持传动带挠度 7 mm，传动带松弛会引起采摘头转速降低，采摘部件转速与采棉机行走速度不同步，采收损失率增大。

七、定期清洗、检查工作部件

依据采棉机使用维护手册，要求每卸载三次棉箱清洁脱棉盘、采摘头、输棉道及淋润器清洁滤网并检查各部件的工况。

1. 采摘头清洗

每次卸棉过程中都在采摘头上积聚一些污物、棉绒等，积聚太多将影响作业功效，且易发生意外火灾，因而收获季节应经常检查。

(1)首先清理脱棉盘底座内的污物，然后清理脱棉盘总成，注意清理时减少污物摩擦，以防发生火灾。

(2)污物通道位于滚筒旁边的输送出口内边，保持其清洁，可以确保棉花顺利输送到棉箱。

2. 机架清洁

(1)保持发动机周围的清洁，不能让积聚物积聚在增压器、排气管上，这将会导致发生火灾。

(2)保持输送风机周围的清洁，这些积聚物会影响输送系统的性能，决不允许杂质、棉花、油污、黄油沾到风机转子上，这会产生风机振动和故障损坏。

3. 机油、燃油冷却器、空调冷凝管清洁

清理变速箱油和燃油冷却器、冷凝器和散热器上的杂质和灰尘步骤如下：

(1)提升棉箱，并可靠结合其前后锁定。

(2)打开散热气罩盖门。

(3)卸下空调冷凝器变速箱油、燃油冷却器护罩蝶形螺母。

(4)卸下空调冷凝器和变速箱、燃油冷却器总成，放在方架孔口，斜置于一边。

(5)清理散热器、空调器变速箱油冷却器及散热器箱室底部。

(6)将冷却器总成放回，紧固蝶形螺母。

拓展知识

带回收装置的倾斜六辊籽棉清理机

带回收装置的倾斜六辊籽棉清理机主要由进口、机体、刺钉滚筒、隔条筛网、小刺钉滚筒、毛刷混筒、锯齿回收滚筒、出口等组成，如图 7.12 所示。

籽棉在引风机的作用下，由籽棉、热空气进口进入机内，刺钉滚筒的旋转方向为逆时针方向，籽棉在刺钉滚筒的作用下，沿倾斜排列的滚筒上部自上往下运动至底部的刺钉滚筒处，充分打松，依靠该滚筒的旋转作用，进入滚筒与格条筛网组成的清理区间，自下往上沿刺钉滚筒下部运动至杂质热空气出口，在这一过程中，籽棉在刺钉的打击和格条筛网的摩擦冲击作用下，混在籽棉中的细小杂质被清出，依靠风力的作用，通过风机进入尘塔，被清理后的籽棉落入籽

棉闭风阀后，实现籽棉与热气流的分离，卸料进入下一级清理工序。

同时，由格条筛网筛孔中落下的部分籽棉，被位于下部的锯齿回收辊筒锯齿钩住后顺时针旋转，被位于其上部的毛刷滚筒刷下带至小刺钉轮筒处，在小刺钉滚筒的打击作用下，与籽棉汇合再次进行清理。

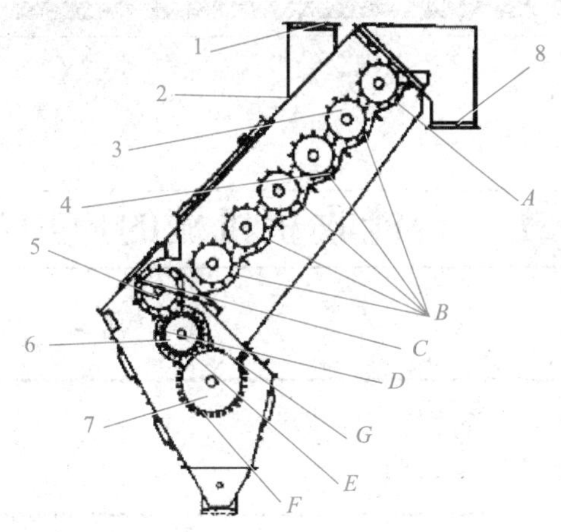

图 7.12　倾斜六辊籽棉清理机结构

1—进口；2—机体；3—刺钉滚筒；4—隔条筛网；5—小刺钉滚筒；6—毛刷滚筒；7—锯齿回收滚筒；8—出口

A、*B*、*C*、*D*、*E*、*F*、*G*—籽棉闭风阀间隙

任务小结

1. 水平摘锭采棉机主要由采摘头、自走底盘、静液压系统、驾驶室(含室内操纵系统)、气力输棉系统、棉箱、电子监控系统、电气系统、淋润系统、自动润滑系统、机具外围防尘系统等组成。

2. 采摘头座管在采摘区内向后旋转的线速度与采棉机前进速度值相等、方向相反，摘锭在采摘时相对棉株在纵向无相对位移。

3. 在机采棉清理加工设备中，可以采取组合两类锯齿滚筒式籽棉清理机的做法，设计成上下两部分共同作用的锯齿滚筒式籽棉清理机。

4. 采摘头倾斜度调整的目的是使前后采摘头的摘锭沿棉株高度交错均匀布置，减少杂质和脏物在采摘头上的堆积，提高采净率。

思考与练习

1. 简述常见采棉机的工作过程。
2. 采棉机的辅助装置有哪些？简要描述其作用。
3. 采摘头主要有哪几个方面的调整？
4. 简述清洗刷与摘锭及润湿器压力的调整步骤。

项目 8　智能收获机械构造简介

任务 8.1　智能收获机械的应用与原理

学习目标

1. 了解智能收获机械的操作方法和工作原理。
2. 熟悉智能收获机械的基本应用。

预备知识

知识点 1　智能农业机械在农作物收获方面的应用

我国是农业大国，农业机械伴随着农业生产规模的不断扩大，生产技术水平也在不断提升。从总体上看，目前我国农业机械以相关的机械设备为主来进行应用，代替了传统的手工作业。主要应用体现在以下方面。

1. 传统的农业机械设备及应用分析

在农业收获方面，机械是非常重要的支撑工具，比如常用的小麦联合收获机、玉米收获机、马铃薯收获机、棉花收获机等。随着普及范围不断扩大，收获机械逐渐从原始的、单一的功能向着多元化的功能延伸和拓展。

2. 智能谷物联合收获机

目前在农作物种植、收获等方面有越来越多的智能化机械设备出现，比如智能化施肥播种机，根据条播机进行功能升级，通过对播种机槽轮转速进行调整进而实现种子和化肥的动态控制，利用计算机技术等进行精准定位和图形比对，进而确定最终的播种、施肥量。谷物到了收获的季节可以应用谷物联合收获机，通过配置产量检测系统，进而可以对产量分布情况、谷物适度、田间海拔高程等相关的参数进行获取和分析，通过配置相关的谷物流量传感器以及湿度传感器等设备，进而实现智能化收获。目前，在农作物收获方面有很多比较成熟的技术和设备可供使用，未来随着农业生产规模的不断扩大，生产质量要求的不断提高，机械水平也将不断提升，农作物收获机械辅助设备将向着更加智能化、人性化的方向发展。

知识点 2　智能收获机械的国内外发展现状

美国约翰迪尔公司、德国 Claas 公司、美国 Case IH 公司等国外的一些收割机的监测技术较为成熟，已经实现了一些工作参数的监测和产量的记录与分析及定位系统等的应用，如发动机转速、作业面积及损失率等。目前，国外技术积累较为成熟，占据全球市场的绝大部分，国内起步较晚，与国外差距较大。我国收割机械作业时主要靠人为判断机器性能的优劣，状态监测的手段处于大力研发阶段。近年来，国内研究主要体现在监测过程中对行走速度、喂入量、损失率、割台高度及GPS等基于ARM和CAN总线的软硬件研究实现，还处于研发阶段，并未实现量产。因此，国内进行相关研究很有必要。

玉米收获机的工作性能、作物状态以及驾驶员的操纵水平直接影响收获质量和作业效率。美国的约翰迪尔公司、Case公司、德国的Mengle公司、道依茨公司生产的玉米联合收获机，绝大部分是在小麦联合收获机上换装玉米割台，并通过调节脱粒滚筒的转速和脱粒间隙进行玉米收获。发达国家已将电子技术、导航技术、遥感技术和地理信息系统等先进的智能技术运用到玉米收获机上，并朝着大型化、自动化、现代化和精准方向发展。我国玉米收获关键技术有待突破，智能控制技术不成熟且实用化程度较低，目前大多针对部分控制功能进行研究。相关高校对谷物联合收获机进行了电子监视系统国产化的研究；魏新华等构建了基于CAN总线的联合收获机智能监控系统的总体架构，并实现了清选夹带损失监测装置、负荷反馈控制装置、机械和液压系统故障监测装置和开机自检装置的系统集成；陈进等设计了一种基于PLC和显示屏的联合收获机监控系统，能够准确显示故障报警点，实时显示工作状态，并能够及时调整前进速度。目前，国内外收获机自动控制研究的对象主要有喂入量、喂入深度、割茬高度、滚筒转速和负荷等。但上述监测系统参数监测不完整，智能控制系统功能单一，系统各参数间联系不密切，且能够应用于实际的产品很少。

中联重科自主研发的人工智能联合收获机，可实现智能感知、自动调整和自我学习等功能。作业时可自动调整行驶速度、割台升降、滚筒转速和风机转速等，辅助机手驾驶，操作更精准、省力，使作业效率、损失率、含杂率等指标最优化，从而减少收获环节的粮食损失，降低劳动强度，提高农业效益。前置视觉感知摄像头自动感知作物长势、倒伏状态；粮仓摄像头适时监测粮满情况；籽粒升运器内置式摄像头实时感知监控籽粒含杂率和破碎率。拥有高灵敏、高精度的传感器及低时延的电液自动化控制技术，构建整机自动控制调整的基础系统；根据作物倒伏、长势情况自动控制割台和拨禾轮升降，自动匹配车辆行走速度，拨禾轮转速和高度，获得最佳收获效果。

根据籽粒含杂和破碎情况自动控制和匹配滚筒转速、风机转速、筛片开度，实现工作效率最大、破碎率降低、清洁度更高；利用损失传感技术适时分析损失率指标，并根据指标适时调整整机相关部件参数，有效降低收获粮食损失。

花生收获机械在国际上研究起步较早，美国等发达国家在花生机械化收获研究方面，已从19世纪末发展至今，出现过多种机械化收获方法的尝试。20世纪中期以来，美国花生收获已全面实现两段式机械化收获，其花生收获机技术全球领先。国内花生收获机械研究起步晚，发展水平较为落后。经过50多年的发展，我国已研发出多种花生收获机械，包括花生收获机、花生联合收获机、花生摘果机等多种机型，如4H-800型、4H-150型及4HLB-2型等收获机。这些机型的研制在一定程度上缓解了国内对花生收获机械的强烈需求，改变了我国花生收获机械的落后局面。

知识点3　联合收获机械的智能系统

收割机械总线化监测系统是指对各传感器、ECU节点与监测诊断系统之间进行总线标准化的柔性组态，包括用户登录、参数分类显示、多线程CAN总线数据传输、数据存储及用户帮助等功能。收割机械监测系统大致结构如图8.1所示(图中箭头表示数据传输方向)。收割机械各个传感器和ECU部分包括需要监测收获机械相关部件的所有值，如发动机冷却水温、机油压力、转速等；收获机ECU部分包括工作时间、总里程、行驶速度、燃油位、转向、远近光灯、主离合卸粮筒等状态、挡位状态、风机增减速按钮及卸粮筒展开收回等按钮等；传感器监测部分包括复脱器转速、清选风扇转速、风机转速、上下尾筛开度、含水率、平方米产量、粮食干湿重、清选损失率及割台损失率等。参考 SAE J1939 协议，采用 ISO 11783 标准的 CAN 通信协议作为通信标准，设计各传感器节点、收获机 ECU 和收获机械智能监测系统之间的通信机制，同时在终端中能实时显示各个电磁阀相关状态、相关参数的变化情况及故障报警等。

知识点 4　联合收获机 CAN 总线传输

联合收获机监测系统总线通信符合 ISO 11783 农林业拖拉机械串行控制和通信数据网络标准。该标准以 SAE J1939 协议为参考，将控制器局域网总线协议(CAN)作为网络协议支持，规定了拖拉机械或农具悬挂或安装不同设备(包括任务管理器、参数组分配、VT 虚拟终端、设备控制器、传感器以及执行器等)之间进行信息传输和交换的方法和格式。

ISO 11783 协议在 CAN2.0B 协议的基础上具体实现了应用层，ISO 11783 把 CAN2.0B 协议中的 29 位 ID 识别封装成为一个协议数据单元(PDU)。在传输时，这些 PDU 被分隔成 1 个或多个 CAN 数据帧，通过物理介质传输到其他网络挂接设备上。PDU 由优先级 P、保留位、数据页位、PDU 格式、特定 PDU、源地址和数据字段组成。其中，保留位、数据页位、PDU 格式字段和特定 PDU 用于建立 18 位参数组编号(PGN)。ISO 11783 中定义了串行拖拉机械大部分参数组编号及参数类型的定义，如时间、日期、相对地面的速度和距离、动力输出相关参数、辅助阀参数、照明参数等。

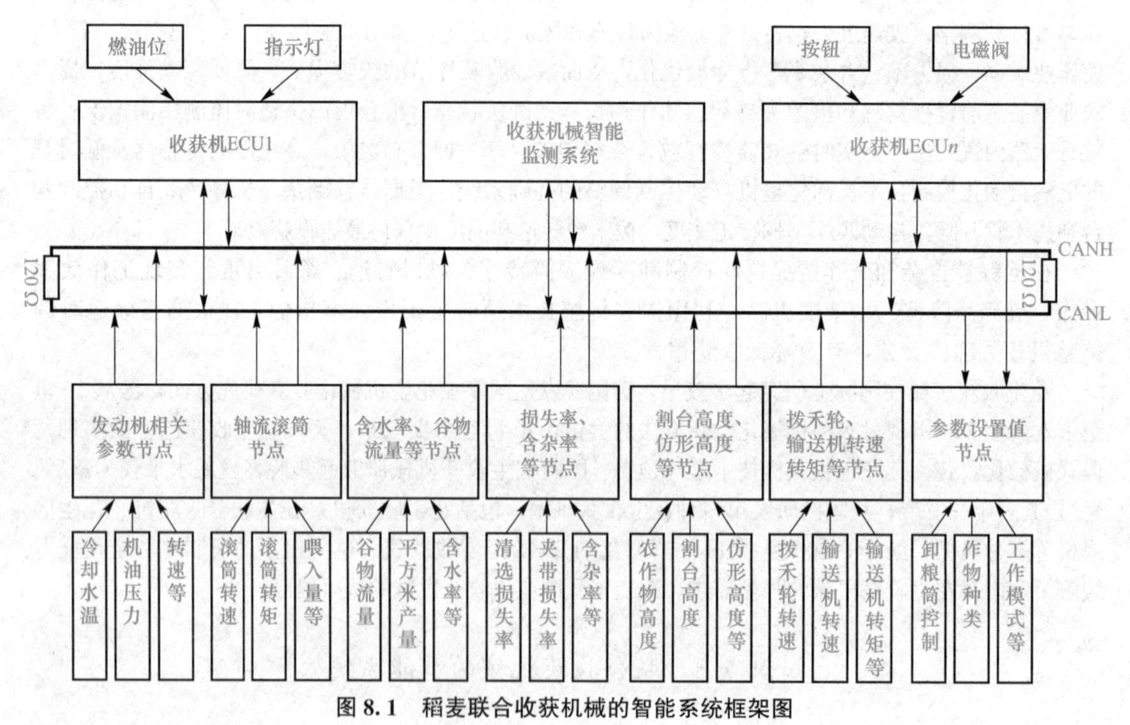

图 8.1　稻麦联合收获机械的智能系统框架图

任务实施

[任务要求]

某农场新进一批智能收获机械，由于大家之前没有使用过此新产品，使用前急需对驾驶员做一个系统全面的培训，从而使他们尽快熟悉产品的基本功能和作业要领。如要完成此项任务，维修人员必须先熟悉智能收获机械的工作原理和总体构造，熟悉各系统的操作功能，学会正确操作智能收获机械和田间作业。

[实施步骤]

一、玉米智能控制系统功能认知

我国目前的玉米收获机型主要有籽粒直收、穗茎兼收、鲜食玉米和种穗玉米收获机。玉米收获机智能控制系统主要用于解决收获过程产生的摘穗损失、籽粒破碎、清选损失等收获质量问题以及跑偏问题，不同玉米收获机型具有不同的控制功能。其中，籽粒直收收获机主要控制功能包括摘穗损失控制、玉米低损脱粒控制、清选损失控制、自动对行、CAN总线集成技术以及常规车电与故障诊断。

控制系统采用CAN总线进行数据的采集和传输，CAN总线可以有效地降低智能控制系统中的数据流量，提高参数的传输效率。结合国内某企业籽粒收获机的结构特点，将系统网络分为标准帧和扩展帧两个子网，行车控制器作为网关。CAN总线的网络拓扑结构如图8.2所示。网络共设置了9个节点，其中，摘穗损失传感器通过图像法采集断穗信息，用于检测收获过程中的摘穗损失率；CAN按键板用于手动操作模式，可进行模式选择和控制割台、主离合、过桥离合、卸粮离合等工作部件动作；操纵手柄用于控制玉米收获机行走以及工作部件的手动操作；显示屏用于参数设置、数据存储以及显示作业参数、常规车电、故障诊断和报警等信息；行车控制器是玉米收获机的基本控制器，主要用于完成玉米收获机启停、行走和转向的基本控制以及传统的手动控制；发动机控制系统，提供发动机转速信号，测量冷却液温度与报警，测量机油压力与报警，检测瞬时油耗，检测发动机故障并报警；智能收获控制器可实现玉米收获机工作部件的自适应控制，以减少收获损失；籽粒破碎传感器通过图像法采集破碎信息，用于检测收获过程中的籽粒破碎率；此控制系统可以使玉米收获机自动对行，可检测玉米植株与导向器的偏离角度。系统对检测信号实时传输并协助整机实现转向控制，采用激光雷达检测边界条件，采用一对接触式传感器采集多根玉米植株，进而通过比例阀自适应调整转向油缸行程，从而实现玉米收获机的自动对行作业。

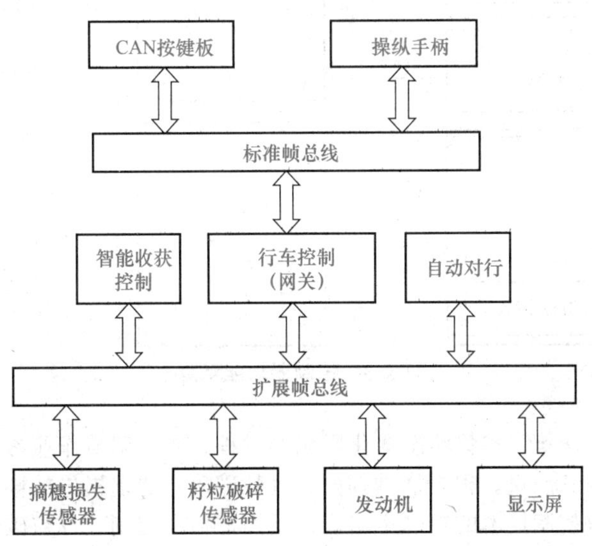

图8.2 基于CAN总线的智能控制系统网络拓扑结构

二、玉米智能控制系统实施

行车控制器和智能收获控制器是玉米收获机智能控制系统的核心，重点对行车控制器和智能收获控制器进行实施。如图 8.3 所示，智能收获控制器根据摘穗损失、籽粒破碎、清选损失的影响机理，以及多参数联合调控策略，进行玉米收获机的智能化控制。摘穗损失传感器、超声波传感器、籽粒破碎传感器、夹带损失传感器、电推杆位移传感器以及滚筒转速、拉茎辊转速、风机转速等测速传感器将采集到的信号传送到智能收获控制器，控制器按照既定的控制策略做出决策，控制相应执行机构动作。行车控制器根据 CAN 按键板与操纵手柄发送的信号，控制主离合、过桥离合、卸粮离合、模式切换以及行走等手动操作；根据转角传感器和自动对行节点发送的信号，控制玉米收获机的行驶方向，完成自动对行作业。

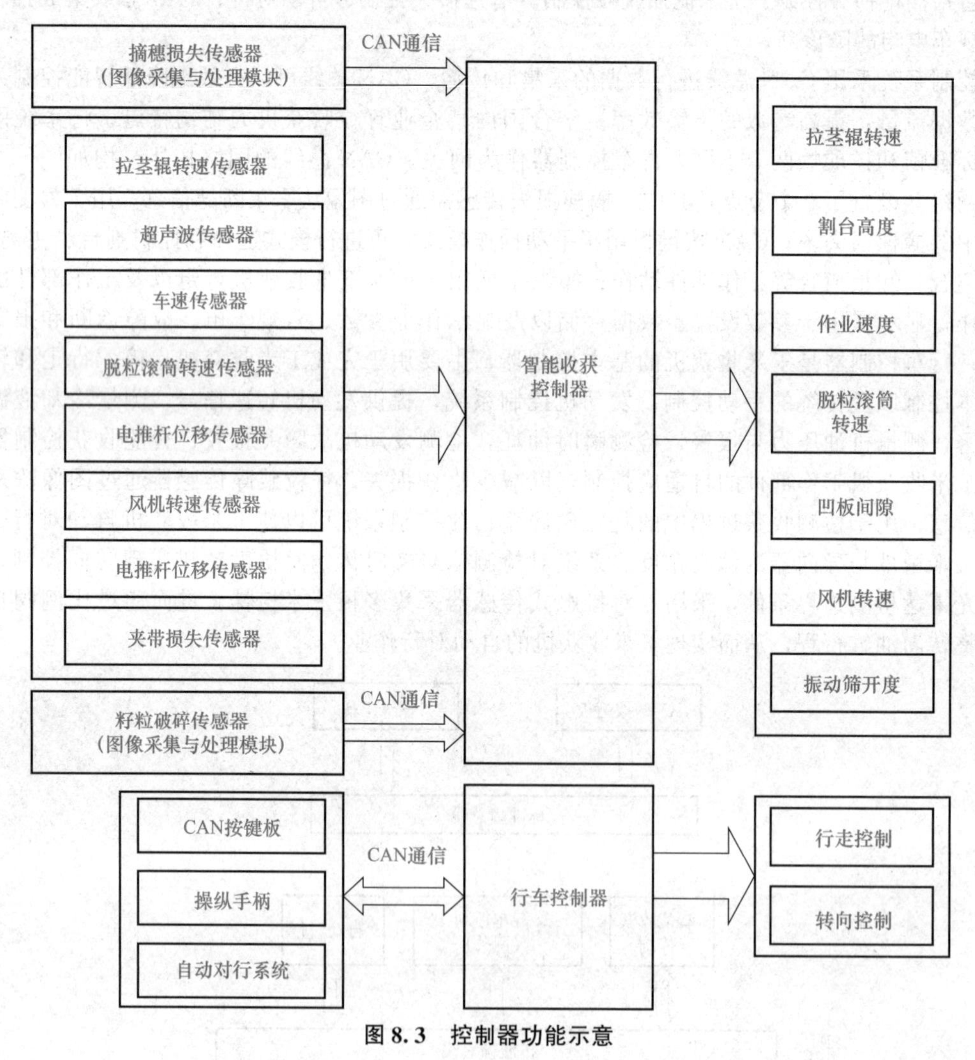

图 8.3　控制器功能示意

玉米收获是一个受土壤、谷物状态变化影响的过程，实时调节作业参数到最优范围内有利于提高玉米收获机的收获质量。根据摘穗损失、籽粒破碎、清选损失的影响机理，建立玉米收获机智能收获系统关键控制技术的控制策略，包括摘穗损失控制、籽粒破碎控制及清选损失控制。控制系统组成如图 8.4 所示。

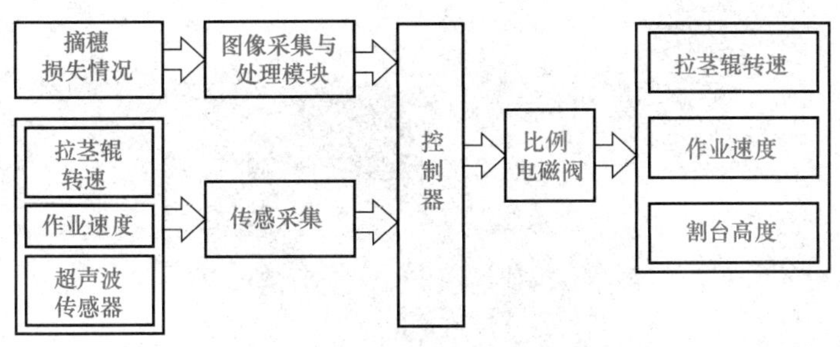

图 8.4　摘穗损失控制系统

三、摘穗损失控制流程

多行玉米收获机大多采用摘穗板式摘穗机构。板式摘穗装置效率高、对玉米穗咬伤率小，掉粒和籽粒破碎现象较轻，但由于板式摘穗装置是强制拉断茎秆，易产生断茎秆，含杂率较高。故针对摘穗过程中产生丢穗、断穗或断茎秆的问题，进行摘穗损失控制。摘穗损失智能控制以减少丢穗、断穗和落粒等损失为目标，摘穗损失手动控制系统(断茎秆控制系统)用于解决断茎问题。研究表明，摘穗损失的主要影响因素有拉茎辊转速、割台高度以及作业速度。摘穗损失控制系统由断穗检测系统、控制器、显示屏、电液比例阀、液压电动机、液压油缸等组成。摄像头获取断穗百分比信息，传递给控制器，经控制器比对摘穗损失当量值，计算是否超标，并发出控制信号，显示屏显示断穗损失率，电液比例阀与液压电动机执行拉茎辊转速的升降，控制拉茎辊转速到允许范围内后，再调整割台高度到允许范围内，最后控制作业速度，最终实现摘穗损失自适应调控。断茎秆控制依据驾驶员观察断茎秆获取信息，通过手动按键，控制拉茎辊转速以减少断茎秆。摘穗损失控制流程如图 8.5 所示。

基于 CAN 总线的玉米收获智能控制系统搭载到玉米籽粒收获机上，控制系统主要传感器安装位置如图 8.6 所示。

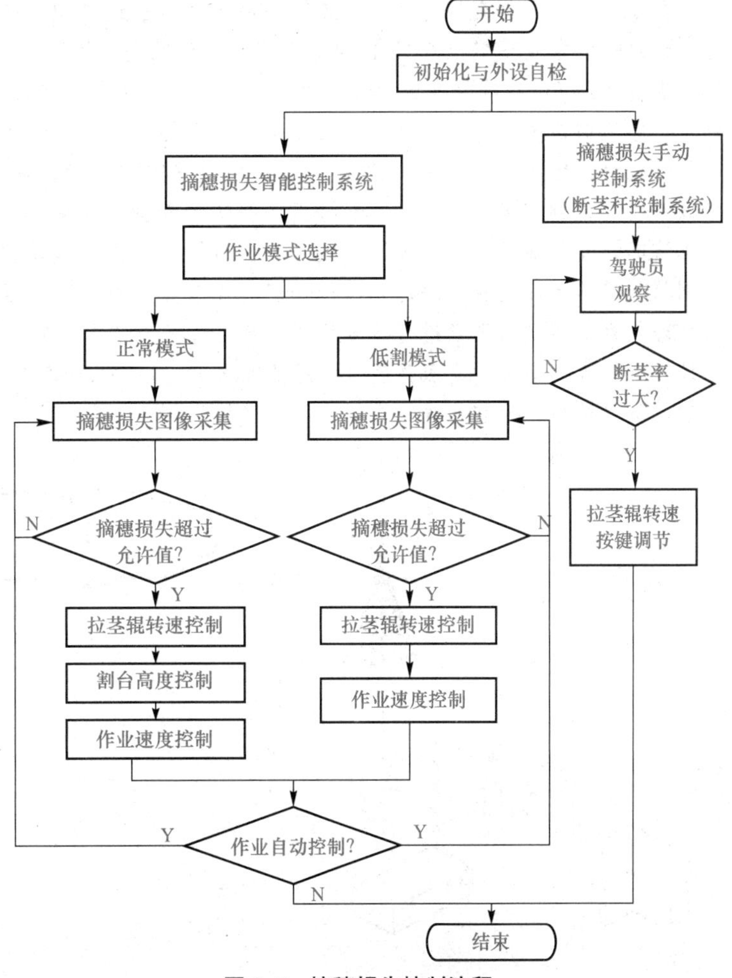

图 8.5　摘穗损失控制流程

图 8.6　玉米收获智能控制系统主要传感器安装位置

1—触碰开关；2—拉茎辊转速传感器；3—电推杆位移传感器与冲击板脉冲传感器；
4—籽粒破碎传感器；5—摘穗损失传感器；6—激光雷达

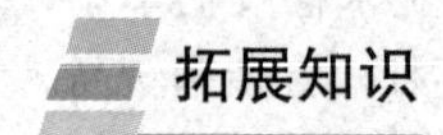

拓展知识

玉米智能收获机器人的路径识别方法

数字图像处理具有信息量大、传输距离远、传输速度快、抗干扰能力强和应用范围广等特点。通过安装在收获机上的CCD摄像机实时地获取垄行的图像，再通过远程传输模块把采集到的图像传递给PC的接收模块。该图像的传输网络建立在现有的远程遥控农业机器人作业平台基础上。实现该传输网络的硬件系统组成如图8.7所示，包括CCD摄像机、视频编码器、图像远程传输模块、图像接收模块和PC。CCD摄像机采用防抖动、体积小和结构紧凑的图像采集器。摄像头将采集到的模拟图像信号通过视频编码器转换成数字信号，再进行压缩，使得图像传输更加流畅，并且显示更加清晰、细腻。无线传输模块把经编码器处理后的数字视频信号通过无线网络传递给无线接收模块；无线接收模块再把得到的数字信号传递给PC，由PC上的数字图像处理软件对得到的图像进行灰度处理；然后适当二值化，形成二值文件(二值化阈值需根据玉米地环境、天气情况和光照强度等实际情况来选定)；对二值文件进行去噪、填充和边缘提取等处理，最终获得玉米智能收获机器人行走路径。

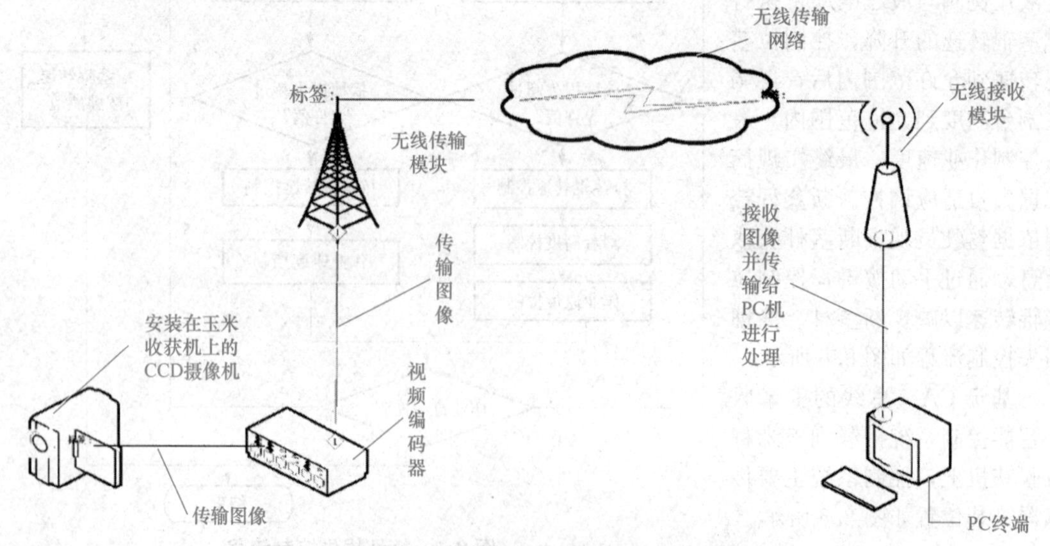

图 8.7　玉米智能收获机器人图像获取硬件系统组成

任务小结

1. 玉米智能控制系统采用 CAN 总线通信方式实现了玉米收获机智能控制系统多项关键技术的集成。该系统监测信息完整，实现了参数的显示与设置、故障诊断和声光报警功能；可以进行手动控制和自动控制两种模式切换。

2. 自动控制部分可根据作业时的作物状态和收获质量做出决策，驱动相应工作部件动作；人性化的显示屏人机交互界面，方便操作。

3. 行车控制器和智能收获控制器是玉米收获机智能控制系统的核心，重点对行车控制器和智能收获控制器进行学习。

思考与练习

1. 简述联合收获机械的智能系统组成和功能。
2. 玉米智能控制系统如何实施？简述其摘穗损失控制流程。

任务 8.2 智能收获机械的构造与工作过程

学习目标

1. 掌握智能收获机械的基本构造和作业方法。
2. 熟悉常见智能收获机械的工作过程。
3. 熟悉智能收获机械的控制系统的作用过程。

预备知识

知识点1 4HBLZ-2智能型花生收获机整体结构及工作原理

4HBLZ-2 智能型半喂入花生联合收获机是在机械式花生半喂入联合收获机基础上进行的智能化改进设计，其主要由行驶系统、收获系统、智能控制系统及动力总成等构成，如图 8.8 所示。收获系统主要由挖掘去土总成、夹持摘果总成及清选总成、升运集果总成等组成；智能控制系统主要由液压传动系统、北斗卫星导航系统、地面仿形系统、在线测产系统、工况监测与反馈控制系统、远程优化调度系统等组成。

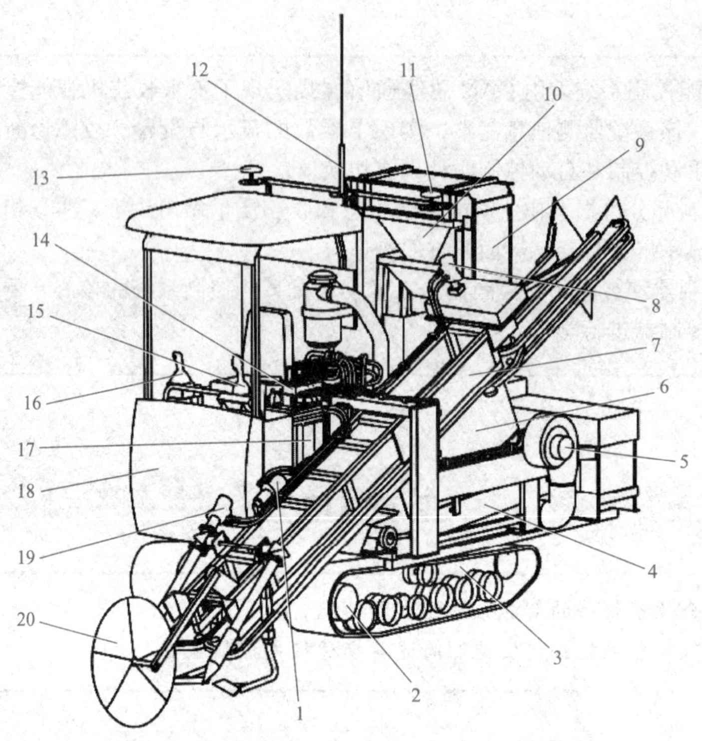

图 8.8　智能型半喂入花生联合收获机结构简图

1、8、19—摆线电动机；2—行驶电动机；3—行走底盘；4—振动筛；5—风机；6—摘果装置；7—夹持装置；9—升运装置；10—测产装置；11、12、13—导航天线；14—多路比例阀；15—收获系统控制手柄；16—行走系统控制手柄；17—发动机；18—驾驶台；20—仿形轮

作业时，收获机能一次完成对花生的挖掘、去土、摘果、清选、升运及集果等作业过程。智能化集成技术的应用提高了花生收获机械的自适应性和作业质量。利用北斗卫星系统进行农业生产导航，降低我国农业生产对国外卫星系统的依赖；自动对行技术的应用提高了农业机械对种植模式及作物生长状况的自适应能力；地面仿形技术的应用提高了复杂地形下农机入土工作部件的工作性能；花生收获在线产量检测技术的应用为后续种植及土地管理提供了依据。

4HBLZ-2 智能型半喂入花生联合收获机传动系统由两套相互独立的液压系统组成，行走系统属于静液压传动系统，工作部件液压系统属于开式液压传动系统。

智能花生联合收获机行走系统采用静液压传动控制技术，包括液压系统和电控系统。液压系统由变量泵和变量电动机组成。变量泵选用两台串联的力士乐 A10VG 柱塞式变量泵。系统两驱动轮分别安装两台力士乐 A6VE 柱塞式变量电动机。电控系统由控制器、行驶控制手柄及其他电控元器件等部分组成。系统采用电子双路控制系统(DPCA)加带电比例(EP)控制的变量泵、变量电动机进行组合控制方案。

知识点 2　稻麦联合收获机械总线化监控

由于联合收获机具有大量丰富的参数监测需求，基于此需要设计的传感器种类、形式繁多，因而对这些丰富的作业及工作状态参数进行分类整理显得非常必要。这些参数分为四类：发动机系统参数、行进传动系统参数、作业状态参数和参数设置。发动机系统参数主要是与发动机相关的参数，如发动机水温、发动机机油压力及发动机转速等。行进传动系统参数主要是收获机械行进过程中有关车辆传动相关的参数，如行走速度、行驶里程、行走时间、电动机转速、转向灯及挡位等。作业状态参数包括状态显示和参数检测值两部分，状态显示是收割机械作业过程中驾驶员对驾驶室相关操作引起某些状态的改变而进行的显示，如风机增速按钮、拨禾轮提升按钮、主离合啮合按钮及卸粮筒展开按钮、割台上升按钮、割台提升电磁阀、拨禾轮提升电磁阀、轴流滚筒速度提升电磁阀、卸粮筒展开电磁阀等；参数检测值显示是收割机械作业时对作物相关值进行实时监测后的显示，如含水率、谷物流量检测质量、平方米产量、粮食湿重、粮食干重、升运器转速、清选损失率、清选含杂率及破碎率等。参数设置部分是由驾驶员设置的相关参数，需要由显示系统将数据发送到总线上，然后相应的部分进行更新这个设置后的值，如米计清零、割台高度一键复位、卸粮筒控制、千粒质量设置值、仿形高度设置值、割台返回高度上限设置值、当前作物种类及切碎器工作模式等。

知识点3　智能收获机械的自动行驶功能

当驾驶员通过输入设备发出自动行驶或自动对行功能请求时，自动行驶(导航)控制器将判断车辆是否具备进入自动行驶或自动对行功能，若具备条件，自动行驶(导航)控制器将发送进入自动模式的请求至路径存储设备、速度控制器及液压控制器，当所有条件满足后，自动功能启动。

自动功能启动后，根据实际功能需求，路径存储设备将存储的路径信息通过 CAN 网络发送至自动行驶控制器，速度控制器将车速请求通过 CAN 网络发送至自动行驶控制器；自动行驶控制器计算出车辆转向及速度的控制量后，将控制量经 CAN 总线发送至液压控制器；液压控制器对行驶系统液压系统输出控制电流，行驶系统液压系统驱动车身机械结构，使车辆按照功能设定线路自动行驶。

其中，自动行驶功能包括自动定向行驶及自动仿形行驶，功能执行不需要速度控制器及路径存储设备参与；自动对行功能需要路径存储设备提供预置的作业行位置信息及速度控制器提供的车速请求信息。

任务实施

[任务要求]

某农机公司三包车间正在承接一台智能收获机维修任务。用户自述，收获机在作业时，出现了车辆传动相关的参数过高、总线化监控系统缓慢等现象，产生了很大的收割损失。为了能够准确地找出故障的发生点，要完成这项修理任务，维修人员就必须熟悉智能收获机的工作原理与使用过程。

[实施步骤]

智能联合收获机路径追踪系统主要由双天线 RTK-GNSS 定位模块、液压转向控制模块和工控屏组成。RTK-GNSS 的定位精度已经能达到厘米级，但在实际作业时发现，单天线RTK－GNSS 系统无法获得精确的收获机的航向信息，尤其在收获机作业速度较慢时，测量获得的航向信息和实际的航向信息相差很大。本节采用了双天线测量法实时获取收获机的航向角信息：将 RTK 系统的移动站的接收机天线 1 和接收机天线 2 分别固定到收获机上，保持其相对位置不发生变化，即可以通过 RTK 技术分别测得 2 个天线在对应的坐标系中的位置信息，结合 2 个天线在收获机上的安装位置，可以直接推算出收获机精确的航向角。整个系统的架构如图 8.9 所示。双天线 RTK－

GNSS采集收获机的速度、位置和航向角信息后，转向控制器STM32F767IG将收获机的位姿信息发送给工控屏。工控屏基于C++/QT开发了联合收获机自动导航软件，软件根据路径追踪算法、当前时刻的位姿信息结合期望路径，计算出期望转向角后发送给转向控制器。转向控制器通过液压驱动电路，驱动收获机的液压系统，控制后轮转向，同时转向控制器依托转向角传感器实时监测后轮的转向角，形成闭环反馈控制。

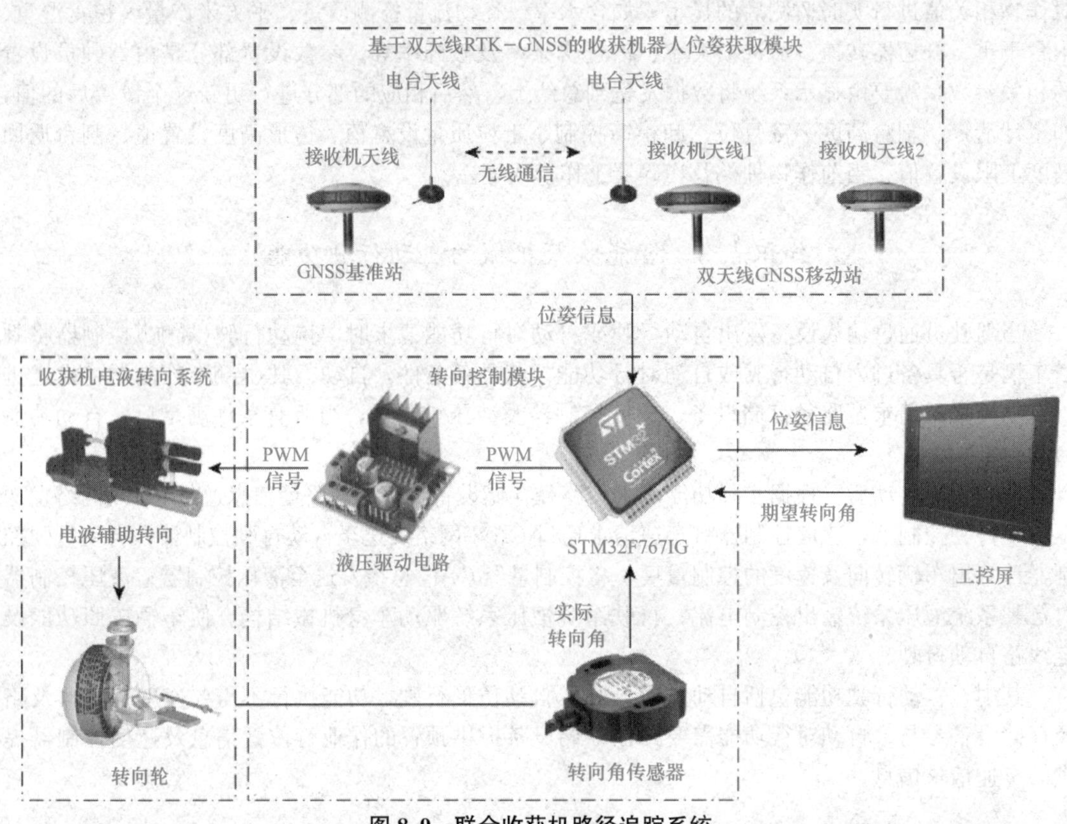

图8.9　联合收获机路径追踪系统

拓展知识

基于北斗卫星导航的辅助驾驶

智能花生联合收获机北斗导航系统主要由车载电台和地面基站组成。车载电台主要由M600-U主机、AT300GNSS天线、车载电台天线、控制器及相关线缆组成；地面基站主要由M300C主机、AT300GNSS天线、UDL300发射电台、电台发射天线、电台改频附加线及其他相关线缆组成，如图8.10所示。地面基站与车载电台同时接收北斗卫星信号，将智能花生联合收获机位置、速度、运行姿态等信息实时传输到导航控制器内，经过CAN通信与整机控制器联系，进而对智能花生联合收获机自动行驶进行调整，达到预期目的。智能花生联合收获机的自动行驶系统的基本功能是接收北斗卫星定位系统信号，采用实时RTK方法获取高精度定位信息，根据自动行驶的功能模式，使花生机自动按照设定路线行驶。此功能在田间作业时使用，可达到自动对准作业行的目的。

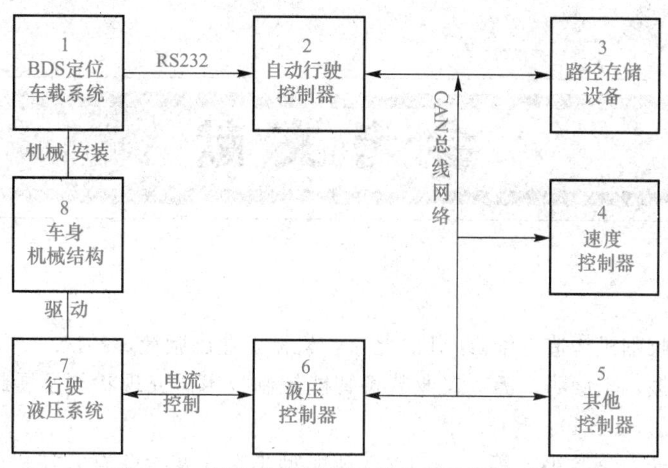

图 8.10　基于北斗卫星导航的辅助驾驶系统

任务小结

1. 智能收获机械智能控制系统主要由液压传动系统、北斗卫星导航系统、地面仿形系统、在线测产系统、工况监测与反馈控制系统、远程优化调度系统等组成。

2. 智能收获机械作业状态参数包括状态显示和参数检测值两部分，状态显示是收割机械作业过程中驾驶员对驾驶室相关操作引起某些状态的改变而进行的显示。

思考与练习

1. 简述智能型花生收获机整体结构及工作原理。
2. 简述智能收获机械作业路径追踪系统的工作步骤。

参考文献

[1] 杨宏图．联合收割机构造与维修[M]. 北京：机械工业出版社，2014.

[2] 刘成良，林洪振，李彦明，等．农业装备智能控制技术研究现状与发展趋势分析[J]. 农业机械学报，2020，51(1)：1-18.

[3] 张守海，李洪迁，李政平，等．4HBLZ-2 智能型半喂入花生联合收获机的设计与试验[J]. 农机化研究，2020(9)：93-98.

[4] 梅健．机采棉加工技术讲座棉花加工机械(第 4 讲)[J]. 中国棉花加工，2002(6)：31-32.

[5] 王晓辈．机采棉加工工艺实践总结[J]. 中国棉花加工，2003(2)：22.

[6] 亓丹丹，史建新，王学农．4MZ-5 梳齿式采棉机采摘头工作参数的确定[J]. 农机化研究，2012(3)：64-67.

[7] 尚书旗，王方艳，刘曙光，等．花生收获机械的研究现状与发展趋势[J]. 农业工程学报，2004，20(1)：20-25.

[8] 赵丽清，李瑞川，龚丽农，等．花生联合收获机智能测产系统研究[J]. 农业机械学报，2015，46(11)：82-87.

[9] 人力资源和社会保障部教材办公室，新疆生产建设兵团劳动和社会保障局、农业局．采棉机驾驶员[M]. 北京：中国劳动社会保障出版社，2013.

[10] 徐建，杨福增，苏乐乐，等．玉米智能收获机器人的路径识别方法[J]. 农机化研究，2010(2)：9-12.